CNEY

中国核能年鉴

2010年卷

中国核能行业协会 编

CHINA
NUCLEAR
ENERGY
YEARBOOK

原子能出版社

编辑说明

一、《中国核能年鉴》是由中国核能行业协会组织编纂的一份综合性资料年刊，于2009年创刊。创办此刊旨在如实记载我国核能行业各个领域改革发展的历程和情况，力求具有全面、系统、详实、准确、权威的特点。《中国核能年鉴》的出版发行，可以为政府有关部门和各级领导科学决策提供支持，为广大会员单位提供丰富的行业信息资源，也为国内外各界人士了解、认识我国核能行业开启一扇窗口。

二、《中国核能年鉴》2010年卷采用分类编辑法，主体内容分为栏目、分目、条目3个层次，少数条目下设子目。全书40余万字，除了“编辑说明”、“序”、“《中国核能年鉴》编委会、编辑部组成人员名单”之外，共设8个栏目：特载、核能行业发展、核能骨干企业、行业协会与学会、企业风采、大事记、核能协会活动报道、附录。为了全面报道核能协会的重要活动，增强协会与会员单位的联系与沟通，扩大协会的社会影响力，在2009年卷的基础上增设了“核能协会活动报道”栏目。

三、本卷为《中国核能年鉴》2010年卷，文中记述时间，一般截至2009年12月31日。年鉴所载资料均取自政府有关部门和中国核能行业协会会员单位提供的内容。

四、本年鉴开设了“企业风采”栏目，以广泛展示核能领域企事业单位的成就和风采。今后，我们将创造条件，欢迎更多的企事业单位在此亮相。

五、由于编辑水平有限，缺点错误在所难免。我们祈盼广大读者的批评指正。《中国核能年鉴》编辑部将坚持中国核能行业协会的宗旨，不断提高年鉴质量，更好地为政府部门服务，为企业服务，为我国核能事业的发展服务。

本卷年鉴在编辑出版的过程中，得到了广大会员单位和政府有关部门的大力支持。在此，谨表诚挚的谢意。

《中国核能年鉴》2010年卷 编辑部

《中国核能年鉴》2010 年卷编辑委员会

（组成名单）

主　任： 张华祝

副主任： （按姓氏笔画为序）

丁中智　云公民　吕亚臣　时传清　余剑锋　张廷克　张善明　周士荣
贺　禹　钱智民　斯泽夫　韩建伟　董保同　程建平　翟若愚　魏　锁

编　委： （按姓氏笔画为序）

卢长申　杨兰和　李晓明　李大宽　何小剑　束国刚　张志雄
林　坚　罗　琦　郑东山　郑明光　夏进禄　蒋国元　潘　力

《中国核能年鉴》2010 年卷编辑部

（组成名单）

主　编： 马鸿琳

副主编： 徐玉明　汪兆富

成　员： （按姓氏笔画为序）

邓林涛　那仁满都拉　阮大伟　孙晓东　孙家辉　杨文伟　李志远　李　娜
吴　微　张　伟　张　璎　郑玉辉　贾建平　高立本　唐洪驹　廖　勇

封面设计： 张　录

中国核能行业协会理事长

—— 张华祝 ——

《中国核能年鉴》2009 年卷

创刊号 序

由中国核能行业协会主办的《中国核能年鉴》2009 年卷和广大读者见面了。这是我国核能界一件可喜可贺的事情！我谨对年鉴的出版表示热烈的祝贺，并向为年鉴的出版给予支持的各有关单位和参与年鉴编辑写作的全体同志表示衷心的感谢。

《中国核能年鉴》是幸运儿，她是我国核能事业持续快速发展的产物。核能以其清洁、安全和可大规模应用的优势，受到越来越多的重视。从近期看，发展核电是应对金融危机的一个突破口，是促进经济发展的一个增长点。从长远看，加快发展核电，提高核电等清洁能源占能源供给总量的比重，是国家能源发展的一个战略重点。从“十一五”以来，包括一批新核电项目和“两个基地、一个平台”建设在内的我国的核能产业有了长足的发展。正是伴随着这样的大好形势，《中国核能年鉴》应运而生了。

到 2020 年，我国的核电装机容量，核燃料循环能力特别是前端的能力，将跻身世界核能大国的行列。但要进一步成为一个核能强国，那就应该包括我们的自主研发能力，建设和营运水平，核专业教育水平，人才队伍建设状况，以及基础科学研究的水平等等在内，都需要有个质的跨越和提升。如果我们仅仅把核电容量搞上去了，而最终形不成若干个重要的核整体供应系统的供应商，形不成若干所在国际上有一定知名度的科研院所，形不成若干个世界知名的重要的工程管理公司，形不成若干所在核学科方面国际知名的高等院校，那很难说我国是一个核能强国。所以说，我国核能界，还将面临着光荣而艰巨的任务，任重道远，不敢有丝毫的懈怠。

年鉴将逐年如实记载我国核能事业发展进步的足迹，记载党和国家领导人对核能事业的指示和关怀，记载核能领域广大员工的丰功伟绩，记载他们宝贵的经验和体会。

同时，年鉴也将为中国核能行业协会的会员单位提供一个广阔的交流与合作的平台，为他们提供一个展示风采的舞台。

胡锦涛总书记在2004年就曾强调：“当前，我国改革发展正处于关键时期，现代化建设任务十分繁重。无论是从促进经济社会发展看，还是从保障国家安全看，我们都必须切实把我国核事业发展好。”在庆贺《中国核能年鉴》2009年卷出版的同时，我也衷心祝愿我国核能事业又好又快又安全地发展，为社会主义现代化建设作出更大的贡献！

二○○九年十一月十八日

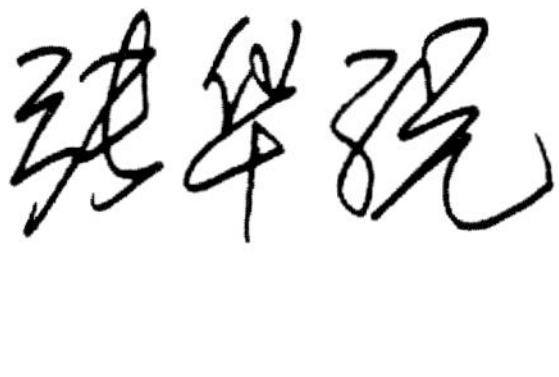

目录

特载

核能行业发展

核能骨干企业

行业协会与学会

企业风采

大事记

核能协会活动报道

附 录

特　载

中共中央　国务院　中央军委

致国防科技工业集团公司成立 10 周年的贺信

中国核工业集团公司、中国核工业建设集团公司、中国航天科技集团公司、中国航天科工集团公司、中国航空工业集团公司、中国船舶工业集团公司、中国船舶重工集团公司、中国兵器工业集团公司、中国兵器装备集团公司：

值此国防科技工业集团公司成立 10 周年之际，中共中央、国务院、中央军委向国防科技工业战线广大科技工作者和干部职工表示热烈的祝贺和亲切的慰问！

国防科技工业作为国家战略性产业，是国防现代化的重要物质技术基础，是经济社会发展和科技进步的重要推动力量。1999 年 7 月，党和国家为增强国防科技工业的活力和竞争力、加快推进国防现代化建设，作出了把军工总公司改组为集团公司的重大决策。改组 10 年来，各国防科技工业集团公司紧紧围绕国家国防建设和经济建设的战略需求，锐意创新，团结拼搏，奋力突破了一大批具有自主知识产权的核心技术和关键技术，全面提升了国防科技整体水平，有力带动了军民结合产业发展，特别是在载人航天、绕月探测等方面建立了举世瞩目的辉煌业绩，为推进国防现代化建设、促进经济社会又好又快发展、提高我国国际地位作出了突出贡献。

党的十七大着眼世界军事发展新趋势和我国发展新要求，强调要调整改革国防科技工业体制，提高武器装备研制的自主创新能力和质量效益。这为国防科技工业发展指明了前进方向，赋予了重大责任。希望国防科技工业战线的同志们全面贯彻党的十七大精神，以邓小平理论和“三个代表”重要思想为指导，深入贯彻落实科学发展观，大力弘扬“两弹一星”精神和载人航天精神，从维护我国国家安全和发展利益的战略高度出发，始终坚持寓军于民、军民结合，真正走出一条中国特色军民融合发展路子；坚持自主创新、协同攻关，切实推动武器装备研制生产和高技术产业实现跨越式发展；坚持以人为本、尊重人才，不断培养造就一大批高素质国防科技人才；坚持深化改革、扩大开放，在完善体制机制和加强对外合作方面迈出坚实步伐，努力克服国际金融危机带来的不利影响，为不断增强我国经济实力、科技实力、国防实力，为夺取全面建设小康社会新胜利、开创中国特色社会主义事业新局面再立新功！

中共中央

国务院

中央军委

2009 年 7 月 1 日

党和国家领导人
对发展我国核能事业的关怀及重要指示

胡锦涛在联合国气候变化峰会上发表重要讲话

2009 年 9 月 22 日，国家主席胡锦涛在联合国气候变化峰会上发表了题为《携手应对气候变化挑战》的重要讲话。胡锦涛指出，“今后，中国将进一步把应对气候变化纳入经济社会发展规划，并继续采取强有力的措施。”“大力发展可再生能源和核能，争取到 2020 年非化石能源占一次能源消费的比重达到 15% 左右。”

温家宝主持国务院常务会议部署应对气候变化工作

2009 年 11 月 25 日，国务院总理温家宝主持召开国务院常务会议，研究部署应对气候变化工作，决定到 2020 年我国单位国内生产总值二氧化碳排放比 2005 年下降 40%～45%，作为约束性指标纳入国民经济和社会发展中长期规划，并制定相应的国内统计、监测、考核办法。会议还决定，通过大力发展可再生能源、积极推进核电建设等行动，到 2020 年我国非化石能源占一次能源消费的比重达到 15%左右。

胡锦涛到中国大唐集团公司成员单位考察

2009 年 10 月 18 日，中共中央总书记、国家主席胡锦涛到中国大唐集团公司成员单位考察调研并慰问生产一线职工

吴邦国视察中核四〇四有限公司

2009 年 11 月 11 日，中共中央政治局常委、全国人大常委会委员长吴邦国视察了中核四〇四有限公司。吴邦国指出，四〇四是国家重要的战略核基地，广大职工扎根戈壁、艰苦拼搏，为我国国防事业和核工业发展作出了重大贡献

习近平视察兰州铀浓缩有限公司

2009 年 6 月 9 日，中共中央政治局常委、国家副主席习近平视察了兰州铀浓缩有限公司

习近平出席大亚湾核电站延长合营期合同签字仪式

2009年9月29日，大亚湾核电站延长合营期合同签字仪式在北京举行。签字仪式由国家发展改革委副主任、国家能源局局长张国宝主持，国家副主席习近平、香港特别行政区行政长官曾荫权等出席

习近平出席中缅合作项目签字仪式

2009年12月20日，中共中央政治局常委、国家副主席习近平与缅甸联邦和平与发展委员会副主席貌埃共同出席中国大唐集团公司与缅甸有关能源合作项目签字仪式

李克强出席浙江三门核电一期工程开工典礼

2009年4月19日，浙江三门核电一期工程正式开工。中共中央政治局常委、国务院副总理李克强出席开工典礼时强调：推动核电建设要坚持核电自主化发展方向，瞄准新一代先进核电技术，依托重大项目，推动引进消化吸收再创新，不断提高我国核电自主化建设能力

李克强出席台山核电站开工暨台山核电合营有限公司成立仪式

2009年12月21日，中共中央政治局常委、国务院副总理李克强，法国总理弗朗索瓦·菲永等出席台山核电站开工暨台山核电合营有限公司成立仪式并共同为台山核电合营有限公司揭牌。李克强表示，中法和平利用核能合作基础良好，为台山核电站建设提供了有利条件，要将台山核电站建设成为先进、安全、经济的国际一流核电站

贺国强视察中核四〇四有限公司

2009年7月8日，中共中央政治局常委、中央纪委书记贺国强到中核四〇四有限公司视察。贺国强说：党中央和国务院会一如继往地关心和支持四〇四的发展。希望四〇四广大职工群众再接再厉，发扬优良传统，继续艰苦创业，经过不懈努力，把我国核事业搞得更好

张德江出席面向21世纪核能部长级国际大会

2009年4月20—22日，张德江副总理代表中国政府祝贺IAEA“面向21世纪核能部长级国际大会”在京举行。张德江强调：核电是我国能源发展的战略重点

张德江参观第八届中国国际核电工业展览会

2009年4月21日，中共中央政治局委员、国务院副总理张德江参观第八届中国国际核电工业展览会中电投集团公司展台

刘淇视察中国实验快堆工程

2009年7月17日，中共中央政治局委员、北京市委书记刘淇，市委副书记、市长郭金龙视察了中国原子能科学研究院的中国实验快堆工程

汪洋视察阳江核电现场

2009年9月25日，中共中央政治局委员、广东省委书记汪洋到阳江核电现场考察工作。汪洋强调，大亚湾核电站的运营状况很好，现在的核电站运行安全没有问题，但仍要高度重视安全与质量，坚持“安全第一、质量第一”的工作方针。阳江项目要在保证安全、质量的基础上，保证工程建设进度，按计划建成投产

韩启德视察大亚湾核电基地

2009年4月11日，由全国人大常委会副委员长、九三学社中央主席韩启德带队的九三学社中央低碳经济考察团到大亚湾核电基地调研，并就核电站的安全、运行、核燃料储备及核电对环境影响等问题进行交流

法律法规

中华人民共和国主席令

第23号

《全国人民代表大会常务委员会关于修改〈中华人民共和国可再生能源法〉的决定》已由中华人民共和国第十一届全国人民代表大会常务委员会第十二次会议于2009年12月26日通过，现予公布，自2010年4月1日起施行。

中华人民共和国主席　胡锦涛

2009年12月26日

全国人民代表大会常务委员会关于修改《中华人民共和国可再生能源法》的决定

（2009年12月26日第十一届全国人民代表大会常务委员会第十二次会议通过）

第十一届全国人民代表大会常务委员会第十二次会议决定对《中华人民共和国可再生能源法》作如下修改：

一、将第八条第一款修改为："国务院能源主管部门会同国务院有关部门，根据全国可再生能源开发利用中长期总量目标和可再生能源技术发展状况，编制全国可再生能源开发利用规划，报国务院批准后实施。"

增加一款，作为第二款："国务院有关部门应当制定有利于促进全国可再生能源开发利用中长期总量目标实现的相关规划。"

第二款改为第三款，修改为："省、自治区、直辖市人民政府管理能源工作的部门会同本级人民政府有关部门，依据全国可再生能源开发利用规划和本行政区域可再生能源开发利用中长期目标，编制本行政区域可再生能源开发利用规划，经本级人民政府批准后，报国务院能源主管部门和国家电力监管机构备案，并组织实施。"

第三款、第四款分别改为第四款、第五款。

二、将第九条修改为："编制可再生能源开发利用规划，应当遵循因地制宜、统筹兼顾、合理布局、有序发展的原则，对风能、太阳能、水能、生物质能、地热能、海洋能等可再生能源的开发利用作出统筹安排。规划内容应当包括发展目标、主要任务、区域布局、重点项目、实施进度、配套电网建设、服务体系和保障措施等。

组织编制机关应当征求有关单位、专家和公众的意见，进行科学论证。"

三、将第十四条修改为："国家实行可再生能源发电全额保障性收购制度。

国务院能源主管部门会同国家电力监管机构和国务院财政部门，按照全国可再生能源开发利用规划，确定在规划期内应当达到的可再生能源发电量占全部发电量的比重，制定电网企业优先调度和全额收购可再生能源发电的具体办法，并由国务院能源主管部门会同国家电力监管机构在年度中督促落实。

电网企业应当与按照可再生能源开发利用规划建设，依法取得行政许可或者报送备案的可再生能源发电企业签订并网协议，全额收购其电网覆盖范围内符合并网技术标准的可再生能源并网发电项目的上网电量。发电企业有义务配合电网企业保障电网安全。

电网企业应当加强电网建设，扩大可再生能源电力配置范围，发展和应用智能电网、储能等技术，完善电网运行管理，提高吸纳可再生能源电力的能力，为可再生能源发电提供上网服务。”

四、将第五章章名修改为“价格管理与费用补偿”。

五、将第二十条修改为：“电网企业依照本法第十九条规定确定的上网电价收购可再生能源电量所发生的费用，高于按照常规能源发电平均上网电价计算所发生费用之间的差额，由在全国范围对销售电量征收可再生能源电价附加补偿。”

六、将第二十二条修改为：“国家投资或者补贴建设的公共可再生能源独立电力系统的销售电价，执行同一地区分类销售电价，其合理的运行和管理费用超出销售电价的部分，依照本法第二十条的规定补偿。”

七、将第二十四条修改为：“国家财政设立可再生能源发展基金，资金来源包括国家财政年度安排的专项资金和依法征收的可再生能源电价附加收入等。

可再生能源发展基金用于补偿本法第二十条、第二十二条规定的差额费用，并用于支持以下事项：

（一）可再生能源开发利用的科学技术研究、标准制定和示范工程；

（二）农村、牧区的可再生能源利用项目；

（三）偏远地区和海岛可再生能源独立电力系统建设；

（四）可再生能源的资源勘查、评价和相关信息系统建设；

（五）促进可再生能源开发利用设备的本地化生产。

本法第二十一条规定的接网费用以及其他相关费用，电网企业不能通过销售电价回收的，可以申请可再生能源发展基金补助。

可再生能源发展基金征收使用管理的具体办法，由国务院财政部门会同国务院能源、价格主管部门制定。”

八、将第二十九条修改为：“违反本法第十四条规定，电网企业未按照规定完成收购可再生能源电量，造成可再生能源发电企业经济损失的，应当承担赔偿责任，并由国家电力监管机构责令限期改正；拒不改正的，处以可再生能源发电企业经济损失额一倍以下的罚款。”

本决定自 2010 年 4 月 1 日起施行。

《中华人民共和国可再生能源法》根据本决定作相应修改并对条款顺序作相应调整，重新公布。

中华人民共和国可再生能源法（修正案）

（2005年2月28日第十届全国人民代表大会常务委员会第十四次会议通过　根据2009年12月26日第十一届全国人民代表大会常务委员会第十二次会议《关于修改〈中华人民共和国可再生能源法〉的决定》修正）

第一章　总　则

第一条　为了促进可再生能源的开发利用，增加能源供应，改善能源结构，保障能源安全，保护环境，实现经济社会的可持续发展，制定本法。

第二条　本法所称可再生能源，是指风能、太阳能、水能、生物质能、地热能、海洋能等非化石能源。

水力发电对本法的适用，由国务院能源主管部门规定，报国务院批准。

通过低效率炉灶直接燃烧方式利用秸秆、薪柴、粪便等，不适用本法。

第三条　本法适用于中华人民共和国领域和管辖的其他海域。

第四条　国家将可再生能源的开发利用列为能源发展的优先领域，通过制定可再生能源开发利用总量目标和采取相应措施，推动可再生能源市场的建立和发展。

国家鼓励各种所有制经济主体参与可再生能源的开发利用，依法保护可再生能源开发利用者的合法权益。

第五条　国务院能源主管部门对全国可再生能源的开发利用实施统一管理。国务院有关部门在各自的职责范围内负责有关的可再生能源开发利用管理工作。

县级以上地方人民政府管理能源工作的部门负责本行政区域内可再生能源开发利用的管理工作。县级以上地方人民政府有关部门在各自的职责范围内负责有关的可再生能源开发利用管理工作。

第二章　资源调查与发展规划

第六条　国务院能源主管部门负责组织和协调全国可再生能源资源的调查，并会同国务院有关部门组织制定资源调查的技术规范。

国务院有关部门在各自的职责范围内负责相关可再生能源资源的调查，调查结果报国务院能源主管部门汇总。

可再生能源资源的调查结果应当公布；但是，国家规定需要保密的内容除外。

第七条　国务院能源主管部门根据全国能源需求与可再生能源资源实际状况，制定全国可再生能源开发利用中长期总量目标，报国务院批准后执行，并予公布。

国务院能源主管部门根据前款规定的总量目标和省、自治区、直辖市经济发展与可再生能源资源实际状况，会同省、自治区、直辖市人民政府确定各行政区域可再生能源开发利用中长期目标，并予公布。

第八条　国务院能源主管部门会同国务院有关部门，根据全国可再生能源开发利用中长期总量目标和可再生能源技术发展状况，编制全国可再生能源开发利用规划，报国务院批准后实施。

国务院有关部门应当制定有利于促进全国可再生能源开发利用中长期总量目标实现的相关规划。

省、自治区、直辖市人民政府管理能源工作的部门会同本级人民政府有关部门，依据全国可再生能源开发利用规划和本行政区域可再生能源开发利用中长期目标，编制本行政区域可再生能源开发利用规划，经本级人民政府批准后，报国务院能源主管部门和国家电力监管机构备案，并组织实施。

经批准的规划应当公布；但是，国家规定需要保密的内容除外。

经批准的规划需要修改的，须经原批准机关批准。

第九条　编制可再生能源开发利用规划，应当遵循因地制宜、统筹兼顾、合理布局、有序发展的原则，对风能、太阳能、水能、生物质能、地热能、海洋能等可再生能源的开发利用作出统筹安排。规划内容应当包括发展目标、主要任务、区域布局、重点项目、实施进度、配套电网建设、服务体系和保障措施等。

组织编制机关应当征求有关单位、专家和公众的意见，进行科学论证。

第三章　产业指导与技术支持

第十条　国务院能源主管部门根据全国可再生能源开发利用规划，制定、公布可再生能源产业发展指导目录。

第十一条　国务院标准化行政主管部门应当制定、公布国家可再生能源电力的并网技术标准和其他需要在全国范围内统一技术要求的有关可再生能源技术和产品的国家标准。

对前款规定的国家标准中未作规定的技术要求，国务院有关部门可以制定相关的行业标准，并报国务院标准化行政主管部门备案。

第十二条　国家将可再生能源开发利用的科学技术研究和产业化发展列为科技发展与高技术产业发展的优先领域，纳入国家科技发展规划和高技术产业发展规划，并安排资金支持可再生能源开发利用的科学技术研究、应用示范和产业化发展，促进可再生能源开发利用的技术进步，降低可再生能源产品的生产成本，提高产品质量。

国务院教育行政部门应当将可再生能源知识和技术纳入普通教育、职业教育课程。

第四章　推广与应用

第十三条　国家鼓励和支持可再生能源并网发电。

建设可再生能源并网发电项目，应当依照法律和国务院的规定取得行政许可或者报送备案。

建设应当取得行政许可的可再生能源并网发电项目，有多人申请同一项目许可的，应当依法通过招标确定被许可人。

第十四条　国家实行可再生能源发电全额保障性收购制度。

国务院能源主管部门会同国家电力监

管机构和国务院财政部门，按照全国可再生能源开发利用规划，确定在规划期内应当达到的可再生能源发电量占全部发电量的比重，制定电网企业优先调度和全额收购可再生能源发电的具体办法，并由国务院能源主管部门会同国家电力监管机构在年度中督促落实。

电网企业应当与按照可再生能源开发利用规划建设，依法取得行政许可或者报送备案的可再生能源发电企业签订并网协议，全额收购其电网覆盖范围内符合并网技术标准的可再生能源并网发电项目的上网电量。发电企业有义务配合电网企业保障电网安全。

电网企业应当加强电网建设，扩大可再生能源电力配置范围，发展和应用智能电网、储能等技术，完善电网运行管理，提高吸纳可再生能源电力的能力，为可再生能源发电提供上网服务。

第十五条　国家扶持在电网未覆盖的地区建设可再生能源独立电力系统，为当地生产和生活提供电力服务。

第十六条　国家鼓励清洁、高效地开发利用生物质燃料，鼓励发展能源作物。

利用生物质资源生产的燃气和热力，符合城市燃气管网、热力管网的入网技术标准的，经营燃气管网、热力管网的企业应当接收其入网。

国家鼓励生产和利用生物液体燃料。石油销售企业应当按照国务院能源主管部门或者省级人民政府的规定，将符合国家标准的生物液体燃料纳入其燃料销售体系。

第十七条　国家鼓励单位和个人安装和使用太阳能热水系统、太阳能供热采暖和制冷系统、太阳能光伏发电系统等太阳能利用系统。

国务院建设行政主管部门会同国务院有关部门制定太阳能利用系统与建筑结合的技术经济政策和技术规范。

房地产开发企业应当根据前款规定的技术规范，在建筑物的设计和施工中，为太阳能利用提供必备条件。

对已建成的建筑物，住户可以在不影响其质量与安全的前提下安装符合技术规范和产品标准的太阳能利用系统；但是，当事人另有约定的除外。

第十八条　国家鼓励和支持农村地区的可再生能源开发利用。

县级以上地方人民政府管理能源工作的部门会同有关部门，根据当地经济社会发展、生态保护和卫生综合治理需要等实际情况，制定农村地区可再生能源发展规划，因地制宜地推广应用沼气等生物质资源转化、户用太阳能、小型风能、小型水能等技术。

县级以上人民政府应当对农村地区的可再生能源利用项目提供财政支持。

第五章　价格管理与费用补偿

第十九条　可再生能源发电项目的上网电价，由国务院价格主管部门根据不同类型可再生能源发电的特点和不同地区的情况，按照有利于促进可再生能源开发利用和经济合理的原则确定，并根据可再生能源开发利用技术的发展适时调整。上网电价应当公布。

依照本法第十三条第三款规定实行招标的可再生能源发电项目的上网电价，按照中标确定的价格执行；但是，不得高于依照前款规定确定的同类可再生能源发电项目的上网电价水平。

第二十条　电网企业依照本法第十九条规定确定的上网电价收购可再生能源电量所发生的费用，高于按照常规能源发电平均上网电价计算所发生费用之间的差额，由在全国范围对销售电量征收可再生能源电价附加补偿。

第二十一条　电网企业为收购可再生能源电量而支付的合理的接网费用以及其他合理的相关费用，可以计入电网企业输电成本，并从销售电价中回收。

第二十二条　国家投资或者补贴建设的公共可再生能源独立电力系统的销售电价，执行同一地区分类销售电价，其合理的运行和管理费用超出销售电价的部分，依照本法第二十条的规定补偿。

第二十三条　进入城市管网的可再生能源热力和燃气的价格，按照有利于促进可再生能源开发利用和经济合理的原则，根据价格管理权限确定。

第六章　经济激励与监督措施

第二十四条　国家财政设立可再生能源发展基金，资金来源包括国家财政年度安排的专项资金和依法征收的可再生能源电价附加收入等。

可再生能源发展基金用于补偿本法第二十条、第二十二条规定的差额费用，并用于支持以下事项：

（一）可再生能源开发利用的科学技术研究、标准制定和示范工程；

（二）农村、牧区的可再生能源利用项目；

（三）偏远地区和海岛可再生能源独立电力系统建设；

（四）可再生能源的资源勘查、评价和相关信息系统建设；

（五）促进可再生能源开发利用设备的本地化生产。

本法第二十一条规定的接网费用以及其他相关费用，电网企业不能通过销售电价回收的，可以申请可再生能源发展基金补助。

可再生能源发展基金征收使用管理的具体办法，由国务院财政部门会同国务院能源、价格主管部门制定。

第二十五条　对列入国家可再生能源产业发展指导目录、符合信贷条件的可再生能源开发利用项目，金融机构可以提供有财政贴息的优惠贷款。

第二十六条　国家对列入可再生能源产业发展指导目录的项目给予税收优惠。具体办法由国务院规定。

第二十七条　电力企业应当真实、完整地记载和保存可再生能源发电的有关资料，并接受电力监管机构的检查和监督。

电力监管机构进行检查时，应当依照规定的程序进行，并为被检查单位保守商业秘密和其他秘密。

第七章　法律责任

第二十八条　国务院能源主管部门和县级以上地方人民政府管理能源工作的部门和其他有关部门在可再生能源开发利用监督管理工作中，违反本法规定，有下列行为之一的，由本级人民政府或者上级人民政府有关部门责令改正，对负有责任的主管人员和其他直接责任人员依法给予行政处分；构成犯罪的，依法追究刑事责任：

（一）不依法作出行政许可决定的；

（二）发现违法行为不予查处的；

（三）有不依法履行监督管理职责的其他行为的。

第二十九条　违反本法第十四条规定，电网企业未按照规定完成收购可再生能源电量，造成可再生能源发电企业经济损失的，应当承担赔偿责任，并由国家电力监管机构责令限期改正；拒不改正的，处以可再生能源发电企业经济损失额一倍以下的罚款。

第三十条　违反本法第十六条第二款规定，经营燃气管网、热力管网的企业不准许符合入网技术标准的燃气、热力入网，造成燃气、热力生产企业经济损失的，应当承担赔偿责任，并由省级人民政府管理能源工作的部门责令限期改正；拒不改正的，处以燃气、热力生产企业经济损失额一倍以下的罚款。

第三十一条　违反本法第十六条第三款规定，石油销售企业未按照规定将符合国家标准的生物液体燃料纳入其燃料销售体系，造成生物液体燃料生产企业经济损失的，应当承担赔偿责任，并由国务院能源主管部门或者省级人民政府管理能源工作的部门责令限期改正；拒不改正的，处以生物液体燃料生产企业经济损失额一倍以下的罚款。

第八章　附　则

第三十二条　本法中下列用语的含义：

（一）生物质能，是指利用自然界的植物、粪便以及城乡有机废物转化成的能源。

（二）可再生能源独立电力系统，是指不与电网连接的单独运行的可再生能源电力系统。

（三）能源作物，是指经专门种植，用以提供能源原料的草本和木本植物。

（四）生物液体燃料，是指利用生物质资源生产的甲醇、乙醇和生物柴油等液体燃料。

第三十三条　本法自2006年1月1日起施行。

中华人民共和国国务院令

第 549 号

《国务院关于修改〈特种设备安全监察条例〉的决定》已经 2009 年 1 月 14 日国务院第 46 次常务会议通过，现予公布，自 2009 年 5 月 1 日起施行。

总理　温家宝

2009 年 1 月 24 日

国务院关于修改《特种设备安全监察条例》的决定

国务院决定对《特种设备安全监察条例》做如下修改：

一、第二条第一款修改为："本条例所称特种设备是指涉及生命安全、危险性较大的锅炉、压力容器（含气瓶，下同）、压力管道、电梯、起重机械、客运索道、大型游乐设施和场(厂)内专用机动车辆。"

二、第三条第二款修改为："军事装备、核设施、航空航天器、铁路机车、海上设施和船舶以及矿山井下使用的特种设备、民用机场专用设备的安全监察不适用本条例。"

第三款修改为："房屋建筑工地和市政工程工地用起重机械、场（厂）内专用机动车辆的安装、使用的监督管理，由建设行政主管部门依照有关法律、法规的规定执行。"

三、第五条第一款修改为："特种设备生产、使用单位应当建立健全特种设备安全、节能管理制度和岗位安全、节能责任制度。"

第二款修改为："特种设备生产、使用单位的主要负责人应当对本单位特种设备的安全和节能全面负责。"

四、第八条增加一款作为第二款："国家鼓励特种设备节能技术的研究、开发、示范和推广，促进特种设备节能技术创新和应用。"

增加一款，作为第三款："特种设备生产、使用单位和特种设备检验检测机构，应当保证必要的安全和节能投入。"

增加一款，作为第四款："国家鼓励实行特种设备责任保险制度，提高事故赔付能力。"

五、第十条第二款修改为："特种设备生产单位对其生产的特种设备的安全性能和能效指标负责，不得生产不符合安全性能要求和能效指标的特种设备，不得生产国家产业政策明令淘汰的特种设备。"

六、第二十二条第三款修改为："气瓶充装单位应当向气体使用者提供符合安全技术规范要求的气瓶，对使用者进行气瓶安全使用指导，并按照安全技术规范的要求办理气瓶使用登记，提出气瓶的定期检验要求。"

七、第二十六条增加一项作为第六项："高耗能特种设备的能效测试报告、能耗状况记录以及节能改造技术资料。"

八、第二十七条增加一款作为第四款："锅炉使用单位应当按照安全技术规范的要求进行锅炉水（介）质处理，并接受特种设备检验检测机构实施的水（介）质处理定期检验。”

增加一款，作为第五款：“从事锅炉清洗的单位，应当按照安全技术规范的要求进行锅炉清洗，并接受特种设备检验检测机构实施的锅炉清洗过程监督检验。”

九、第二十九条增加一款作为第二款：“特种设备不符合能效指标的，特种设备使用单位应当采取相应措施进行整改。”

十、删除第三十一条。

十一、第四十条改为第三十九条，第一款修改为：“特种设备使用单位应当对特种设备作业人员进行特种设备安全、节能教育和培训，保证特种设备作业人员具备必要的特种设备安全、节能知识。”

十二、第四十九条改为第四十八条，修改为：“特种设备检验检测机构进行特种设备检验检测，发现严重事故隐患或者能耗严重超标的，应当及时告知特种设备使用单位，并立即向特种设备安全监督管理部门报告。”

十三、第五十三条改为第五十二条，第一款修改为：“依照本条例规定实施许可、核准、登记的特种设备安全监督管理部门，应当严格依照本条例规定条件和安全技术规范要求对有关事项进行审查；不符合本条例规定条件和安全技术规范要求的，不得许可、核准、登记；在申请办理许可、核准期间，特种设备安全监督管理部门发现申请人未经许可从事特种设备相应活动或者伪造许可、核准证书的，不予受理或者不予许可、核准，并在1年内不再受理其新的许可、核准申请。”

第三款修改为：“违反本条例规定，被依法撤销许可的，自撤销许可之日起3年内，特种设备安全监督管理部门不予受理其新的许可申请。”

十四、第五十九条改为第五十八条，修改为：“特种设备安全监督管理部门对特种设备生产、使用单位和检验检测机构进行安全监察时，发现有违反本条例规定和安全技术规范要求的行为或者在用的特种设备存在事故隐患、不符合能效指标的，应当以书面形式发出特种设备安全监察指令，责令有关单位及时采取措施，予以改正或者消除事故隐患。紧急情况下需要采取紧急处置措施的，应当随后补发书面通知。”

十五、删除第六十二条。

十六、删除第六十三条。

十七、增加一条，作为第六十一条：“有下列情形之一的，为特别重大事故：

（一）特种设备事故造成30人以上死亡，或者100人以上重伤（包括急性工业中毒，下同），或者1亿元以上直接经济损失的；

（二）600兆瓦以上锅炉爆炸的；

（三）压力容器、压力管道有毒介质泄漏，造成15万人以上转移的；

（四）客运索道、大型游乐设施高空滞留100人以上并且时间在48小时以上的。”

十八、增加一条，作为第六十二条：“有下列情形之一的，为重大事故：

（一）特种设备事故造成10人以上30人以下死亡，或者50人以上100人以下重伤，或者5000万元以上1亿元以下直接经济损失的；

（二）600兆瓦以上锅炉因安全故障中断运行240小时以上的；

（三）压力容器、压力管道有毒介质泄漏，造成5万人以上15万人以下转移的；

（四）客运索道、大型游乐设施高空滞留100人以上并且时间在24小时以上48小时以下的。”

十九、增加一条，作为第六十三条：“有下列情形之一的，为较大事故：

（一）特种设备事故造成3人以上10人以下死亡，或者10人以上50人以下重伤，或者1000万元以上5000万元以下直接经济损失的；

（二）锅炉、压力容器、压力管道爆炸的；

（三）压力容器、压力管道有毒介质泄漏，造成1万人以上5万人以下转移的；

（四）起重机械整体倾覆的；

（五）客运索道、大型游乐设施高空滞留人员12小时以上的。”

二十、增加一条，作为第六十四条：“有下列情形之一的，为一般事故：

（一）特种设备事故造成3人以下死亡，或者10人以下重伤，或者1万元以上1000万元以下直接经济损失的；

（二）压力容器、压力管道有毒介质泄漏，造成500人以上1万人以下转移的；

（三）电梯轿厢滞留人员2小时以上的；

（四）起重机械主要受力结构件折断或者起升机构坠落的；

（五）客运索道高空滞留人员3.5小时以上12小时以下的；

（六）大型游乐设施高空滞留人员1小时以上12小时以下的。

除前款规定外，国务院特种设备安全监督管理部门可以对一般事故的其他情形做出补充规定。”

二十一、增加一条，作为第六十五条：“特种设备安全监督管理部门应当制定特种设备应急预案。特种设备使用单位应当制定事故应急专项预案，并定期进行事故应急演练。

压力容器、压力管道发生爆炸或者泄漏，在抢险救援时应当区分介质特性，严格按照相关预案规定程序处理，防止二次爆炸。”

二十二、增加一条，作为第六十六条：“特种设备事故发生后，事故发生单位应当立即启动事故应急预案，组织抢救，防止事故扩大，减少人员伤亡和财产损失，并及时向事故发生地县以上特种设备安全监督管理部门和有关部门报告。

县以上特种设备安全监督管理部门接到事故报告，应当尽快核实有关情况，立即向所在地人民政府报告，并逐级上报事故情况。必要时，特种设备安全监督管理部门可以越级上报事故情况。对特别重大事故、重大事故，国务院特种设备安全监督管理部门应当立即报告国务院并通报国务院安全生产监督管理部门等有关部门。”

二十三、增加一条，作为第六十七条：“特别重大事故由国务院或者国务院授权有关部门组织事故调查组进行调查。

重大事故由国务院特种设备安全监督管理部门会同有关部门组织事故调查组进行调查。

较大事故由省、自治区、直辖市特种设备安全监督管理部门会同有关部门组织事故调查组进行调查。

一般事故由设区的市的特种设备安全监督管理部门会同有关部门组织事故调查组进行调查。”

二十四、增加一条，作为第六十八条：“事故调查报告应当由负责组织事故调查的特种设备安全监督管理部门的所在地人民政府批复，并报上一级特种设备安全监督管理部门备案。

有关机关应当按照批复，依照法律、行政法规规定的权限和程序，对事故责任单位和有关人员进行行政处罚，对负有事故责任的国家工作人员进行处分。”

二十五、增加一条，作为第六十九条：“特种设备安全监督管理部门应当在有关地方人民政府的领导下，组织开展特种设备事故调查处理工作。

有关地方人民政府应当支持、配合上级人民政府或者特种设备安全监督管理部门的事故调查处理工作，并提供必要的便利条件。”

二十六、增加一条，作为第七十条：“特种设备安全监督管理部门应当对发生事故的原因进行分析，并根据特种设备的管理和技术特点、事故情况对相关安全技术规范进行评估；需要制定或者修订相关安全技术规范的，应当及时制定或者修订。”

二十七、第七十二条改为第八十条，第一款修改为：“未经许可，擅自从事移动式压力容器或者气瓶充装活动的，由特种设备安全监督管理部门予以取缔，没收违法充装的气瓶，处10万元以上50万元以下罚款；有违法所得的，没收违法所得；触犯刑律的，对负有责任的主管人员和其他直接责任人员依照刑法关于非法经营罪或者其他罪的规定，依法追究刑事责任。”

增加一款，作为第二款：“移动式压力容器、气瓶充装单位未按照安全技术规范的要求进行充装活动的，由特种设备安全监督管理部门责令改正，处2万元以上10万元以下罚款；情节严重的，撤销其充装资格。”

二十八、增加一条，作为第八十二条：“已经取得许可、核准的特种设备生产单位、检验检测机构有下列行为之一的，由特种设备安全监督管理部门责令改正，处2万元以上10万元以下罚款；情节严重的，撤销其相应资格：

（一）未按照安全技术规范的要求办理许可证变更手续的；

（二）不再符合本条例规定或者安全技术规范要求的条件，继续从事特种设备生产、检验检测的；

（三）未依照本条例规定或者安全技术规范要求进行特种设备生产、检验检测的；

（四）伪造、变造、出租、出借、转让许可证书或者监督检验报告的。”

二十九、第七十四条改为第八十三条，增加一项作为第九项：“未按照安全技术规范要求进行锅炉水（介）质处理的；”

增加一项作为第十项："特种设备不符合能效指标，未及时采取相应措施进行整改的。"

增加一款，作为第二款："特种设备使用单位使用未取得生产许可的单位生产的特种设备或者将非承压锅炉、非压力容器作为承压锅炉、压力容器使用的，由特种设备安全监督管理部门责令停止使用，予以没收，处2万元以上10万元以下罚款。"

三十、第七十八条改为第八十七条，修改为："发生特种设备事故，有下列情形之一的，对单位，由特种设备安全监督管理部门处5万元以上20万元以下罚款；对主要负责人，由特种设备安全监督管理部门处4000元以上2万元以下罚款；属于国家工作人员的，依法给予处分；触犯刑律的，依照刑法关于重大责任事故罪或者其他罪的规定，依法追究刑事责任：

（一）特种设备使用单位的主要负责人在本单位发生特种设备事故时，不立即组织抢救或者在事故调查处理期间擅离职守或者逃匿的；

（二）特种设备使用单位的主要负责人对特种设备事故隐瞒不报、谎报或者拖延不报的。"

三十一、增加一条，作为第八十八条："对事故发生负有责任的单位，由特种设备安全监督管理部门依照下列规定处以罚款：

（一）发生一般事故的，处10万元以上20万元以下罚款；

（二）发生较大事故的，处20万元以上50万元以下罚款；

（三）发生重大事故的，处50万元以上200万元以下罚款。"

三十二、增加一条，作为第八十九条："对事故发生负有责任的单位的主要负责人未依法履行职责，导致事故发生的，由特种设备安全监督管理部门依照下列规定处以罚款；属于国家工作人员的，并依法给予处分；触犯刑律的，依照刑法关于重大责任事故罪或者其他罪的规定，依法追究刑事责任：

（一）发生一般事故的，处上一年年收入30%的罚款；

（二）发生较大事故的，处上一年年收入40%的罚款；

（三）发生重大事故的，处上一年年收入60%的罚款。"

三十三、第八十六条改为第九十七条，增加一项作为第八项："迟报、漏报、瞒报或者谎报事故的；"

增加一项作为第九项："妨碍事故救援或者事故调查处理的。"

三十四、第八十七条改为第九十八条，增加一款作为第二款："特种设备生产、使用单位擅自动用、调换、转移、损毁被查封、扣押的特种设备或者其主要部件的，由特种设备安全监督管理部门责令改正，处5万元以上20万元以下罚款；情节严重的，撤销其相应资格。"

三十五、第九十九条第一款增加一项作为第八项："场（厂）内专用机动车辆，是指除道路交通、农用车辆以外仅在工厂厂区、旅游景区、游乐场所等特定区域使用的专用机动车辆。”

三十六、增加一条，作为第一百零一条：“国务院特种设备安全监督管理部门可以授权省、自治区、直辖市特种设备安全监督管理部门负责本条例规定的特种设备行政许可工作，具体办法由国务院特种设备安全监督管理部门制定。”

三十七、第九十条改为第一百零二条，修改为：“特种设备行政许可、检验检测，应当按照国家有关规定收取费用。”

此外，对条文的顺序和部分文字作相应的调整和修改。

本决定自2009年5月1日起施行。

特种设备安全监察条例

（2003年3月11日中华人民共和国国务院令第373号公布 根据2009年1月24日《国务院关于修改〈特种设备安全监察条例〉的决定》修订）

第一章　总　则

第一条　为了加强特种设备的安全监察，防止和减少事故，保障人民群众生命和财产安全，促进经济发展，制定本条例。

第二条　本条例所称特种设备是指涉及生命安全、危险性较大的锅炉、压力容器（含气瓶，下同）、压力管道、电梯、起重机械、客运索道、大型游乐设施和场（厂）内专用机动车辆。

前款特种设备的目录由国务院负责特种设备安全监督管理的部门（以下简称国务院特种设备安全监督管理部门）制订，报国务院批准后执行。

第三条　特种设备的生产（含设计、制造、安装、改造、维修，下同）、使用、检验检测及其监督检查，应当遵守本条例，但本条例另有规定的除外。

军事装备、核设施、航空航天器、铁路机车、海上设施和船舶以及矿山井下使用的特种设备、民用机场专用设备的安全监察不适用本条例。

房屋建筑工地和市政工程工地用起重机械、场（厂）内专用机动车辆的安装、使用的监督管理，由建设行政主管部门依照有关法律、法规的规定执行。

第四条　国务院特种设备安全监督管理部门负责全国特种设备的安全监察工作，县以上地方负责特种设备安全监督管理的部门对本行政区域内特种设备实施安全监察（以下统称特种设备安全监督管理部门）。

第五条　特种设备生产、使用单位应当建立健全特种设备安全、节能管理制度和岗位安全、节能责任制度。

特种设备生产、使用单位的主要负责人应当对本单位特种设备的安全和节能全面负责。

特种设备生产、使用单位和特种设备检验检测机构，应当接受特种设备安全监督管理部门依法进行的特种设备安全监察。

第六条　特种设备检验检测机构，应

当依照本条例规定，进行检验检测工作，对其检验检测结果、鉴定结论承担法律责任。

第七条 县级以上地方人民政府应当督促、支持特种设备安全监督管理部门依法履行安全监察职责，对特种设备安全监察中存在的重大问题及时予以协调、解决。

第八条 国家鼓励推行科学的管理方法，采用先进技术，提高特种设备安全性能和管理水平，增强特种设备生产、使用单位防范事故的能力，对取得显著成绩的单位和个人，给予奖励。

国家鼓励特种设备节能技术的研究、开发、示范和推广，促进特种设备节能技术创新和应用。

特种设备生产、使用单位和特种设备检验检测机构，应当保证必要的安全和节能投入。

国家鼓励实行特种设备责任保险制度，提高事故赔付能力。

第九条 任何单位和个人对违反本条例规定的行为，有权向特种设备安全监督管理部门和行政监察等有关部门举报。

特种设备安全监督管理部门应当建立特种设备安全监察举报制度，公布举报电话、信箱或者电子邮件地址，受理对特种设备生产、使用和检验检测违法行为的举报，并及时予以处理。

特种设备安全监督管理部门和行政监察等有关部门应当为举报人保密，并按照国家有关规定给予奖励。

第二章 特种设备的生产

第十条 特种设备生产单位，应当依照本条例规定以及国务院特种设备安全监督管理部门制订并公布的安全技术规范（以下简称安全技术规范）的要求，进行生产活动。

特种设备生产单位对其生产的特种设备的安全性能和能效指标负责，不得生产不符合安全性能要求和能效指标的特种设备，不得生产国家产业政策明令淘汰的特种设备。

第十一条 压力容器的设计单位应当经国务院特种设备安全监督管理部门许可，方可从事压力容器的设计活动。

压力容器的设计单位应当具备下列条件：

（一）有与压力容器设计相适应的设计人员、设计审核人员；

（二）有与压力容器设计相适应的场所和设备；

（三）有与压力容器设计相适应的健全的管理制度和责任制度。

第十二条 锅炉、压力容器中的气瓶（以下简称气瓶）、氧舱和客运索道、大型游乐设施以及高耗能特种设备的设计文件，应当经国务院特种设备安全监督管理部门核准的检验检测机构鉴定，方可用于制造。

第十三条 按照安全技术规范的要求，应当进行型式试验的特种设备产品、部件或者试制特种设备新产品、新部件、新材料，必须进行型式试验和能效测试。

第十四条　锅炉、压力容器、电梯、起重机械、客运索道、大型游乐设施及其安全附件、安全保护装置的制造、安装、改造单位，以及压力管道用管子、管件、阀门、法兰、补偿器、安全保护装置等（以下简称压力管道元件）的制造单位和场（厂）内专用机动车辆的制造、改造单位，应当经国务院特种设备安全监督管理部门许可，方可从事相应的活动。

前款特种设备的制造、安装、改造单位应当具备下列条件：

（一）有与特种设备制造、安装、改造相适应的专业技术人员和技术工人；

（二）有与特种设备制造、安装、改造相适应的生产条件和检测手段；

（三）有健全的质量管理制度和责任制度。

第十五条　特种设备出厂时，应当附有安全技术规范要求的设计文件、产品质量合格证明、安装及使用维修说明、监督检验证明等文件。

第十六条　锅炉、压力容器、电梯、起重机械、客运索道、大型游乐设施、场（厂）内专用机动车辆的维修单位，应当有与特种设备维修相适应的专业技术人员和技术工人以及必要的检测手段，并经省、自治区、直辖市特种设备安全监督管理部门许可，方可从事相应的维修活动。

第十七条　锅炉、压力容器、起重机械、客运索道、大型游乐设施的安装、改造、维修以及场（厂）内专用机动车辆的改造、维修，必须由依照本条例取得许可的单位进行。

电梯的安装、改造、维修，必须由电梯制造单位或者其通过合同委托、同意的依照本条例取得许可的单位进行。电梯制造单位对电梯质量以及安全运行涉及的质量问题负责。

特种设备安装、改造、维修的施工单位应当在施工前将拟进行的特种设备安装、改造、维修情况书面告知直辖市或者设区的市的特种设备安全监督管理部门，告知后即可施工。

第十八条　电梯井道的土建工程必须符合建筑工程质量要求。电梯安装施工过程中，电梯安装单位应当遵守施工现场的安全生产要求，落实现场安全防护措施。电梯安装施工过程中，施工现场的安全生产监督，由有关部门依照有关法律、行政法规的规定执行。

电梯安装施工过程中，电梯安装单位应当服从建筑施工总承包单位对施工现场的安全生产管理，并订立合同，明确各自的安全责任。

第十九条　电梯的制造、安装、改造和维修活动，必须严格遵守安全技术规范的要求。电梯制造单位委托或者同意其他单位进行电梯安装、改造、维修活动的，应当对其安装、改造、维修活动进行安全指导和监控。电梯的安装、改造、维修活动结束后，电梯制造单位应当按照安全技术规范的要求对电梯进行校验和调试，并对校验和调试的结果负责。

第二十条　锅炉、压力容器、电梯、起重机械、客运索道、大型游乐设施的安装、改造、维修以及场（厂）内专用机动车辆的改造、维修竣工后，安装、改造、维修的施工单位应当在验收后30日内将有关技术资料移交使用单位，高耗能特种设备还应当按照安全技术规范的要求提交能效测试报告。使用单位应当将其存入该特种设备的安全技术档案。

第二十一条　锅炉、压力容器、压力管道元件、起重机械、大型游乐设施的制造过程和锅炉、压力容器、电梯、起重机械、客运索道、大型游乐设施的安装、改造、重大维修过程，必须经国务院特种设备安全监督管理部门核准的检验检测机构按照安全技术规范的要求进行监督检验；未经监督检验合格的不得出厂或者交付使用。

第二十二条　移动式压力容器、气瓶充装单位应当经省、自治区、直辖市的特种设备安全监督管理部门许可，方可从事充装活动。

充装单位应当具备下列条件：

（一）有与充装和管理相适应的管理人员和技术人员；

（二）有与充装和管理相适应的充装设备、检测手段、场地厂房、器具、安全设施；

（三）有健全的充装管理制度、责任制度、紧急处理措施。

气瓶充装单位应当向气体使用者提供符合安全技术规范要求的气瓶，对使用者进行气瓶安全使用指导，并按照安全技术规范的要求办理气瓶使用登记，提出气瓶的定期检验要求。

第三章　特种设备的使用

第二十三条　特种设备使用单位，应当严格执行本条例和有关安全生产的法律、行政法规的规定，保证特种设备的安全使用。

第二十四条　特种设备使用单位应当使用符合安全技术规范要求的特种设备。特种设备投入使用前，使用单位应当核对其是否附有本条例第十五条规定的相关文件。

第二十五条　特种设备在投入使用前或者投入使用后30日内，特种设备使用单位应当向直辖市或者设区的市的特种设备安全监督管理部门登记。登记标志应当置于或者附着于该特种设备的显著位置。

第二十六条　特种设备使用单位应当建立特种设备安全技术档案。安全技术档案应当包括以下内容：

（一）特种设备的设计文件、制造单位、产品质量合格证明、使用维护说明等文件以及安装技术文件和资料；

（二）特种设备的定期检验和定期自行检查的记录；

（三）特种设备的日常使用状况记录；

（四）特种设备及其安全附件、安全保护装置、测量调控装置及有关附属仪器仪表的日常维护保养记录；

（五）特种设备运行故障和事故记录；

（六）高耗能特种设备的能效测试报告、能耗状况记录以及节能改造技术资料。

第二十七条　特种设备使用单位应当对在用特种设备进行经常性日常维护保

养，并定期自行检查。

特种设备使用单位对在用特种设备应当至少每月进行一次自行检查，并作出记录。特种设备使用单位在对在用特种设备进行自行检查和日常维护保养时发现异常情况的，应当及时处理。

特种设备使用单位应当对在用特种设备的安全附件、安全保护装置、测量调控装置及有关附属仪器仪表进行定期校验、检修，并作出记录。

锅炉使用单位应当按照安全技术规范的要求进行锅炉水（介）质处理，并接受特种设备检验检测机构实施的水（介）质处理定期检验。

从事锅炉清洗的单位，应当按照安全技术规范的要求进行锅炉清洗，并接受特种设备检验检测机构实施的锅炉清洗过程监督检验。

第二十八条　特种设备使用单位应当按照安全技术规范的定期检验要求，在安全检验合格有效期届满前1个月向特种设备检验检测机构提出定期检验要求。

检验检测机构接到定期检验要求后，应当按照安全技术规范的要求及时进行安全性能检验和能效测试。

未经定期检验或者检验不合格的特种设备，不得继续使用。

第二十九条　特种设备出现故障或者发生异常情况，使用单位应当对其进行全面检查，消除事故隐患后，方可重新投入使用。

特种设备不符合能效指标的，特种设备使用单位应当采取相应措施进行整改。

第三十条　特种设备存在严重事故隐患，无改造、维修价值，或者超过安全技术规范规定使用年限，特种设备使用单位应当及时予以报废，并应当向原登记的特种设备安全监督管理部门办理注销。

第三十一条　电梯的日常维护保养必须由依照本条例取得许可的安装、改造、维修单位或者电梯制造单位进行。

电梯应当至少每15日进行一次清洁、润滑、调整和检查。

第三十二条　电梯的日常维护保养单位应当在维护保养中严格执行国家安全技术规范的要求，保证其维护保养的电梯的安全技术性能，并负责落实现场安全防护措施，保证施工安全。

电梯的日常维护保养单位，应当对其维护保养的电梯的安全性能负责。接到故障通知后，应当立即赶赴现场，并采取必要的应急救援措施。

第三十三条　电梯、客运索道、大型游乐设施等为公众提供服务的特种设备运营使用单位，应当设置特种设备安全管理机构或者配备专职的安全管理人员；其他特种设备使用单位，应当根据情况设置特种设备安全管理机构或者配备专职、兼职的安全管理人员。

特种设备的安全管理人员应当对特种设备使用状况进行经常性检查，发现问题的应当立即处理；情况紧急时，可以决定停止使用特种设备并及时报告本单位有关负责人。

第三十四条　客运索道、大型游乐设施的运营使用单位在客运索道、大型游乐设施每日投入使用前，应当进行试运行和例行安全检查，并对安全装置进行检查确认。

电梯、客运索道、大型游乐设施的运营使用单位应当将电梯、客运索道、大型游乐设施的安全注意事项和警示标志置于易于为乘客注意的显著位置。

第三十五条　客运索道、大型游乐设施的运营使用单位的主要负责人应当熟悉客运索道、大型游乐设施的相关安全知识，并全面负责客运索道、大型游乐设施的安全使用。

客运索道、大型游乐设施的运营使用单位的主要负责人至少应当每月召开一次会议，督促、检查客运索道、大型游乐设施的安全使用工作。

客运索道、大型游乐设施的运营使用单位，应当结合本单位的实际情况，配备相应数量的营救装备和急救物品。

第三十六条　电梯、客运索道、大型游乐设施的乘客应当遵守使用安全注意事项的要求，服从有关工作人员的指挥。

第三十七条　电梯投入使用后，电梯制造单位应当对其制造的电梯的安全运行情况进行跟踪调查和了解，对电梯的日常维护保养单位或者电梯的使用单位在安全运行方面存在的问题，提出改进建议，并提供必要的技术帮助。

发现电梯存在严重事故隐患的，应当及时向特种设备安全监督管理部门报告。电梯制造单位对调查和了解的情况，应当作出记录。

第三十八条　锅炉、压力容器、电梯、起重机械、客运索道、大型游乐设施、场（厂）内专用机动车辆的作业人员及其相关管理人员（以下统称特种设备作业人员），应当按照国家有关规定经特种设备安全监督管理部门考核合格，取得国家统一格式的特种作业人员证书，方可从事相应的作业或者管理工作。

第三十九条　特种设备使用单位应当对特种设备作业人员进行特种设备安全、节能教育和培训，保证特种设备作业人员具备必要的特种设备安全、节能知识。

特种设备作业人员在作业中应当严格执行特种设备的操作规程和有关的安全规章制度。

第四十条　特种设备作业人员在作业过程中发现事故隐患或者其他不安全因素，应当立即向现场安全管理人员和单位有关负责人报告。

第四章　检验检测

第四十一条　从事本条例规定的监督检验、定期检验、型式试验以及专门为特种设备生产、使用、检验检测提供无损检测服务的特种设备检验检测机构，应当经国务院特种设备安全监督管理部门核准。

特种设备使用单位设立的特种设备检验检测机构，经国务院特种设备安全监督管理部门核准，负责本单位核准范围内的特种设备定期检验工作。

第四十二条　特种设备检验检测机构，应当具备下列条件：

（一）有与所从事的检验检测工作相

适应的检验检测人员；

（二）有与所从事的检验检测工作相适应的检验检测仪器和设备；

（三）有健全的检验检测管理制度、检验检测责任制度。

第四十三条　特种设备的监督检验、定期检验、型式试验和无损检测应当由依照本条例经核准的特种设备检验检测机构进行。

特种设备检验检测工作应当符合安全技术规范的要求。

第四十四条　从事本条例规定的监督检验、定期检验、型式试验和无损检测的特种设备检验检测人员应当经国务院特种设备安全监督管理部门组织考核合格，取得检验检测人员证书，方可从事检验检测工作。

检验检测人员从事检验检测工作，必须在特种设备检验检测机构执业，但不得同时在两个以上检验检测机构中执业。

第四十五条　特种设备检验检测机构和检验检测人员进行特种设备检验检测，应当遵循诚信原则和方便企业的原则，为特种设备生产、使用单位提供可靠、便捷的检验检测服务。

特种设备检验检测机构和检验检测人员对涉及的被检验检测单位的商业秘密，负有保密义务。

第四十六条　特种设备检验检测机构和检验检测人员应当客观、公正、及时地出具检验检测结果、鉴定结论。检验检测结果、鉴定结论经检验检测人员签字后，由检验检测机构负责人签署。

特种设备检验检测机构和检验检测人员对检验检测结果、鉴定结论负责。

国务院特种设备安全监督管理部门应当组织对特种设备检验检测机构的检验检测结果、鉴定结论进行监督抽查。县以上地方负责特种设备安全监督管理的部门在本行政区域内也可以组织监督抽查，但是要防止重复抽查。监督抽查结果应当向社会公布。

第四十七条　特种设备检验检测机构和检验检测人员不得从事特种设备的生产、销售，不得以其名义推荐或者监制、监销特种设备。

第四十八条　特种设备检验检测机构进行特种设备检验检测，发现严重事故隐患或者能耗严重超标的，应当及时告知特种设备使用单位，并立即向特种设备安全监督管理部门报告。

第四十九条　特种设备检验检测机构和检验检测人员利用检验检测工作故意刁难特种设备生产、使用单位，特种设备生产、使用单位有权向特种设备安全监督管理部门投诉，接到投诉的特种设备安全监督管理部门应当及时进行调查处理。

第五章　监督检查

第五十条　特种设备安全监督管理部门依照本条例规定，对特种设备生产、使用单位和检验检测机构实施安全监察。

对学校、幼儿园以及车站、客运码头、商场、体育场馆、展览馆、公园等公众聚集场所的特种设备，特种设备安全监督管理部门应当实施重点安全监察。

第五十一条　特种设备安全监督管理部门根据举报或者取得的涉嫌违法证据，对涉嫌违反本条例规定的行为进行查处时，可以行使下列职权：

（一）向特种设备生产、使用单位和检验检测机构的法定代表人、主要负责人和其他有关人员调查、了解与涉嫌从事违反本条例的生产、使用、检验检测有关的情况；

（二）查阅、复制特种设备生产、使用单位和检验检测机构的有关合同、发票、账簿以及其他有关资料；

（三）对有证据表明不符合安全技术规范要求的或者有其他严重事故隐患、能耗严重超标的特种设备，予以查封或者扣押。

第五十二条　依照本条例规定实施许可、核准、登记的特种设备安全监督管理部门，应当严格依照本条例规定条件和安全技术规范要求对有关事项进行审查；不符合本条例规定条件和安全技术规范要求的，不得许可、核准、登记；在申请办理许可、核准期间，特种设备安全监督管理部门发现申请人未经许可从事特种设备相应活动或者伪造许可、核准证书的，不予受理或者不予许可、核准，并在1年内不再受理其新的许可、核准申请。

未依法取得许可、核准、登记的单位擅自从事特种设备的生产、使用或者检验检测活动的，特种设备安全监督管理部门应当依法予以处理。

违反本条例规定，被依法撤销许可的，自撤销许可之日起3年内，特种设备安全监督管理部门不予受理其新的许可申请。

第五十三条　特种设备安全监督管理部门在办理本条例规定的有关行政审批事项时，其受理、审查、许可、核准的程序必须公开，并应当自受理申请之日起30日内，作出许可、核准或者不予许可、核准的决定；不予许可、核准的，应当书面向申请人说明理由。

第五十四条　地方各级特种设备安全监督管理部门不得以任何形式进行地方保护和地区封锁，不得对已经依照本条例规定在其他地方取得许可的特种设备生产单位重复进行许可，也不得要求对依照本条例规定在其他地方检验检测合格的特种设备，重复进行检验检测。

第五十五条　特种设备安全监督管理部门的安全监察人员（以下简称特种设备安全监察人员）应当熟悉相关法律、法规、规章和安全技术规范，具有相应的专业知识和工作经验，并经国务院特种设备安全监督管理部门考核，取得特种设备安全监察人员证书。

特种设备安全监察人员应当忠于职守、坚持原则、秉公执法。

第五十六条　特种设备安全监督管理部门对特种设备生产、使用单位和检验检测机构实施安全监察时，应当有两名以上特种设备安全监察人员参加，并出示有效的特种设备安全监察人员证件。

第五十七条　特种设备安全监督管理部门对特种设备生产、使用单位和检验检测机构实施安全监察，应当对每次安全监察的内容、发现的问题及处理情况，作出记录，并由参加安全监察的特种设备安全监察人员和被检查单位的有关负责人签字后归档。被检查单位的有关负责人拒绝签字的，特种设备安全监察人员应当将情况记录在案。

第五十八条　特种设备安全监督管理部门对特种设备生产、使用单位和检验检测机构进行安全监察时，发现有违反本条例规定和安全技术规范要求的行为或者在用的特种设备存在事故隐患、不符合能效指标的，应当以书面形式发出特种设备安全监察指令，责令有关单位及时采取措施，予以改正或者消除事故隐患。紧急情况下需要采取紧急处置措施的，应当随后补发书面通知。

第五十九条　特种设备安全监督管理部门对特种设备生产、使用单位和检验检测机构进行安全监察，发现重大违法行为或者严重事故隐患时，应当在采取必要措施的同时，及时向上级特种设备安全监督管理部门报告。接到报告的特种设备安全监督管理部门应当采取必要措施，及时予以处理。

对违法行为、严重事故隐患或者不符合能效指标的处理需要当地人民政府和有关部门的支持、配合时，特种设备安全监督管理部门应当报告当地人民政府，并通知其他有关部门。当地人民政府和其他有关部门应当采取必要措施，及时予以处理。

第六十条　国务院特种设备安全监督管理部门和省、自治区、直辖市特种设备安全监督管理部门应当定期向社会公布特种设备安全以及能效状况。

公布特种设备安全以及能效状况，应当包括下列内容：

（一）特种设备质量安全状况；

（二）特种设备事故的情况、特点、原因分析、防范对策；

（三）特种设备能效状况；

（四）其他需要公布的情况。

第六章　事故预防和调查处理

第六十一条　有下列情形之一的，为特别重大事故：

（一）特种设备事故造成 30 人以上死亡，或者 100 人以上重伤（包括急性工业中毒，下同），或者 1 亿元以上直接经济损失的；

（二）600 兆瓦以上锅炉爆炸的；

（三）压力容器、压力管道有毒介质泄漏，造成 15 万人以上转移的；

（四）客运索道、大型游乐设施高空滞留 100 人以上并且时间在 48 小时以上的。

第六十二条　有下列情形之一的，为重大事故：

（一）特种设备事故造成 10 人以上 30 人以下死亡，或者 50 人以上 100 人以下重伤，或者 5000 万元以上 1 亿元以下直接经济损失的；

（二）600 兆瓦以上锅炉因安全故障中断运行 240 小时以上的；

（三）压力容器、压力管道有毒介质

泄漏，造成5万人以上15万人以下转移的；

（四）客运索道、大型游乐设施高空滞留100人以上并且时间在24小时以上48小时以下的。

第六十三条 有下列情形之一的，为较大事故：

（一）特种设备事故造成3人以上10人以下死亡，或者10人以上50人以下重伤，或者1000万元以上5000万元以下直接经济损失的；

（二）锅炉、压力容器、压力管道爆炸的；

（三）压力容器、压力管道有毒介质泄漏，造成1万人以上5万人以下转移的；

（四）起重机械整体倾覆的；

（五）客运索道、大型游乐设施高空滞留人员12小时以上的。

第六十四条 有下列情形之一的，为一般事故：

（一）特种设备事故造成3人以下死亡，或者10人以下重伤，或者1万元以上1000万元以下直接经济损失的；

（二）压力容器、压力管道有毒介质泄漏，造成500人以上1万人以下转移的；

（三）电梯轿厢滞留人员2小时以上的；

（四）起重机械主要受力结构件折断或者起升机构坠落的；

（五）客运索道高空滞留人员3.5小时以上12小时以下的；

（六）大型游乐设施高空滞留人员1小时以上12小时以下的。

除前款规定外，国务院特种设备安全监督管理部门可以对一般事故的其他情形做出补充规定。

第六十五条 特种设备安全监督管理部门应当制定特种设备应急预案。特种设备使用单位应当制定事故应急专项预案，并定期进行事故应急演练。

压力容器、压力管道发生爆炸或者泄漏，在抢险救援时应当区分介质特性，严格按照相关预案规定程序处理，防止二次爆炸。

第六十六条 特种设备事故发生后，事故发生单位应当立即启动事故应急预案，组织抢救，防止事故扩大，减少人员伤亡和财产损失，并及时向事故发生地县以上特种设备安全监督管理部门和有关部门报告。

第六十七条 特别重大事故由国务院或者国务院授权有关部门组织事故调查组进行调查。

重大事故由国务院特种设备安全监督管理部门会同有关部门组织事故调查组进行调查。

较大事故由省、自治区、直辖市特种设备安全监督管理部门会同有关部门组织事故调查组进行调查。

一般事故由设区的市的特种设备安全监督管理部门会同有关部门组织事故调查组进行调查。

据特种设备的管理和技术特点、事故情况对相关安全技术规范进行评估；需要制定或者修订相关安全技术规范的，应当及时制定或者修订。

第六十八条 事故调查报告应当由负

责组织事故调查的特种设备安全监督管理部门的所在地人民政府批复，并报上一级特种设备安全监督管理部门备案。

有关机关应当按照批复，依照法律、行政法规规定的权限和程序，对事故责任单位和有关人员进行行政处罚，对负有事故责任的国家工作人员进行处分。

第六十九条　特种设备安全监督管理部门应当在有关地方人民政府的领导下，组织开展特种设备事故调查处理工作。

有关地方人民政府应当支持、配合上级人民政府或者特种设备安全监督管理部门的事故调查处理工作，并提供必要的便利条件。

第七十条　特种设备安全监督管理部门应当对发生事故的原因进行分析，县以上特种设备安全监督管理部门接到事故报告，应当尽快核实有关情况，立即向所在地人民政府报告，并逐级上报事故情况。必要时，特种设备安全监督管理部门可以越级上报事故情况。对特别重大事故、重大事故，国务院特种设备安全监督管理部门应当立即报告国务院并通报国务院安全生产监督管理部门等有关部门。

第七十一条　本章所称的“以上”包括本数，所称的“以下”不包括本数。

第七章　法律责任

第七十二条　未经许可，擅自从事压力容器设计活动的，由特种设备安全监督管理部门予以取缔，处5万元以上20万元以下罚款；有违法所得的，没收违法所得；触犯刑律的，对负有责任的主管人员和其他直接责任人员依照刑法关于非法经营罪或者其他罪的规定，依法追究刑事责任。

第七十三条　锅炉、气瓶、氧舱和客运索道、大型游乐设施以及高耗能特种设备的设计文件，未经国务院特种设备安全监督管理部门核准的检验检测机构鉴定，擅自用于制造的，由特种设备安全监督管理部门责令改正，没收非法制造的产品，处5万元以上20万元以下罚款；触犯刑律的，对负有责任的主管人员和其他直接责任人员依照刑法关于生产、销售伪劣产品罪、非法经营罪或者其他罪的规定，依法追究刑事责任。

第七十四条　按照安全技术规范的要求应当进行型式试验的特种设备产品、部件或者试制特种设备新产品、新部件，未进行整机或者部件型式试验的，由特种设备安全监督管理部门责令限期改正；逾期未改正的，处2万元以上10万元以下罚款。

第七十五条　未经许可，擅自从事锅炉、压力容器、电梯、起重机械、客运索道、大型游乐设施、场（厂）内专用机动车辆及其安全附件、安全保护装置的制造、安装、改造以及压力管道元件的制造活动的，由特种设备安全监督管理部门予以取缔，没收非法制造的产品，已经实施安装、改造的，责令恢复原状或者责令限期由取得许可的单位重新安装、改造，处10万元以上50万元以下罚款；触犯刑律的，对负有责任的主管人员和其他直接责任人员依照刑法关于生产、销售伪劣产品罪、非法经营罪、重大责任事故罪或者其他罪的规定，依法追究刑事责任。

第七十六条　特种设备出厂时，未按照安全技术规范的要求附有设计文件、产品质量合格证明、安装及使用维修说明、监督检验证明等文件的，由特种设备安全监督管理部门责令改正；情节严重的，责令停止生产、销售，处违法生产、销售货值金额30%以下罚款；有违法所得的，没收违法所得。

第七十七条　未经许可，擅自从事锅炉、压力容器、电梯、起重机械、客运索道、大型游乐设施、场（厂）内专用机动车辆的维修或者日常维护保养的，由特种设备安全监督管理部门予以取缔，处1万元以上5万元以下罚款；有违法所得的，没收违法所得；触犯刑律的，对负有责任的主管人员和其他直接责任人员依照刑法关于非法经营罪、重大责任事故罪或者其他罪的规定，依法追究刑事责任。

第七十八条　锅炉、压力容器、电梯、起重机械、客运索道、大型游乐设施的安装、改造、维修的施工单位以及场（厂）内专用机动车辆的改造、维修单位，在施工前未将拟进行的特种设备安装、改造、维修情况书面告知直辖市或者设区的市的特种设备安全监督管理部门即行施工的，或者在验收后30日内未将有关技术资料移交锅炉、压力容器、电梯、起重机械、客运索道、大型游乐设施的使用单位的，由特种设备安全监督管理部门责令限期改正；逾期未改正的，处2000元以上1万元以下罚款。

第七十九条　锅炉、压力容器、压力管道元件、起重机械、大型游乐设施的制造过程和锅炉、压力容器、电梯、起重机械、客运索道、大型游乐设施的安装、改造、重大维修过程，以及锅炉清洗过程，未经国务院特种设备安全监督管理部门核准的检验检测机构按照安全技术规范的要求进行监督检验的，由特种设备安全监督管理部门责令改正，已经出厂的，没收违法生产、销售的产品，已经实施安装、改造、重大维修或者清洗的，责令限期进行监督检验，处5万元以上20万元以下罚款；有违法所得的，没收违法所得；情节严重的，撤销制造、安装、改造或者维修单位已经取得的许可，并由工商行政管理部门吊销其营业执照；触犯刑律的，对负有责任的主管人员和其他直接责任人员依照刑法关于生产、销售伪劣产品罪或者其他罪的规定，依法追究刑事责任。

第八十条　未经许可，擅自从事移动式压力容器或者气瓶充装活动的，由特种设备安全监督管理部门予以取缔，没收违法充装的气瓶，处10万元以上50万元以下罚款；有违法所得的，没收违法所得；触犯刑律的，对负有责任的主管人员和其他直接责任人员依照刑法关于非法经营罪或者其他罪的规定，依法追究刑事责任。

移动式压力容器、气瓶充装单位未按照安全技术规范的要求进行充装活动的，由特种设备安全监督管理部门责令改正，处2万元以上10万元以下罚款；情节严重的，撤销其充装资格。

第八十一条　电梯制造单位有下列情形之一的，由特种设备安全监督管理部门责令限期改正；逾期未改正的，予以通报批评：

（一）未依照本条例第十九条的规定对电梯进行校验、调试的；

（二）对电梯的安全运行情况进行跟踪调查和了解时，发现存在严重事故隐患，未及时向特种设备安全监督管理部门报告的。

第八十二条　已经取得许可、核准的特种设备生产单位、检验检测机构有下列行为之一的，由特种设备安全监督管理部门责令改正，处2万元以上10万元以下罚款；情节严重的，撤销其相应资格：

（一）未按照安全技术规范的要求办理许可证变更手续的；

（二）不再符合本条例规定或者安全技术规范要求的条件，继续从事特种设备生产、检验检测的；

（三）未依照本条例规定或者安全技术规范要求进行特种设备生产、检验检测的；

（四）伪造、变造、出租、出借、转让许可证书或者监督检验报告的。

第八十三条　特种设备使用单位有下列情形之一的，由特种设备安全监督管理部门责令限期改正；逾期未改正的，处2000元以上2万元以下罚款；情节严重的，责令停止使用或者停产停业整顿：

（一）特种设备投入使用前或者投入使用后30日内，未向特种设备安全监督管理部门登记，擅自将其投入使用的；

（二）未依照本条例第二十六条的规定，建立特种设备安全技术档案的；

（三）未依照本条例第二十七条的规定，对在用特种设备进行经常性日常维护保养和定期自行检查的，或者对在用特种设备的安全附件、安全保护装置、测量调控装置及有关附属仪器仪表进行定期校验、检修，并作出记录的；

（四）未按照安全技术规范的定期检验要求，在安全检验合格有效期届满前1个月向特种设备检验检测机构提出定期检验要求的；

（五）使用未经定期检验或者检验不合格的特种设备的；

（六）特种设备出现故障或者发生异常情况，未对其进行全面检查、消除事故隐患，继续投入使用的；

（七）未制定特种设备事故应急专项预案的；

（八）未依照本条例第三十一条第二款的规定，对电梯进行清洁、润滑、调整和检查的；

（九）未按照安全技术规范要求进行锅炉水（介）质处理的；

（十）特种设备不符合能效指标，未及时采取相应措施进行整改的。

特种设备使用单位使用未取得生产许可的单位生产的特种设备或者将非承压锅炉、非压力容器作为承压锅炉、压力容器使用的，由特种设备安全监督管理部门责令停止使用，予以没收，处2万元以上10万元以下罚款。

第八十四条　特种设备存在严重事故

隐患，无改造、维修价值，或者超过安全技术规范规定的使用年限，特种设备使用单位未予以报废，并向原登记的特种设备安全监督管理部门办理注销的，由特种设备安全监督管理部门责令限期改正；逾期未改正的，处5万元以上20万元以下罚款。

第八十五条　电梯、客运索道、大型游乐设施的运营使用单位有下列情形之一的，由特种设备安全监督管理部门责令限期改正；逾期未改正的，责令停止使用或者停产停业整顿，处1万元以上5万元以下罚款：

（一）客运索道、大型游乐设施每日投入使用前，未进行试运行和例行安全检查，并对安全装置进行检查确认的；

（二）未将电梯、客运索道、大型游乐设施的安全注意事项和警示标志置于易于为乘客注意的显著位置的。

第八十六条　特种设备使用单位有下列情形之一的，由特种设备安全监督管理部门责令限期改正；逾期未改正的，责令停止使用或者停产停业整顿，处2000元以上2万元以下罚款：

（一）未依照本条例规定设置特种设备安全管理机构或者配备专职、兼职的安全管理人员的；

（二）从事特种设备作业的人员，未取得相应特种作业人员证书，上岗作业的；

（三）未对特种设备作业人员进行特种设备安全教育和培训的。

第八十七条　发生特种设备事故，有下列情形之一的，对单位，由特种设备安全监督管理部门处5万元以上20万元以下罚款；对主要负责人，由特种设备安全监督管理部门处4000元以上2万元以下罚款；属于国家工作人员的，依法给予处分；触犯刑律的，依照刑法关于重大责任事故罪或者其他罪的规定，依法追究刑事责任：

（一）特种设备使用单位的主要负责人在本单位发生特种设备事故时，不立即组织抢救或者在事故调查处理期间擅离职守或者逃匿的；

（二）特种设备使用单位的主要负责人对特种设备事故隐瞒不报、谎报或者拖延不报的。

第八十八条　对事故发生负有责任的单位，由特种设备安全监督管理部门依照下列规定处以罚款：

（一）发生一般事故的，处10万元以上20万元以下罚款；

（二）发生较大事故的，处20万元以上50万元以下罚款；

（三）发生重大事故的，处50万元以上200万元以下罚款。

第八十九条　对事故发生负有责任的单位的主要负责人未依法履行职责，导致事故发生的，由特种设备安全监督管理部门依照下列规定处以罚款；属于国家工作人员的，并依法给予处分；触犯刑律的，依照刑法关于重大责任事故罪或者其他罪的规定，依法追究刑事责任：

（一）发生一般事故的，处上一年年收入30%的罚款；

（二）发生较大事故的，处上一年年

收入40%的罚款；

（三）发生重大事故的，处上一年年收入60%的罚款。

第九十条　特种设备作业人员违反特种设备的操作规程和有关的安全规章制度操作，或者在作业过程中发现事故隐患或者其他不安全因素，未立即向现场安全管理人员和单位有关负责人报告的，由特种设备使用单位给予批评教育、处分；情节严重的，撤销特种设备作业人员资格；触犯刑律的，依照刑法关于重大责任事故罪或者其他罪的规定，依法追究刑事责任。

第九十一条　未经核准，擅自从事本条例所规定的监督检验、定期检验、型式试验以及无损检测等检验检测活动的，由特种设备安全监督管理部门予以取缔，处5万元以上20万元以下罚款；有违法所得的，没收违法所得；触犯刑律的，对负有责任的主管人员和其他直接责任人员依照刑法关于非法经营罪或者其他罪的规定，依法追究刑事责任。

第九十二条　特种设备检验检测机构，有下列情形之一的，由特种设备安全监督管理部门处2万元以上10万元以下罚款；情节严重的，撤销其检验检测资格：

（一）聘用未经特种设备安全监督管理部门组织考核合格并取得检验检测人员证书的人员，从事相关检验检测工作的；

（二）在进行特种设备检验检测中，发现严重事故隐患或者能耗严重超标，未及时告知特种设备使用单位，并立即向特种设备安全监督管理部门报告的。

第九十三条　特种设备检验检测机构和检验检测人员，出具虚假的检验检测结果、鉴定结论或者检验检测结果、鉴定结论严重失实的，由特种设备安全监督管理部门对检验检测机构没收违法所得，处5万元以上20万元以下罚款，情节严重的，撤销其检验检测资格；对检验检测人员处5000元以上5万元以下罚款，情节严重的，撤销其检验检测资格，触犯刑律的，依照刑法关于中介组织人员提供虚假证明文件罪、中介组织人员出具证明文件重大失实罪或者其他罪的规定，依法追究刑事责任。

特种设备检验检测机构和检验检测人员，出具虚假的检验检测结果、鉴定结论或者检验检测结果、鉴定结论严重失实，造成损害的，应当承担赔偿责任。

第九十四条　特种设备检验检测机构或者检验检测人员从事特种设备的生产、销售，或者以其名义推荐或者监制、监销特种设备的，由特种设备安全监督管理部门撤销特种设备检验检测机构和检验检测人员的资格，处5万元以上20万元以下罚款；有违法所得的，没收违法所得。

第九十五条　特种设备检验检测机构和检验检测人员利用检验检测工作故意刁难特种设备生产、使用单位，由特种设备安全监督管理部门责令改正；拒不改正的，撤销其检验检测资格。

第九十六条　检验检测人员，从事检验检测工作，不在特种设备检验检测机构执业或者同时在两个以上检验检测机构中执业的，由特种设备安全监督管理部门责令改正，情节严重的，给予停止执业6个月以上2年以下的处罚；有违法所得的，没收违法所得。

第九十七条　特种设备安全监督管理部门及其特种设备安全监察人员，有下列违法行为之一的，对直接负责的主管人员和其他直接责任人员，依法给予降级或者撤职的处分；触犯刑律的，依照刑法关于受贿罪、滥用职权罪、玩忽职守罪或者其他罪的规定，依法追究刑事责任：

（一）不按照本条例规定的条件和安全技术规范要求，实施许可、核准、登记的；

（二）发现未经许可、核准、登记擅自从事特种设备的生产、使用或者检验检测活动不予取缔或者不依法予以处理的；

（三）发现特种设备生产、使用单位不再具备本条例规定的条件而不撤销其原许可，或者发现特种设备生产、使用违法行为不予查处的；

（四）发现特种设备检验检测机构不再具备本条例规定的条件而不撤销其原核准，或者对其出具虚假的检验检测结果、鉴定结论或者检验检测结果、鉴定结论严重失实的行为不予查处的；

（五）对依照本条例规定在其他地方取得许可的特种设备生产单位重复进行许可，或者对依照本条例规定在其他地方检验检测合格的特种设备，重复进行检验检测的；

（六）发现有违反本条例和安全技术规范的行为或者在用的特种设备存在严重事故隐患，不立即处理的；

（七）发现重大的违法行为或者严重事故隐患，未及时向上级特种设备安全监督管理部门报告，或者接到报告的特种设备安全监督管理部门不立即处理的；

（八）迟报、漏报、瞒报或者谎报事故的；

（九）妨碍事故救援或者事故调查处理的。

第九十八条　特种设备的生产、使用单位或者检验检测机构，拒不接受特种设备安全监督管理部门依法实施的安全监察的，由特种设备安全监督管理部门责令限期改正；逾期未改正的，责令停产停业整顿，处 2 万元以上 10 万元以下罚款；触犯刑律的，依照刑法关于妨害公务罪或者其他罪的规定，依法追究刑事责任。

特种设备生产、使用单位擅自动用、调换、转移、损毁被查封、扣押的特种设备或者其主要部件的，由特种设备安全监督管理部门责令改正，处 5 万元以上 20 万元以下罚款；情节严重的，撤销其相应资格。

第八章　附　则

第九十九条　本条例下列用语的含义是：

（一）锅炉，是指利用各种燃料、电或者其他能源，将所盛装的液体加热到一定的参数，并对外输出热能的设备，其范围规定为容积大于或者等于 30L 的承压蒸汽锅炉；出口水压大于或者等于 0.1MPa（表压），且额定功率大于或者等于 0.1MW 的承压热水锅炉；有机热载体锅炉。

（二）压力容器，是指盛装气体或者液体，承载一定压力的密闭设备，其范围规定为最高工作压力大于或者等于0.1MPa（表压），且压力与容积的乘积大于或者等于2.5MPa•L的气体、液化气体和最高工作温度高于或者等于标准沸点的液体的固定式容器和移动式容器；盛装公称工作压力大于或者等于0.2MPa（表压），且压力与容积的乘积大于或者等于1.0MPa•L的气体、液化气体和标准沸点等于或者低于60℃液体的气瓶；氧舱等。

（三）压力管道，是指利用一定的压力，用于输送气体或者液体的管状设备，其范围规定为最高工作压力大于或者等于0.1MPa（表压）的气体、液化气体、蒸汽介质或者可燃、易爆、有毒、有腐蚀性、最高工作温度高于或者等于标准沸点的液体介质，且公称直径大于25mm的管道。

（四）电梯，是指动力驱动，利用沿刚性导轨运行的箱体或者沿固定线路运行的梯级（踏步），进行升降或者平行运送人、货物的机电设备，包括载人（货）电梯、自动扶梯、自动人行道等。

（五）起重机械，是指用于垂直升降或者垂直升降并水平移动重物的机电设备，其范围规定为额定起重量大于或者等于0.5t的升降机；额定起重量大于或者等于1t，且提升高度大于或者等于2m的起重机和承重形式固定的电动葫芦等。

（六）客运索道，是指动力驱动，利用柔性绳索牵引箱体等运载工具运送人员的机电设备，包括客运架空索道、客运缆车、客运拖牵索道等。

（七）大型游乐设施，是指用于经营目的，承载乘客游乐的设施，其范围规定为设计最大运行线速度大于或者等于2m/s，或者运行高度距地面高于或者等于2m的载人大型游乐设施。

（八）场（厂）内专用机动车辆，是指除道路交通、农用车辆以外仅在工厂厂区、旅游景区、游乐场所等特定区域使用的专用机动车辆。

特种设备包括其所用的材料、附属的安全附件、安全保护装置和与安全保护装置相关的设施。

第一百条　压力管道设计、安装、使用的安全监督管理办法由国务院另行制定。

第一百零一条　国务院特种设备安全监督管理部门可以授权省、自治区、直辖市特种设备安全监督管理部门负责本条例规定的特种设备行政许可工作，具体办法由国务院特种设备安全监督管理部门制定。

第一百零二条　特种设备行政许可、检验检测，应当按照国家有关规定收取费用。

第一百零三条　条例自2003年6月1日起施行。1982年2月6日国务院发布的《锅炉压力容器安全监察暂行条例》同时废止。

中华人民共和国国务院令

第 559 号

《规划环境影响评价条例》已经 2009 年 8 月 12 日国务院第 76 次常务会议通过，现予公布，自 2009 年 10 月 1 日起施行。

总理　温家宝

2009 年 8 月 17 日

规划环境影响评价条例

第一章　总　则

第一条　为了加强对规划的环境影响评价工作，提高规划的科学性，从源头预防环境污染和生态破坏，促进经济、社会和环境的全面协调可持续发展，根据《中华人民共和国环境影响评价法》，制定本条例。

第二条　国务院有关部门、设区的市级以上地方人民政府及其有关部门，对其组织编制的土地利用的有关规划和区域、流域、海域的建设、开发利用规划（以下称综合性规划），以及工业、农业、畜牧业、林业、能源、水利、交通、城市建设、旅游、自然资源开发的有关专项规划（以下称专项规划），应当进行环境影响评价。

依照本条第一款规定应当进行环境影响评价的规划的具体范围，由国务院环境保护主管部门会同国务院有关部门拟订，报国务院批准后执行。

第三条　对规划进行环境影响评价，应当遵循客观、公开、公正的原则。

第四条　国家建立规划环境影响评价信息共享制度。

县级以上人民政府及其有关部门应当对规划环境影响评价所需资料实行信息共享。

第五条　规划环境影响评价所需的费用应当按照预算管理的规定纳入财政预算，严格支出管理，接受审计监督。

第六条　任何单位和个人对违反本条例规定的行为或者对规划实施过程中产生的重大不良环境影响，有权向规划审批机关、规划编制机关或者环境保护主管部门举报。有关部门接到举报后，应当依法调查处理。

第二章　评　价

第七条　规划编制机关应当在规划编制过程中对规划组织进行环境影响评价。

第八条　对规划进行环境影响评价，应当分析、预测和评估以下内容：

（一）规划实施可能对相关区域、流域、海域生态系统产生的整体影响；

（二）规划实施可能对环境和人群健康产生的长远影响；

（三）规划实施的经济效益、社会效益与环境效益之间以及当前利益与长远利益之间的关系。

第九条　对规划进行环境影响评价，应当遵守有关环境保护标准以及环境影响评价技术导则和技术规范。

规划环境影响评价技术导则由国务院环境保护主管部门会同国务院有关部门制定；规划环境影响评价技术规范由国务院有关部门根据规划环境影响评价技术导则制定，并抄送国务院环境保护主管部门备案。

第十条　编制综合性规划，应当根据规划实施后可能对环境造成的影响，编写环境影响篇章或者说明。

编制专项规划，应当在规划草案报送审批前编制环境影响报告书。编制专项规划中的指导性规划，应当依照本条第一款规定编写环境影响篇章或者说明。

本条第二款所称指导性规划是指以发展战略为主要内容的专项规划。

第十一条　环境影响篇章或者说明应当包括下列内容：

（一）规划实施对环境可能造成影响的分析、预测和评估。主要包括资源环境承载能力分析、不良环境影响的分析和预测以及与相关规划的环境协调性分析。

（二）预防或者减轻不良环境影响的对策和措施。主要包括预防或者减轻不良环境影响的政策、管理或者技术等措施。

环境影响报告书除包括上述内容外，还应当包括环境影响评价结论。主要包括规划草案的环境合理性和可行性，预防或者减轻不良环境影响的对策和措施的合理性和有效性，以及规划草案的调整建议。

第十二条　环境影响篇章或者说明、环境影响报告书（以下称环境影响评价文件），由规划编制机关编制或者组织规划环境影响评价技术机构编制。规划编制机关应当对环境影响评价文件的质量负责。

第十三条　规划编制机关对可能造成不良环境影响并直接涉及公众环境权益的专项规划，应当在规划草案报送审批前，采取调查问卷、座谈会、论证会、听证会等形式，公开征求有关单位、专家和公众对环境影响报告书的意见。但是，依法需要保密的除外。

有关单位、专家和公众的意见与环境影响评价结论有重大分歧的，规划编制机关应当采取论证会、听证会等形式进一步论证。

规划编制机关应当在报送审查的环境影响报告书中附具对公众意见采纳与不采纳情况及其理由的说明。

第十四条　对已经批准的规划在实施范围、适用期限、规模、结构和布局等方面进行重大调整或者修订的，规划编制机关应当依照本条例的规定重新或者补充进行环境影响评价。

第三章　审　查

第十五条　规划编制机关在报送审批综合性规划草案和专项规划中的指导性规划草案时，应当将环境影响篇章或者说明作为规划草案的组成部分一并报送规划审批机关。未编写环境影响篇章或者说明的，规划审批机关应当要求其补充；未补充的，规划审批机关不予审批。

第十六条　规划编制机关在报送审批专项规划草案时，应当将环境影响报告书一并附送规划审批机关审查；未附送环境影响报告书的，规划审批机关应当要求其补充；未补充的，规划审批机关不予审批。

第十七条 设区的市级以上人民政府审批的专项规划，在审批前由其环境保护主管部门召集有关部门代表和专家组成审查小组，对环境影响报告书进行审查。审查小组应当提交书面审查意见。

省级以上人民政府有关部门审批的专项规划，其环境影响报告书的审查办法，由国务院环境保护主管部门会同国务院有关部门制定。

第十八条 审查小组的专家应当从依法设立的专家库内相关专业的专家名单中随机抽取。但是，参与环境影响报告书编制的专家，不得作为该环境影响报告书审查小组的成员。

审查小组中专家人数不得少于审查小组总人数的二分之一；少于二分之一的，审查小组的审查意见无效。

第十九条 审查小组的成员应当客观、公正、独立地对环境影响报告书提出书面审查意见，规划审批机关、规划编制机关、审查小组的召集部门不得干预。

审查意见应当包括下列内容：

(一)基础资料、数据的真实性；

(二)评价方法的适当性；

(三)环境影响分析、预测和评估的可靠性；

(四)预防或者减轻不良环境影响的对策和措施的合理性和有效性；

(五)公众意见采纳与不采纳情况及其理由的说明的合理性；

(六)环境影响评价结论的科学性。

审查意见应当经审查小组四分之三以上成员签字同意。审查小组成员有不同意见的，应当如实记录和反映。

第二十条 有下列情形之一的，审查小组应当提出对环境影响报告书进行修改并重新审查的意见：

(一)基础资料、数据失实的；

(二)评价方法选择不当的；

(三)对不良环境影响的分析、预测和评估不准确、不深入，需要进一步论证的；

(四)预防或者减轻不良环境影响的对策和措施存在严重缺陷的；

(五)环境影响评价结论不明确、不合理或者错误的；

(六)未附具对公众意见采纳与不采纳情况及其理由的说明，或者不采纳公众意见的理由明显不合理的；

(七)内容存在其他重大缺陷或者遗漏的。

第二十一条 有下列情形之一的，审查小组应当提出不予通过环境影响报告书的意见：

(一)依据现有知识水平和技术条件，对规划实施可能产生的不良环境影响的程度或者范围不能作出科学判断的；

(二)规划实施可能造成重大不良环境影响，并且无法提出切实可行的预防或者减轻对策和措施的。

第二十二条 规划审批机关在审批专项规划草案时，应当将环境影响报告书结论以及审查意见作为决策的重要依据。

规划审批机关对环境影响报告书结论

以及审查意见不予采纳的，应当逐项就不予采纳的理由作出书面说明，并存档备查。有关单位、专家和公众可以申请查阅；但是，依法需要保密的除外。

第二十三条　已经进行环境影响评价的规划包含具体建设项目的，规划的环境影响评价结论应当作为建设项目环境影响评价的重要依据，建设项目环境影响评价的内容可以根据规划环境影响评价的分析论证情况予以简化。

第四章　跟踪评价

第二十四条　对环境有重大影响的规划实施后，规划编制机关应当及时组织规划环境影响的跟踪评价，将评价结果报告规划审批机关，并通报环境保护等有关部门。

第二十五条　规划环境影响的跟踪评价应当包括下列内容：

（一）规划实施后实际产生的环境影响与环境影响评价文件预测可能产生的环境影响之间的比较分析和评估；

（二）规划实施中所采取的预防或者减轻不良环境影响的对策和措施有效性的分析和评估；

（三）公众对规划实施所产生的环境影响的意见；

（四）跟踪评价的结论。

第二十六条　规划编制机关对规划环境影响进行跟踪评价，应当采取调查问卷、现场走访、座谈会等形式征求有关单位、专家和公众的意见。

第二十七条　规划实施过程中产生重大不良环境影响的，规划编制机关应当及时提出改进措施，向规划审批机关报告，并通报环境保护等有关部门。

第二十八条　环境保护主管部门发现规划实施过程中产生重大不良环境影响的，应当及时进行核查。经核查属实的，向规划审批机关提出采取改进措施或者修订规划的建议。

第二十九条　规划审批机关在接到规划编制机关的报告或者环境保护主管部门的建议后，应当及时组织论证，并根据论证结果采取改进措施或者对规划进行修订。

第三十条　规划实施区域的重点污染物排放总量超过国家或者地方规定的总量控制指标的，应当暂停审批该规划实施区域内新增该重点污染物排放总量的建设项目的环境影响评价文件。

第五章　法律责任

第三十一条　规划编制机关在组织环境影响评价时弄虚作假或者有失职行为，造成环境影响评价严重失实的，对直接负责的主管人员和其他直接责任人员，依法给予处分。

第三十二条　规划审批机关有下列行为之一的，对直接负责的主管人员和其他直接责任人员，依法给予处分：

（一）对依法应当编写而未编写环境影响篇章或者说明的综合性规划草案和专项规划中的指导性规划草案，予以批准的；

（二）对依法应当附送而未附送环境

影响报告书的专项规划草案，或者对环境影响报告书未经审查小组审查的专项规划草案，予以批准的。

第三十三条　审查小组的召集部门在组织环境影响报告书审查时弄虚作假或者滥用职权，造成环境影响评价严重失实的，对直接负责的主管人员和其他直接责任人员，依法给予处分。

审查小组的专家在环境影响报告书审查中弄虚作假或者有失职行为，造成环境影响评价严重失实的，由设立专家库的环境保护主管部门取消其入选专家库的资格并予以公告；审查小组的部门代表有上述行为的，依法给予处分。

第三十四条　规划环境影响评价技术机构弄虚作假或者有失职行为，造成环境影响评价文件严重失实的，由国务院环境保护主管部门予以通报，处所收费用 1 倍以上 3 倍以下的罚款；构成犯罪的，依法追究刑事责任。

第六章　附　则

第三十五条　省、自治区、直辖市人民政府可以根据本地的实际情况，要求本行政区域内的县级人民政府对其组织编制的规划进行环境影响评价。具体办法由省、自治区、直辖市参照《中华人民共和国环境影响评价法》和本条例的规定制定。

第三十六条　本条例自 2009 年 10 月 1 日起施行。

中华人民共和国国务院令

第 562 号

《放射性物品运输安全管理条例》已经 2009 年 9 月 7 日国务院第 80 次常务会议通过，现予公布，自 2010 年 1 月 1 日起施行。

总理　温家宝

2009 年 9 月 14 日

放射性物品运输安全管理条例

第一章　总　则

第一条　为了加强对放射性物品运输的安全管理，保障人体健康，保护环境，促进核能、核技术的开发与和平利用，根据《中华人民共和国放射性污染防治法》，制定本条例。

第二条　放射性物品的运输和放射性物品运输容器的设计、制造等活动，适用本条例。

本条例所称放射性物品，是指含有放射性核素，并且其活度和比活度均高于国家规定的豁免值的物品。

第三条　根据放射性物品的特性及其对人体健康和环境的潜在危害程度，将放射性物品分为一类、二类和三类。

一类放射性物品，是指 I 类放射源、高水平放射性废物、乏燃料等释放到环境后对人体健康和环境产生重大辐射影响的放射性物品。

二类放射性物品，是指Ⅱ类和Ⅲ类放射源、中等水平放射性废物等释放到环境后对人体健康和环境产生一般辐射影响的放射性物品。

三类放射性物品，是指Ⅳ类和Ⅴ类放射源、低水平放射性废物、放射性药品等释放到环境后对人体健康和环境产生较小辐射影响的放射性物品。

放射性物品的具体分类和名录，由国务院核安全监管部门会同国务院公安、卫生、海关、交通运输、铁路、民航、核工业行业主管部门制定。

第四条　国务院核安全监管部门对放射性物品运输的核与辐射安全实施监督管理。

国务院公安、交通运输、铁路、民航等有关主管部门依照本条例规定和各自的职责，负责放射性物品运输安全的有关监督管理工作。

县级以上地方人民政府环境保护主管部门和公安、交通运输等有关主管部门，依照本条例规定和各自的职责，负责本行政区域放射性物品运输安全的有关监督管理工作。

第五条　运输放射性物品，应当使用专用的放射性物品运输包装容器（以下简称运输容器）。

放射性物品的运输和放射性物品运输容器的设计、制造，应当符合国家放射性物品运输安全标准。

国家放射性物品运输安全标准，由国务院核安全监管部门制定，由国务院核安全监管部门和国务院标准化主管部门联合发布。国务院核安全监管部门制定国家放射性物品运输安全标准，应当征求国务院公安、卫生、交通运输、铁路、民航、核工业行业主管部门的意见。

第六条　放射性物品运输容器的设计、制造单位应当建立健全责任制度，加强质量管理，并对所从事的放射性物品运输容器的设计、制造活动负责。

放射性物品的托运人（以下简称托运人）应当制定核与辐射事故应急方案，在放射性物品运输中采取有效的辐射防护和安全保卫措施，并对放射性物品运输中的核与辐射安全负责。

第七条　任何单位和个人对违反本条例规定的行为，有权向国务院核安全监管部门或者其他依法履行放射性物品运输安全监督管理职责的部门举报。

接到举报的部门应当依法调查处理，并为举报人保密。

第二章　放射性物品运输容器的设计

第八条　放射性物品运输容器设计单位应当建立健全和有效实施质量保证体系，按照国家放射性物品运输安全标准进行设计，并通过试验验证或者分析论证等方式，对设计的放射性物品运输容器的安全性能进行评价。

第九条　放射性物品运输容器设计单位应当建立健全档案制度，按照质量保证体系的要求，如实记录放射性物品运输容器的设计和安全性能评价过程。

进行一类放射性物品运输容器设计，应当编制设计安全评价报告书；进行二类放射性物品运输容器设计，应当编制设计安全评价报告表。

第十条　一类放射性物品运输容器的设计，应当在首次用于制造前报国务院核安全监管部门审查批准。

申请批准一类放射性物品运输容器的设计，设计单位应当向国务院核安全监管部门提出书面申请，并提交下列材料：

（一）设计总图及其设计说明书；

（二）设计安全评价报告书；

（三）质量保证大纲。

第十一条　国务院核安全监管部门应当自受理申请之日起 45 个工作日内完成审查，对符合国家放射性物品运输安全标准的，颁发一类放射性物品运输容器设计批准书，并公告批准文号；对不符合国家放射性物品运输安全标准的，书面通知申请单位并说明理由。

第十二条　设计单位修改已批准的一类放射性物品运输容器设计中有关安全内容的，应当按照原申请程序向国务院核安全监管部门重新申请领取一类放射性物品运输容器设计批准书。

第十三条　二类放射性物品运输容器的设计，设计单位应当在首次用于制造前，将设计总图及其设计说明书、设计安全评价报告表报国务院核安全监管部门备案。

第十四条　三类放射性物品运输容器的设计，设计单位应当编制设计符合国家放射性物品运输安全标准的证明文件并存档备查。

第三章　放射性物品运输容器的制造与使用

第十五条　放射性物品运输容器制造单位，应当按照设计要求和国家放射性物品运输安全标准，对制造的放射性物品运输容器进行质量检验，编制质量检验报告。

未经质量检验或者经检验不合格的放射性物品运输容器，不得交付使用。

第十六条　从事一类放射性物品运输容器制造活动的单位，应当具备下列条件：

（一）有与所从事的制造活动相适应的专业技术人员；

（二）有与所从事的制造活动相适应的生产条件和检测手段；

（三）有健全的管理制度和完善的质量保证体系。

第十七条　从事一类放射性物品运输容器制造活动的单位，应当申请领取一类放射性物品运输容器制造许可证（以下简称制造许可证）。

申请领取制造许可证的单位，应当向国务院核安全监管部门提出书面申请，并提交其符合本条例第十六条规定条件的证明材料和申请制造的运输容器型号。

禁止无制造许可证或者超出制造许可证规定的范围从事一类放射性物品运输容器的制造活动。

第十八条　国务院核安全监管部门应当自受理申请之日起 45 个工作日内完成审查，对符合条件的，颁发制造许可证，并予以公告；对不符合条件的，书面通知申请单位并说明理由。

第十九条　制造许可证应当载明下列内容：

（一）制造单位名称、住所和法定代表人；

（二）许可制造的运输容器的型号；

（三）有效期限；

（四）发证机关、发证日期和证书编号。

第二十条　一类放射性物品运输容器制造单位变更单位名称、住所或者法定代表人的，应当自工商变更登记之日起 20 日内，向国务院核安全监管部门办理制造许可证变更手续。

一类放射性物品运输容器制造单位变更制造的运输容器型号的，应当按照原申请程序向国务院核安全监管部门重新申请领取制造许可证。

第二十一条　制造许可证有效期为 5 年。

制造许可证有效期届满，需要延续的，一类放射性物品运输容器制造单位应当于制造许可证有效期届满 6 个月前，向国务院核安全监管部门提出延续申请。

国务院核安全监管部门应当在制造许可证有效期届满前作出是否准予延续的决定。

第二十二条　从事二类放射性物品运输容器制造活动的单位，应当在首次制造活动开始 30 日前，将其具备与所从事的制造活动相适应的专业技术人员、生产条件、检测手段，以及具有健全的管理制度和完善的质量保证体系的证明材料，报国务院核安全监管部门备案。

第二十三条　一类、二类放射性物品运输容器制造单位，应当按照国务院核安全监管部门制定的编码规则，对其制造的一类、二类放射性物品运输容器统一编码，并于每年 1 月 31 日前将上一年度的运输容器编码清单报国务院核安全监管部门备案。

第二十四条　从事三类放射性物品运输容器制造活动的单位，应当于每年 1 月 31 日前将上一年度制造的运输容器的型号和数量报国务院核安全监管部门备案。

第二十五条　放射性物品运输容器使用单位应当对其使用的放射性物品运输容器定期进行保养和维护，并建立保养和维护档案；放射性物品运输容器达到设计使用年限，或者发现放射性物品运输容器存在安全隐患的，应当停止使用，进行处理。

一类放射性物品运输容器使用单位还应当对其使用的一类放射性物品运输容器每两年进行一次安全性能评价，并将评价结果报国务院核安全监管部门备案。

第二十六条　使用境外单位制造的一类放射性物品运输容器的，应当在首次使用前报国务院核安全监管部门审查批准。

申请使用境外单位制造的一类放射性物品运输容器的单位，应当向国务院核安全监管部门提出书面申请，并提交下列材料：

（一）设计单位所在国核安全监管部门颁发的设计批准文件的复印件；

（二）设计安全评价报告书；

（三）制造单位相关业绩的证明材料；

（四）质量合格证明；

（五）符合中华人民共和国法律、行政法规规定，以及国家放射性物品运输安全标准或者经国务院核安全监管部门认可的标准的说明材料。

国务院核安全监管部门应当自受理申请之日起45个工作日内完成审查，对符合国家放射性物品运输安全标准的，颁发使用批准书；对不符合国家放射性物品运输安全标准的，书面通知申请单位并说明理由。

第二十七条　使用境外单位制造的二类放射性物品运输容器的，应当在首次使用前将运输容器质量合格证明和符合中华人民共和国法律、行政法规规定，以及国家放射性物品运输安全标准或者经国务院核安全监管部门认可的标准的说明材料，报国务院核安全监管部门备案。

第二十八条　国务院核安全监管部门办理使用境外单位制造的一类、二类放射性物品运输容器审查批准和备案手续，应当同时为运输容器确定编码。

第四章　放射性物品的运输

第二十九条　托运放射性物品的，托运人应当持有生产、销售、使用或者处置放射性物品的有效证明，使用与所托运的放射性物品类别相适应的运输容器进行包装，配备必要的辐射监测设备、防护用品和防盗、防破坏设备，并编制运输说明书、核与辐射事故应急响应指南、装卸作业方法、安全防护指南。

运输说明书应当包括放射性物品的品名、数量、物理化学形态、危害风险等内容。

第三十条　托运一类放射性物品的，托运人应当委托有资质的辐射监测机构对其表面污染和辐射水平实施监测，辐射监测机构应当出具辐射监测报告。

托运二类、三类放射性物品的，托运人应当对其表面污染和辐射水平实施监测，并编制辐射监测报告。

监测结果不符合国家放射性物品运输安全标准的，不得托运。

第三十一条　承运放射性物品应当取得国家规定的运输资质。承运人的资质管理，依照有关法律、行政法规和国务院交通运输、铁路、民航、邮政主管部门的规定执行。

第三十二条　托运人和承运人应当对直接从事放射性物品运输的工作人员进行运输安全和应急响应知识的培训，并进行考核；考核不合格的，不得从事相关工作。

托运人和承运人应当按照国家放射性物品运输安全标准和国家有关规定，在放射性物品运输容器和运输工具上设置警示标志。

国家利用卫星定位系统对一类、二类放射性物品运输工具的运输过程实行在线监控。具体办法由国务院核安全监管部门会同国务院有关部门制定。

第三十三条　托运人和承运人应当按照国家职业病防治的有关规定，对直接从事放射性物品运输的工作人员进行个人剂量监测，建立个人剂量档案和职业健康监护档案。

第三十四条　托运人应当向承运人提

交运输说明书、辐射监测报告、核与辐射事故应急响应指南、装卸作业方法、安全防护指南，承运人应当查验、收存。托运人提交文件不齐全的，承运人不得承运。

第三十五条　托运一类放射性物品的，托运人应当编制放射性物品运输的核与辐射安全分析报告书，报国务院核安全监管部门审查批准。

放射性物品运输的核与辐射安全分析报告书应当包括放射性物品的品名、数量、运输容器型号、运输方式、辐射防护措施、应急措施等内容。

国务院核安全监管部门应当自受理申请之日起45个工作日内完成审查，对符合国家放射性物品运输安全标准的，颁发核与辐射安全分析报告批准书；对不符合国家放射性物品运输安全标准的，书面通知申请单位并说明理由。

第三十六条　放射性物品运输的核与辐射安全分析报告批准书应当载明下列主要内容：

（一）托运人的名称、地址、法定代表人；

（二）运输放射性物品的品名、数量；

（三）运输放射性物品的运输容器型号和运输方式；

（四）批准日期和有效期限。

第三十七条　一类放射性物品启运前，托运人应当将放射性物品运输的核与辐射安全分析报告批准书、辐射监测报告，报启运地的省、自治区、直辖市人民政府环境保护主管部门备案。

收到备案材料的环境保护主管部门应当及时将有关情况通报放射性物品运输的途经地和抵达地的省、自治区、直辖市人民政府环境保护主管部门。

第三十八条　通过道路运输放射性物品的，应当经公安机关批准，按照指定的时间、路线、速度行驶，并悬挂警示标志，配备押运人员，使放射性物品处于押运人员的监管之下。

通过道路运输核反应堆乏燃料的，托运人应当报国务院公安部门批准。通过道路运输其他放射性物品的，托运人应当报启运地县级以上人民政府公安机关批准。具体办法由国务院公安部门商国务院核安全监管部门制定。

第三十九条　通过水路运输放射性物品的，按照水路危险货物运输的法律、行政法规和规章的有关规定执行。

通过铁路、航空运输放射性物品的，按照国务院铁路、民航主管部门的有关规定执行。

禁止邮寄一类、二类放射性物品。邮寄三类放射性物品的，按照国务院邮政管理部门的有关规定执行。

第四十条　生产、销售、使用或者处置放射性物品的单位，可以依照《中华人民共和国道路运输条例》的规定，向设区的市级人民政府道路运输管理机构申请非营业性道路危险货物运输资质，运输本单位的放射性物品，并承担本条例规定的托运人和承运人的义务。

申请放射性物品非营业性道路危险货物运输资质的单位，应当具备下列条件：

（一）持有生产、销售、使用或者处

置放射性物品的有效证明；

（二）有符合本条例规定要求的放射性物品运输容器；

（三）有具备辐射防护与安全防护知识的专业技术人员和经考试合格的驾驶人员；

（四）有符合放射性物品运输安全防护要求，并经检测合格的运输工具、设施和设备；

（五）配备必要的防护用品和依法经定期检定合格的监测仪器；

（六）有运输安全和辐射防护管理规章制度以及核与辐射事故应急措施。

放射性物品非营业性道路危险货物运输资质的具体条件，由国务院交通运输主管部门会同国务院核安全监管部门制定。

第四十一条　一类放射性物品从境外运抵中华人民共和国境内，或者途经中华人民共和国境内运输的，托运人应当编制放射性物品运输的核与辐射安全分析报告书，报国务院核安全监管部门审查批准。审查批准程序依照本条例第三十五条第三款的规定执行。

二类、三类放射性物品从境外运抵中华人民共和国境内，或者途经中华人民共和国境内运输的，托运人应当编制放射性物品运输的辐射监测报告，报国务院核安全监管部门备案。

托运人、承运人或者其代理人向海关办理有关手续，应当提交国务院核安全监管部门颁发的放射性物品运输的核与辐射安全分析报告批准书或者放射性物品运输的辐射监测报告备案证明。

第四十二条　县级以上人民政府组织编制的突发环境事件应急预案，应当包括放射性物品运输中可能发生的核与辐射事故应急响应的内容。

第四十三条　放射性物品运输中发生核与辐射事故的，承运人、托运人应当按照核与辐射事故应急响应指南的要求，做好事故应急工作，并立即报告事故发生地的县级以上人民政府环境保护主管部门。接到报告的环境保护主管部门应当立即派人赶赴现场，进行现场调查，采取有效措施控制事故影响，并及时向本级人民政府报告，通报同级公安、卫生、交通运输等有关主管部门。

接到报告的县级以上人民政府及其有关主管部门应当按照应急预案做好应急工作，并按照国家突发事件分级报告的规定及时上报核与辐射事故信息。

核反应堆乏燃料运输的核事故应急准备与响应，还应当遵守国家核应急的有关规定。

第五章　监督检查

第四十四条　国务院核安全监管部门和其他依法履行放射性物品运输安全监督管理职责的部门，应当依据各自职责对放射性物品运输安全实施监督检查。

国务院核安全监管部门应当将其已批准或者备案的一类、二类、三类放射性物品运输容器的设计、制造情况和放射性物品运输情况通报设计、制造单位所在地和运输途经地的省、自治区、直辖市人民政府环境保护主管部门。省、自治区、直辖市人民政府环境保护主管部门应当加强对本行政区域放射性物品运输安全的监督检查和监督性监测。

被检查单位应当予以配合，如实反映情况，提供必要的资料，不得拒绝和阻碍。

第四十五条　国务院核安全监管部门和省、自治区、直辖市人民政府环境保护主管部门以及其他依法履行放射性物品运输安全监督管理职责的部门进行监督检查，监督检查人员不得少于2人，并应当出示有效的行政执法证件。

国务院核安全监管部门和省、自治区、直辖市人民政府环境保护主管部门以及其他依法履行放射性物品运输安全监督管理职责的部门的工作人员，对监督检查中知悉的商业秘密负有保密义务。

第四十六条　监督检查中发现经批准的一类放射性物品运输容器设计确有重大设计安全缺陷的，由国务院核安全监管部门责令停止该型号运输容器的制造或者使用，撤销一类放射性物品运输容器设计批准书。

第四十七条　监督检查中发现放射性物品运输活动有不符合国家放射性物品运输安全标准情形的，或者一类放射性物品运输容器制造单位有不符合制造许可证规定条件情形的，应当责令限期整改；发现放射性物品运输活动可能对人体健康和环境造成核与辐射危害的，应当责令停止运输。

第四十八条　国务院核安全监管部门和省、自治区、直辖市人民政府环境保护主管部门以及其他依法履行放射性物品运输安全监督管理职责的部门，对放射性物品运输活动实施监测，不得收取监测费用。

国务院核安全监管部门和省、自治区、直辖市人民政府环境保护主管部门以及其他依法履行放射性物品运输安全监督管理职责的部门，应当加强对监督管理人员辐射防护与安全防护知识的培训。

第六章　法律责任

第四十九条　国务院核安全监管部门和省、自治区、直辖市人民政府环境保护主管部门或者其他依法履行放射性物品运输安全监督管理职责的部门有下列行为之一的，对直接负责的主管人员和其他直接责任人员依法给予处分；直接负责的主管人员和其他直接责任人员构成犯罪的，依法追究刑事责任：

（一）未依照本条例规定作出行政许可或者办理批准文件的；

（二）发现违反本条例规定的行为不予查处，或者接到举报不依法处理的；

（三）未依法履行放射性物品运输核与辐射事故应急职责的；

（四）对放射性物品运输活动实施监测收取监测费用的；

（五）其他不依法履行监督管理职责的行为。

第五十条　放射性物品运输容器设计、制造单位有下列行为之一的，由国务院核安全监管部门责令停止违法行为，处50万元以上100万元以下的罚款；有违法所得的，没收违法所得：

（一）将未取得设计批准书的一类放射性物品运输容器设计用于制造的；

（二）修改已批准的一类放射性物品运输容器设计中有关安全内容，未重新取得设计批准书即用于制造的。

第五十一条　放射性物品运输容器设计、制造单位有下列行为之一的，由国务院核安全监管部门责令停止违法行为，处5万元以上10万元以下的罚款；有违法所得的，没收违法所得：

（一）将不符合国家放射性物品运输安全标准的二类、三类放射性物品运输容器设计用于制造的；

（二）将未备案的二类放射性物品运输容器设计用于制造的。

第五十二条　放射性物品运输容器设计单位有下列行为之一的，由国务院核安全监管部门责令限期改正；逾期不改正的，处1万元以上5万元以下的罚款：

（一）未对二类、三类放射性物品运输容器的设计进行安全性能评价的；

（二）未如实记录二类、三类放射性物品运输容器设计和安全性能评价过程的；

（三）未编制三类放射性物品运输容器设计符合国家放射性物品运输安全标准的证明文件并存档备查的。

第五十三条　放射性物品运输容器制造单位有下列行为之一的，由国务院核安全监管部门责令停止违法行为，处50万元以上100万元以下的罚款；有违法所得的，没收违法所得：

（一）未取得制造许可证从事一类放射性物品运输容器制造活动的；

（二）制造许可证有效期届满，未按照规定办理延续手续，继续从事一类放射性物品运输容器制造活动的；

（三）超出制造许可证规定的范围从事一类放射性物品运输容器制造活动的；

（四）变更制造的一类放射性物品运输容器型号，未按照规定重新领取制造许可证的；

（五）将未经质量检验或者经检验不合格的一类放射性物品运输容器交付使用的。

有前款第（三）项、第（四）项和第（五）项行为之一，情节严重的，吊销制造许可证。

第五十四条　一类放射性物品运输容器制造单位变更单位名称、住所或者法定代表人，未依法办理制造许可证变更手续的，由国务院核安全监管部门责令限期改正；逾期不改正的，处2万元的罚款。

第五十五条　放射性物品运输容器制造单位有下列行为之一的，由国务院核安全监管部门责令停止违法行为，处5万元以上10万元以下的罚款；有违法所得的，没收违法所得：

（一）在二类放射性物品运输容器首次制造活动开始前，未按照规定将有关证明材料报国务院核安全监管部门备案的；

（二）将未经质量检验或者经检验不合格的二类、三类放射性物品运输容器交付使用的。

第五十六条　放射性物品运输容器制

造单位有下列行为之一的，由国务院核安全监管部门责令限期改正；逾期不改正的，处 1 万元以上 5 万元以下的罚款：

（一）未按照规定对制造的一类、二类放射性物品运输容器统一编码的；

（二）未按照规定将制造的一类、二类放射性物品运输容器编码清单报国务院核安全监管部门备案的；

（三）未按照规定将制造的三类放射性物品运输容器的型号和数量报国务院核安全监管部门备案的。

第五十七条　放射性物品运输容器使用单位未按照规定对使用的一类放射性物品运输容器进行安全性能评价，或者未将评价结果报国务院核安全监管部门备案的，由国务院核安全监管部门责令限期改正；逾期不改正的，处 1 万元以上 5 万元以下的罚款。

第五十八条　未按照规定取得使用批准书使用境外单位制造的一类放射性物品运输容器的，由国务院核安全监管部门责令停止违法行为，处 50 万元以上 100 万元以下的罚款。

未按照规定办理备案手续使用境外单位制造的二类放射性物品运输容器的，由国务院核安全监管部门责令停止违法行为，处 5 万元以上 10 万元以下的罚款。

第五十九条　托运人未按照规定编制放射性物品运输说明书、核与辐射事故应急响应指南、装卸作业方法、安全防护指南的，由国务院核安全监管部门责令限期改正；逾期不改正的，处 1 万元以上 5 万元以下的罚款。

托运人未按照规定将放射性物品运输的核与辐射安全分析报告批准书、辐射监测报告备案的，由启运地的省、自治区、直辖市人民政府环境保护主管部门责令限期改正；逾期不改正的，处 1 万元以上 5 万元以下的罚款。

第六十条　托运人或者承运人在放射性物品运输活动中，有违反有关法律、行政法规关于危险货物运输管理规定行为的，由交通运输、铁路、民航等有关主管部门依法予以处罚。

违反有关法律、行政法规规定邮寄放射性物品的，由公安机关和邮政管理部门依法予以处罚。在邮寄进境物品中发现放射性物品的，由海关依照有关法律、行政法规的规定处理。

第六十一条　托运人未取得放射性物品运输的核与辐射安全分析报告批准书托运一类放射性物品的，由国务院核安全监管部门责令停止违法行为，处 50 万元以上 100 万元以下的罚款。

第六十二条　通过道路运输放射性物品，有下列行为之一的，由公安机关责令限期改正，处 2 万元以上 10 万元以下的罚款；构成犯罪的，依法追究刑事责任：

（一）未经公安机关批准通过道路运输放射性物品的；

（二）运输车辆未按照指定的时间、路线、速度行驶或者未悬挂警示标志的；

（三）未配备押运人员或者放射性物品脱离押运人员监管的。

第六十三条　托运人有下列行为之一的，由启运地的省、自治区、直辖市人民政府环境保护主管部门责令停止违法行为，处5万元以上20万元以下的罚款：

（一）未按照规定对托运的放射性物品表面污染和辐射水平实施监测的；

（二）将经监测不符合国家放射性物品运输安全标准的放射性物品交付托运的；

（三）出具虚假辐射监测报告的。

第六十四条　未取得放射性物品运输的核与辐射安全分析报告批准书或者放射性物品运输的辐射监测报告备案证明，将境外的放射性物品运抵中华人民共和国境内，或者途经中华人民共和国境内运输的，由海关责令托运人退运该放射性物品，并依照海关法律、行政法规给予处罚；构成犯罪的，依法追究刑事责任。托运人不明的，由承运人承担退运该放射性物品的责任，或者承担该放射性物品的处置费用。

第六十五条　违反本条例规定，在放射性物品运输中造成核与辐射事故的，由县级以上地方人民政府环境保护主管部门处以罚款，罚款数额按照核与辐射事故造成的直接损失的20%计算；构成犯罪的，依法追究刑事责任。

托运人、承运人未按照核与辐射事故应急响应指南的要求，做好事故应急工作并报告事故的，由县级以上地方人民政府环境保护主管部门处5万元以上20万元以下的罚款。

因核与辐射事故造成他人损害的，依法承担民事责任。

第六十六条　拒绝、阻碍国务院核安全监管部门或者其他依法履行放射性物品运输安全监督管理职责的部门进行监督检查，或者在接受监督检查时弄虚作假的，由监督检查部门责令改正，处1万元以上2万元以下的罚款；构成违反治安管理行为的，由公安机关依法给予治安管理处罚；构成犯罪的，依法追究刑事责任。

第七章　附　则

第六十七条　军用放射性物品运输安全的监督管理，依照《中华人民共和国放射性污染防治法》第六十条的规定执行。

第六十八条　本条例自2010年1月1日起施行。

核能行业发展

核能行业综述

2009年是我国核能行业抓住机遇，迎难而上，顽强拼搏，加快发展，取得新的重大成就的一年。2009年9月，胡锦涛总书记在联合国气候变化峰会上表示，我国将“大力发展可再生能源和核能，争取到2020年非化石能源占一次能源消费比重达到百分之十五左右”。11月25日，国务院总理温家宝主持召开国务院常务会议，研究部署应对气候变化工作，确定了这一行动目标。党中央、国务院的指示，确立了核能作为清洁能源在我国能源中的战略地位，为我国核能事业的发展指明了方向。在党中央、国务院的坚强领导下，在国家有关部门的关心和支持下，在全行业职工的共同努力下，过去一年我国核能行业各领域都取得了重要进展。

过去一年核能行业发展的主要状况，可以概括为以下几个方面。

一、在役核电机组安全稳定运行

2009年，我国大陆11台、总装机容量907.82万千瓦在役核电机组继续保持安全稳定运行。全年累计发电量为700.5亿千瓦时，同比增加1.2%；发电设备利用小时达7914小时，同比增加89小时，平均负荷因子达到90.34%，均创历史新高。全年没有发生国际核事件分级1级和1级以上的运行事件，核电厂运行期间放射性排出流的排放量远低于国家标准限值，没有给环境带来任何不良影响。各核电厂继续坚持“安全第一、质量第一”的方针，千方百计提高安全和质量水平，在役核电机组安全运行业绩高于世界平均水平。中核集团运行的7台机组中有4台进入世界先进行列；截至2009年年底，大亚湾1号机组累计安全运行2692天，岭澳1号机组连续安全运行1601天，在法国同类型机组中分别排名第二和第三。大亚湾2号机组与WANO（世界核电运营者协会）13项指标对比，全部达到世界先进水平。在役核电站的安全稳定运行，不仅创造了可观的经济效益，提升了加快核电发展的信心，也为向在建核电站输送优秀人才提供了保证。

二、核电建设继续加快推进

为实现2020年非化石能源消费比重提高到15%的目标，2009年，国家加大了核电领域投资力度，陆续核准、开工了一批核电项目，核电中长期发展规划加快推进。在2008年核准4个核电项目14台机组的基础上，2009年又核准三门、海阳、台山等3个项目6台机组；在2008年开工6台机组的基础上，2009年又新开工了9台机组。据统计，2009年核电基本建设投资完成576.3亿元，同比增长74.91%。截至2009年年底，我国已核准10个核电项目共28台机组，核准规模

3130万千瓦；已开工建设20台核电机组，在建规模2187万千瓦，占世界在建核电机组的三分之一以上。其中，三代核电自主化依托项目、世界首批AP1000机组，已于2009年4月、9月分别在浙江三门和山东海阳开工；与法国合作建设的EPR三代核电机组，于2009年12月在广东台山开工。此外，海南昌江、江苏田湾三期、广西防城港一期、山东石岛湾高温气冷堆核电站示范项目等7台机组进入国家核准程序。

三、核电装备国产化取得新突破

2009年2月，温家宝总理主持召开国务院常务会议，审议并原则通过装备制造业调整振兴规划。5月，国务院办公厅发布实施细则，要求"以辽宁红沿河、福建宁德和福清、广东阳江、浙江方家山和三门、山东海阳以及后续核电站建设工程为依托，推进二代改进型、AP1000核电设备自主化，重点实现压力容器、蒸汽发生器、控制棒驱动机构、核级泵阀、应急柴油机等主要设备的国内制造"。党中央、国务院对核电装备自主化的高度关注，政府有关部门的强力推动，极大地激发了装备制造企业为核电装备国产化作贡献的责任感。一年来，通过技术改造和新基地建设，我国核电装备制造业的研发和制造能力继续稳步提升。二代改进型百万千瓦级压水堆核电站核岛、常规岛及BOP系统中，除核主泵等少数关键设备尚需引进技术外，已基本可以立足国内提供。其中，国产化难度很大的大型铸锻件，关键技术已取得突破；核二、三级泵阀国产化也取得重大进展。与此同时，引进AP1000三代技术的装备国产化工作取得实质性突破，主泵国产化组织体系进一步完善，主管道、反应堆压力容器、蒸汽发生器锻件实现了国产化。

四、核工程设计、建设和管理能力持续提升

在核电加快发展的形势下，我国核电设计、建设和管理自主化能力持续提升。中核集团、中广核集团、国家核电技术有限公司、中电投集团等企业积极推进以设计为基础，集设备采购、建设与调试管理为一体的核电工程总承包专业化运作模式，在多项目、多基地建设的新形势下，通过建立大工程管理模式和大团队组织模式，进一步发挥集约化和规模化建设的优势，确保在建核电项目优质高效推进。三代核电自主化依托项目全面开工建设，AP1000模块化的设计理念第一次由图纸变为现实，率先掌握了钢制安全壳成套技术、核岛筏基大体积混凝土一次性整体浇筑等关键技术。

中核建设集团承担了国内所有核电站的核岛工程、部分常规岛工程以及出口巴基斯坦核电机组的工程项目。截至2009年年底，承担的核电站核岛工程机组数量达到24台。通过不断提高集约化、标准化、专业化管理运作水平，已成为我国核电建设的中坚力量，具备多种堆型核电站、大

批量同时建造的能力。

五、铀资源和核燃料保障能力进一步提高

在铀矿地质勘查领域，狠抓重点区域的突破，在新疆、内蒙等地取得新进展；加强国家队与属地化队伍的合作，在江西、广东等地实现新突破。在天然铀生产领域，注重安全生产和技术创新，大基地建设前期工作扎实推进，完成4个项目立项。在核燃料供应领域，2009年生产任务圆满完成，保证了在役核电站的安全稳定运行，多个建设项目取得积极进展，专用设备研制实现产业化，中核北方核燃料元件有限公司压水堆元件生产线项目设备安装完毕，中核建中核燃料元件有限公司VVER元件生产线通过竣工验收，核燃料供应保障能力进一步提高。

六、核能国际合作与海外开发取得重大成果

一年来，我国积极推进核能国际合作，成功承办了“面向21世纪核能部长级国际大会”、2009年全球核能合作伙伴（GNEP）部长级会议，与美国、法国、俄罗斯等国在核能领域的合作进一步加强。其中，由国际原子能机构（IAEA）主办、中国国家原子能机构承办的“面向21世纪核能部长级国际大会”，于2009年4月20—22日在北京隆重举行，来自61个国家和7个国际组织的442名正式代表、365名观察员参加了本次大会。国务院副总理张德江出席开幕式并发表了重要讲话。大会期间，先后有32位部长级代表和16位专家发言或作专题报告，就世界核能发展取得了广泛的共识。

在核电国际合作方面，中核集团与俄罗斯原子能工业公司签署了田湾二期项目、中国示范快堆项目合作的相关文件；与法国原子能委员会签署了《和平利用核能研发合作协议》。中广核集团与法国电力公司合作，组建了广东台山核电合营有限公司；与香港电力公司继续合作，签订了大亚湾核电站延长合营期的合同。

在海外铀资源开发方面，我国与哈萨克斯坦合作开采的第一个铀矿项目开工建设，在香港上市的“中核国际”首次融资4.39亿港元，获得了新的铀矿项目。中核集团、中广核集团与国外签署的铀资源开发和采购协议的落实，为满足我国核电发展对铀资源的需求提供了保障。

七、核科技创新和人才队伍建设取得新的成绩

国家重大科技专项“大型先进压水堆和高温气冷堆核电站”研发和示范工程建设全面推进。大型先进压水堆核电站项目，初步形成了以国家核电技术公司为主体，其他核电企业、装备制造企业、科研院所共同参与的重大专项联合攻关体系，AP1000技术消化吸收、重大共性技术和关键设备材料研究取得重大进展，CAP1400概念设计得到进一步深化和优

化，国核示范电站有限公司正式成立并开始运作。专项的另一项重要内容，我国首座高温气冷堆核电站示范工程项目——华能山东石岛湾核电站前期准备工作基本完成，即将开工建设。

核能领域研发平台建设取得新的进展。中国实验快堆、中国先进研究堆基本建成即将临界，国际热核实验反应堆计划（ITER）国内配套项目正式启动；国防科工局支持的原子能院总体规划建设全面铺开，新的核动力研发基地开工建设；国家能源重大装备材料研发中心、国家能源核级锆材研发中心、国家能源核电站核级设备研发中心、国家能源数字化仪控系统研发中心、国家能源快堆工程研发（实验）中心正式挂牌。

在核电加快发展的形势下，核专业人才教育培训工作受到各方高度重视，高校核专业人才培养、企业核专业人才培训进一步加强，核电加快发展与核专业人才不足的矛盾得到缓解。

八、核行业管理进一步加强

为适应核能行业快速发展的需要，与核能行业相关的政府管理部门大力加强行业管理工作。

国家国防科工局进一步加强核工业行业管理，组织开展了核工业“十二五”发展规划思路的研究工作，大力推进核心能力建设和科技自主创新，努力做好核设施退役治理、核安全和核应急工作，以田湾核电站为演习电站，组织了首次国家核事故演习。

国家能源局组织开展了核电中长期发展规划的修订工作、核电安全规划和核电管理条例的编制工作，开展了全国核电安全大检查，与国家核安全局共同组织召开了以“交流、共享运行与建设管理经验，实现核电产业又好又快又安全发展”为主题的核电运行建设管理经验交流会。

国家核安全局着力加强民用核设施的安全监管，发布了《关于进一步加强商用核电厂建造阶段核安全管理的通知》，进一步明确了核电厂营运单位和核电厂核岛工程总承包单位的责任和条件，对2009年9月国务院颁布的《放射性物品运输安全管理条例》进行了宣贯。

我国核能行业的发展，与科学发展观的要求相比，与优化能源结构、发展清洁能源的需求相比，还有很多差距和不足，还存在很多待研究解决的问题。例如，如何进一步加强宏观调控，转变发展方式，促进核能行业健康可持续发展；如何进一步加大工作力度，在核电快速发展的形势下，严格安全监管，培育安全文化，确保核电建设质量和核电运行安全；如何进一步强化自主创新能力，提高研发、设计、制造水平，尽快突破制约核能行业发展的关键因素；如何进一步利用好国内外“两种资源、两个市场”，保障铀资源的长期稳定供应，建设具有国际竞争力的先进核燃料工业；如何进一步创新体制机制，发挥整体合力，改善发展环境，增强发展动力，都需要我们深入研究、积极探索、不断改进。

核 电

发展现状

2009年，中国核电生产建设成绩显著。截至年底，累计在建核电机组达20台，装机容量2187万千瓦，成为世界在建核电机组规模最大的国家。在役核电机组11台，容量907.82万千瓦，约占全国发电装机总容量的1.04%；年发电量700.5亿千瓦时，同比增长1.2%，约占全国总发电量的1.95%。与火电厂相比，相当于少燃烧2343万吨标煤，减少二氧化碳排放6852万吨、二氧化硫排放38.93万吨、氮氧化物排放17.26万吨。在役核电机组继续保持安全稳定运行，全年没有发生国际核事件分级1级和1级以上的运行事件，核电厂运行期间放射性排出流的排放量远低于国家标准限值，没有给环境带来任何不良影响。

（中国台湾省核电厂数据暂缺）

一、2009年全国发电量统计分布图

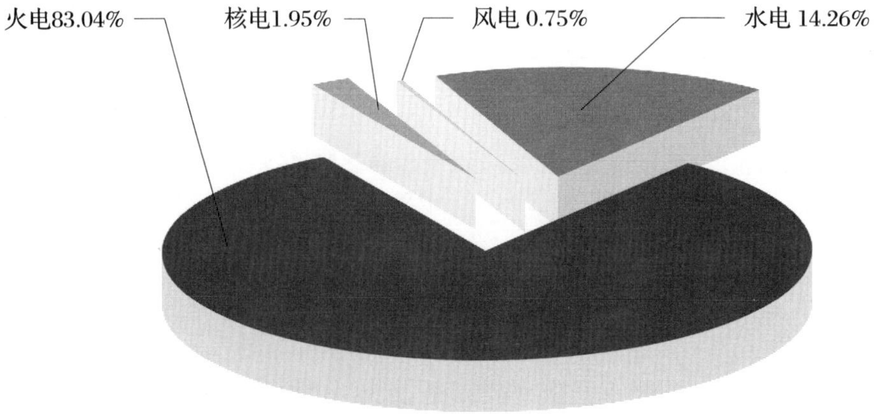

注：2009年全国发电量统计公布图数据来源于《2009全国电力工业统计快报》

二、核电机组数量统计

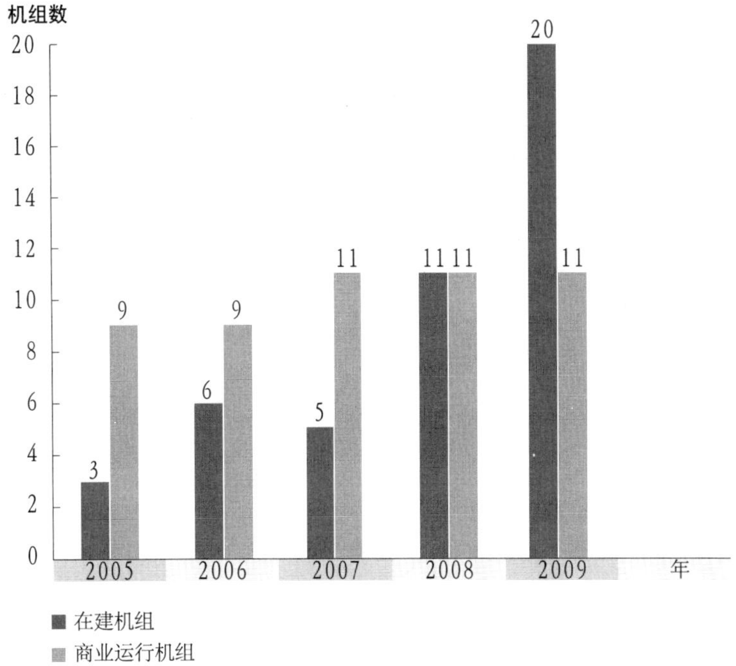

三、核电装机容量统计

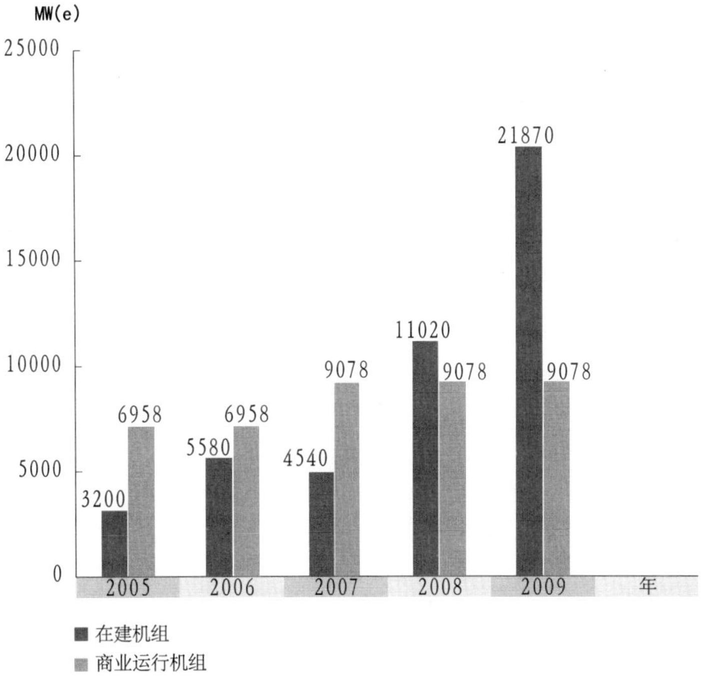

四、中国大陆核电厂分布图

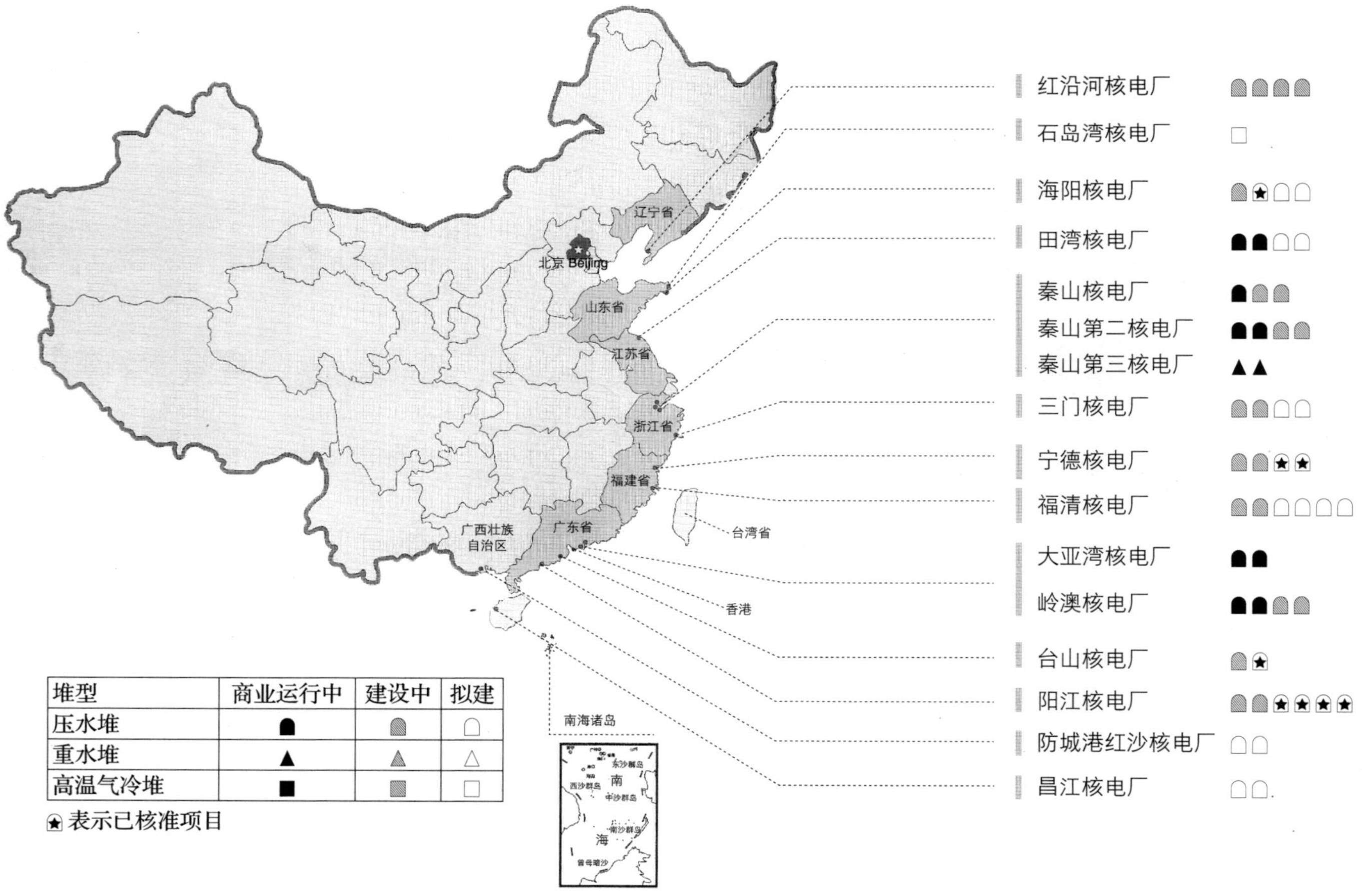

堆型	商业运行中	建设中	拟建
压水堆	●	◐	○
重水堆	▲	▲	△
高温气冷堆	■	■	□

★ 表示已核准项目

五、核电厂清单

状态	核电厂名称		机组号	堆型	额定功率（兆瓦）	开工日期	首次并网日期	商业运行日期
运行中	秦山核电厂		CN-01	压水堆	310	1985-03-20	1991-12-15	1994-04-01
	大亚湾核电厂	1 号机组 2 号机组	CN-02 CN-03	压水堆	2×983.8	1987-08-07 1988-04-07	1993-08-31 1994-02-07	1994-02-01 1994-05-06
	秦山第二核电厂	1 号机组 2 号机组	CN-04 CN-05	压水堆	2×650	1996-06-02 1997-04-01	2002-02-06 2004-03-11	2002-04-15 2004-05-03
	岭澳核电厂	1 号机组 2 号机组	CN-06 CN-07	压水堆	2×990.3	1997-05-15 1997-11-28	2002-02-26 2002-09-14	2002-05-28 2003-01-08
	秦山第三核电厂	1 号机组 2 号机组	CN-08 CN-09	重水堆	2×700	1998-06-08 1998-09-25	2002-11-19 2003-06-12	2002-12-31 2003-07-24
	田湾核电厂	1 号机组 2 号机组	CN-10 CN-11	压水堆	2×1060	1999-10-20 2000-09-20	2006-05-12 2007-05-14	2007-05-17 2007-08-16
合计					9078.2			
建造中	岭澳核电厂	3 号机组 4 号机组	CN-12 CN-13	压水堆	2×1080	2005-12-15 2006-06-15		
	秦山第二核电厂	3 号机组 4 号机组	CN-14 CN-15	压水堆	2×650	2006-04-28 2007-01-28		
	红沿河核电厂	1 号机组 2 号机组 3 号机组 4 号机组	CN-16 CN-17 CN-18 CN-19	压水堆	4×1080	2007-08-18 2008-03-28 2009-03-07 2009-08-15		
	宁德核电厂	1 号机组 2 号机组	CN-20 CN-21	压水堆	2×1080	2008-02-18 2008-11-12		
	福清核电厂	1 号机组 2 号机组	CN-22 CN-23	压水堆	2×1080	2008-11-21 2009-06-17		
	阳江核电厂	1 号机组 2 号机组	CN-24 CN-25	压水堆	2×1080	2008-12-16 2009-06-04		
	秦山核电厂扩建项目（方家山核电工程）	1 号机组 2 号机组	CN-26 CN-27	压水堆	2×1080	2008-12-26 2009-07-17		
	三门核电厂	1 号机组 2 号机组	CN-28 CN-29	压水堆	2×1250	2009-03-29 2009-12-15		
	海阳核电厂	1 号机组	CN-30	压水堆	1250	2009-09-24		
	台山核电厂	1 号机组	CN-31	压水堆	1700	2009-11-18		
合计					21870			
拟建中	海阳核电厂	2 号机组（已核准） 3 号机组 4 号机组		压水堆	3×1250			
	阳江核电厂	3 号机组（已核准） 4 号机组（已核准） 5 号机组（已核准） 6 号机组（已核准）		压水堆	4×1080			
	宁德核电厂	3 号机组（已核准） 4 号机组（已核准）		压水堆	2×1080			
	台山核电厂	2 号机组（已核准）		压水堆	1700			
	昌江核电厂	1 号机组 2 号机组		压水堆	2×650			
	防城港红沙核电厂	1 号机组 2 号机组		压水堆	2×1080			
	石岛湾核电厂	示范工程		高温气冷堆	200			
	福清核电厂	3 号机组 4 号机组 5 号机组 6 号机组		压水堆	4×1080			
	田湾核电厂	5 号机组 6 号机组		压水堆	2×1080			
	三门核电厂	3 号机组 4 号机组		压水堆	2×1250			
合计					24570			

在役核电项目运行情况

一、核发电量和上网电量

2009年，中国核电厂年累计发电量700.5亿千瓦时，年累计上网电量661.02亿千瓦时，其中，送往香港电网109.63亿千瓦时。

2005年至2009年核发电量和上网电量

核电厂名称	项目	发电量（亿千瓦时）	上网电量（亿千瓦时）
秦山核电厂	2005	23.55	21.95
	2006	24.83	23.10
	2007	22.17	20.63
	2008	26.24	24.31
	2009	23.62	21.95
大亚湾核电厂	2005	154.51	148.47
	2006	155.15	148.58
	2007	154.41	147.75
	2008	160.81	154.30
	2009	163.74	156.62
秦山第二核电厂	2005	101.32	94.66
	2006	82.85	77.29
	2007	89.05	83.20
	2008	99.58	93.13
	2009	99.41	92.86
岭澳核电厂	2005	150.25	144.37
	2006	156.99	150.62
	2007	147.40	141.23
	2008	152.44	146.20
	2009	154.67	148.25
秦山第三核电厂	2005	101.24	93.87
	2006	114.58	106.16
	2007	115.41	106.96
	2008	112.38	104.12
	2009	117.23	108.53
田湾核电厂	2006（1号机组）	14.06	12.34
	2007	100.18	92.85
	2008	140.75	131.19
	2009	142.67	132.81

二、机组能力因子、机组负荷因子和厂用电率

机组能力因子为一定时期内可用发电量与同一时期内额定发电量之比，用百分数表示。

机组负荷因子为一定时期内机组的实际发电量与同一时期内额定发电量之比，用百分数表示。

厂用电率为一定时期内电厂电力生产过程中所需的自用电量与同一时期内发电量之比，用百分数表示。

2005年至2009年商业运行核电厂机组能力因子、机组负荷因子和厂用电率

<table>
<tr><th colspan="2" rowspan="2">项目
核电厂名称</th><th colspan="5">机组能力因子（%）</th><th colspan="5">机组负荷因子（%）</th><th colspan="5">厂用电率（%）</th></tr>
<tr><th>2005</th><th>2006</th><th>2007</th><th>2008</th><th>2009</th><th>2005</th><th>2006</th><th>2007</th><th>2008</th><th>2009</th><th>2005</th><th>2006</th><th>2007</th><th>2008</th><th>2009</th></tr>
<tr><td colspan="2">秦山核电厂</td><td>87.02</td><td>91.84</td><td>82.22</td><td>95.55</td><td>87.43</td><td>86.72</td><td>91.44</td><td>81.62</td><td>96.36</td><td>86.98</td><td>6.75</td><td>6.76</td><td>6.72</td><td>6.75</td><td>6.95</td></tr>
<tr><td rowspan="2">大亚湾核电厂</td><td>1号机组</td><td>99.95</td><td>80.32</td><td>91.20</td><td>99.79</td><td>91.23</td><td>99.80</td><td>80.31</td><td>90.85</td><td>99.61</td><td>90.20</td><td rowspan="2">3.64</td><td rowspan="2">4.04</td><td rowspan="2">4.02</td><td rowspan="2">3.89</td><td rowspan="2">4.05</td></tr>
<tr><td>2号机组</td><td>79.76</td><td>99.88</td><td>88.80</td><td>86.25</td><td>99.99</td><td>79.44</td><td>99.68</td><td>88.29</td><td>86.44</td><td>99.76</td></tr>
<tr><td rowspan="2">秦山第二核电厂</td><td>1号机组</td><td>90.57</td><td>55.24</td><td>64.12</td><td>85.35</td><td>82.66</td><td>92.76</td><td>55.20</td><td>65.69</td><td>87.41</td><td>84.46</td><td rowspan="2">5.97</td><td rowspan="2">6.00</td><td rowspan="2">5.90</td><td rowspan="2">5.88</td><td rowspan="2">5.91</td></tr>
<tr><td>2号机组</td><td>82.82</td><td>88.78</td><td>88.30</td><td>85.21</td><td>88.21</td><td>85.19</td><td>90.30</td><td>90.70</td><td>87.00</td><td>90.12</td></tr>
<tr><td rowspan="2">岭澳核电厂</td><td>1号机组</td><td>83.10</td><td>90.08</td><td>83.16</td><td>92.11</td><td>90.38</td><td>82.69</td><td>89.16</td><td>82.65</td><td>90.72</td><td>89.05</td><td rowspan="2">3.74</td><td rowspan="2">3.92</td><td rowspan="2">3.98</td><td rowspan="2">3.99</td><td rowspan="2">3.89</td></tr>
<tr><td>2号机组</td><td>91.22</td><td>92.44</td><td>87.73</td><td>85.24</td><td>91.09</td><td>90.56</td><td>91.86</td><td>87.31</td><td>84.57</td><td>89.30</td></tr>
<tr><td rowspan="2">秦山第三核电厂</td><td>1号机组</td><td>82.34</td><td>96.34</td><td>86.42</td><td>91.21</td><td>91.93</td><td>84.05</td><td>98.18</td><td>88.35</td><td>93.52</td><td>93.88</td><td rowspan="2">7.29</td><td rowspan="2">7.35</td><td rowspan="2">7.32</td><td rowspan="2">7.35</td><td rowspan="2">7.42</td></tr>
<tr><td>2号机组</td><td>79.61</td><td>86.73</td><td>97.55</td><td>87.32</td><td>95.37</td><td>81.05</td><td>88.68</td><td>99.87</td><td>89.43</td><td>97.30</td></tr>
<tr><td rowspan="2">田湾核电厂</td><td>1号机组</td><td>/</td><td>/</td><td>/</td><td>70.97</td><td>74.12</td><td>/</td><td>/</td><td>/</td><td>74.76</td><td>77.84</td><td rowspan="2">/</td><td rowspan="2">/</td><td rowspan="2">/</td><td rowspan="2">6.79</td><td rowspan="2">6.91</td></tr>
<tr><td>2号机组</td><td>/</td><td>/</td><td>/</td><td>81.20</td><td>80.70</td><td>/</td><td>/</td><td>/</td><td>85.47</td><td>85.02</td></tr>
</table>

三、非计划自动停堆

2009 年，中国已投入商业运行的机组中有 9 台机组实现了全年无非计划自动停堆的良好业绩。

2005 年至 2009 年商业运行核电机组非计划自动停堆次数统计

核电厂名称 \ 年份		2005	2006	2007	2008	2009
秦山核电厂		2	0	0	1	1
大亚湾核电厂	1 号机组	0	0	0	0	0
	2 号机组	0	0	2	1	0
秦山第二核电厂	1 号机组	0	1	0	0	0
	2 号机组	0	0	0	1	0
岭澳核电厂	1 号机组	1	0	0	0	0
	2 号机组	1	1	1	0	0
秦山第三核电厂	1 号机组	0	0	0	0	0
	2 号机组	1	0	0	0	0
田湾核电厂	1 号机组	/	/	1	1	2
	2 号机组	/	/	1	0	0
合计		5	2	5	4	3

四、职业照射

国家标准《电离辐射防护与辐射源安全基本标准》（GB 18871—2002）中规定了工作人员职业照射的剂量限值：连续 5 年的年平均有效剂量不超过 20 mSv；任何一年中的有效剂量不超过 50 mSv。2009 年，中国已投入商业运行核电厂工作人员所受到的照射剂量均低于国家标准规定的限值。

2005 年至 2009 年商业运行核电厂工作人员的职业照射情况

核电厂名称＼项目		年人均有效剂量（mSv）	年度最大个人剂量（mSv）	年度集体有效剂量（人·Sv）	归一化集体有效剂量（人·mSv/GWh）
秦山核电厂	2005	0.694	10.300	0.932	0.396
	2006	0.400	8.050	0.538	0.217
	2007	0.650	8.450	0.997	0.450
	2008	0.153	3.577	0.149	0.057
	2009	0.336	4.257	0.453	0.192
大亚湾核电厂	2005	0.486	8.146	1.307	0.085
	2006	0.436	5.921	1.205	0.078
	2007	0.378	9.476	1.053	0.068
	2008	0.307	5.988	0.826	0.051
	2009	0.278	5.240	0.715	0.044
秦山第二核电厂	2005	0.362	7.210	0.738	0.073
	2006	0.335	6.318	0.713	0.086
	2007	0.347	8.164	0.785	0.088
	2008	0.300	4.881	0.588	0.059
	2009	0.345	7.899	0.710	0.071
岭澳核电厂	2005	0.433	8.910	1.088	0.072
	2006	0.284	7.155	0.722	0.046
	2007	0.456	8.533	1.231	0.083
	2008	0.600	12.169	1.772	0.116
	2009	0.502	10.586	1.531	0.099
秦山第三核电厂	2005	0.594	9.350	1.368	0.135
	2006	0.272	5.990	0.519	0.045
	2007	0.277	5.900	0.572	0.0495
	2008	0.364	9.102	0.788	0.0701
	2009	0.327	6.415	0.748	0.0638
田湾核电厂	2007	0.136	2.693	0.327	0.0326
	2008	0.209	3.456	0.557	0.0396
	2009	0.244	3.199	0.548	0.0384

五、放射性排出流的排放和环境监测

按照国家环境保护法规和环境辐射监测标准，依据管理部门批准的排放限值，中国核电厂对放射性排出流的排放量进行严格控制，对核电厂周围环境进行有效的监测。2009 年环境监测结果表明，各商业运行核电厂运行期间放射性排出流的排放量均远低于国家标准限值。

2009 年商业运行核电厂放射性排出流排放量及占国家标准规定排放年限值的百分比

核电厂名称		秦山核电厂		大亚湾核电厂		秦山第二核电厂		岭澳核电厂		秦山第三核电厂		田湾核电厂	
项目		年累计排放量(Bq)	占国家标准规定排放年限值的百分比	年累计排放量(Bq)	占国家标准规定排放年限值的百分比	年累计排放量(Bq)	占国家标准规定排放年限值的百分比	年累计排放量(Bq)	占国家标准规定排放年限值的百分比	年累计排放量(Bq)	占国家标准规定排放年限值的百分比	年累计排放量(Bq)	占国家标准规定排放年限值的百分比
气态排出流	惰性气体	4.35E+12	1.74E-01	1.09E+12	4.36E-02	8.67E+12	3.47E-01	1.11E+12	4.44E-02	2.51E+12	1.00E-01	3.77E+12	1.51E-01
	卤素	9.57E+06	1.28E-02	4.30E+06	5.73E-03	2.32E+06	3.09E-03	1.25E+07	1.67E-02	6.52E+05	8.69E-04	7.57E+06	1.01E-02
	气溶胶	8.50E+06	4.25E-03	2.61E+06	1.31E-03	1.70E+06	8.50E-04	3.78E+06	1.89E-03	2.76E+06	1.38E-03	6.83E+06	3.42E-03
液态排出流	氚	371E+12	2.47E+00	5.98E+13	3.99E+01	2.85E+13	1.90E+01	4.87E+13	3.25E+01	4.20E+13	*	2.06E+13	1.37E+01
	其余核素	5.65E+08	7.53E-02	5.01E+08	6.68E-02	1.42E+09	1.89E-01	2.55E+08	3.40E-02	4.24E+09	5.65E-01	2.91E+09	3.88E-01

注：1. 放射性排出流的排放量与核电机组的功率大小有关。

2. * 表示目前国家标准(GB 6249—86)没有对重水堆氚的排放规定限值,本栏不适用。

六、运行事件

国际核事件分级表（INES）将运行事件分为7级，较高级别的（4至7级）定为事故，较低级别的（1至3级）定为事件，对不具有安全意义的事件定为0级或称为“偏差”。

2009年，中国已投入商业运行的核电厂共计发生了8起0级运行事件，没有发生1级及1级以上的运行事件。

2005年至2009年商业运行核电厂运行事件统计

核电厂名称 \ 级别		0级运行事件					1级运行事件				
		2005	2006	2007	2008	2009	2005	2006	2007	2008	2009
秦山核电厂		5	1	3	3	1	0	0	1	0	0
大亚湾核电厂	1号机组	2	1	0	0	2	0	1	1	0	0
	2号机组	1	0	1	1	0	1	0	2	0	0
秦山第二核电厂	1号机组	0	2	0	2	0	0	0	0	0	0
	2号机组	0	0	0	3	0	0	0	0	0	0
岭澳核电厂	1号机组	3	0	2	1	1	1	0	0	0	0
	2号机组	1	1	3	1	0	0	1	1	0	0
秦山第三核电厂	1号机组	4	1	2	1	0	0	0	0	0	0
	2号机组	3	0	0	3	0	1	1	0	0	0
田湾核电厂	1号机组	/	/	6	1	3	/	/	1	0	0
	2号机组	/	/	1	1	1	/	/	0	0	0
合计		19	6	18	17	8	3	3	6	0	0

七、运行核电厂WANO性能指标

1. 秦山核电厂

与世界核电运营者协会（WANO）公布的全世界核电厂2009年度WANO11类13项指标数据相比，秦山核电厂有8项达到或超过中值水平，其中6项达到先进水平。

秦山核电厂2009年度WANO性能指标

性能指标 \ 机组		机组	WANO中间值	WANO先进值
机组能力因子(%)		87.43	87.34	93.61
非计划能力损失因子（%）		1.96	1.48	0.10
强迫损失率（%）		2.19	0.91	0.03
电网相关损失因子（%）		0.00	0.00	0.00
临界运行7000小时非计划自动停堆次数		0.90	0.00	0.00
安全系统性能	高压安注系统性能	0.0000	0.0003	0.0000
	辅助给水系统性能	0.0004	0.0001	0.0000
	应急交流电系统性能	0.0000	0.0010	0.0000
燃料可靠性（Bq/g）		0.037	0.984	0.037
化学指标		1.00	1.00	1.00
集体剂量（人·Sv）		0.453	0.645	0.336
工业安全事故率		0.00	0.06	0.00
承包商工业安全事故率		0.19	0.16	0.00

2. 大亚湾核电厂

与世界核电运营者协会（WANO）公布的全世界核电厂2009年度WANO11类13项指标数据相比，大亚湾核电厂1号机组有13项达到或超过中值水平，其中11项达到先进水平；2号机组全部13项达到先进水平。

大亚湾核电厂2009年度WANO性能指标

<table>
<tr><th colspan="2">机组 / 性能指标</th><th>1号机组</th><th>2号机组</th><th>WANO中间值</th><th>WANO先进值</th></tr>
<tr><td colspan="2">机组能力因子(%)</td><td>91.23</td><td>99.99</td><td>87.34</td><td>93.61</td></tr>
<tr><td colspan="2">非计划能力损失因子（%）</td><td>0.01</td><td>0.00</td><td>1.48</td><td>0.10</td></tr>
<tr><td colspan="2">强迫损失率（%）</td><td>0.02</td><td>0.00</td><td>0.91</td><td>0.03</td></tr>
<tr><td colspan="2">电网相关损失因子（%）</td><td>0.00</td><td>0.00</td><td>0.00</td><td>0.00</td></tr>
<tr><td colspan="2">临界运行7000小时非计划自动停堆次数</td><td>0.00</td><td>0.00</td><td>0.00</td><td>0.00</td></tr>
<tr><td rowspan="3">安全系统性能</td><td>高压安注系统性能</td><td>0.0000</td><td>0.0000</td><td>0.0003</td><td>0.0000</td></tr>
<tr><td>辅助给水系统性能</td><td>0.0000</td><td>0.0000</td><td>0.0001</td><td>0.0000</td></tr>
<tr><td>应急交流电系统性能</td><td colspan="2">0.0000</td><td>0.0010</td><td>0.0000</td></tr>
<tr><td colspan="2">燃料可靠性（Bq/g）</td><td>0.037</td><td>0.037</td><td>0.984</td><td>0.037</td></tr>
<tr><td colspan="2">化学指标</td><td>1.00</td><td>1.00</td><td>1.00</td><td>1.00</td></tr>
<tr><td colspan="2">集体剂量（人·Sv）</td><td>0.63</td><td>0.08</td><td>0.645</td><td>0.336</td></tr>
<tr><td colspan="2">工业安全事故率</td><td colspan="2">0.00</td><td>0.06</td><td>0.00</td></tr>
<tr><td colspan="2">承包商工业安全事故率</td><td colspan="2">0.00</td><td>0.16</td><td>0.00</td></tr>
</table>

3. 秦山第二核电厂

与世界核电运营者协会（WANO）公布的全世界核电厂2009年度WANO11类13项指标数据相比，秦山第二核电厂1号机组有10项达到或超过中值水平，其中6项达到先进水平；2号机组有11项达到或超过中值水平，其中6项达到先进水平。

秦山第二核电厂2009年度WANO性能指标

性能指标 \ 机组		1号机组	2号机组	WANO中间值	WANO先进值
机组能力因子(%)		82.66	88.21	87.34	93.61
非计划能力损失因子（%）		0.62	0.55	1.48	0.10
强迫损失率（%）		0.74	0.62	0.91	0.03
电网相关损失因子（%）		0.00	0.00	0.00	0.00
临界运行7000小时非计划自动停堆次数		0.00	0.00	0.00	0.00
安全系统性能	高压安注系统性能	0.0004	0.0006	0.0003	0.0000
	辅助给水系统性能	0.0000	0.0000	0.0001	0.0000
	应急交流电系统性能	0.0141		0.0010	0.0000
燃料可靠性（Bq/g）		0.037	0.037	0.984	0.037
化学指标		1.00	1.00	1.00	1.00
集体剂量（人·Sv）		0.355	0.355	0.645	0.336
工业安全事故率		0.00		0.06	0.00
承包商工业安全事故率		0.06		0.16	0.00

4. 岭澳核电厂

与世界核电运营者协会（WANO）公布的全世界核电厂 2009 年度 WANO11 类 13 项指标数据相比，岭澳核电厂 1 号机组有 11 项达到或超过中值水平，其中 7 项达到先进水平；2 号机组有 11 项达到或超过中值水平，其中 9 项达到先进水平。

岭澳核电厂 2009 年度 WANO 性能指标

性能指标 \ 机组		1 号机组	2 号机组	WANO 中间值	WANO 先进值
机组能力因子（%）		90.38	91.09	87.34	93.61
非计划能力损失因子（%）		0.63	0.01	1.48	0.10
强迫损失率（%）		0.69	0.02	0.91	0.03
电网相关损失因子（%）		0.00	0.00	0.00	0.00
临界运行 7000 小时非计划自动停堆次数		0.00	0.00	0.00	0.00
安全系统性能	高压安注系统性能	0.0025	0.0000	0.0003	0.0000
	辅助给水系统性能	0.0000	0.0000	0.0001	0.0000
	应急交流电系统性能	0.0001		0.0010	0.0000
燃料可靠性（Bq/g）		0.037	16.779	0.984	0.037
化学指标		1.00	1.00	1.00	1.00
集体剂量（人·Sv）		0.86	0.67	0.645	0.336
工业安全事故率		0.00		0.06	0.00
承包商工业安全事故率		0.00		0.16	0.00

5. 秦山第三核电厂

与世界核电运营者协会（WANO）公布的全世界核电厂2009年度WANO11类13项指标数据相比，秦山第三核电厂1号机组有11项达到或超过中值水平，其中7项达到先进水平；2号机组有12项达到或超过中值水平，其中9项达到先进水平。

秦山第三核电厂2009年度WANO性能指标

<table>
<tr><th colspan="2">机组
性能指标</th><th>1号机组</th><th>2号机组</th><th>WANO中间值</th><th>WANO先进值</th></tr>
<tr><td colspan="2">机组能力因子(%)</td><td>91.93</td><td>95.37</td><td>87.34</td><td>93.61</td></tr>
<tr><td colspan="2">非计划能力损失因子（%）</td><td>0.00</td><td>0.00</td><td>1.48</td><td>0.10</td></tr>
<tr><td colspan="2">强迫损失率（%）</td><td>0.00</td><td>0.00</td><td>0.91</td><td>0.03</td></tr>
<tr><td colspan="2">电网相关损失因子（%）</td><td>0.06</td><td>0.05</td><td>0.00</td><td>0.00</td></tr>
<tr><td colspan="2">临界运行7000小时非计划自动停堆次数</td><td>0.00</td><td>0.00</td><td>0.00</td><td>0.00</td></tr>
<tr><td rowspan="3">安全系统性能</td><td>高压安注系统性能</td><td>0.0000</td><td>0.0000</td><td>0.0003</td><td>0.0000</td></tr>
<tr><td>辅助给水系统性能</td><td>0.0008</td><td>0.0000</td><td>0.0001</td><td>0.0000</td></tr>
<tr><td>应急交流电系统性能</td><td colspan="2">0.0002</td><td>0.0010</td><td>0.0000</td></tr>
<tr><td colspan="2">燃料可靠性（Bq/g）</td><td>0.037</td><td>0.037</td><td>0.984</td><td>0.037</td></tr>
<tr><td colspan="2">化学指标</td><td>1.00</td><td>1.00</td><td>1.00</td><td>1.00</td></tr>
<tr><td colspan="2">集体剂量（人·Sv）</td><td>0.374</td><td>0.374</td><td>0.645</td><td>0.336</td></tr>
<tr><td colspan="2">工业安全事故率</td><td colspan="2">0.00</td><td>0.06</td><td>0.00</td></tr>
<tr><td colspan="2">承包商工业安全事故率</td><td colspan="2">0.09</td><td>0.16</td><td>0.00</td></tr>
</table>

6. 田湾核电厂

与世界核电运营者协会（WANO）公布的全世界核电厂2009年度WANO11类13项指标数据相比，田湾核电厂1号机组有10项达到或超过中值水平，其中9项达到先进水平；2号机组有12项达到先进水平。

田湾核电厂2009年度WANO性能指标

性能指标 \ 机组		1号机组	2号机组	WANO中间值	WANO先进值
机组能力因子(%)		74.12	80.70	87.34	93.61
非计划能力损失因子（%）		0.73	0.02	1.48	0.10
强迫损失率（%）		0.97	0.02	0.91	0.03
电网相关损失因子（%）		0.00	0.00	0.00	0.00
临界运行7000小时非计划自动停堆次数		2.00	0.00	0.00	0.00
安全系统性能	高压安注系统性能	0.0000	0.0000	0.0003	0.0000
	辅助给水系统性能	0.0000	0.0000	0.0001	0.0000
	应急交流电系统性能	0.0000		0.0010	0.0000
燃料可靠性（Bq/g）		0.037	0.037	0.984	0.037
化学指标		1.00	1.00	1.00	1.00
集体剂量（人·Sv）		0.274	0.274	0.645	0.336
工业安全事故率		0.00		0.06	0.00
承包商工业安全事故率		0.00		0.16	0.00

核电工程建设情况

一、广东岭澳核电二期工程（3、4号机组）

广东岭澳核电二期工程（3、4号机组）由中国广东核电集团所属岭东核电有限公司投资建造，中广核工程有限公司负责工程建设。工程采用百万千瓦级二代改进型压水堆技术，两台机组分别于2005年12月15日和2006年6月15日开工，计划于2010年和2011年建成投产。

2009年，广东岭澳核电二期工程（3、4号机组）建设按计划实施，工程进度、质量和投资处于可控状态。工程总量、安装、调试、生产准备的重大里程碑均已按计划或提前实现。两台机组建设实施工程设计、施工管理、调试自主化，并大力推进设备制造国产化工作。

2009年，3号机组进入全面调试，顺利完成冷态调试试验，主回路排气、主回路泄漏率等试验指标结果优良，安全壳整体打压试验开始。4号机组全面转入设备安装阶段，并开始单系统调试，泵站实现进水。

2009年，生产准备和接产活动按计划实施，进展良好。圆满完成国际原子能机构组织的Pre-OSART评审活动，达到预期效果。截至12月底，核电厂首批需要考取操纵员或高级操纵员执照人员共74人已全部完成考照前所需的基本专项培训和数字化仪控系统（DCS）模拟机培训。

二、浙江秦山核电二期扩建工程（3、4号机组）

浙江秦山核电二期扩建工程（3、4号机组）由中国核工业集团公司、浙江省电力开发公司、申能股份有限公司、江苏省国信资产管理集团有限公司、中电投核电有限公司、安徽省能源集团公司等共同投资建造，规划建造两台65万千瓦压水堆核电机组，是1、2号机组“翻版加改进”的工程项目。两台机组分别于2006年4月28日和2007年1月28日开工，计划于2010年和2011年建成投产。

2009年，浙江秦山核电二期扩建工程（3、4号机组）工程进展顺利，各节点顺利完成。设计、建安、设备和调试质量受控，情况良好，未发生对工程、设备和调试质量构成严重影响的重大不符合项。

2009年，3号机组处于安装高峰期，调试工作已逐步展开。12月13日一回路水压试验提前完成。此外，主控投用、送冷风、500kV倒送电、汽轮机扣缸等重要节点目标均顺利完成。4号机组处于土建收尾和安装全面展开的时期。上半年土建结构基本完成，下半年机组安装工作转入全面的区域施工；220kV倒送电相关安装工作基本完成，柴油机安装全面展开，汽轮机安装、500kV倒送电相关安装工作全面启动。

2009年，3、4号机组的设备采购、监造、交货工作进展顺利，全年设备累计到货比例达90%以上。

三、辽宁红沿河核电一期工程

辽宁红沿河核电一期工程是国家首个一次建设4台百万千瓦级核电机组的项目，由中国广东核电集团有限公司、中国电力投资集团公司、辽宁建设投资集团共同投资建造。工程采用二代改进型压水堆技术，建设4台百万千瓦级核电机组。1、2号机组已分别于2007年和2008年开工建设，3、4号机组也分别于2009年3月7日和8月15日开工建设，4台机组计划于2012年至2014年建成投产。

2009年，辽宁红沿河核电一期工程4台机组工程进展顺利，一级进度里程碑全部提前实现，二级进度里程碑均提前或按期完成。

1号机组核岛已开始安装，穹顶吊装等关键节点提前实现，常规岛安装正式开始。2号机组于11月完成穹顶吊装。3、4号机组分别于3月7日和8月15日核岛浇筑第一罐混凝土。1、2号机组工程设计基本满足设备制造和现场施工的要求，3、4号机组工程设计总体超前。

2009年，公司通过积极推动第二台模拟机、数字化仪控系统合同变更，核岛大宗材料采购协议等重大合同的谈判和签署，在设备采购方面取得了重大进展。截至年底，4台机组已按期出版文件、图纸75506份，完成率98.8%，累计交付文件82438，完成总量的65.7%。2009年，红沿河核电一期工程未发生重大安全、质量及环境事故。

四、福建宁德核电一期工程

福建宁德核电一期工程由中国广东核电集团有限公司、中国大唐集团公司和福建省煤炭工业（集团）有限责任公司共同投资建造。工程采用二代改进型压水堆技术，建设4台百万千瓦级核电机组。1、2号机组分别于2008年2月18日和2008年11月12日开工，计划于2012年和2013年建成投产。

2009年，工程进展顺利，各项工作稳步推进。在1、2号机组核岛浇筑第一罐混凝土提前实现的基础上，土建、安装工作均有不同程度提前，工程建设总体进展良好。设计、采购、施工的质量保证体系运作有效，监督检查及各项质量控制检查工作均按计划实施。

2009年，工程进入安装开工和调试准备阶段。1号机组核岛安装提前50天开工。调试准备方面，已编制完成14份调试管理程序，首批调试人员已于11月进驻现场，并完成了首个系统的EESR工作（从安装到调试的责任转移工作）。

2009年，设备采购制造进入高峰期。1、2号机组采购包签约完成约90%，3、4号机组采购包签约较计划大幅提前。

五、福建福清核电一期工程

福建福清核电项目是由中国核工业集团公司、华电福建发电有限公司和福建省投资开发集团有限责任公司共同投资建造。项目规划建设6台百万千瓦级压水堆核电机组，采用一次规划、分期连续建设的模式。其中1、2号机组工程采用二代改进型压水堆技术，建设两台机组。1、2号机组已分别于2008年11月21日和2009年6月17日开工，两台机组计划于2013年和2014年建成投产。2009年4月，国家发展和改革委员会发文同意福清核电厂3至6号机组开展前期工作。

工程自开工以来，进展顺利，已建立完整的质量保证体系、进度控制体系。工程安全、质量、进度、投资均处于受控状态。

2009年，1、2号机组工程建设按计划连续、平稳进行。2号机组核岛较计划提前三个月浇筑第一罐混凝土。3至6号机组项目核准和建造许可证申请工作正在有序进行，其中3、4号机组核岛负挖已完成，并通过国家验收。工程设计总体进展良好，核岛、常规岛及BOP设计进度满足现场施工及设备采购需求。

六、广东阳江核电一期工程

广东阳江核电一期工程由中国广东核电集团有限公司、广东核电投资有限公司共同投资建造。工程建设采取工程总承包模式，由中广核工程有限公司承建。工程采用二代改进型压水堆技术，规划建设6台百万千瓦级机组。1、2号机组已分别于2008年12月16日和2009年6月4日开工，计划于2013年和2014年建成投产。

2009年，1、2号机组转入全面工程建设阶段，工程建设重大里程碑目标均已按期或提前完成。工程设计有序开展，工程建设顺利推进，并启动调试准备工作。

2009年，1、2号机组设备采购工作整体情况正常，签署了全厂数据控制系统、全范围模拟机等供应合同。目前，已签合同占全部合同的74%，核岛压力容器、蒸汽发生器、稳压器及常规岛汽轮机、发电机等主要设备制造工作全面展开。3、4号机组核岛于5月27日开始负挖，12月31日完成核岛负挖地质编录。

生产准备工作进入实施期，围绕组织准备、人员培训、程序编写、工程参与、重大项目和运行标准化等主线开展生产准备工作，年度七项里程碑目标全部按期实现。人员培训方面，成立培训委员会开展工作，制定了核心岗位培训计划，2009年有16人通过操纵员资格考试。

七、浙江秦山核电厂扩建项目（方家山核电工程）

秦山核电厂扩建项目(方家山核电工程)由中国核工业集团公司投资建造，采用总承包模式，由中国核电工程有限公司全面负责项目的工程设计、设备采购、土建安装等工作。项目采用百万千瓦级二代改进型压水堆技术，建设两台百万千瓦级机组。1、2号机组分别于2008年12月26日和2009年7月17日开工，计划于2013年和2014年建成投产。

工程自开工以来，进展顺利。2009年，工程以核岛土建施工为主线，提前实现1号机组核岛厂房筏基浇筑。1号机组常规岛完成第一灌混凝土浇筑，BOP子项的土建也相继开工。

设备采购及制造总体进展正常。首炉燃料组件及相关组件采购合同已签订，汽轮发电机、反应堆压力容器、蒸汽发生器、主泵均已开工制造。

2009年,秦山核电有限公司编制了《设计与建造阶段的质量保证大纲》，建立了符合方家山项目的质量保证体系，三级质量保证和质量控制体系执行有效，工程质量处于受控状态。生产准备工作已全面展开，完成首批操纵员培训。

八、浙江三门核电一期工程

浙江三门核电工程是由中核核电有限公司、浙江省能源集团有限公司、中电投核电有限公司、中国华电集团公司和中国核工业建设集团公司等共同出资建造。工程采用 AP1000 第三代压水堆核电技术，规划分三期建造 6 台单机容量为 125 万千瓦的机组。一期工程建造两台机组，1、2 号机组分别于 2009 年 3 月 29 日和 2009 年 12 月 15 日开工，计划于 2013 年和 2014 年建成投产。

2009 年，工程进展顺利，其中 2 号机组比预期提前一个半月动工，关键设备国产化率也将得到提升。三门核电项目开工以来，包括核岛负挖、混凝土浇筑、模块就位等在内的关键里程碑节点目标 22 个，已经按计划实现或提前实现 18 个。2009 年，自主采购计划已签订包括主变、厂变、辅变、220 kV GIS(气体绝缘金属封闭开关设备)、500 kV GIS、取样及加药系统、凝结水精处理系统、除盐水处理系统包、循环水系统、凝汽器水环式真空泵及水室真空泵、闭式循环水泵等在内的 29 项合同。

2009 年，三门核电工程升版了《质量保证大纲》(设计和建造阶段)。建立健全了设备监造组织机构和制度体系，加强了设备监造力度。工程自 2004 年 7 月启动至今，公司及工程项目安全管理性能指标始终处于良好的受控状态。

九、山东海阳核电一期工程

山东海阳核电一期工程是由中国电力投资集团公司、山东省国际信托有限公司、烟台蓝天投资控股有限公司、中国国电集团公司、中国核工业集团公司、华能核电开发有限公司共同出资建造，采用美国西屋公司开发的第三代压水堆核电技术 AP1000，建设两台 125 万千瓦机组，1 号机组已于 2009 年 9 月 24 日开工，计划于 2014 年 5 月建成投产。

2009 年，海阳核电一期工程核岛、常规岛完成了初步设计收口，进入施工图设计阶段，设计总体进展满足里程碑及一级进度要求。核岛设备基本处在长周期材料制造或采购阶段，部分设备转入设备制造阶段。常规岛汽轮发电机组已开展详细设计，部分部件已经进入材料采购和加工制造阶段。

2009 年，海阳核电一期工程 1 号核岛底板实施了 FCD 并于 11 月通过检查验收；2 号核岛基坑于 9 月完成下垫层混凝土浇筑。1、2号常规岛基坑均通过验收并完成垫层混凝土浇筑工作。

2009年，山东核电有限公司和各级供方按质量保证大纲要求制定了较完整的质量保证控制程序，并在工程施工中得到落实。

十、广东台山核电一期工程

广东台山核电工程是由中国广东核电集团有限公司和法国电力公司共同出资建造，规划建造6台百万千瓦级压水堆核电机组。一期工程采用三代核电EPR技术，建造2台机组，单机容量175万千瓦。1号机组于2009年11月18日开工，计划于2013年建成投产。

工程自2007年开展前期工作以来，进展顺利。2009年，1号机组核岛厂房及其它周边厂房施工总体进展顺利。2号机组核岛厂房进入土建施工准备阶段，截至12月底，负挖施工基本完成，泵房施工进展基本正常。

设备采购与制造总体进展正常，1号机组反应堆压力容器所有锻件均已制造完成，2号机组反应堆压力容器上下堆芯筒体和上下封头正在制造，进展顺利；1、2号机组主泵制造进度正常，8台泵壳已开始制造，其中6台已经浇铸完成，主泵电机订单已经落实；稳压器、蒸汽发生器均处于锻件加工阶段；1、2号机组发电机转子正在制造中；BOP及常规岛采购进展基本正常。

2009年，台山核电一期工程编制完成《2010年监查监督计划》，完成对施工分部的质保监查。

注：有关核电的部分资料来源于国家能源局《2009中国核电报告》

核燃料循环

发展现状

2009年，在铀矿地质勘查领域，狠抓重点区域的突破，在新疆、内蒙等地取得新进展；加强国家队与属地化队伍的合作，在江西、广东等地实现新突破。在天然铀生产领域，注重安全生产和技术创新，大基地建设前期工作扎实推进，完成4个项目立项。在核燃料供应领域，2009年生产任务圆满完成，保证了在役核电站的安全稳定运行，多个建设项目取得积极进展，专用设备研制实现产业化，中核北方核燃料元件有限公司压水堆元件生产线项目设备安装完毕，中核建中核燃料元件有限公司VVER元件生产线通过竣工验收，核燃料供应保障能力进一步提高。

铀矿勘查和采冶

1. 中核地质面对钻探生产任务繁重的形势，精心组织，全面统盘部署，充分发挥3个地质大队钻探业务能力强的优势，组织6个研究所和航测遥感中心首次开展钻探生产业务，优质高效完成了51万米的钻探生产施工任务，为国家计划任务的102%。钻探生产技术经济指标不断刷新，平均优质孔率达到93%以上，单机平均台月效率最高达到3556米，单机年完成工作量最高达13000米，完成最深孔达1058米。

全面完成上级下达的新增铀资源量指标。铀矿重点成矿区带主要矿田和矿区勘查工作进展明显，远景区带的调查评价工作取得较好找矿成果，全年新增铀资源量超额完成上级下达的任务指标。

中核集团在尼日尔、津巴布韦、纳米比亚、蒙古等国家成立子公司，并与澳大利亚、法国、哈萨克斯坦、俄罗斯等国保持着密切联系和业务往来。中国国核海外铀业有限公司控股的尼日尔阿泽里克铀矿山建设工程是我国第一个走出去自主开发的铀矿项目，有望在2010年投入试生产。

2. 中广核集团继续加大海外铀资源开发力度。2009年4月，与哈萨克斯坦共同出资成立的合资企业——谢米兹拜伊铀有限责任合伙企业揭牌仪式在哈萨克斯坦首都阿拉木图举行。该合资企业旗下的伊尔科利铀矿于4月28日正式开工，这是中广核集团开工的第一个海外铀矿项目。与乌兹别克斯坦成立铀资源开发合资企业；成功收购澳大利亚EME公司66.05%股权。与中非就合作勘探、开采铀矿达成合作协议。

截至2009年底，中广核铀业公司通过合同和协议所控制的天然铀数量近17万吨铀。

3. 中核金原铀业公司天然铀产量继续实现快速增长。

中核金原铀业公司采取提高装备水

平，组织专业组攻克生产技术难题，优化采掘队伍，加强采掘管理等多项措施，以加快产能提升。到11月底，掘进工程量完成年计划的103%；生产矿石量完成年计划的99.7%；二七二铀纯化生产已完成全年任务。年底，天然铀生产任务全面完成。

加快新项目立项、报批和重点项目建设是今年金原铀业公司项目管理的工作重点，开展前期工作的项目共20项。在加强在建重点项目管理的同时，着力开展了相山、二连、东胜等大基地的前期工作，国土资源部办公厅出台了《关于妥善保护内蒙古鄂尔多斯皂火壕砂岩型铀矿床的函》〈国土资源厅函1064号〉，在解决东胜矿权问题上取得了重大突破。

铀资源拓展实现质的突破。一是建立了以“勘探促进开发、开发带动勘探、勘探开发一体化”的合作新机制，并形成地矿合作的实质性突破。金原铀业公司于2009年5月，分别和江西核地质局和广东核地质局签订铀资源勘查开发合作协议。江西居隆庵2009年6月9日率先开工。二是加强了生产探矿和补充探矿工作，北方铀业公司本溪铀矿危机矿山探矿项目进展顺利，本溪铀矿深部见矿情况好，资源量还有进一步扩大的可能。此外，金安公司、金瑞公司、桂林分公司等单位施工进尺1.6万米，核实和新探明资源量效果显著。

科技创新取得新成果。一是加强了科技投入，2009年在科技创新方面投入了2500万元。二是加强了采矿方法与设备研究，引进推广先进采矿方法与设备：龙江公司引进扒渣机并进行改造，用于斜井掘进出渣，运输能力提升了1倍；无底柱分段崩落法无轨采矿工艺技术在新水井铀矿床使用，降低了井巷维护费用，提高了采掘作业本质安全度 。三是加强了水冶工艺研究，新申请了发明专利“铀矿强化堆浸技术”，用多种矿石进行试验，在金瑞公司、衢州公司生产队进行了工业试验，平均每1万吨矿石多回收1吨金属，尾渣品位降至0.01%以下。碱法搅拌浸出工艺和板框压滤固液分离设备成功用于龙江公司生产，为提高水冶能力打下基础。四是逐步开展数字化矿山建设，选择青龙铀矿作为试点，将三维采矿软件用于2009年采掘技术计划编制。五是加强了知识产权的管理，预计全年申请专利近20项。

核燃料生产

1. 2009年，中核集团核燃料系统经济快速增长，生产交货全面完成，保证了核电用料。完成铀转化、铀浓缩，压水堆组件、重水堆元件生产交付任务，保证了核电对核燃料供应的需求。产品质量继续保持优良，未出现因制造原因造成的元件泄漏，核电用户对中核建中、中核北方核燃料元件有限公司的元件质量给予充分肯定。特别是中核建中核燃料元件有限公司在按照合同安排9种丰度的燃料组件生产任务本身很紧张的情况下，为大亚湾提供了20组紧急供货组件，满足了客户需求。

2. 核燃料产业能力持续提高，建设取得新进展。中核北方核燃料元件有限公司压水堆元件生产线完成设备安装。中核建中核燃料元件有限公司VVER元件生产线完成竣工验收。一批新的产业项目正在建设或即将开工，核燃料循环关键环节的生产能力有了新的提高，对核电供应的保障能力进一步增强。

3. 继续推进科技创新，为产业发展提供支撑。2009年6月6日，中核集团核燃料专用设备二期工程达产。进一步增强了我国核燃料循环产业能力，标志着我国在核燃料专用设备制造方面迈上了一个新的台阶。

4. 在开放、包容、合作、共赢的理念下，内外合作得到新推进。与俄罗斯、欧洲、日本等国际合作取得新成果；与中广核集团、国家核电技术有限公司以及国内相关企业在核燃料加工领域的合作得到显著改善，沟通得到加强和深化，有的已取得成果。

乏燃料后处理和放射性废物处理及处置

1. 在推进内陆厂址后处理厂建设项目前期工作的同时，从安全、环境、经济、保障监督等方面对沿海场址开展必要的考察和对比，为国家最终决策奠定基础。国家原子能机构与法方进行了多轮会谈，就后处理厂建设的一些重大问题达成共识，中法两国发表了联合声明，要积极开展商业后处理厂的技术和商务谈判。

2. 3月21日，四〇四厂乏燃料后处理中试工程冷试车通过中核集团组织的专家组验收。

3. 国家核电中长期发展规划特别提到，应在核电项目建设的同时，同步建设中低放射性废物处置场，以适应核电发展不断增加的中低放射性废物处理的需要。中广核集团目前用于中广核中低放废物处理的北龙临时处置库的容量有限，在未来一段时期内无法满足日益增长的中低放射性废物的需要，除进行新的中低放废物处置场选址外，还开展了中低放废物处理工艺的研究，通过优化处理技术和提升工艺措施，最大幅度的降低处置成本。通过“中低放废物等离子体焚烧减容技术及成套系统研发”课题的实施，研发出了具有中广核集团完全自主知识产权的适用于放射性废物的进料系统、等离子体焚烧系统、废气处理系统、熔渣接收系统、辐射监测系统，所研究的成果将通过试验验证和环境排放鉴定，开辟一条符合我国国情的中低放射性废物处理的技术路线。

4. 中核集团重点做好八二一厂核设施安全和退役治理工作。目前，按计划实施的项目工程质量、进度、投资总体处于受控状态。

5月24日，中国核电工程有限公司与八二一厂签订《八二一放射性废物治理三项工程总承包合同》，承担八二一厂退役治理项目中三项建设工程的总承包任务。

核能科研

国家科技重大专项

“大型先进压水堆和高温气冷堆核电站”作为国家确定的重大科技专项之一，是我国建设创新型国家的一项标志性工程。

大型先进压水堆核电站CAP1400的目标是在消化、吸收、全面掌握第三代核电技术AP1000的基础上开发具有自主知识产权、更大功率的非能动大型先进压水堆技术。12月17日，国核示范电站有限责任公司在京宣布成立，标志着CAP1400国家大型先进压水堆核电站重大专项示范工程起步阶段的工作取得新进展。我国首座高温气冷堆核电站示范工程项目——华能山东石岛湾核电厂前期准备工作基本完成。

1. 国家重大科技专项研发和示范工程——大型先进压水堆核电站项目建设全面推进。初步形成了以国家核电技术公司为主体，其他核电企业、装备制造企业、科研院所共同参与的重大专项联合攻关体系，AP1000技术消化吸收、重大共性技术和关键设备材料研究取得重大进展，CAP1400概念设计得到进一步深化和优化，2月24—26日，大型核电重大专项CAP1400概念设计方案在上海通过专家初步评估。

国核示范电站有限公司正式成立并开始运作。

以国家“大型压水堆核电站和高温气冷堆核电站”科技重大专项为重点，加大了科研项目开发力度，组织完成了国家科技重大专项“AP1000核岛建造技术研究”等科研课题的申报。

采用引进消化吸收再创新的技术路线，掌握具有自主知识产权的大型半速核电汽轮发电机组的关键制造技术，进一步开展CAP1400常规岛成套设备设计制造技术研究。

2. 国家科技重大专项依托项目——华能山东石岛湾高温气冷堆核电站示范工程项目核准审批工作正在抓紧进行，示范工程项目建造许可证申领取得重要进展。国家核安全局召开了专家会，建议颁发示范工程建造许可证。

设计工作全面开展。在完成初步设计审查的基础上，消防、实物保护、职业安全、职业卫生四大专篇先后通过政府主管部门的审查。示范工程施工设计基本满足主体工程施工供图进度需要。

设备采购与监造工作有效落实。核岛主设备制造合同和科研攻关合同全部签订生效，长周期主设备原材料采购全面落实。按照核岛主要设备联合采购与监造模式，厂方与总包方齐抓共管，优势互补，主设备制造质量处于受控状态，制造进度基本满足工程二级进度计划要求。常规岛设备采购工作按计划推进，主要设备合同执行情况良好，主要辅机订货全部完成。核燃料采购供应工作进入全面实施阶段，签订了浓缩铀采购合同，辐照试验元件开始试生产，生产线初步设计进入审查阶段，启动了元件运输容器和运输方案的设计论证工作。

现场施工准备按期就绪。6 月 16 日，核岛基坑顺利通过国家核安全局检查验收。8 月 24 日，核岛底板 I 区一层钢筋绑扎等各项施工准备工作全面完成，具备了浇筑第一罐混凝土的条件。混凝土供应链生产设施顺利建成投用，“五通一平”工程全面完工，厂前区一期工程及施工生活区建成并投用。

示范工程设备采购与监造工作深入开展，生产准备工作卓有成效，为示范工程开工建设创造了有利条件。

中国核工业建设集团公司承担的高温气冷堆重大专项 10 个科研项目中，8 个项目已经通过能源局、财政部相关评审，正式立项实施。在示范工程建设方面，完成了初步设计和部分施工图设计，向国家核安全局提交了初步安全分析报告和项目建造许可申请报告；完成了主设备采购、施工进度要求的相关设备采购、现场核岛负挖、现场临建等工作，现场具备 FCD 条件，待获取国家建造许可证后，即将浇筑第一罐混凝土。在新技术研究方面，依托安徽安庆高温气冷堆核电项目，适时启动了高温气冷堆后续群堆项目研究，开展了高温气冷堆稠油热采、加拿大油砂等专项研究。

重大科研开发项目

2009 年，核能领域重要科研开发项目及研发平台建设取得重大进展。

1. 中国实验快堆是我国自主设计、建造、调试、运行的第一座快中子反应堆。设计热功率 65 兆瓦，试验发电功率为 20 兆瓦，首炉燃料为 UO_2，采用堆本体池式结构和钠—钠—水三回路传热系统。工程建筑面积 4.4 万平方米，共有 16 个子项，194 个系统。

快堆在大幅度提高铀资源利用率和实现核废物最小化两方面的显著优势，成为继压水堆之后发展起来的先进核电堆型，对我国核能的可持续发展和“热堆—快堆—聚变堆”核能三步走战略实施具有重要意义。中国实验快堆是我国快堆发展的第一步，目的是“建立装置，掌握技术，培养人才，开展实验”。该项目是国家 863 计划重大项目，也是国家中长期科技发展规划前沿技术重点目标。

该工程于 1995 年经原国家计委批准立项，1997 年 8 月国家科技部批准为 863 计划重大项目。工程建设自 2000 年 5 月 30 日浇筑第一罐混凝土至 2006 年，实现了主厂房封顶，完成主容器及堆内构件的安装并完成主容器性能检验试验，2007 年主控室交调，2008 年核岛安装施工完成，开始综合冷调。2009 年，工程完成装料前全部调试及准备工作，具备装料和首次临界条件。

2. 先进研究堆整治后的安全棒性能

达到设计要求，具备装料条件；后处理放化实验设施完成主要工艺设备安装；串列加速器升级工程可研报告获得国防科工局批复。

3. 国际热核聚变实验堆计划（ITER）是全球规模最大、影响最深远的国际科研合作项目。ITER 的建设周期为 10 年，耗资 50 亿美元。运行及实验研究 20 年，退役 5 年，运行及实验研究的费用与建设费用相当。国际聚变界主流认为，本世纪 20 年代建成 ITER，为示范堆（DEMO）提供设计依据和建造运行经验；本世纪 30 年代建设示范堆 DEMO；本世纪 50 年代，将建成具有经济竞争力的聚变能商用堆。实现聚变能的商业应用，实验堆、示范堆都是必须经历的阶段，因而国务院 2006 年中长期科学和技术发展规划纲要，将磁约束核聚变纳入先进能源技术，并被列入优先发展领域。

ITER 是由多个系统和部件组合成的。经过分解形成 22 个采购包，97 个具体包，由 7 方分别承担。中国承担其中的 6 个采购包，12 个具体包。

其中，由核工业西南物理研究院承担的 1~5 项任务国内的前期预研工作进展顺利：完成了 316LN 材料的研发工作，进入磁体重力支撑采购包签约前的准备；成功地研制出了高纯的真空热压铍块，认证模块通过了美国和捷克的高热负荷实验测试；从工程角度详细地研究了 ITER 装置中的气体加料系统以及辉光放电系统电极、电源和控制系统等的概念设计；完成了高纯裂变材料的解决方案，并对铀片工艺、合适的慢化剂材料、材料组合及最优几何尺寸进行了初步探索。

12 月 3 日，国家科技部在成都组织召开了核工业西南物理研究院国际热核实验反应堆项目（ITER）专项 2009 年度国内配套项目启动大会。西物院承担了两项 ITER 国内配套项目：电子回旋二次谐波共振加热技术和固态增殖剂固态屏蔽包层设计与技术可行性研究。

4. 11 月 30 日，在新的国家核动力研发基地，隆重地举行了开工庆典。新基地落户成都市，它的建设，将全面提升我国核动力研究设计的基础能力，显著增强先进核动力和核电技术自主创新的能力，对中国核动力事业的发展具有重要意义。中国核动力研究设计院将根据国家核电中长期发展规划，用 10—15 年的时间，打造一个配套完善、世界一流的综合性核动力研发平台。

5. 2009 年，中核集团成立十周年时评出的四项杰出科技成就分别是：“核动力设计研制技术取得重大历史性突破”、“大型商用核电站实现四个自主”、“铀浓缩技术实现重大跨越”、“铀资源勘查采冶技术取得重大突破”；评出的六项重大科技进展分别是：“中国实验快堆为核能可持续发展奠定基础”、“3000 吨铀 / 年转化工程满足核电发展需求”、“乏燃料后处理中试厂标志我国核燃料闭合循环技术进入新阶段”、“核技术应用关键技术取得重大进展”、“中国先进研究堆构建 21 世纪核科技平台”、“磁约束受控核聚变进入世界先进行列”。

6. 国家863计划项目——“核电行业重大工程自动化成套控制系统”由北京和利时系统工程有限公司和中国广东核电集团有限公司共同承担，北京和利时公司作为项目牵头方联合中广核集团公司向国家科技部申报了该项目，该项目于2007年获得国家科技部批准并作为国家“十一五”期间863计划给予资金支持。项目的启止日期：2007年10月1日—2010年6月1日。

2009年，承担软课题研究的课题组已基本完成研究报告的编制，方案研究、标准体系搭建、硬件鉴定试验方案等已经完成，部分试验正在进行，运行维护课题的故障树已构建完成，专家系统已处于调试完善状态，核级DCS样机研发已接近尾声，核级软件V&V已完成第一轮的V&V工作。

该项目取得的成果：一套核级样机、一部监督大纲、二个国家级实验室、二部企业标准、四个平台、一批专利、著作权、企业核心技术秘密、论文。

7. “大型压水堆核电站关键结构材料与工程应用技术”是863课题，由北京科技大学和中广核集团等单位联合申报，中广核集团中科华核电技术研究院（苏州院）牵头承担其中的“高性能燃料组件用锆合金研制”子课题，通过高性能燃料组件用锆合金成份选择、工业规模铸锭试制，为我国核电站用燃料组件自主化打下坚实基础。

2009年，项目组在深入调研的基础上，制定了锆合金研究方案，以小铸锭为对象，通过腐蚀性能、吸氢性能、常规力学性能等试验及评价，确定了新型合金成分；实现了均质化工业规模铸锭（500千克级）的试制。

先进核能技术研发

1. 2009年，中国环流器二号A装置首次实现高约束模式运行。此项成果为开展国际聚变界热点问题的研究创造了一个全新的平台，标志着我国磁约束聚变能源开发研究综合实力与水平得到了极大的提高，在国际聚变界引起巨大反响。

2. CPR1000+持续改进型百万千瓦级压水堆研究。中广核工程有限公司在CPR1000核电技术的基础上，根据国家新的标准和法规、国内外同类核电机组的运行经验反馈以及参照法国LOT3 &VD2 &VD3技术改进项目，结合中广核工程设计能力的具体现状，借鉴三代核电设计先进理念，筛选出36项重大技术改进项目并按照有关工作流程组织相应的论证后，以阳江3、4号机组建设的设计进度为切入点，逐步完成设计技术改进，使CPR1000的安全性、经济性和系统可靠性有明显的提高，一些主要技术参数接近三代核电技术水平。2009年3月31日前，完成了各改进项论证报告的综合评审，各改进项进入初步设计阶段。2009年12月31日前，逐步完成初步设计方案固化，进入改进项施工图设计阶段。

3. CPR1000+施工工期优化技术研究。

研究内容主要包括：大体积混凝土浇筑，土建临时防水措施，将 NL 和 KX 厂房的筏基混凝土浇筑提前到 FCD 之前完成，压缩各楼层土建结构施工工期，采用预制钢结构代替钢筋绑扎，缩短房间装修及二阶段结构施工工期，钢内衬预组装；用大型吊车组装，反应堆厂房 20 米平台以上设备室采用砼预制墙；调整蒸汽发生器、主泵垂直支撑、压力容器支撑环安装计划，主管道采用自动焊工艺，增大作业面，增加工厂化管道预制深度，辅助系统四条关键路径的压缩，主设备引入方式的调整（开顶法引入）。

4. 第二代核燃料运输贮存系统（PMC）成套设备研制。PMC 系统直接与核燃料组件接触，是核安全相关系统，它的稳定性直接决定电站大修的工期，影响核电站运行的经济性和安全性。以前，国内几乎所有核电站 PMC 系统的设备都由国外厂商供货，技术由国外大公司垄断，每次大修期间，需要国外供货方派出工程师对 PMC 系统设备进行维护和改造，并对换料过程进行保驾，费用极高，增加了核电站的工程成本和大修成本。结合工程生产实际需求，于 2007 年开始 PMC 的自主研制工作。2009 年 2 月，样机研制成功并通过了鉴定试验，各项指标达到或超过同类产品水平，顺利通过了中广核集团的验收和国家能源局组织的鉴定。

5. CPR1000 严重事故堆内熔融物冷却滞留 (IVR) 研究开发。为了防止严重事故后核电站反应堆压力容器发生破损，采用压力容器外部冷却是目前国际上的热门研究课题。开展压力容器外部冷却的研究，进行熔融物堆内滞留，对于减少早期大量放射性释放，提高核电厂安全水平有着重要意义。国外设计大型压水堆型核电站大都采用了类似的技术，但国内目前尚无此类技术的先例，中广核集团研究院反应堆中心和上海交通大学相关院系一道，从试验设施入手，开展了大量的理论和试验研究，其中，堆腔注水系统作为中广核集团 CPR1000 的安全相关重要改进项，已经进入工程实施阶段。

6. 核技术应用及核仪器设备科研开发取得新进展。自主研发设计的钴靶件顺利入堆；医院中子照射器首次达到临界。中核科技股份公司主蒸汽隔离阀设计及制造技术取得重要进展，推进了百万千瓦级核电站核级关键阀门的国产化进程；北京核仪器厂百万千瓦级核电站堆芯中子测量系统、棒控棒位系统设备完成设计评审。

重大科研设施建设

为增强能源发展相关技术的能力和水平，2009 年，国家能源局设立了首批 16 个国家能源研发（实验）中心，并全部设立在国家重点骨干单位。涉及核电的能源研发（实验）中心包括，重大装备材料研发中心、核级锆材研发中心、核电站核级设备研发中心、核电站数字化仪控系统研发中心、快堆工程研发（实验）中心。

国家能源重大装备材料研发中心

我国高度重视能源产业的发展。在能源产业的发展中，能源装备的国产化已成为首要任务，要实现能源装备的国产化，必须研发包括大型锻件在内的能源装备材料。

国家能源重大装备材料研发中心由中国第一重型机械股份公司承建，是依托我国能源装备领域首批以能源装备材料开发及成果转化为目标的研发机构，为实现国家能源装备国产化提供重要研发平台。研发中心主要以海外高层次的研究人员为主，目前研究重点涉及能源装备材料原始创新和新材料基础共性两个领域的技术研发。通过跟踪世界前沿技术，提升重大装备材料技术水平，超前研发新能源重大技术装备所需的关键材料，从而形成一整套完善的研发体系，使先进材料开发与新能源装备技术进步保持同步。

国家能源重大装备材料研发中心将在3~5年的时间内，组建200人左右的高技术水平的国家能源装备材料研发团队，完成多项有国际影响力的科技研发项目，加快科技成果转化，推进能源重大装备材料产业化进程，努力建成国际一流的企业研发中心。

中国一重获得国家能源局授牌，标志着企业已在核电、水电、火电等重大装备材料研发方面具备了很好的基础条件、优良的业绩和进一步发展的前景，也将承担起新一代能源、高效清洁能源装备材料的技术研发任务。

国家能源核级锆材研发中心

国家能源核级锆材研发中心由国家核电技术公司所属企业国核宝钛锆业股份公司承建。国家能源核级锆材研发中心项目填补了核燃料元件用核级锆材生产方面的国内空白，是实现我国核级锆材的自主化和产业化发展的重要项目，是国家加快推进我国第三代核电自主化发展的重要举措，是贯彻落实国务院关于“实现我国核级锆材自主化研发，形成核级锆材技术体系、质量保证体系及批量化生产和供应能力”要求的关键步骤，将对解决我国核级锆材这一关键材料长期受制于人的重要瓶颈问题，为国家调整能源结构战略和我国核电中长期发展规划的实现提供强有力的支撑。

国家能源核级锆材研发中心建成后，将具有3个研发平台、5个实验室和1个中试车间。它的建立对整合国内研究力量，建立健全我国核级锆材研发体系，加速实现我国核用锆材国产化和自主化，以及不断推出高性能的、具有自主知识产权的国产新锆合金具有深远意义。

2009年6月，国家能源局批准组建国家核级锆材研发与检测中心，其后正式授牌为国家能源核级锆材研发中心。2009年8月8日，我国首个“国家核级锆材研发与检测中心暨国核锆业核级锆材生产线”项目开工奠基仪式在陕西省宝鸡市高新技术开发区举行。目前，各项工程正在紧张地施工建设，研发中心今年将建成投入使用，其他各条生产线预计2011年底建成，陆续投入运行。

国家能源核电站核级设备研发中心

国家能源核电站核级设备研发中心是为适应我国核电快速发展形势，推进核电国产化进程，完善核电自主创新体系，进一步增强我国核电产业整体实力，而由中广核集团中科华核电技术研究院承建的研发中心。

研发中心基础试验的设施建设主要包括：核反应堆中的冷却剂失水事故（LOCA）模拟环境鉴定试验室、杂质鉴定试验室、核电站安全壳内不可接近设备研发和试验中心，以及大型核级阀门综合热工试验装置和大型阻尼器试验装置。其中，LOCA模拟环境鉴定试验室拥有世界上最大容积为 $20.8m^3$ 的LOCA炉，可承担目前我国成熟的二代机组和三代机组国产化设备鉴定的重任；杂质鉴定试验室是国内自主设计建设，可用于地坑过滤器样机与核级阀门等设备性能的鉴定；核电站安全壳内不可接近设备研发和试验中心是把研发试验设施和技能培训设施有机的结合起来，打造综合性研发试验和培训中心。

目前，LOCA模拟环境鉴定试验室已经投入运营，并完成了中核北京核仪器厂探测器试验。同时，研发中心已经完成了核燃料运输储存系统换料机工程样机、地坑过滤器工程样机等设备的研发，反应堆控制棒驱动机构工程样机、核电站应急柴油发电机等技术已取得了突破性进展。研发中心填补了国内核电行业没有大型LOCA基础鉴定试验设施，以及大型核电站安全壳内不可接近设备研发试验、培训等综合性基地的空白。

国家能源核电站数字化仪控系统研发中心

国家能源核电站数字化仪控系统研发中心是依托中广核集团北京广利核公司而设立的，以国内领先、国际先进为技术标杆，以自主创新、实现核电数字化仪控系统百分百国产化和自主化为使命，旨在全力突破我国核安全级数字化仪控技术领域的技术瓶颈，努力打造集非安全级、安全级和专用仪控为一体的，具有完全自主知识产权的全数字化仪控系统的国家级研发平台。

目前，研发中心拥有专业技术人员130余人，已取得知识产权37项。研发中心依据“积极稳妥、先进可靠、经济实用”的原则，充分利用现有条件，扩大研发试验场地，完成所需设备配套。研发中心按照“12311”的思路进行建设，即：提供一个坚实的科研活动基础，瞄准数字化反应堆保护系统和专用仪控系统两大类产品，建设核电仪控系统研发验证、工程集成和生产成套三大平台，建立一套科研管理体系，取得一系列技术成果。

数字化仪控系统是核电站的信息神经和控制中枢，对于保证核电站的安全、稳定和经济运行起着至关重要的作用。实现数字化仪控系统设计自主化和设备国产化不仅符合国家尽快推进核电国产化的战略性要求，也是实施“以高起点起步、以高标准的安全可靠性要求和将高技术含量主设备作为重点”国产化策略的必由之路。研发中心建成后，将加快核安全级数字化系统设计和制造技术的研究，进一步提升我国在核电站先进仪控技术研发、制造和应用领域的综合能力，为我们打破国外公司长期垄断格局，培养我国自己的核电站数字化仪控系统专业人才，实现自主技术和自有知识产权向生产力转化提供强有力的支持。

国家能源快堆工程研发（实验）中心

国家能源快堆工程研发（实验）中心依托中核集团中国原子能科学研究院设立。研发（实验）中心定位于国家核能发展战略研究咨询中心、快堆电站建设的技术支持中心、国家快堆核电装备制造技术研发基地、国家先进燃料循环体系的技术研发中心。以“掌握技术、培养人才、推进产业化”为目标，通过自主创新和国际合作，依托中国实验快堆装置和示范快堆电站工程项目的带动，重点突破燃料、材料和关键设备等技术瓶颈，不断改进快堆电站的安全性和经济性，全面形成快堆研发、设计、建造技术服务和工程承包能力。

该中心建成后，将使我国成为世界上第八个具有快堆研发能力的国家。

快堆工程研发（实验）中心将以热功率为65MW的中国实验快堆为核心，周边配套物理、热工、材料、燃料、钠工艺研究等实验楼，拥有快堆零功率装置和钠回路等各类试验台架近30座，并计划新建运行支持楼和设备试验楼。

核工程设计、建设与管理

发展现状

在核电加快发展的形势下，我国核电设计、建设和管理自主化能力持续提升。中国核工业集团公司、中国广东核电集团有限公司、国家核电技术有限公司、中国电力投资集团公司等企业积极推进以设计为基础，集设备采购、建设与调试管理为一体的核电工程总承包专业化运作模式，在多项目、多基地建设的新形势下，通过建立大工程管理模式和大团队组织模式，进一步发挥集约化和规模化建设的优势，确保在建核电项目优质高效推进。三代核电自主化依托项目全面开工建设，AP1000 模块化的设计理念第一次由图纸变为现实，率先掌握了钢制安全壳成套技术、核岛筏基大体积混凝土一次性整体浇筑等关键技术。

中国核工业建设集团公司不断提升核电工程建造能力，保持在核电工程建设领域的领先和主导地位，真正实现核电建设自主化。在资源调配方面，不断探索核电工程大规模建设的新思路，统一部署核电建造市场，完善核电建造队伍布局。在提升集约化、标准化、专业化管理运作水平上，加强各建设公司能力建设，积极促进核电管理资源在核电项目间有序流动，提高了多项目管理效率。

核工程设计与管理

1. 中国核工业建设集团公司在工程管理模式上，将推行核电工程施工总承包与集团公司发展战略目标结合起来，初步培养了具有市场竞争力的核电工程施工总承包企业和配套完善的专业承包公司，构建了总承包、专业承包管理体系。2009 年，AP1000 三门核电项目、海阳核电项目和海南昌江核电项目的施工总承包管理工作都得以顺利开展。中核建设集团还通过组织召开“大型压水堆核电站核岛底板大体积混凝土浇筑经验交流会”等形式，促进各成员单位之间的交流与合作，推进中核建设集团范围内的技术共享。

2. 2009 年，中核集团在建核电工程分布在 4 个厂址，共计 8 台机组，装机容量 812 万千瓦。一方面，注重工程总承包能力的培育，针对工程公司承担多个项目的实际，探索多项目管理的有效途径，已形成良好的组织架构和工作流程，并组织业主、美国 Bechtel 公司对工程公司进行评估；另一方面，核电部积极协调项目业主、工程公司、设计院等各方关系，凝聚各方力量，力促在建核电工程顺利进行。

中国中原对外工程公司与上海核工程研究设计院，在上海签署了我国出口巴基斯坦的恰希玛核电厂 3 号、4 号机组（C3/C4）工程设计与技术服务总承包合同。这是继圆满完成巴基斯坦恰希玛核电站 1

号、2号机组工程设计任务后，中国再次承接出口巴基斯坦的两台核电机组的设计总承包任务。11月20日，中国与巴基斯坦正式签订合作建设恰希玛3号、4号核电机组的合同。

3. 按照中广核集团的定位与分工，由下属全资子公司中广核工程有限公司全面负责核电工程的设计与工程管理。按照“多项目、多基地”组织架构，实施集约化、矩阵式项目管理，公司形成了较为成熟的多基地、多项目、标准化、规范化的项目管理运作机制，能够为核电工程建设管理提供有力保障。

核电工程建设

1. 中国核工业建设集团公司在核电工程建设领域，承担了国内所有核电站的核岛工程、部分常规岛工程以及出口巴基斯坦核电机组的工程建设。截至2009年底，中核建设集团承担的核电站核岛工程机组数量达24台，装机容量超过2400万千瓦。所有在建核电工程进展顺利，重大节点基本提前实现，安全、质量管理全面处于受控状态，核电建设的技术与管理水平不断提高。

2. 2009年，中核集团新开工4台机组。目前，同时在建8台机组、812万千瓦。秦山二期扩建3号机组完成水压试验，提前3个月进入调试。浙江三门1号机组作为世界首台AP1000技术机组，4月正式开工，2号机组于12月15日正式开工。福建福清、浙江方家山核电项目均提前3个月实现2号机组浇筑第一罐混凝土。

3. 2009年，中广核集团在建机组达到11台。面对规模化建设和各种技术难题的挑战，通过团队合作共赢，发挥集约化和规模化优势，优化、整合资源，积极应对，着力推进岭澳核电站二期等6大核电项目建设。

岭澳二期攻坚克难取得成效。全年一级里程碑100％完成，工程量累计完成率93％，总体进度较计划提前6天。2009年9月24日，1号机组提前6天完成“冷试”，全面进入联调阶段；2号机组大力推进“冷试”准备工作。

台山核电站EPR项目实现成功开局。与EDF合资成立的合营企业获得国家批准注册；并于12月21日在北京人民大会堂举行了开工仪式。1号机组核岛大体积混凝土浇筑一次成功；2号机组主设备国产化安排已经落实，各项工作均实现良好开局。

红沿河、宁德、阳江等核电项目稳步推进。红沿河项目4台机组全部开工，成为同一基地建设规模最大的核电项目，并提前完成1号机组穹顶吊装、3号机组常规岛开工；宁德项目提前实现1号机组穹顶吊装、2号机组常规岛开工，工程总承包合同成功签订，3号机组完成FCD前的全部准备工作；阳江项目1号机组常规岛、2号机组核岛等均提前实现FCD。

防城港核电项目进展迅速，设计、采购和现场准备均提早作了安排，创造了负挖工期126天的最短纪录，具备主体工程开工条件。

核设备制造

发展现状

2009年，通过技术改造和新基地建设，我国核电装备制造业的研发和制造能力继续稳步提升。二代改进型百万千瓦级压水堆核电站核岛、常规岛及BOP系统中，除核主泵等少数关键设备尚需引进技术外，已基本可以立足国内提供。其中，国产化难度很大的大型铸锻件，关键技术已取得突破；核二、三级泵阀国产化也取得重大进展。与此同时，引进AP1000三代技术的装备国产化工作取得实质性突破，主泵国产化组织体系进一步完善，主管道、反应堆压力容器、蒸汽发生器锻件实现了国产化。

8月23日，全球首台第三代核电AP1000主泵主要部件在美国制造完成，顺利完成了原型试验前的组装工作，并安装上试验台架。

设备自主化研制情况

一、核电关键设备国产化工作取得重要进展，我国核电设备国内配套能力显著增强

6月1日，由东方重机承制的，岭澳核电站二期4号机组国产化反应堆压力容器水压试验一次成功。反应堆压力容器是组成反应堆冷却剂系统压力边界的重要设备。这次试验成功，标志着我国已能自主生产百万千瓦级压水堆反应堆压力容器。

11月19日，我国首台具有自主知识产权、由重庆水泵厂和中国核电工程有限公司合作研发的上充泵，在重庆通过了国家能源局、中国机械工业联合会及有关核电企业上充泵专家的技术鉴定。

12月7日，国产核电站主泵在四川德阳东方阿海珐核泵有限责任公司出厂并发往广东岭澳核电站。首台百万千瓦核电站反应堆主冷却泵的制造成功，标志着我国核电设备主要部件的国产化取得重要进展，核电设备国内配套制造能力显著增强。

1. 2009年，中国核仪器设备总公司研制生产的7台核一级、核二级阀门样机于2009年6月顺利通过了中国机械工业联合会组织的专家组的鉴定。其中，核二级楔块式平行板电动闸阀和气动隔膜阀的研制填补了国内空白，技术上达到国外同类产品的先进水平，进一步推动了核电阀门国产化进程；攻克了比例喷雾阀的技术难关，使核级阀门的种类和规格系列化又得到了进一步的充实和完善。此外，专为秦山三期研制的堆芯自给能核探测器样管已通过为期一年的堆内考核，其性能指标良好，该成果的研制成功将打破国外长期以来的技术垄断。LOCA电离室今年年内完成组装调试及交检，争取于2010年完成LOCA环境下的试验。通过消化吸收再创新，岭澳二期离线啜吸检测装置成功

研制交货并进入现场调试阶段，实现了该装置在百万千瓦压水堆核电站的国产化。

2009年，中核设备制造系统企业在核电市场开发上取得了新的突破，在不断拓展二代核电市场的同时，正式迈入三代AP1000堆型核电仪表、设备的制造领域，全年累计签订核电合同额超过18亿元。其中，在核电仪器仪表方面，承揽了福清、方家山项目火灾报警系统、辐射监测系统等业务，供货合同额共计2.3亿元；在核电阀门方面，承揽了海南昌江项目的闸阀、截止阀，红沿河、宁德项目3、4号机组的闸阀，供货合同额共计8300万元；在核电设备方面，承揽了福清、方家山、红沿河、宁德、防城港等核电项目的稳压器、安注箱、硼注箱、热交换器、主设备支撑、啜吸装置、转运装置等核岛设备，合同额超过12亿元，首次进入三代核电主设备制造领域，承揽了桃花江核电项目的稳压器、堆芯补水箱、安注箱以及三门核电项目的主设备支撑等设备的制造任务。

2. 6月15日，岭澳核电站二期4号机组反应堆压力容器在东方电气（广州）重型机器有限公司制造完工并交付发运，标志着我国CPR1000首台百万千瓦级反应堆压力容器制造成功。东方阿海珐完成的岭澳4号机第一台主泵——国内制造的首台核电主泵于2009年12月7日在东方电气成功发运。

东方重机年内产出2台蒸汽发生器，初步形成批量生产能力。岭澳二期3号汽轮发电机组克服了“5·12”大地震的影响，大部分设备都按期发货，4号机组的已经陆续发货。红沿河、宁德、方家山、福清等项目常规岛汽轮发电机组投入生产制造。

岭澳二期核岛、常规岛主设备的全面国产化，标志着我国核电设备的自主制造迈出了坚实的一步，为红沿河、宁德、方家山、福清、阳江核电站核岛主设备、常规岛汽轮发电机组的批量化生产奠定了坚实的基础。

2009年，东方电气获得桃花江AP1000项目、台山EPR项目部分核岛主设备制造合同，阳江1号至4号、宁德3号和4号主泵合同，宁德1号和2号核岛主设备合同，田湾5号和6号机组TG合同，阳江、宁德3号和4号项目ACC/BIT合同，AP1000海阳核电1号和2号机组稳压器订货合同，AP1000海阳核电1号和2号机组非能动余热排出热交换器订货合同，阳江核电厂1号和4号机组蒸汽发生器供货合同，CPR1000大项目两台机组堆内构件及控制棒驱动机构供货协议，CPR1000大项目RPV、SG、PRZ供货合同，福清核电厂3、4号机组汽轮发电机组供货合同，福清核电厂3、4号机组蒸汽发生器供货合同，阳江核电厂1、4号机组重型支撑供货合同，宁德3、4号机组重型支撑供货合同等重要订单。

东方电气十分关注设备设计的相关事宜，岭澳一、二期均在阿海珐的指导下开展了核岛重型设备（包括反应堆压力容器、蒸汽发生器、稳压器等）的转化设计，核岛重型设备施工设计的成套图纸已成功用于岭澳一期、岭澳二期设备的制造。积极参与第三代核电AP1000、EPR的技术引进工作，已派人员参加了相关的技术培训，还将根据需要陆续派人参加相关的设计培训。为掌握设备设计技术，还与其他公司合作培训核岛设备设计人员。东方电气已于2009年底成立了核设备设计所，为培育核设备设计能力做好了组织上、人员上的准备。

3. 哈电集团核电市场开发取得了全年新签核电产品订单71.38亿元的优异成绩，占今年签约总额的25.23%，为公司的持续发展做出了重要贡献。其中核岛设备37.58亿元，常规岛设备33.80亿元。

——核岛设备，签订了福清、方家山项目12套及巴基斯坦恰希玛C3/C4项目4套主泵和电机订单。福清、方家山项目12套主泵和电机供货合同的签订，加速了哈电集团通过引进奥地利Andritz公司技术，经过消化、吸收、再创新，最终实现主泵100%国产化的步伐。

在AP1000核电项目中，哈电集团蒸汽发生器市场占有率已达到40%。取得了内陆第一个AP1000核电项目——桃花江项目4台蒸汽发生器、1台稳压器和2台非能动余热排出热交换器的订单。继去年取得三门项目两台蒸汽发生器订单后，又签署了4台堆芯补水箱、1台非能动余热排出热交换器的供货合同。海阳项目取得了4台堆芯补水箱供货合同。签订了湖北咸宁2台蒸汽发生器的供货合同。以上订单的顺利取得，不仅大大提高了哈电集团核岛产品的市场份额，更使哈电集团跻身为AP1000核岛主设备供货的主导企业。

此外，还签订了阳江项目3台蒸汽发生器、4台稳压器，以及巴基斯坦恰希玛C3/C4项目4台蒸汽发生器的供货合同。成功签署了华能石岛湾高温气冷堆2台蒸汽发生器供货合同。

——常规岛设备，取得了湖北咸宁AP1000核电项目1号、2号T&G包的订单，这是哈电集团与中广核集团在常规岛领域的首次合作，为今后两公司在核电业务上的合作奠定了更为广泛的基础。签订了海南昌江项目1号、2号650MW机组及2台600MW级核电汽轮发电机组、4台汽水分离再热器的供货合同。签署了宁德、红沿河、阳江、防城港等项目的常规岛安全阀供货合同。

4. 上海电气临港基地二期扩能规划于2009年7月正式启动，已达到年产堆内构件和控制棒驱动机构8~10套、压力容器和蒸汽发生器4~6套的生产能力。

上海电气可实现铸锻件最大钢锭600吨、最大铸件450吨、最大锻件350吨；可提供满足年产3套1000MW级核岛主设备配套锻件（压力容器、蒸汽发生器、稳压器、堆内构件和主管道）等核电主锻件5000吨以上。

5. 中国一重2009年完成的核电产品主要有：巴基斯坦恰希玛核电站二期工程300MW反应堆压力容器，韩国斗山核电锻件，红沿河、福清、阳江、方家山等5台压力容器主体锻件以及世界最大的核电锻件EPR压力容器法兰接管段等。

2009年，中国一重签订13台反应堆压力容器，4台机组主泵泵壳供货合同，

10台机组（共29台蒸汽发生器）蒸汽发生器锻件的供货合同和1台蒸汽发生器的供货协议。

2009年3月，CPR1000水室封头研制成功；4月，AP1000锥形筒体研制成功；5月，CPR1000锥形筒体研制成功；6月，AP1000椭球封头研制成功；8月，CPR1000椭球封头研制成功；9月，AP1000整体法兰接管段研制成功；12月，AP1000管板锻件研制成功。

2009年8月，经过10年艰苦的努力，由中国原子能科学院和中国一重联合设计制造的、第四代核能系统——中国首台实验快堆主设备反应堆容器及堆内构件、旋转屏蔽塞设备的制造任务全部圆满完成，各项技术指标符合设计标准要求。

6. 中国二重2009年基本完成CPR1000压力容器和蒸汽发生器全套锻件的评定和制造，其中接管、接管段筒节、锥形筒节、管板等锻件已交货，整体顶盖、堆芯筒节、上封头和水室封头评定已基本完成，形成二代改进型压力容器和蒸汽发生器整套锻件批量化制造能力。2009年3月，采用560吨钢锭成功冶炼国内首支1100MW常规岛发电机半速转子并完成锻造、热处理和性能检验；10月，在世界范围内率先攻克第三代AP1000主管道热段弯管弯制关键技术；12月，承制的防城港1号机组CPR1000压力容器接管段筒节完成所有制造工序并顺利发运。

2009年6月，中国二重与哈电重装签订华能山东石岛湾核电站高温气冷堆蒸汽发生器锻件承制合同，标志着中国二重正式介入高温气冷堆核电锻件制造领域；8月，与东方电气集团在东方电气集团总部签订中核集团桃花江核电项目AP1000项目供货合同；12月，与中广核集团签订CPR1000稳压器制造合同，这是中国二重进入核电成套设备制造领域的首份合同。

二、AP1000核电设备及其国产化

AP1000是美国西屋公司开发的一种双环路和百万千瓦级的先进压水堆核电机组，其反应堆一回路由1台反应堆压力容器、1台稳压器、2台大容量的蒸汽发生器、4台屏蔽式主泵、4条冷段和2条热段管道组成。由于主泵入口直接和蒸汽发生器下封头焊接在一起，取消了第二代反应堆中蒸汽发生器与主泵入口之间的U型连接管道；同时，通过对主管道简化设计，减少了焊缝和支撑。AP1000堆芯设计类似于西屋设计的M314堆型，其主回路设计类似于美国燃烧工程公司（CE）设计的System 80，蒸汽发生器采用Delta125，主泵采用大型屏蔽泵，专设安全设施采用了非能动技术。AP1000是在AP600的基础上适当改进的结果，机组采用单堆布置方式，为了达到更高的电站功率，一方面加大了核蒸汽供应系统主要部件的尺寸，包括增加反应堆压力容器的高度、堆芯长度；另一方面增大蒸汽发生器、稳压器、汽轮机的尺寸和容量以及燃料组件的数目。为

了实现非能动安全系统设计，采用了带变频器的大型屏蔽泵。

近年来，国家、地方政府和企业还投入大量资金，打造核电设备研发和制造基地。现已形成了哈尔滨电站设备集团公司（简称哈电集团）、中国东方电气集团公司（简称东方电气集团）和上海电气（集团）总公司（简称上电集团）三大核电设备制造基地，以中国第一重型机械集团公司（简称中国一重）、中国第二重型机械制造集团公司（简称中国二重）和上海电气重型机械集团（简称上重）为重点的大型铸锻件和反应堆压力容器制造基地，以沈阳鼓风机集团（简称沈鼓）、中核苏阀科技实业股份有限公司（简称中核苏阀）和大连大高阀门有限公司（简称大连大高阀门）等一批国家级骨干企业的核级泵阀制造基地，此外，还有一批专业生产厂家具备了堆内构件、控制棒驱动机构、环吊、主管道及配套设备的批量生产条件。在此基础上，依托新组建的国家核电技术公司，我国推动了三代核电技术装备引进和自主化工作。三门和海阳作为世界上首次投入商业运行的 AP1000 核电项目，其自主化任务也基本得到落实。

1. 反应堆压力容器

——结构

AP1000 反应堆压力容器是一个由壳体、过渡环、半球形底封头及可拆卸带法兰上封头构成的圆柱形结构。壳体包括两部分：上壳体（接管段）和下壳体（活性段），见图 1。下壳体和底封头之间用一个过渡环连接。上壳体、下壳体、过渡段和半球形底封头由低合金钢制造，内部堆焊奥氏体不锈钢，每个部件之间采用焊接连接。封头由顶盖和法兰制成。上封头为控制棒驱动机构、堆内测量提供了安装孔和支撑，为RPV放气管和一体化堆顶提供了支撑。压力容器在堆芯顶部以下的位置没有贯穿孔，排除了压力容器泄漏导致失水事故的可能。

AP1000 压力容器是在原有成熟机组基础上进行设计，与传统二代及二代改进型压水堆核电站设备总体上类似。AP1000 压力容器高约 12200mm，堆芯区内径 4040mm，总重为 425.3t，由 SA-508-3 锻件和低合金钢板制造。

——国产化情况

AP1000 反应堆压力容器所需的大型铸锻件必须满足 60 年寿命的要求，目前，国内反应堆压力容器制造厂家主要有中国一重和中国二重，它们是我国第三代核电技术自主化项目重要的配套供应商。中国一重已实现三代核电 AP1000 核岛反应堆压力容器锻件的完全国产化，部分锻件制造达到世界领先水平。由中国一重承制的中国首台国产化 AP1000 反应堆压力容器——三门核电 2 号机组压力容器将于 2010 年 5 月在中国一重大连核电石化事业部开工制造。这也是中国制造企业首次尝试制造成套的第三代核反应堆压力容器，对于 AP1000 第三代核电技术完全国产化意义重大。

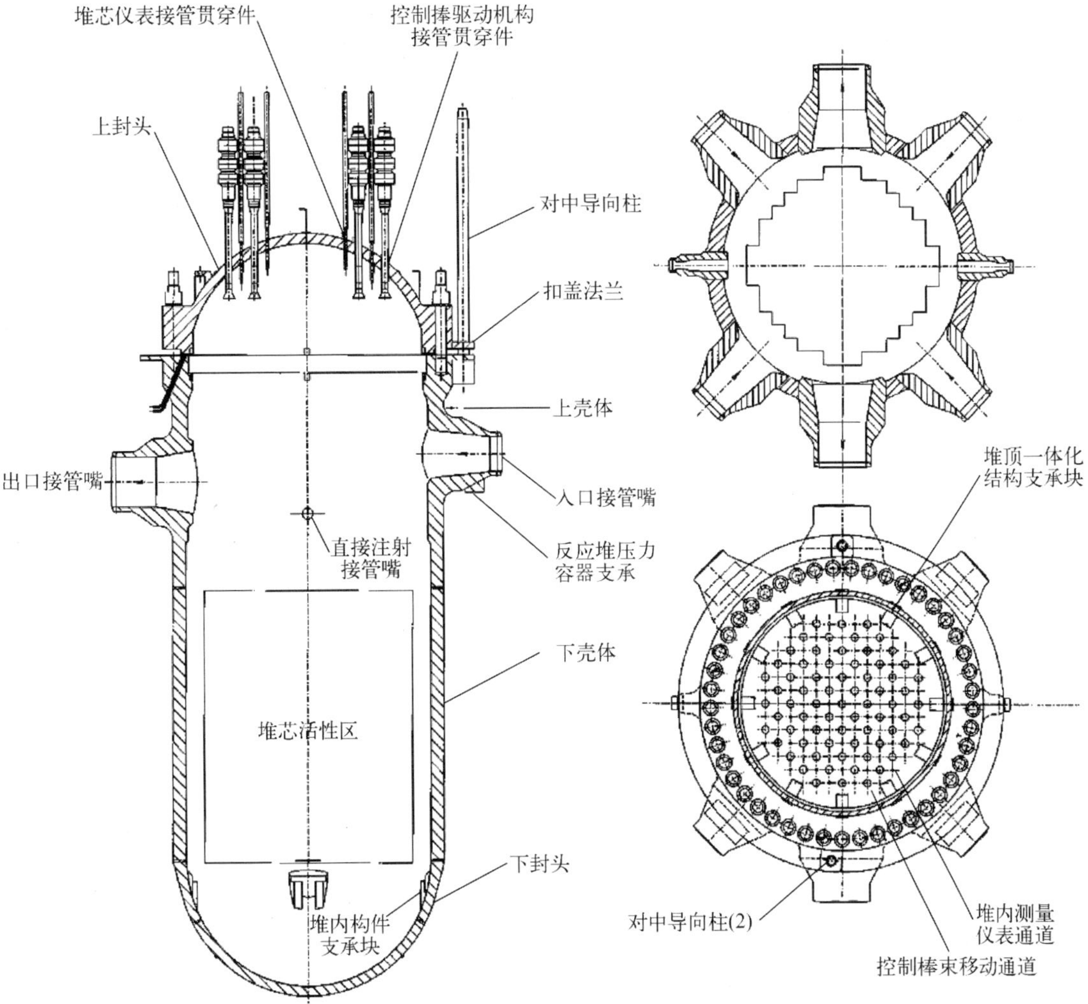

图 1　AP1000 反应堆压力容器

2. 蒸汽发生器

——结构

AP1000机组采用2台Delta125型直立式U形管蒸汽发生器。该设计以标准的西屋F堆型技术为基础，每套机组热功率达到1707.5MW。Delta125型蒸汽发生器的传热管采用耐腐蚀的lnconel-690合金材料，采用不锈钢梅花孔传热管支撑板，带有过滤、除气和防水锤结构的外给水分配系统，以及纯度最低为99.75%的汽水分离器。这些措施使该设计可以满足AP1000长期可靠使用的性能要求。每台蒸汽发生器下封头悬吊2台主泵，主泵入口管和蒸汽发生器的下封头上的出口管通过焊接连接在一起，见图2。蒸汽发生器总高度22454mm，上壳体内径5334mm，下壳体内径4191mm，管板厚度787mm，重量约600t。

——国产化情况

目前，核电蒸汽发生器用U型管项目主要是从法国Valinox、日本住友和瑞典Sandvik进口。AP1000蒸汽发生器又一核心部件管板是超大特厚饼形件，探伤要求严，锻造难度相当大。2009年12月，中国一重承制的三门核电2号机组蒸汽发生器管板锻件机械性能试验合格；

下图表为三门和海阳核电站蒸汽发生器锻件供货范围。

三门和海阳蒸汽发生器锻件供货范围情况表

序号	项目/机组	设备	设备供货	锻件供货
1	三门/1号	蒸汽发生器	斗山	斗山/一重
2	海阳/1号	蒸汽发生器	斗山	斗山/一重
3	三门/2号	蒸汽发生器	哈电重装	一重
4	海阳/2号	蒸汽发生器	上核	上重

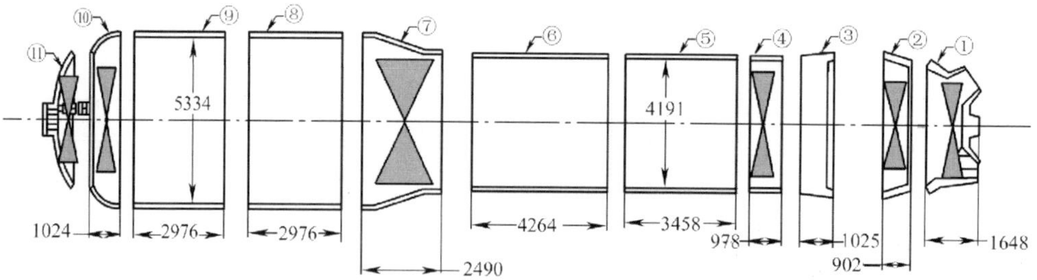

序号	部件	三门1号供应商	海阳1号供应商
1	水室封头盖	斗山（整体式）	一重（分体式）
2	水室封头环		
3	管板	斗山	斗山
4	上筒节A	斗山	斗山
5	上筒节B	斗山	斗山
6	上筒节C	斗山	斗山
7	锥形过渡段	斗山	一重
8	上筒节D	斗山	斗山
9	上筒节E	斗山	斗山
10	上封头环	一重	一重
11	上封头盖	斗山/一重	斗山

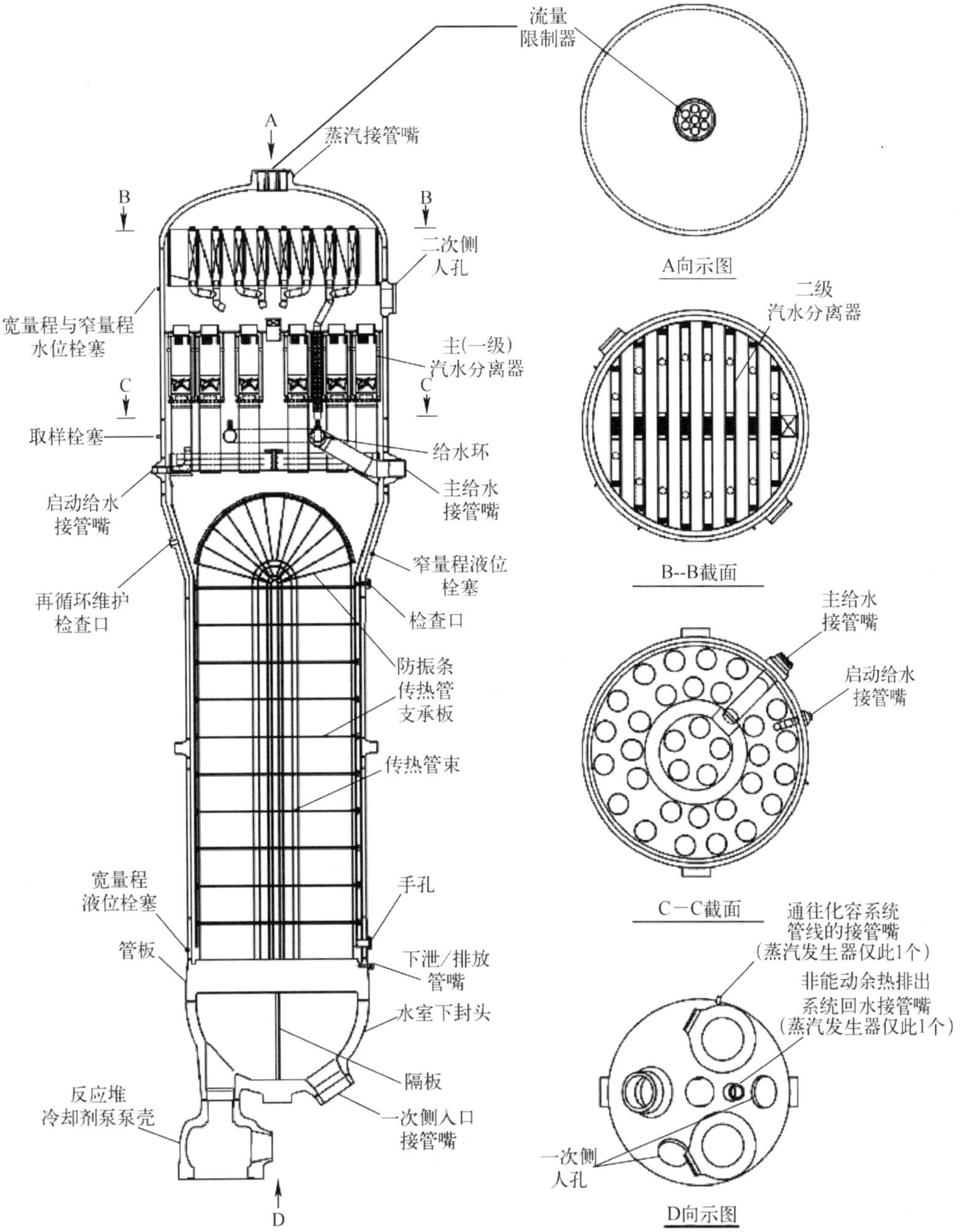

图 2　AP1000 蒸汽发生器示意图

3. 反应堆冷却剂循环泵

——结构

反应堆冷却剂循环泵（简称核主泵）是核电站重要设备，被喻为反应堆冷却系统的心脏。核主泵的可靠性直接影响到核反应堆的安全运行。按美国机械工程学会（简称ASME）的安全等级分类标准，核主泵属于核安全I级，质保Q1级，抗震I类。

AP1000核主泵是主回路中唯一能动部件，为屏蔽电机泵，由美国电气机械公司（简称美国EMD）提供。该泵由水力部件和电机部件两部分组成。水力部件主要是由泵壳、叶轮和导叶等零部件组成的混流式泵，泵和电机之间由热屏隔离堆芯冷却剂的高温，见图3。

电机是一种专门设计的单绕组、四极、三相、屏蔽套式感应电机，采用60Hz电源，由变频器启动和运行；电机主要部件包括：水润滑轴承、屏蔽套、飞轮、定子绕组及冷却装置。与以往采用的轴封式主泵不同，在它的轴上带有一个转动惯量很大的飞轮。屏蔽泵电机壳体及用镍基合金材料屏蔽的转子和定子均是一回路介质的压力边界。为避免一回路带有放射性水的外泄，对零部件的加工焊接和装配以及石墨润滑轴承、陶瓷密封端子要求极高，而且必须在1:1的试验回路上进行试验，在各种性能都能满足AP1000核电站要求后，才能正式投入产品的生产。

AP1000核主泵设计压力17.1MPa，设计温度343℃，总高6.69m，总质量83.68t，泵设计流量17886m^3/h，压头111.3m，转速1800r/min。

——国产化情况

AP1000的核主泵是屏蔽泵，是美国EMD独自开发用于AP1000的主泵。与以往的轴封式主泵相比，其加工精度高、配件均是非商品级的，国产化难度较大。由于AP1000核主泵还没有原型，国内厂家更是缺乏相关技术和制造经验，需要等美国EMD完成制造并经鉴定合格后才能转让技术和培训，国内制造厂家尚需要进行相应的技术改造，国内主泵技术受让单位为沈鼓与哈电集团，国产化目标为在第四台核电机组上至少有2台国产屏蔽泵参与机组运行。

2008年3月，沈鼓、哈电集团分别与美国EMD签订了2台国产核主泵分包制造合同，这是AP1000屏蔽主泵逐步实现国产化的重要里程碑，标志着AP1000屏蔽主泵国产化已进入了实施阶段。2008年，沈鼓、哈电集团最终通过了ASME授权检验机构进行的ASME N及NPT认证。哈电集团、沈鼓在美国EMD的指导下，已开始部分设备的采购，并确保所采购的“缺口”设备在性能上满足AP1000核主泵生产的要求。目前，哈电集团AP1000核主泵电机制造厂房已基本建成，沈鼓的核主泵厂房也已进行施工，计划2011年1月投入使用。

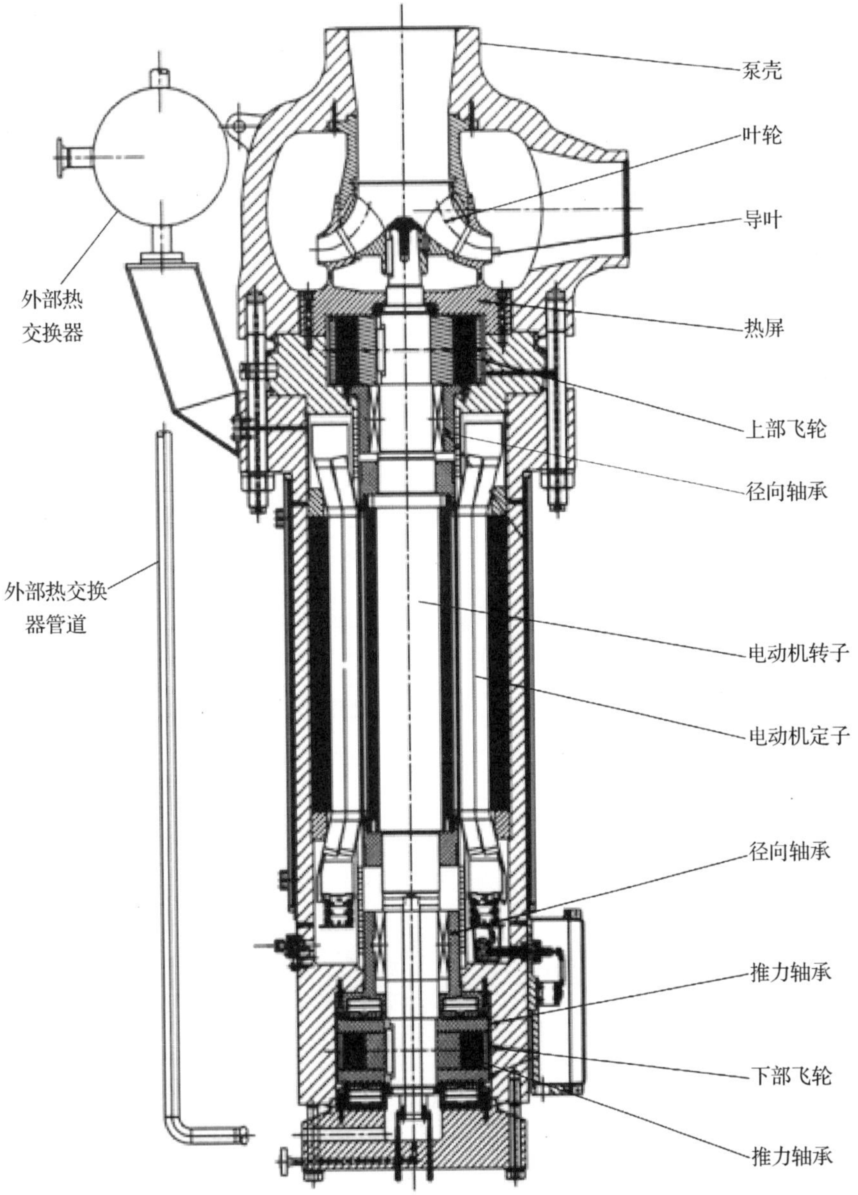

图3　反应堆冷却剂循环泵示意图

4. 主管道

——结构

核电站主管道是连接反应堆压力容器和蒸汽发生器的大厚壁承压管道，是核蒸汽供应系统输出堆芯热能的“大动脉”，是压水堆核电站的核一级关键部件。AP1000 主管道不同于第二代核电站采用的铸造不锈钢管，采用的是整体锻造、加工、弯管的不锈钢管道（参见图 4、图 5），这要求有更多的不锈钢水，其冶炼、浇铸、铸造、热处理、深孔加工和弯管等工艺都有较大难度。

——国产化情况

AP1000 主管道是中国 AP1000 自主化依托项目中唯一没有引进国外技术的核岛关键设备。目前，AP1000 主管道研制厂家主要有渤海船舶重工有限责任公司（以下简称渤船重工）、中国一重、中国二重、上重和吉林中意核管道制造有限公司（以下简称吉林中意），自主化取得较大进展，钢锭化学成份完全满足西屋公司的技术要求。通过主管道科研攻关，国内大型超纯净奥氏体不锈钢电渣锭技术已达到国际领先水平（国内 2007 年以前的电渣锭技术最大为 45 吨水平，现在可以达到 150 吨水平）；AP1000 主管道冷弯管核心技术取得突破，目前已达到国际同步水平；超低碳纯净不锈钢基础性理论研究和认识已接近世界同步水平。渤船重工、中国二重、上重研制的全尺寸主管道模拟件已成功；吉林中意完成了主管道模拟件弯制。

目前，国家核电技术公司与中国二重、渤船重工、吉林中意分别签定了三门 1 号、海阳 1 号、三门 2 号、海阳 2 号和一套备用主管道采购合同。

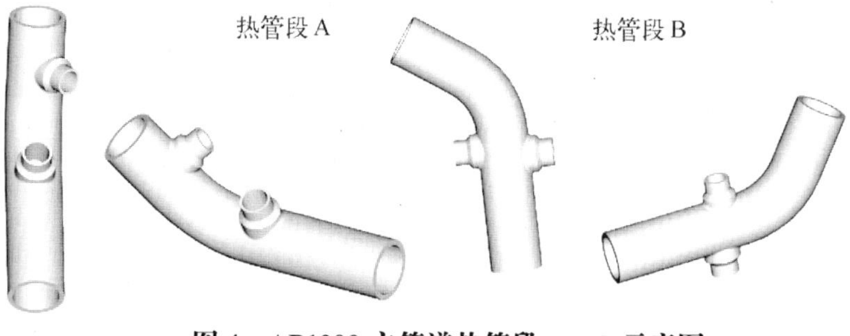

图 4　AP1000 主管道热管段 A、B 示意图

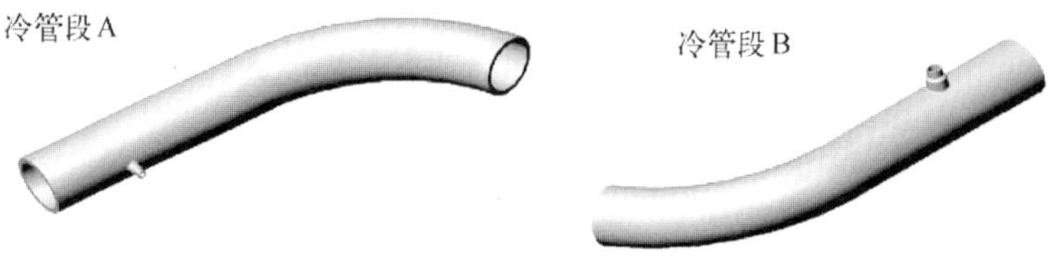

图 5　AP1000 主管道冷管段 A、B 示意图

5. 爆破阀

——结构

爆破阀是AP1000核岛的组成部件，其中的驱动装置是由炸药爆炸切断原来密闭的管道封板，以满足应急打开要求，对核岛实施保护作用，主要用于核电站第四级自动卸压系统、低压安注系统以及安全壳再循环系统中。其主要工作原理是在严重事故工况下，通过开启阀门信号触发爆破单元，产生的高压气体推动阀门中的活塞运动，切断阀门通径的盲管，冷却水即可进入堆芯进行冷却。爆破阀能够有效缓解和预防严重事故，可减少核电机组安全设备数量，改善机组安全性和经济性，是AP1000核电机组的技术亮点之一。每台机组中有12台3种规格、2种口径和2种压力参数的爆破阀。

——国产化情况

此次是从美国SPX引进爆破阀技术，通过引进消化吸收，争取实现从设计、制造、检测到实验等各方面技术的国产化。

AP1000爆破阀研制厂家主要有中核苏阀和陕西应用物理研究所，这两家单位已开展了大量实质性工作，已经被美国SPX公司认定为指定用户。国家核电技术公司明确由中核苏阀和陕西应用物理研究所首批完成山东海阳2号12台爆破阀的国产化任务，此后将采取市场竞争方式进行。目前，中核苏阀已获得ASME颁发的“N”和“NPT”证书；SPX公司和西屋公司对中核苏阀进行了联合质保审查。中核苏阀和陕西应用物理研究所已与SPX公司签订了关于分包海阳2号12台爆破阀的谅解备忘录。目前正在进行分包合同商务条款的谈判工作。

此外，哈尔滨电站阀门有限公司也将参与爆破阀的国产化工作，中方将派遣3～4名工程师参与SPX爆破阀QME试验计划的开发及其他设计任务。大连大高阀门有限公司和山西江淮重工也有一定的基础，已向国家核电技术公司提出申请拟参与此项工作，大连大高阀门有限公司也已取得ASME“N”和“NPT”钢印资质。

6. 堆芯补水箱

——结构

堆芯补水箱是AP1000所具有的三个非能动水源之一（其他两个为安注箱和安全壳内换料水贮存箱），参见图6。堆芯补水箱功能为：当冷却剂装量丧失时将水注入反应堆冷却剂系统（RCS），而RCS中的蒸汽（如果冷段产生空泡）或水（如果冷段是液体的）则流入堆芯补水箱以取代冷的注入水。堆芯补水箱子系统仅有的控制部件是并联气动阀（AOVS），位于堆芯补水箱的两条流出管道上，在正常运行时关闭，事故情况下打开。另外，堆芯补水箱每条出口管道上还布置有止回阀，这些阀门正常时处于开启状态。根据RCS的状态，堆芯补水箱内的含硼水有两种注入模式：失水事故下，冷段处于充满水的状态，堆芯补水箱的运行方式为热水/冷水自然循环方式；失水事故下，冷段的水已经汽化，堆芯补水箱的运行方式为蒸汽/冷水自然循环方式。

——国产化情况

目前，国内堆芯补水箱生产厂家主要有哈电重装和上电集团。哈电重装已配

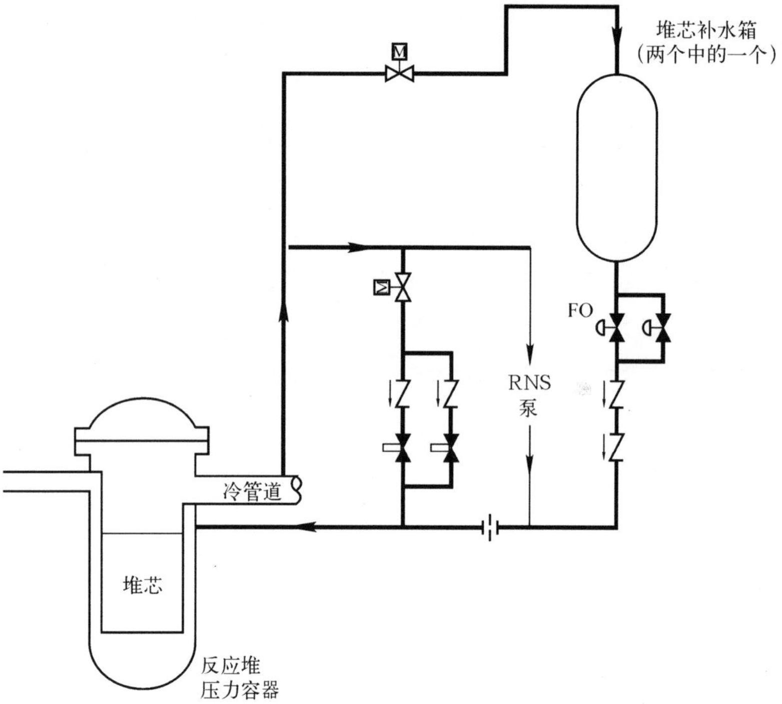

图 6　堆芯补水箱的结构示意图

备两套变位机和两台马鞍形自动焊机，持HAF证焊工19人，有5人已按ASME要求进行了吊耳焊接的焊工评定，无损检验人员70人（民用核证有41人证，ASME核证有29人证）。上电集团已能够满足堆芯补水箱的生产要求，目前持HAF证焊工57人，ASME核证有14人证，无损检验人员40人（民用核证有25人证，ASME核证有15人证）。

注：有关AP1000核电设备国产化的材料来源于国家能源局能源节约和科技装备司《AP1000核电设备及其国产化》

核安全监管和核事故应急

核安全监管

2009年，在役核设施安全运行，在建核设施质量得到有效控制。运行核电厂、研究堆、核燃料循环设施、放射性废物贮存和处理处置设施、放射性物质运输活动均未发生二级及二级以上的安全事件或事故，运行和在建核设施的事件、不符合项得到了及时处理。

2009年，全国辐射环境监测网运行正常，全国辐射环境质量总体良好。环境电离辐射水平基本保持稳定，核设施、核技术利用项目周围环境电离辐射水平总体未见明显变化；环境电磁辐射水平总体情况较好，除个别大功率发射设施周围局部环境综合场强略超国家标准外，其他电磁辐射设施周围环境电磁辐射水平满足国家标准。

2009年9月14日，国务院颁布《放射性物品运输安全管理条例》。《放射性废物安全管理条例》草案已上报国务院法制办。

一、规划体制

为了切实推动《核安全与放射性污染防治规划》的落实，不断提高完成核与辐射安全监管任务的能力，编制并向国务院上报了《“十一五”末至“十二五”期间核与辐射安全监管能力建设总体方案》。在完成“核与辐射安全宏观战略研究”的基础上，启动了《核与辐射安全监管“十二五”规划》编制工作。

二、能力建设

积极推进核与辐射安全监管能力建设。经过努力，中央财政主要污染物减排专项资金安排了总投资2亿元支持核安全监管技术支持系统项目，并于本年度下拨了第一批经费4500万元，项目建设内容包括安全分析必要的软件购置、二代改进型压水堆核电厂验证模拟机购置、核安全监管配套数据库建设。

全面推进中央财政主要污染物减排专项资金核与辐射监测能力建设项目，31个省区市环境保护厅（局）完成66个合同签订，建设项目有序开展。

加强核与辐射突发事件预警和应急监测系统建设，完成重要核设施共21个在线预警监测点和4个数据汇总中心的建设，初步形成重要核设施辐射环境预警监测网络。加强核与辐射事故情况下现场监测和核素分析能力，为部分地区核与辐射安全监督站和省辐射站配置了4辆现场应急监测车和4套车载移动实验室。

完成国家核技术利用辐射安全监管系统的开发并在各省试用。全国城市放射性废物库建设项目进展顺利，大部分省已经竣工或完成了主体工程。

三、队伍建设

2009年度注册核安全工程师执业资格考试于2009年9月举行，225人通过考试取得注册核安全工程师执业资格。

国家核安全局与中广核集团联合举办了两期国家核安全局核电培训班，61名核与辐射安全监管人员接受了为期半年的系统培训。举办了两期全国辐射环境监测网络监测人员培训班，提升了监测人员的整体素质。组织开展了不同层次应急响应人员的应急培训工作。

四、强化核与辐射安全监管

国家核安全局依法对全国核设施实施了严格、有效的监管，全国核设施处于安全状态。

加强核安全监督检查，严格执法。加强运行核电厂安全日常监督检查和运行经验反馈工作。加强在建核电厂和拟建核电厂项目监管与审评，严格执行审批制度，把好准入关。坚持积极稳妥、有序推进、均衡发展的原则推进新项目工作。加强辐射安全许可工作的规范化，对全国辐射安全许可证发放情况进行检查和督察。规范核设备的行政审批工作，切实做到公开、透明。

完成了对红沿河核电厂3、4号机组，三门核电厂1、2号机组，海阳核电厂1、2号机组，台山核电厂1、2号机组共八台机组的设计阶段环境影响报告书和初步安全分析报告的技术审评工作，并颁发了建造许可证。开始了岭澳核电厂3、4号机组，秦山核电二期扩建工程3、4号机组的最终安全分析报告和首次装料阶段环境影响报告书的审评工作。开展了湖南桃花江核电厂、湖北咸宁核电厂、江西彭泽核电厂、宁德核电厂(3、4号机组)、阳江核电厂(3、4号机组)、昌江核电厂、防城港核电厂、华能山东石岛湾核电厂高温气冷堆核电站示范工程等项目的有关技术审评工作。受理了田湾核电站扩建工程5、6号机组的选址阶段环境影响报告书和厂址安全分析报告的审评申请并立项审查。

强化在建核电厂的核安全监督工作，规范和完善核安全监督模式，分别印发了岭澳核电厂3、4号机组和秦山核电二期扩建工程3、4号机组的调试阶段核安全监督检查大纲，组织了核岛基坑负挖、核岛基础浇筑第一罐混凝土、调试管理等核安全检查。

继续加强核技术应用项目的监督管理，组织6个地区监督站开展了γ辐照装置防止卡源故障专项检查；启动了辐照装置卡源故障专项整治工作，要求全国γ辐照装置进行防卡源专项改造，该工作将于2010年年底完成；召开了全国废旧金属冶炼企业放射性监测现场会，推动废旧金属冶炼企业开展放射性监测。

完成了全国放射性污染源普查工作和白云鄂博伴生矿资源辐射环境调查工作。

注：有关核安全监管的材料来源于国家核安全局《核安全2009年年报》

核事故应急

一、核事故应急管理体系建设

1. 2009年7月，国务院办公厅正式发文成立第五届国家核事故应急协调委员会。新一届国家核事故应急协调委员会由国防科工局牵头，外交部、发展改革委、公安部、民政部、财政部、交通部、工信部、卫生部、环保部、安全监管局、港澳办、新闻办、气象局、海洋局、能源局、地震局和总参谋部、总后勤部等部门组成，工业和信息化部部长李毅中担任主任委员，工业和信息化部副部长、国防科工局局长陈求发等领导任副主任委员，日常办事机构设在国防科工局，国防科工局副局长王毅韧兼任办公室主任。

2. 国家核事故应急协调委员会第五届一次全体（扩大）会议8月25日在京召开，第五届国家核事故应急协调委员会主任委员、工业和信息化部部长李毅中主持了会议并讲话。工业和信息化部副部长、国防科工局局长、国家原子能机构主任陈求发出席会议并宣布新一届国家核事故应急协调委员会委员名单。国防科工局副局长、国家核事故应急办公室主任王毅韧作了《国家核事故应急工作报告》。第五届国家核事故应急协调委员会20个成员单位的委员及专家咨询组的代表出席了会议。会议充分肯定第四届国家核事故应急协调委员会第一次全体会议以来，各级核应急组织取得的成绩。会议部署了今后核应急的重点工作：落实“十一五“规划并编制”十二五“规划，加强核应急预案动态管理，组织国家核事故应急联合演习，修订《核电厂核事故应急管理条例》等。

3. 福建省政府办公厅下发《关于成立核电厂事故应急协调委员会的通知》（闽政办[2009]92号），明确了福建省核电厂事故应急委员会成员名单和主要职责，委员会主任由苏增添副省长担任，确定省核事故应急办公室设在省环保厅。

4. 海南省政府办公厅下发《关于成立海南省核事故应急协调委员会的通知》（琼府办[2009]163号），成立了由副省长任主任，省军区、省国土资源厅、省发改委等十八个单位为成员的海南省核事故应急委员会。该委员会是省政府核应急响应的领导部门，负责领导组织全省核事故的防范、应急准备和应急响应行动等工作。

5. 湖北省办公厅下发《关于成立湖北省核事故应急协调委员会的通知》（鄂政办[2009]174号），由副省长段轮一任应急协调委主任，湖北省核应急办设在省国防科工办。

6. 中广核集团正式发布《中广核集团核电基地应急体系建设规范》。《规范》是中广核集团在核电应急建设方面的企业标准，用于指导和规范各核电基地的应急体系建设。

二、2009年的主要工作

1. 2月19—20日，国家核事故应急办公室在浙江杭州组织召开首届全国地方核应急工作会议。国家核事故应急办公室副主任董保同主持会议，副主任许平作了《深入落实科学发展观，扎实推进核应急管理工作》的报告。会议通报了国家核事故应急办公室下一步工作的设想。各省交流了2008年核应急管理工作经验。会议还听取了与会人员对目前核应急管理体系及下一步工作的建议。

2. 5月26日，国家核应急响应中心参加国家原子能机构组织的ConvEx-2b演习。演习自北京时间下午两点开始，持续三个小时。国际原子能机构要求所有参演国家以假想事故国家身份完成对国际原子能机构的事故通报。

3. 6月9日，我国举行“长城6号”国家反恐怖演习。此次系列演习分为处置“核脏弹”爆炸恐怖袭击、处置城市多点连环恐怖袭击、处置化工厂爆炸恐怖袭击等3个科目，在内蒙古、山西、河北等地连续演练。

4. 6月11日，国家核事故应急办公室组织核应急领域专家及有关单位召开了“先进核电厂核应急工作研讨会”，与会专家和代表经过讨论，形成以下共识：核应急工作面临新的情况和挑战；三代核电厂外应急仍然需要，但一些内容可以适当调整；三代核电应急仍须按照现有相关法规标准开展；开展三代核电核应急问题研究十分必要。

5. 7月7—10日，国际原子能机构在维也纳总部召开“及早通报核紧急援助公约主管当局代表第五次会议”。国家核事故应急办公室派员参加了会议。

6. 国家核事故应急办公室派员参加了在北京召开的“中美和平利用核技术合作协议（PUNT）”框架下联合协调委员会及工作组第五次会议。国家核事故应急办公室介绍了中国核应急管理的基本情况，美国能源部国际核应急管理和合作办公室介绍了开展培训合作的建议。双方就有关问题进行了交流，并讨论了下一阶段合作的具体事宜。

7. 11月10—14日，我国成功举行了首次代号为“神盾-2009”的国家核事故应急演习。本次演习是国家、省、核设施运营单位三级联动，军地协同的国家级联合演习。国家核事故应急协调委员会成员单位及专家咨询组，军队、江苏省核应急组织，田湾核电站及少量公众共2000余人投入演练。国家核事故应急协调委员会主任委员、工业和信息化部部长李毅中指挥了本次演习，工业和信息化部副部长、国防科工局局长、国家原子能机构主任陈求发，江苏省副省长、省核应急协调委员会主任史和平担任副总指挥。此次演习模拟田湾核电站2号机组一回路主管道发生泄漏，放射性物质向环境释放。事故发生后，各级核应急组织按照核应急预案要求，迅速开展事故应急响应和救援工作。演习在北京、南京和连云港同时举行，运用了卫星、网络、有线、无线、微波传输等高科技手段，动用了各类大型设备。全面检验了我国核应急体系的协同性，军地配合联动机制的协调性，各级核事故预案的有效性，执行程序的合理性和可操作性。国家原子能机构邀请日本、韩国代表团现场观摩演习情况，并按照《及早通报核事故公约》向国际原子能机构进行了通报。

核能教育

在核电加快发展的形势下，核专业人才教育培训工作受到各方高度重视，企业核专业人才培养和培训、高校核专业人才培养进一步加强，核电加快发展与核专业人才不足的矛盾得到缓解。

一、中核集团核专业人才培养和职工培训情况

1. 充分利用外部资源加强核专业人才培养

积极拓展校企合作，先后与上海交大、西安交大、哈工程大学等8所高校签订了人才培养协议，并与四川大学和成都市政府共建“四川大学核科学与工程学院”，中核集团拨付人才培养专项资金，坚持实施高校定向生培养、双学位培养和紧缺专业培训等。紧缺核专业人才培养渠道拓宽。

2. 充分利用内部资源加强在职紧缺核专业人才培养

（1）发挥中核集团8个享有硕士研究生培养和学位授予权单位，4个享有博士研究生培养和学位授予权单位，3个博士后流动站在人才培养中的基础性作用，加快在职紧缺核专业研究生培养。

（2）依托原子能院办学，并经过20余年的发展与优化，核工业研究生部已成为目前国内专业门类最齐全、课程设置最完善的核专业高级人才教育基地。

（3）依靠运行核电厂现有培训资源培养核电人才。

（4）充分发挥20个核特有职业技能鉴定站、8个企业内部职业技能鉴定站和2个（西南、西北）核特有职业技能人才实训基地作用，加强核特有职业技能人才的培养。

目前，中核集团核专业及核电人才的培养，基本形成了集团内部专业化培训和社会化培养内外资源并举，集团化统筹安排人才培养与使用的培养体系。

3. 加强教育培训的宏观管理

制定了《集团公司集中使用部分职工教育经费管理办法》，加强了干部职工培训经费统筹管理，2009年中核集团教育培训专项经费预算99万元。制定了中核集团年度培训工作计划，同时做好年度培训总结通报，加强了对培训工作的计划性和督查工作。颁布了《集团公司新员工入职培训实施意见》，统一新员工入职培训内容，加强了对成员单位新员工培训工作的组织协调。2009年，结合中核集团重点任务和各单位实际工作，全年累计参训干部职工46636人次。

4. 认真组织好重点专题培训

按照中核集团“十一五”培训规划，组织实施企事业单位领导干部工商管理培训班、青年干部工商管理培训班、两期核工业党校班、董监事培训班、人事（组织）部门主要负责人培训班、青年科技骨干英语培训班、干部档案管理培训班等专题培

训。推荐中核集团总部部门和成员单位领导成员赴中央党校、国资委培训中心参加培训。组织实施辐射防护研究生课程进修班、二学位班、核工程研究生进修班、质量与可靠性工程领域工程硕士研究生班、核特有职业技能鉴定站督导员和考评员培训班等。

5. 推进校企合作

保持与签约高校日常的紧密联系，组织北京大学、清华大学、上海交通大学等签约高校核专业院系负责人赴中核四〇四有限公司等成员单位就人才需求和培养情况进行考察调研。完成与9所核专业高校“十二五”战略合作协议规范文本、征询函等续签前期工作。具体承办中核集团与湖南省政府共建南华大学、与江西省政府共建东华理工大学举行签约仪式的组织工作。

6. 积极探索和推进培训体系建设

开展集团总部和成员单位领导干部培训需求调研，发放问卷559份，收回有效问卷546份，在此基础上完成了《企事业单位领导人员培训需求分析报告》。根据培训需求分析，结合中核集团发展规划，编制了《集团公司“十二五”职工教育培训规划（征求意见稿）》、《集团公司“十二五”管理人员培训大纲（征求意见稿）》和《集团公司“十二五”新员工入职培训大纲（征求意见稿）》。

二、中核建设集团核专业人才培养和职工培训情况

为积极应对大规模核电建设与核能产业化对人才队伍提出的新挑战、新要求，中核建设集团以各类人才引进和培养为主线，统筹推进各类人才队伍建设。在人才引进上，积极拓宽人才引进渠道，扩大人才总量规模，优化人才队伍结构，重点引进了一批专业紧缺的管理人才、技术人才和技能人才；在人才培训培养上，以核电项目经理培训为试点，尝试建立“集团公司主办、以有资质的成员单位为依托，各成员单位参加培训”的项目经理培训模式，积极探索整合培训资源、搭建中核建设集团适度统一培训资源共享平台的有效途径和各类人才成长多通道机制，为实现中核建设集团培训管理适度一体化、加快人才培养速度、提高培养质量奠定了基础。

三、中广核集团核专业人才培养和职工培训情况

为满足中广核集团人才培养需求，2009年度公司培训工作紧密围绕“为电站安全生产培养合格的各类人才，满足运营业绩持续创优的需求，以支持实现跨区域跨技术路线运营的战略目标”，积极开展各项工作，一方面通过完善专业化和标准化培训体系，培养一支职业化的教员队伍，并建设具有相应水准的培训设施来夯实基础；另一方面，通过周密的计划，严格的教学管理及教学质量控制，依靠公司全体培训工作者的团队协作以完成既定的培训目标。并进一步落实培训经营的理念，通过树立国际化核电专业人才培训品牌，逐步实现人才培训的市场化和对外输

出服务。2009年，公司各类培训课程/项目实施井然有序，总体培训计划执行率达95%以上，保质保量地完成了全年培训工作任务。全年共组织实施了基本安全授权培训、技术理论培训、模拟机培训、技能培训、新员工培训、管理培训、行为训练、国家核安全局培训班等各类专项培训课程共376门，合计2129期，培训负荷达4587.8人·月。

公司在培训负荷大幅上升的同时，从培训需求、课程内容、培训方法、组织形式以及教学评估等方面持续改进，不断提升教学质量；同时立足规模化、规范化、精细化的培训管理模式有效地推进了各项重点培训工作，在如下6个方面实现了突破性的进展：

1. 岭澳二期模拟机项目实现M8-3里程碑，培训如期开展，有效保证2010年岭澳二期执照考试按期举行。

2. CPR1000系列课程开发完成，并全面投入培训，基本满足岭澳二期维修、工程技术人员以及运行人员的培养需求。

3. RO/SRO考试通过人数达150余人，创历史新高。

4. 防人因培训从理论走向实践，对现场13个执行处的1608名员工及部分承包商员工推广实施了防人因失误理论培训和六张人因工具卡训练。

5. 近600名新员工培训保质保量完成，同时统筹培训工作未受影响。

6. 积极探索总分模式下培训业务的开展，并取得阶段性成果。

四、中电投集团核专业人才培养和职工培训情况

按照中电投集团核电“三步走”发展战略，根据国家核电发展形势，修订升版了中电投集团2009—2020年核电人力资源规划。积极引进国内外有经验的核电建设运营人才，依托常规电力的骨干人才，通过全方位、多层次的核电培训，以满足核电开发、建设和运营需要。截至2009年12月底，中电投集团拥有近1300名核电从业人员。

1. 全方位核电培训的实施

中电投集团核电岗位培训分为生产人员和工程管理人员两类。所有人员必须经过与其从事的岗位工作要求相适应的培训，并经考核合格后方能上岗。生产人员初始岗位培训主要安排在国内、外运行核电站接受培训。如山东海阳核电项目已有将近150多名人员接受了生产培训。山东核电公司生产管理骨干在国内接受相应的岗位培训以后，部分被派往美国运行核电厂接受影子培训，学习美国核电站的运营管理。工程人员主要安排在辽宁红沿河项目业主和工程管理单位接受培训，同时也选派了部分人员赴国外公司如法国电力公司、韩国水电核电公司接受培训。

此外，中电投集团还与国外公司开展多种方式研讨班。中电投与日本海外电力调查会每年开展2次核安全研修合作；与法国电力公司、美国进步能源公司、美国南方公司、韩国韩水原公司(KHNP)、东京电力公司和日本电源开发等公司开展了

多层次的核电工程管理和运行管理的交流和人员互访。

中电投集团注重加强对非外语专业人员的英语培训，在基础理论培训中开设英语课程，同时，还组织专门的英语强化培训。

2. 注重骨干人才的培养

中电投集团当前核电人才相对缺乏，主要体现在核电核心骨干人才方面。为此，中电投集团着力加强核电骨干人才的培养。目前，山东核电已有45名人员通过国内运行核电厂主控制室操纵员执照资格考试。此外，还开展了核电厂运行所需要的辐射防护、设备管理、核燃料管理、换料大修等人员在国内运行核电厂的培养。根据与美国西屋公司的合同，已经派出了近50人次的人员赴美国参加在岗培训。同时，调试重视核安全技术和管理骨干人才的培养，目前，已拥有33名国家注册核安全工程师。

3. 重视核电培训基地建设和培训教材的开发工作

开展核电培训基地建设，依托中电投上海高级培训中心，利用高校资源，建设AP1000核电理论培训基地；依托海阳核电项目，规划建设AP1000核电技能培训中心，配备模拟机和维修模拟体等设施；依托上海大漕泾百万千瓦火电厂建设核电操纵员预培训基地，进行核电生产运行人才的培养和储备。

制定了基于AP1000技术的核电工程建设和生产运营培训教材规划体系，组织编写出版了《AP1000核电厂系统与设备》中级教材等20多份培训教材。创新培训方式，拓展培训资源，与国内高校开展联合培养核电人才，缩短毕业生培养周期。

五、国家核电核专业人才培养和职工培训情况

全年共引进各类人才1376人，其中有工作经验的社会人才占41.32%，引才质量保持较高层次和水平。海外引进的两位科技领军人才已进入国家“千人计划”评审。上海院成立博士后工作站。广泛聘用一大批国内核电等相关领域的顶级专家，发挥了很好的传帮带作用。通过与相关单位的业务合作，人才队伍链条得到延伸和拓展。国家核电人才队伍的规模、结构、梯次和素质得到进一步优化和提升。

六、中国大唐核专业人才培养和职工培训情况

6月10—17日，举办了第一期核电高级管理培训班。邀请了国家能源局、国家核安全局、北京安审中心、核能协会的领导和专家介绍我国核电发展规划，我国核电产业状况，核电监管体系、核电厂总体情况等内容。来自中国大唐相关部门、项目筹备处等65名管理人员参加了培训。8月16—29日，中国大唐选派系统三级责任主体的优秀管理人员24人到韩国进行了为期2周建设及运行管理培训。

七、上海电气集团核专业人才培养和职工培训情况

正在通过专业培训和项目实践等方式建立培养和储备机制，培养一批核电产业管理、技术和操作可用之才；形成一支知识和年龄结构较为合理、基础和实践水平较为全面的核电专业化队伍，以产业发展要求建设健全核电人才队伍。

这两年企业人才建设的工作力度很大，批量进人和大规模培训已经取得一定成效。当前人才队伍建设的关键在于人员增加与产业需求之间准确把握好数量、质量和节奏之间的关系，聚焦两大重点，即产业领军人物和专业紧缺人才，通过合理使用和有效激励机制用好人才、留住人才。通过动态性研判，有计划地分阶段实施，以求最终形成一支包括产业领军人物、学科带头人人物、基本骨干队伍及基础后备力量等不同层次的梯形队伍。

同时，多种类型不同层次不同对象不同目标的核电培训工作持续进行。自2005年以来，上海电气开办了多期核电项目管理培训班和核电基础培训班，邀请科研院校、制造企业、业主单位、管理部门及国外同行等知名专家前来授课，普及和充实核电从业人员的核电专业知识和核安全文化意识。根据企业需求，开展了核电质量管理培训、民用核安全设备监督管理培训、核电法规宣讲和ASME取证等多形式、多层面和全员化的培训。

八、高等学校核专业人才培养情况

随着核工业特别是核能产业的迅速发展，相关高校逐步认识到加速核专业人才培养的重要性，采取了多种形式加快核专业建设与人才培养，提高核专业人才培养的质量。其中15所高校核专业人才2009年培养情况见下表。

15所高校核专业人才2009年培养情况一览表

序号	学校名称	核专业设置	计划招生			实招		
			本	研	博	本	研	博
1	清华大学工程物理系	工程物理、核工程与核技术	180			180		
		核科学与技术、核能与核技术工程（无学籍工程硕士）		125	47		125	47
2	哈工程核科学与技术学院	核工程与核技术、核反应堆工程、核技术、辐射防护与环境工程	180			180		
		核能科学与工程、辐射防护及环境保护、核技术及应用、核燃料循环与材料		75	11		72	10
3	上海交大核科学与工程学院	核工程与核技术	50			80		
		核工程与核技术		35	12		35	12

续表

序号	学校名称	核专业设置	计划招生			实招		
			本	研	博	本	研	博
4	南华大学	核工程与核技术、辐射防护与环境工程、核反应堆工程、核技术、热能与动力工程、核化工与核燃料、临床医学（放射医学方向）工程、安全工程、矿物资源工程、核物理	610			610		
		核技术运用、采矿工程、核能与核技术工程、安全工程、矿业工程、辐射防护与环境工程		103	11		103	11
5	西安交大核能系	核能科学与工程	90			85		
		核能科学与工程、核技术及应用		35	15		36	15
6	四川大学核科学与工程技术学院	核工程与核技术、核物理	120			120		
		粒子物理与核物理、核技术及应用、核燃料与材料		18	12		18	12
7	成都理工大学核自学院	地球化学、核工程与核技术、辐射防护与环境工程、核技术	189			189		
		地球化学、辐射防护与环境工程、核资源与核勘查工程、核技术及应用		50	14		59	17
8	东华理工大学	资源勘查工程、测绘工程、勘查技术与工程、核技术、水文与水资源工程、环境工程、辐射防护与环境工程、应用化学、核材料与工程、核化工与核燃料	810			810		
		核技术及应用、辐射防护与环境工程、矿产普查与勘探、地质工程、地球探测与信息技术、分析化学、应用化学、环境工程、环境工程、环境科学、水文学与水资源、材料学、大地测量与测量工程		97			97	
9	西南科技大学国防科技学院	核工程与核技术、辐射防护与环境工程	190			190		
		安全技术与工程（核安全方向）、环境工程（核环境治理方向）、材料学（核废料处理方向）		7			7	
10	北大应用化学系	应用化学	7			7		
		应用化学		8	5		8	5
11	天津大学	核燃料循环与材料		4			4	

续表

序号	学校名称	核专业设置	计划招生			实招		
			本	研	博	本	研	博
12	苏州大学放射医学与公共卫生学院	七年制放射医学、放射医学、预防医学	180			180		
		生物医学工程、放射医学、预防医学		61	27		52	11
13	华北电力大学	核工程与核技术（反应堆工程）	60			95		
		核工程与核技术（反应堆工程）		30	5		24	5
14	吉林大学物理学院	粒子物理与原子核物理		7	6		3	3
15	兰州大学核科学与技术学院	原子核物理、放射化学、核技术、核化工与核燃料工程、辐射防护与环境工程	160			160		
		粒子物理与原子核物理、放射化学、原子与分子物理、核技术		50	19		49	19

注：多数学校未提供2009年“实招”数，凡未提供的，按“计划”数进行“实招”数统计。

15所高校核专业人才2009年培养情况合计数

	计划招生			实招		
	本科生	研究生	博士生	本科生	研究生	博士生
合计	2826	705	184	2886	692	167
	3715			3745		

国际合作与交流

政府间的国际合作与交流

一、公约履约

1. 5月10—21日，《乏燃料管理安全与放射性废物管理安全联合公约》（简称《联合公约》）第三次审议大会在奥地利维也纳国际原子能机构总部召开。由环境保护部（国家核安全局）及其他部委和核电厂运营单位组成的中国政府代表团出席了大会。会上，中国代表团向国际原子能机构正式提交了《联合公约》第一次中国国家报告，并回答了其他缔约方就中国国家报告提出的问题。各缔约方对中国国家报告的审议结果认为，中国国家报告(包括口头陈述)内容全面。大会认为，中国全面履行了《联合公约》的责任和义务；中国在建立乏燃料管理基金，启动放射性废物最小化研究项目和香港特别行政区异地重建其废物贮存设施方面具有良好实践。

2. 9月14日，中国正式向国际原子能机构递交了《核材料实物保护公约》修订案批准书，从而成为继俄罗斯之后第二个递交该公约修订案批准书的核武器国家。

3. 9月28日—10月1日，环境保护部（国家核安全局）代表出席了在奥地利维也纳召开的《核安全公约》第五次审议大会暨组织会议。会议讨论通过了规则修正案及有关《核安全公约》第五次审议大会筹备事宜。会上全票通过环境保护部副部长兼国家核安全局局长李干杰当选为2011年《核安全公约》第五次审议大会主席。为做好出席《核安全公约》第五次审议大会的准备，环境保护部（国家核安全局）已牵头完成了《核安全公约》第五次国家报告编审委员的换届并组织召开了《核安全公约》第五次中国国家报告编审委员会第一次会议。

二、多边领域

1. 由国际原子能机构（IAEA）主办、中国国家原子能机构承办的“面向21世纪核能部长级国际大会”，于2009年4月20—22日在北京隆重举行，来自61个国家和7个国际组织的442名正式代表、365名观察员参加了本次大会。国务院副总理张德江出席开幕式并发表了重要讲话。大会期间，先后有32位部长级代表和16位专家发言或作专题报告。就世界核能发展取得了广泛的共识。

2. 4月19—22日，第八届中国国际核电工业展览会在北京中国国际展览中心举办。

3. 10月23日，全球核能合作伙伴（GNEP）执行委员会第三次部长级会议在北京举行。

4. 12月14—18日，国际原子能机

构有效的核监管体系国际大会在南非开普敦召开。国家核安全局代表团出席会议。会上，国家核安全局代表阐述了应进一步明确世界各国和安全监管当局、核设施运营单位和供应商的各自职责，建立一个有力和有效的全球核安全监管体系，并在其中发挥重要作用的观点。

三、双边领域

1. 4月18—19日，国家核安全局局长李干杰陪同李克强副总理出席中美最大核能合作项目AP1000核电机组建造开工仪式。美国核管制委员会首席执行官贝尔·布查特也应邀代表美国核管制委员会出席了开工仪式。

2. 4月21日，中国国家原子能机构与法国原子能委员会签署了第十个中法和平利用核能合作议定书；中国国家能源局与法国原子能委员会签署了关于加强核电领域合作的框架协议。

3. 4月28日，我国与哈萨克斯坦合作开采的第一个铀矿项目开工建设。在香港上市的“中核国际”首次融资4.39亿港元，获得了新的铀矿项目。

4. 6月1—5日，第四次中巴核安全合作指导委员会会议在新疆乌鲁木齐召开。国家核安全局局长李干杰与巴基斯坦核监管局主席哈比布共同出席了会议。会上双方就下一阶段的合作内容进行了工作会谈，并续签了《中华人民共和国国家核安全局与巴基斯坦伊斯兰共和国核监管局关于核安全合作议定书》。

5. 9月17日，国家核安全局代表赴俄罗斯出席中俄总理定期会晤委员会核问题分委会第13次会议。在讨论核安全监管领域合作中，中俄核安全组组长分别做了汇报。双方强调，和平利用核能领域的核安全与辐射安全合作是中俄合作的优先和重要方向。双方将继续开展核安全与辐射安全监管的相关合作。

部分企业集团的国际合作与交流

一、中国核工业集团公司

1. 中核集团在尼日尔、津巴布韦、纳米比亚、蒙古国等国家成立子公司，并与澳大利亚、法国、哈萨克斯坦、俄罗斯等国保持着密切联系和业务往来。中国国核海外铀业有限公司控股的尼日尔阿泽里克铀矿山建设工程是我国第一个走出去自主开发的铀矿项目。

2. 中核集团与俄罗斯原子能工业公司签署了田湾二期项目、中国示范快堆项目合作的相关文件；与法国原子能委员会签署了《和平利用核能研发合作协议》。

3. 4月28日，中国中原对外工程公司与上海核工程研究设计院，在上海签署了我国出口巴基斯坦的恰希玛核电厂3号、4号机组（C3/C4）工程设计与技术服务总承包合同。这是继圆满完成巴基斯坦恰希玛核电站1号、2号机组工程设计任务后，中国再次承接出口巴基斯坦的两台核电机组的设计总承包任务。

11月20日，中国与巴基斯坦正式签订合作建设恰希玛3号、4号核电机组的合同。

4. 在北京组织召开了《中美双边民用核能合作行动计划》框架下第二次技术工作组会议。双方确定了未来三年内在快堆技术、先进乏燃料后处理技术、燃料与材料开发、先进核保障与实体保护技术等四个领域进一步开展技术研发合作与交流的行动计划。

5. 利用WANO渠道组织三门核电厂访问了韩国核电水电公司，就维修体系的建立、维修大纲、程序的编制与管理等进行了深入学习和交流。

二、中国广东核电集团有限公司

1. 2009年4月，中广核集团与哈萨克斯坦国家原子能工业公司合资经营的伊尔科利铀矿举行开工典礼，这是中国在海外第一个投入商业运营的铀矿。

2. 中广核集团与法国电力公司合作，组建了广东台山核电合营有限公司。

3. 2009年9月，中广核集团与中非共和国政府代表团在北京签署备忘录，确认了双方在合作勘探、开采中非铀矿等方面达成的共识。

4. 2009年11月，在泰国能源部官员、我国驻泰国大使的见证下，中广核集团钱智民董事长与泰国电力公司正式签署了《核电合作谅解备忘录》。

5. 2009年12月，中广核集团成功收购澳大利亚EME公司，实现集团第一次海外收购。

6. 与香港电力公司继续合作，签订了大亚湾核电站延长合营期的合同。

三、中国电力投资集团公司

进一步加强了与国际原子能机构、世界核电运营者协会（WANO）、日本海外电力调查会及其他国际行业组织与核电企业的交流与合作。与IAEA合作开展“山东海阳AP1000核电项目管理技术支持项目（IAEA-TC/CPR4031）”，与美国PE公司、日本海电调通过互访交流活动，深入探讨交流核电站工程建设管理和安全质保等问题。积极参与国际核安全组织（INSAG）和世界核电运营者协会（WANO）组织的各类国际会议和同行评审等活动，建立了多边合作平台，努力为中电投集团核电事业的发展拓宽国际合作渠道。

四、国家核电技术有限公司

与西屋建立高层定期协调机制，有效推动了合作中一些重要问题的解决。与绍尔集团签署了战略合作框架协议，共同致力于世界核电和能源市场拓展。与美国泰拉能源签署了技术交流合作谅解备忘录，并逐步深化合作。与韩国电力公社、斗山重工，比利时哈蒙等就相关领域合作签署协议。

中国核能行业协会的国际合作与交流

2009年，协会国际合作与交流工作继续坚持“请进来、走出去”的方针，主要做了以下几项工作。

一、加强沟通和联络，争取政府部门对协会的支持和帮助

积极主动地向国防科工局请示汇报，发挥协会之长，为IAEA技术合作项目(TC项目)、预算外项目（EBP项目）、地区合作项目（RAS项目）和反应堆信息系统（PRIS）等提供技术支持和服务；主动地向国家能源局、国家核安全局等有关部门请示汇报，为在核能领域和核安全领域国际合作方面提供力所能及的服务工作；积极与外专局等有关部门汇报协商，探索建立协会引进国外专家机制的可能性。

二、探索与境外核能组织长期合作的模式和途径

1. 2009年4月，经过友好协商，协会与韩国原子能产业协会（KAIF）签署了正式合作协议。

2. 11月下旬，在2009年3月签定的合作备忘录的基础上，中国核能行业协会与日本原子力产业协会在浙江海盐成功举办了主题交流研讨会议并签订正式和平利用核能合作协议。

3. 2009年10月13日，中国核能行业协会副理事长兼秘书长马鸿琳，台湾财团法人核能科技协进会执行长陈胜朗，代表各自组织，在北京签署合作备忘录。

另外，2009年陆续开展了与美国ASME、印度化工技术协会和世界核协会建立正式合作关系的前期准备工作。

三、为会员单位做好对外交流与合作以及有关信息服务工作

1. 根据有关会员单位的建议，配合国内核电发展需求，协会拟组织内陆核电站建设考察团，赴有关国家考察了解内陆核电站选址、设计、建造等方面的经验。

10月召开了有关会员单位代表参加的座谈会，根据大家的意见，准备在2010年1月举办核电厂选址国际研讨会，邀请国内外专家，进一步讨论内陆核电厂的选址问题，为国内核电选址工作服务，并为明年出国考察做准备。

2. 向会员单位通报重要国际会议或其他的活动信息，并提供相关服务工作。如在中国核能行业协会网站转发中国国际贸易促进委员会“关于中国企业家代表团出访美国、加拿大的组团通知”，世界核协会（WNA）、美国机械工程学会（ASME）等国际上知名的协会（学会）组织的国际合作活动信息。组织翻译编印了《第四代核能系统》一书，受到会员单位的好评。随着协会与其他国家协会（学会）和国际组织的合作不断加强，我们还将继续深入开展国际会展信息服务工作。

3. 协助解决会员单位工作中的难题。

中核集团、中广核集团、中电投集团派团出席2010年1月31日至2月6日的WANO双年大会，但印方邀请函迟迟不到，有关单位希望协会出面协调国家原子能机构通过合适渠道表达中方关切，在张华祝理事长亲自关心下，迅速组织了有关单位向系统二司领导的情况汇报会，通过政府渠道，妥善解决相关单位的需求。

4. 成功承办了IAEA核能部长级国际大会。2009年4月20—22日，国际原子能机构“面向21世纪核能部长级国际大会”在北京国际会议中心隆重举行。这次大会是经国务院批准，由国际原子能机构和中国政府共同举办，中国国家原子能机构承办，中国核能行业协会、经济合作与发展组织/核能署协办的。这是一次向世界宣传和展示我国和平利用核能的政策、规划和成就，加强与世界各国在核能领域的互利合作，提升我国在国际核能界地位的重要会议。是继2005年法国巴黎部长级国际大会之后，在国际核能界的有着重要影响的一次盛会。大会的主要议题是：能源资源与环境；核电发展基础结构；核电技术现状和展望；燃料循环和燃料供应、乏燃料和废物管理等。

这次大会得到了各国政府和国际组织的广泛关注和大力支持，来自61个国家和7个国际组织的442名正式代表、366名观察员代表参加了本次大会。

中国政府对本次大会高度重视，国务院副总理张德江出席开幕式并发表了重要讲话。国际原子能机构总干事巴拉迪、经济合作与发展组织秘书长古利亚、中国国家原子能机构主任陈求发等也在开幕式上发表了讲话。

大会期间先后有32位部长级代表和16位专家，就世界核能发展做了发言。中国工业和信息化部部长李毅中出席闭幕式并宣读了“大会主席声明”。

中国核能行业协会会员单位有337位代表参会，其中正式代表92名、观察员245名。协会作为协办单位，承担了主要会务工作，为大会圆满成功作出了贡献，受到国际原子能机构和国家原子能机构的好评，也扩大了协会在国内外的影响。

5. 4月19—22日，由中国核能行业协会主办的第八届中国国际核电工业展览会在北京举行。张德江副总理参观了展览并作重要指示。来自亚洲、欧洲、美洲等的15个国家及地区205家中外核电企事业单位参加展览（其中国内单位96家，国外单位109家）。法国、西班牙、俄罗斯等组成国家团参加了展览。

6. 应会员单位和行业发展的需求，组织开展学术交流活动。2009年共组织5场国际交流活动：

6月29日—7月5日，由世界核大学、中国核能行业协会和清华大学共同主办，清华大学核能与新能源技术研究院承办的世界核大学清华周北京研讨会在京举行。来自核领域研究院所、厂矿、核电设计、建设、运营、管理、服务单位以及有关大学的250名代表参加了研讨会。研讨会邀请了国际核领域的知名专家，就能源供需、环境挑战与核电、核燃料循环、核电站设计、运行和管理、第三代和第四代核电站技术、核法规、核与辐射安全与健康、核不扩散机制与核保安、废物管理与退役、核电站选址等问题进行演讲和研讨。

6月29日—7月1日，由中国核能行业协会和中科华核电技术研究院联合主办，苏州热工研究院承办的“2009核电站焊接与无损检验国际研讨会”在苏州举行。来自70余家单位180余名代表参加了会议，美国、英国、德国、瑞典、日本和西班牙等国13名专家，就核电站焊接与无损检验领域作专题报告。

9月21—24日，中国核能行业协会与国际原子能机构在武汉联合举办了“核电评估员能力提升研讨班”。来自IAEA、WANO莫斯科中心和英国的三名专家分别介绍了国际核电运行评估的最新进展和良好实践，研讨班由武汉核动力运行研究所承办，共有来自国内18家单位的50余名学员参加了培训和研讨。

10月21日，协会在北京举办专题报告会，邀请第四代核能系统国际论坛（GIF）主席布尚就第四代核能系统进展情况作专题报告，有80余名会员单位的代表参加。

10月22—23日，协会在北京举办中法核燃料循环国际研讨会，中国和法国有20余位专家作专题报告，来自政府主管部门和各企事业单位的130多名代表参加会议。中科华核电技术研究院有限公司承办了这次会议。

7. 积极开展对外交流活动。2009年以来，协会领导先后会见了到协会来访的美国机械工程师学会（ASME）副秘书长林琼（中文名）女士为团长的美方代表团、英国卡文迪什国际集团首席执行官马修•艾斯提先生一行四人、法国原委会主席毕加先生、日本核安全研究协会（NRSA）学术代表团、日本原子力产业协会（JAIF）服部拓也理事长及日本株式会社日立制作所的嘉宾、法国阿海珐集团中国区总裁安德龙（Mr. Marc Andolenko）先生、世界核电运营者协会（WANO）新任主席Laurence Stricker先生、韩国原子能产业协会具翰谟（Koo Han-Mo）常务副理事长、世界核电运营者协会东京中心（WANO-TC）主席武黑一郎先生、印度化工技术协会首席运营官希蒂(Hemant Shetty)先生、日本亚洲交流协会会长北村博昭先生、日本保全协会会长宫健三先生、法国电力公司（EDF）新任董事长兼首席执行官普格里奥（Henri PROGLIO）先生一行以及台湾核能研究所等15个代表团。

8. 海峡两岸核能行业合作与交流取得积极进展。8月24日，台湾综合研究院代理院长兼台湾电力公司董事吴再益先生拜访协会，与协会副理事长兼秘书长马鸿琳、副秘书长冯毅进行了坦诚交流，初步商定通过合适的渠道加强两岸核能企业间的合作。

2009年10月13日，中国核能行业协会副理事长兼秘书长马鸿琳，台湾财团法人核能科技协进会执行长陈胜朗，代表各自组织，在北京签署合作备忘录。作为两岸各自拥有广大会员单位的核能行业组织，该备忘录的签署将为两岸核能企业搭建平台，有利于两岸核能界开展实质性的交流与合作。在备忘录签署之前，中国核能行业协会理事长张华祝会见了到访的台湾核能科技协进会董事长欧阳敏盛一行。双方分别介绍了各自协会的成立背景、主要职能、会员组成、主要活动等情况。台湾核能协进会还专门介绍了台湾放射性废物的处理、处置技术。

9. 在走出去方面，协会还积极派员参加了6次国际会议，主要有：

4月14日，中国核能行业协会副理事长、核电秦山联营有限公司董事长李永江参加了在日本横滨召开的日本原子力产业协会（JAIF）第42届年会。

4月23—24日，应日本原子力开发机构（JAEA）的邀请，赵成昆副理事长出席了2009年在日本茨城召开的日本快堆发展规划第二次国际咨询会议。

5月25—29日，首届核教育培训国家研讨会（1st National Meeting on Improving Education and Training for Chinese Nuclear Power Industry Personnel）在哈尔滨工程大学召开，来自国际原子能机构（IAEA）、中国国家原子能机构（CAEA）和中国核能行业协会，以及国内核领域的28家企业、研究院所与高校共66人参加了会议。会议就中国核工业人才教育培训的现状和需求，美国、英国、韩国以及IAEA的人才培养和教育经验，中国高等教育院校核人才培养情况，以及建立核工业人才教育与培训体系、标准等方面进行了研讨。中国核能行业协会副秘书长徐玉明出席了会议，并就中国核能发展和人才教育培养情况作了专题报告。

7月13—16日，徐玉明副秘书长参加了IAEA举办的亚太地区核电发展规划战略决策研讨会，并作专题报告。

7月27—31日，亚太地区核科学技术协定(RCA)中期战略延长工作组会议在维也纳举行。来自澳大利亚、中国、印度、新西兰、巴基斯坦、韩国、日本、马来西亚、国际原子能机构(IAEA)的10余名专家以及RCA韩国地区办公室(RCARO)的观察员代表参加了会议。会议主要讨论修订了RCA中期战略及其执行计划，讨论了2012—2017年RCA的3个项目周期的优先领域，制定了《RCA地区项目战略优先领域》编写格式和完成时间表等。

11月30日—12月19日，中国核能行业协会国际合作部主任龙茂雄参加了由日本文部科学省主办、日本核安全研究协会承办的为期3周的核安全行政管理课程研讨班。共有来自中国、印尼、马来西亚、斯里兰卡、泰国等国的9名代表参加全部活动。在会上，龙茂雄作了关于中国核电发展历程和现状的报告，并和与会代表讨论了中国核能发展的规划、核电站布局以及核电在中国电力供应中的地位、核安全和人才培养等问题。

国际热核聚变实验堆计划(ITER)

国际热核聚变实验堆计划（ITER）是全球规模最大、影响最深远的国际科研合作项目。ITER的建设周期为10年（建设费用为50亿美元），运行及实验研究20年，退役5年。运行及实验研究的费用与建设费用相当。国际聚变界主流认为，本世纪 20 年代建成 ITER，为示范堆（DEMO）提供设计依据和建造运行经验；本世纪 30 年代建设示范堆 DEMO；本世纪 50 年代将建成有经济竞争力的聚变能商用堆。

ITER 是由多个系统和部件组合成的。经过分解形成 22 个采购包，97 个具体包，由 7 方分别承担。中国承担其中的 6 个采购包，12 个具体包。

其中，由中核集团核工业西南物理研究院承担的 1~5 项任务国内的前期预研工作进展顺利，并按照 ITER 国际组织的要求，建立了 ITER 计划质量体系和标准化体系，完成了 ITER 项目临时管理办法。

核能骨干企业

中国核工业集团公司

2009年是党中央、国务院团结带领全国各族人民，有效遏止经济增长明显下滑态势，实现经济形势总体回升向好的一年。党中央、国务院、中央军委对核工业发展寄予厚望。中国核工业集团公司（以下简称中核集团）是国家核科技工业的完整体系和主体，国家核能发展与核电建设的主力军，核燃料专营供应商，核技术应用的骨干，肩负着国防建设和经济社会发展的双重历史使命。

一年来，中核集团认真落实中央应对金融危机的政策措施，实现了产业经济平稳较快增长；认真开展深入学习实践科学发展观活动，圆满完成各个阶段的工作和任务并取得初步成效；认真领会中央领导的一系列重要指示精神，坚决把思想统一到中央的决定上来，确保了安全稳定和全年任务目标的完成；认真学习贯彻十七届四中全会精神，突出抓了作风建设，推动了思想观念和发展理念的转变。

在党中央、国务院和中央军委的正确领导下，在上级有关部门的大力支持和帮助下，通过全集团十万员工的共同努力，中核集团各项工作取得了新的进展。

一、经济实现平稳较快增长

2009年，中核集团完成总产出480亿元，比上年增长16.2%；实现利润52亿元，比上年增长13.5%；净资产收益率为6.91%。

二、核电产业加快发展

在核电运行管理工作中，始终坚持“一个中心”，以安全发电为中心；“两个确保”，确保机组安全可靠运行，确保机组大修高质量顺利完成；“三个提升”，提升设备可靠性，提升人员绩效，提升核安全文化氛围；通过“四个抓手”大力开展工作，即信息化、规范化、程序化和集团化（共性项目管理），全面加强运行安全监督，整合有效资源，强化运行经验反馈，核电机组继续保持安全稳定运行。7台投运机组累计发电382.5亿千瓦时，超额完成全年发电任务。按计划完成了5台机组大修，大修业绩不断提升，工期进一步优化。

在建核电工程进展良好。2009年，中核集团新开工4台机组。目前，同时在建8台机组（812万千瓦）。秦山二期扩建3号机组完成水压试验，提前3个月进入调试。浙江三门1号机组作为世界首台AP1000技术机组，4月正式开工；2号机组于12月15日正式开工。福建福清、浙江方家山核电项目均提前3个月实现2号机组浇筑第一罐混凝土。

核电前期工作取得积极进展。海南昌江核电项目已具备浇筑第一罐混凝土条件。湖南桃花江核电项目正在按照

AP1000技术路线积极开展前期准备工作。浙江三门3、4号机组、江苏田湾5、6号机组、福建福清3~6号机组获得国家批准开展前期工作。浙江龙游、辽宁徐大堡、江西吉安项目进入国家核电规划。核电新厂址开发取得积极进展。

积极参与和承担三代核电技术消化吸收和重大专项工作，与国家核电技术有限公司签署了共同推进三代核电技术自主化发展战略合作协议，确定了主要技术转让工作进度。

田湾扩建及示范快堆项目取得重要进展，与俄罗斯原子能工业公司就田湾扩建项目价格问题达成一致，中核集团原子能院与俄罗斯核电出口公司签署了示范快堆项目预先设计研究合同。

三、核燃料保障能力持续提升

地质系统克服困难，狠抓重点区域的突破，取得新进展。铀业公司（矿冶系统）注重安全生产和技术创新，大基地建设前期工作扎实推进，完成4个项目立项，3个项目可研得到批复。完成国土资源部委托的全国铀矿采矿权实地勘查年度任务。

核燃料系统各单位按计划完成全年生产任务，建设项目顺利进行，能力明显提高。核燃料元件按计划生产并交付用户。中核北方核燃料元件有限公司压水堆元件生产线建设项目设备安装完毕，中核建中核燃料元件有限公司VVER元件生产线完成竣工验收。

四、核安全与退役治理工作扎实推进

中核集团认真贯彻中央领导指示精神，突出抓了核安全工作，核安全继续保持良好记录。2009年下半年，组织开展了3次大规模安全检查，提出101项安全整改要求，各单位及时进行了整改。

加大安全隐患排查与治理力度，三门核电实行隐患排查治理的信息化管理，取得良好效果；核电工程公司强化总承包施工安全监管，隐患整改率98%。加强和规范安全监督管理，积极开展安全生产标准化和安全管理体系认证工作，对新上核设施严格履行“三同时”审批制度。加强核应急管理，对所有核设施都制定和完善了应急预案，11月以江苏核电为演习电站，参加了首次国家核事故应急演习，取得圆满成功。四○四厂、北方铀业开展核安全文化建设取得新成效。

按照中央要求和上级有关部门部署，中核集团重点做好八二一厂核设施安全和退役治理工作。目前，按计划实施的项目工程质量、进度、投资总体处于受控状态。

2009年，中核集团环境保护工作取得良好成绩。放射性职业照射得到良好控制，流出物排放达标率100%。

五、核科技创新与海外开发取得新进展

积极推进科技创新体系建设，重点科研项目取得新进展。原子能院中国实验快

堆工程具备装料和首次临界条件；先进研究堆整治后的安全棒性能达到设计要求，具备装料条件；后处理放化实验设施完成主要工艺设备安装；串列加速器升级工程可研报告获得国防科工局批复。西南物理研究院承担的ITER项目5个采购包关键技术和制造工艺取得新的进展。

核技术应用及核仪器设备科研开发取得新进展。自主研发设计的钴靶件顺利入堆；医院中子照射器首次达到临界。中核科技股份公司主蒸汽隔离阀设计及制造技术取得重要进展，推进了百万千瓦级核电站核级关键阀门的国产化进程；北京核仪器厂百万千瓦级核电站堆芯中子测量系统、棒控棒位系统设备完成设计评审。

2009年，中核集团获得国家科技进步二等奖1项；国防科学技术奖59项，其中一等奖5项；军队科技进步一等奖1项；国防科技工业企业管理创新一等奖2项；评选出中核集团科学技术奖85项；获得国家授权专利369项（其中发明专利215项）。核动力院于俊崇同志增选为中国工程院院士。

六、党建工作与作风建设进一步加强

党建工作是国有企业的独特政治优势，是核心竞争力的有机组成部分。始终坚持融入中心、服务大局，始终围绕“加强三个作用、促进一个转化”加强和改进党建工作，即充分发挥党委的政治核心作用、支部的战斗堡垒作用、党员的先锋模范作用，把党的政治优势，转化为经济发展的优势和核心竞争力。加大党建工作各项规章制度落实力度，确保党的先进性。

按照中央和中央企业学习实践活动领导小组的统一部署，中核集团认真开展深入学习实践科学发展观活动并取得初步成效。认真学习贯彻十七届四中全会精神，在全集团开展了“百日学习”活动。中核集团党组多次组织专题学习，制定了加强和改进新形势下党建工作、加强思想作风建设等6项制度，确保了学有成效。

中国核工业建设集团公司

一、基本概况

2009年,中国核工业建设集团公司(以下简称中核建设集团)坚持以邓小平理论、"三个代表"重要思想为指导，深入学习实践科学发展观，抓整改、促落实，进一步理清了发展思路，不断提升核电建造能力，签约核电工程及在建核电工程数量均达到历史最高纪录；加快体制机制创新，深入实施公司制改造和股份制改造，主营业务重组工作取得了实质性进展；适时启动"十二五"规划编制工作，基本确定了"十二五"规划的思路和大纲；经营管理能力显著增强，经济总量持续增长，完成了国资委对中核建设集团下达的绩效考核指标，实现了年初制定的经济增长速度超过15%的奋斗目标。

二、主要指标

2009年，中核建设集团全年实现营业收入152.4亿元，同比增长26.2%；实现利润3.1亿元，同比增长49.8%。全年完成产值153.4亿元，完成年度计划的109.6%，同比增长25.1%。其中，核电工程产值53.7亿元，同比增长53.3%；军工工程产值7.4亿元，同比增长42.5%；民用工程产值92.3亿元，同比增长12%。新签订合同额339.8亿元，同比增长78.3%，其中核电工程新签246亿元，同比增长171.9%。净资产收益率提高到10.03%。

三、深入学习实践科学发展观

根据中央企业学习实践活动领导小组部署，中核建设集团从2009年3月初至2009年8月底在总部和各成员单位开展了深入学习实践科学发展观活动。中核建设集团党组以高度的政治责任感和使命感，思想上高度重视、工作上落实责任、组织上提供保证，把"学习"和"实践"紧密结合起来，在深入学习中央有关文件、《毛泽东邓小平江泽民论科学发展》、《科学发展观重要论述摘编》的基础上，科学分析核电发展形势给中核建设集团带来的机遇和挑战，抓住当前科学发展问题的核心，确定以"当好核电建设主力军"为活动载体，得到了成员单位广大党员和职工的充分肯定和积极响应，确保了学习实践活动取得实效。通过开展解放思想大讨论和广泛深入调研，提出了贯彻落实科学发展观的总体思路：牢记使命、勇当国任，坚持"以核为本"方针，突出安全优质高效建设核电站，突出推进先进核能技术产业化；积极拓展军工与民用市场，大力培育国家支持和引导的新业务；创新发展模式，深化体制机制改革，以科技创新引领核心竞争力的快速提升，推进协调发展和统筹发展，夯实可持续发展基础，全力打造具有国际竞争力的专业化集团公司。经过几个月的集中整改，中核建设集团层面的 41 个整改项目均已完成或取得重要阶段成果，各成员单位的整改落实工作也收获了积极的成果。

四、重大项目

2009 年，中核建设集团紧紧围绕“一个核心能力、两个核心业务”的发展战略，抓住核电大规模建设的历史机遇，深化核能产业化工作，核心业务有了长足发展。

第一，在军工工程领域。履行保军职责，是党和国家赋予我们的重要政治责任。一年来，中核建设集团以高度的政治责任感和强烈的历史使命感，以扎实细致的工作作风，先后完成了核反应堆、核燃料项目等核工程和其他国防军工工程，圆满完成了各项保军任务，为国家国防事业的发展作出了重要贡献。

第二，在核电工程建设领域。中核建设集团承担了国内所有核电站的核岛工程、部分常规岛工程以及出口巴基斯坦核电机组的工程建设。截至 2009 年底，中核建设集团承担的核电站核岛工程机组数量达 24 台，装机容量超过 2400 万千瓦。所有在建核电工程进展顺利，重大节点基本提前实现，安全、质量管理全面处于受控状态，核电建设的技术与管理水平不断提高，受到了客户及上级领导的高度赞誉。

在确保在建核电工程里程碑节点顺利实现的基础上，所属相关建设公司还组织力量，成立项目筹备机构，积极开展核电新项目的前期准备工作。

2009 年，中核建设集团不断提升核电工程建造能力，保持在核电工程建设领域的领先和主导地位，以满足国家核电中长期发展规划的需求，真正实现核电建设自主化。在市场开拓方面，中核建设集团始终坚持客户为导向的经营理念，加强与客户的沟通与联系，增强服务意识、提高服务质量，满足并超越客户对核电工程建造的要求与期望，为中核建设集团做好后续核电项目准备工作奠定了良好基础。在资源调配方面，中核建设集团不断探索核电工程大规模建设的新思路，统一部署核电建造市场，完善核电建造队伍布局。在工程管理模式上，将推行核电工程施工总承包与中核建设集团发展战略目标结合起来，初步培养了具有市场竞争力的核电工程施工总承包企业和配套完善的专业承包公司，构建了总承包、专业承包管理体系。2009 年，AP1000 三门核电项目、海阳核电项目和海南昌江核电项目的施工总承包管理工作都得以顺利开展。在提升集约化、标准化、专业化管理运作水平上，中核建设集团加强各建设公司能力建设，积极促进核电管理资源在核电项目间有序流动，提高了多项目管理效率。中核建设集团还通过组织召开“大型压水堆核电站核岛底板大体积混凝土浇筑经验交流会”等形式，促进各成员单位之间的交流与合作，推进中核建设集团范围内的技术共享。

一年来的大规模核电建设充分验证了中核建设集团在总体布局、项目落实、资源调配、精细管理上的综合实力，充分说明了在面对核电多种堆型、大规模建造的复杂局面，中核建设集团有能力通过管理创新和技术创新，安全、高效地同时承担全部核电站核岛的建造任务。

第三，在核能产业化领域。随着高温气冷堆重大专项第二批科研项目评审的正式启动，整个高温气冷堆重大专项工作全面铺开。中核建设集团承担重大专项10个科研项目中，8个项目已经通过能源局、财政部相关评审，正式立项实施。在示范工程建设方面，完成了初步设计和部分施工图设计，向国家核安全局提交了初步安全分析报告和项目建造许可申请报告；完成了主设备采购、施工进度要求的相关设备采购、现场核岛负挖、现场临建等工作，现场具备FCD条件，待获取国家建造许可证后，即将浇筑第一罐混凝土。在新技术研究方面，依托安徽安庆高温气冷堆核电项目，适时启动了高温气冷堆后续群堆项目研究，开展了高温气冷堆稠油热采、加拿大油砂等专项研究。

在积极开展高温堆技术研究和产业化的同时，中核建设集团还加快推动了低温堆产业化工作。2009年，通过对东北、山东、长三角等地进行市场调研，组织开展了核能供热和核能海水淡化相关市场、应用技术、市场空间的分析，确定了低温堆技术的市场推广重点方向，做好成立低温堆产业化公司的各项前期准备工作。

五、改革发展

为贯彻落实党中央、国务院关于深化国有企业公司制股份制改革的精神和国有企业改革发展的要求，建立和完善现代企业制度，突出和精干主业，优化经营管理体制，打造决策科学、管理高效、机制灵活的新型军工企业，中核建设集团提出了主营业务重组并择机上市的战略举措。2009年，通过调整改制工作机构和工作思路，中核建设集团重组改制工作进程明显加快，在各方的共同努力下，这项工作取得了很多阶段性的成果。

作为一个历史沿革较长的军工企业，中核建设集团所属成员单位历史遗留问题非常复杂。而重组改制则将这些复杂的问题和矛盾一次性全部显现出来，要做好改制工作，首先就要处理好这些问题和矛盾，改制工作的复杂性和艰巨性由此可见一斑。为了顺利推进改制工作，贯彻实施发展战略，中核建设集团把改革改制工作作为重中之重，统一思想，坚定信心，要求各级党委和经营班子，知难而上，扎实稳妥地推进各项工作。2009年，中核建设集团召开了近百场改制专题工作会议和工作例会，按上市公司的要求，分析问题，提出解决问题的办法，全力落实各项工作。目前，5家全民所有制企业全部完成了公司制改造工作，纳入股份公司的8家企业基本符合上市公司的条件和要求。在同国资委、国防科工局、国税总局、国家工商总局等部委进行了多次沟通后，股份公司发起人的组成、股权比例、设立方式、组织架构、三类人员费用及处置方式、非主业资产处置方式等问题得到有关部委的基本同意，为设立股份公司择机上市打下了坚实的基础。

六、规范管理

（一）固定资产投资稳步增长

2009年，中核建设集团在建的军工固定资产投资项目主要是核工程建造能力建设项目及核工程建造科研设计条件补充建设项目。2009年，固定资产投资完成11.65亿元，同比增长19%。其中，军工固定资产投资项目建设完成投资5亿元，企业自有资金投资项目完成6.65亿元，主要用于设备采购、工作软件购置和科研设计条件建设以及所属公司整体异地搬迁等相关投资。

（二）加强和规范了业绩考核

2009年，业绩考核工作作为企业管理的重要抓手，得到了进一步加强与规范。中核建设集团适时修订了年度及任期业绩考核管理办法，进一步明确了考核指标的确定原则，提高了考核难度和激励力度，达到了较好效果。中核建设集团还对3家单位进行了EVA的考核试点，通过对标等方式帮助企业寻找EVA的驱动因素，以增强企业的价值创造能力和可持续发展能力。2009年，中核建设集团年度业绩考核达到了央企B级企业中的较好水平，营业收入、利润总额等经济指标稳步增长，国有资产保值增值能力进一步增强。

（三）财务集中管控能力大幅度提升

这主要表现在两个方面：一方面是融资能力有了大幅提升。通过与多家银行洽谈，获取银行授信总额300多亿元，借款利率均为基准利率下浮10%。2009年，中核建设集团融资渠道创新方面还取得了新进展，成功发行中期票据8亿元，为中核建设集团应对大规模核电建设提供了资金保障。另一方面，为了提高财务调控力，建立完善的国有资本监管体系，实现资金集中管理、信息集中管理和人员集中管理，中核建设集团组织了大量的人力物力，在较短的时间内完成了中核建设集团财务信息化系统的搭建工作。同时，在依托建行等大客户系统的基础上，经多方努力，7月份建立了中核建设集团资金管理中心，中核建设集团财务管控工作取得了明显成效。

（四）人才队伍建设不断加强

为积极应对大规模核电建设与核能产业化对人才队伍提出的新挑战、新要求，中核建设集团以各类人才引进和培养为主线，统筹推进各类人才队伍建设。在人才引进上，积极拓宽人才引进渠道，扩大人才总量规模，优化人才队伍结构，重点引进了一批专业紧缺的管理人才、技术人才和技能人才；在人才培训上，以核电项目经理培训为试点，尝试建立“中核建设集团主办、以有资质的成员单位为依托，各成员单位参加培训”的项目经理培训模式，积极探索整合培训资源、搭建中核建设集团适度统一培训资源共享平台的有效途径和各类人才成长多通道机制，为实现中核建设集团培训管理适度一体化，加快人才培养速度，提高培养质量奠定了基础。

（五）安全生产管理水平进一步提高

中核建设集团始终坚持“安全第一、预防为主、综合治理”的工作方针，认真贯彻落实党中央、国务院关于安全生产的要求。根据国务院关于进一步推进安全生产“三项行动”的统一部署，结合中核建设集团的具体工作要求，组织各单位开展了高密度、多层次、全方位的自查自纠和联动督查活动，切实消除了一大批安全隐患问题。在核电大规模建设的一年里，未出现较大及以上安全生产事故，为巩固中核建设集团在未来核电建造市场主力军的地位和核电产业的健康发展奠定了良好的基础。

七、自主创新

中核建设集团认真贯彻落实国家提高自主创新能力的要求，加大科研力度，尤其是核电建造技术领域的研究取得了明显成效。以国家“大型压水堆核电站和高温气冷堆核电站”科技重大专项为重点，加大了科研项目开发力度，组织完成了国家科技重大专项“AP1000核岛建造技术研究”等科研课题的申报。全年共承担科研项目13项，全部按照立项计划和任务书要求完成了年度研究内容。在成果与知识产权管理方面，自主知识产权数量和质量不断提高，全年荣获省部级以上科技奖3项，专利申请和专利授权数量增幅明显，共申报专利8项，取得专利授权9项。开展了创新团队建设，二四公司创新团队被列入了第二批国防科技创新团队名单，并得到1项科研项目支持。

八、党建工作

中核建设集团继续深入推进创建“四好”班子活动。通过创建活动引导成员单位领导班子全面落实科学发展观，树立正确的业绩观，把促进企业改革发展稳定作为创建活动的出发点和落脚点，以改革发展稳定的效果来检验创建活动的成效，真正树立起各级领导班子良好的作风形象。

在开展深入学习实践科学发展观活动的同时，中核建设集团党组先后部署开展学习优秀纪检干部王瑛、学习知识分子优秀代表吴大观活动，增强了中核建设集团上下把核电工程建设成为“优质工程、平安工程、人才工程、廉洁工程”的决心。发出学习“六个为什么”的通知，坚定了广大党员和职工群众坚持中国特色社会主义的信念。深入贯彻落实十七届四中全会精神和国有企业党建工作会议精神，推进建设学习型党组织。各级党委在促进核电工程建设顺利进行、推动企业生产经营中发挥政治核心作用和战斗堡垒作用，党员的先锋模范作用得到较好发挥，赢得了广大职工的称赞。

认真贯彻落实中央纪委十七届三次、四次全会精神，狠抓《工作规划》的贯彻落实。以完善惩防体系为重点扎实推进反腐倡廉建设，严格执行党风廉政建设责任制，深入开展落实党风廉政建设责任制和惩防体系建设检查，认真执行《国有企业领导人员廉洁从业若干规定》，扎实开展党性党风党纪教育，加大专项监督检查工作力度，紧密围绕中核建设集团重要经营领域和关键管理环节，深入开展效能监察，党风建设和反腐倡廉工作取得新成效。

学习贯彻工会十五大精神，加强成员企业民主管理和职代会建设，强化质量安全文化意识，抓好技能培训和配备工装机具，推进班组建设。二四公司覃中华同志荣获全国三八红旗手荣誉称号。组织开展推荐中央企业先进集体和先进个人，激发了广大团员青年献身核工业、争作新贡献的激情。

中国核工业建设集团公司主要经济指标表

项目	2008 年	2009 年	同比增长（%）
资产总额（亿元）	142.19	186.59	31.22
净资产（亿元）	22.41	26.49	18.21
营业收入（亿元）	120.83	152.41	26.13
利润总额（亿元）	2.01	3.13	55.72
技术开发投入（亿元）	1.01	1.44	42.57
利税总额（亿元）	5.77	7.97	38.13
全员劳动生产率（万元/人·年）	6.49	6.80	4.77
净资产收益率（%）	7.16	10.15	41.76
总资产报酬率（%）	2.93	2.63	-10.23
国有资产保值增值率（%）	103.80	112.08	7.97

中国广东核电集团有限公司

一、人员情况

截至2009年12月31日，共有员工17000余人。

二、企业规模

中国广东核电集团有限公司（以下简称中广核集团）于1994年9月注册成立，注册资本为102亿元人民币。截至2009年底，中广核集团拥有大亚湾核电站和岭澳核电站近400万千瓦的在役核电机组。广东岭澳核电站二期、辽宁红沿河核电站、福建宁德核电站、广东阳江核电站、广东台山核电站等超过1700万千瓦核电机组正在建设中。广西防城港核电项目、湖北咸宁核电项目等约470万千瓦核电机组正在开展前期工作。风电投产装机总容量134.7万千瓦，在建138.8万千瓦；水电在运装机容量58.7万千瓦，在建61.3万千瓦。

三、企业组织结构

中广核集团由核心企业——中广核集团有限公司和20多家主要成员公司组成。主要成员公司有：大亚湾核电运营管理有限责任公司、中广核工程有限公司、深圳中广核工程设计有限公司、中科华核电技术研究院有限公司、北京广利核系统工程有限公司、广东核电合营有限公司、岭澳核电有限公司、岭东核电有限公司、阳江核电有限公司、辽宁红沿河核电有限公司、福建宁德核电有限公司、广东台山核电有限公司、湖北核电有限公司、广西防城港核电有限公司、中广核能源开发有限责任公司、中广核风力发电有限公司、中广核铀业发展有限公司、中广核太阳能开发有限公司、大亚湾核电财务有限责任公司、广东大亚湾核电服务（集团）有限公司、广东大亚湾核电环保有限公司等。

四、主营业务

中国广东核电集团有限公司是我国以核电为主业、由国务院国有资产监督管理委员会监管的清洁能源企业。其主营业务为：以核能为主的电力生产、热力生产和供应、相关专业技术服务；天然铀资源的勘查、境外天然铀资源的开发及相关贸易与服务；核废物处置。

五、2009年主要业绩

（一）经营指标

2009年，中广核集团实现核电上网电量329.1亿千瓦时，4台机组实现全年无非计划停机停堆。岭澳二期“冷试”一次成功；红沿河项目4台机组同时在建；

台山EPR项目正式开工。风电装机突破130万千瓦，位列全国第五；太阳能发电中标国内首个特许权示范项目，实现良好开局。核电站核级设备和数字化仪控系统两大国家能源研发中心落户集团。成功签署大亚湾核电站延长合营期合同，实现向香港延长供电20年。

截至2009年底，全年实现营业收入187.96亿元人民币，集团总资产1438.93亿元人民币，净资产482.92亿元人民币。

（二）安全生产情况

安全生产业绩优良。2009年，大亚湾核电站、岭澳核电站一期两电站上网电量再创历史新高，达到304.86亿千瓦时；4台机组实现全年无非计划停机停堆；在衡量电站综合业绩水平的9项WANO指标中，大亚湾1、2号机组分别有7项和9项进入世界先进水平；岭澳1、2号机组分别有4项和5项进入世界先进水平，两电站WANO指标创造商运以来最优业绩；大亚湾1号机组连续安全运行2692天，岭澳1号机组连续安全运行1601天，在EDF同类型机组中分别排名第二和第三，相关纪录还在持续保持并不断刷新。

生产准备深入推进。从组织制度、人员培训、程序编写、工程支持等方面，不断加强多项目、多基地生产准备体系建设，大力推进CPR1000生产准备标准化和专业化建设，初步形成CPR1000生产准备专业方案。岭澳二期生产准备工作全面铺开，“冷试”难关顺利攻克，IAEA组织的运行前安全评审活动圆满结束，提出了5项良好实践，给予了充分肯定；首次核燃料接收准备有条不紊；红沿河、宁德、阳江、防城港项目生产准备工作均按计划推进。

（三）工程建设情况

截至2009年底，中广核集团在建机组达到11台。面对规模化建设和各种技术难题的挑战，通过团队合作共赢，发挥集约化和规模化优势，优化、整合资源，积极应对，着力推进岭澳核电站二期等六大核电项目建设。

岭澳二期攻坚克难取得成效。全年一级里程碑100％完成，工程量累计完成率93％，总体进度较计划提前6天。2009年9月24日，1号机组提前6天完成“冷试”，全面进入联调阶段；2号机组大力推进“冷试”准备工作。

台山核电站EPR项目实现成功开局。与EDF合资成立的合营企业获得国家批准注册；并于12月21日在北京人民大会堂举行了开工仪式。1号机组核岛大体积混凝土浇筑一次成功；2号机组主设备国产化安排已经落实，各项工作均实现良好开局。

红沿河、宁德、阳江等核电项目稳步推进。红沿河项目4台机组全部开工，成为同一基地建设规模最大的核电项目，并提前完成1号机组穹顶吊装、3号机组常规岛开工；宁德项目提前实现1号机组穹顶吊装、2号机组常规岛开工，工程总承包合同成功签订，3 号机组完成 FCD 前的全部准备工作；阳江项目 1 号机组常规岛、2 号机组核岛等均提前实现 FCD。

防城港核电项目积极备战。防城港项目进展迅速，设计、采购和现场准备均提早作了安排，创造了负挖工期 126 天的最短纪录，具备主体工程开工条件。

（四）市场开拓情况

2009 年，中广核集团按照核电项目与核电产业发展的“双轮驱动”新模式，积极推动广东省核电产业园建设。加快打造湖北能源及产业基地，成立湖北分公司，统筹推进省内核电项目开发、核电产业链以及非核清洁能源发展。

为落实《珠江三角洲地区改革发展纲要》，积极推进广东省内核电项目开发，陆丰核电项目正在开展前期准备工作；省内其他核电项目前期工作也在积极推进。

中广核集团与香港中电签署大亚湾核电站延长合营期合同，双方合营期将延长 20 年，现行购售电比例安排保持不变。

2009 年，中广核集团风电规模进入全国前五名。累计装机容量达到 134.7 万千瓦，全年开工建设 17 个风电项目，积极推动解决电网系统接入、设备供货质量等问题，不断提升运行维护能力。

2009 年，中广核集团水电项目新增装机容量 35.1 万千瓦，成功收购四川百花滩、高凤山、广西大埔、四川永宁河三级、小高桥等水电项目，取得沙湾和玉田在建水电站的控股权。

2009 年，中广核集团成立太阳能专业化公司，大力开拓市场，开局良好。成功中标甘肃敦煌 10 兆瓦光伏并网发电特许权项目。目前，敦煌 10 兆瓦项目、青海锡铁山 10 兆瓦项目已经正式开工；包头 20 兆瓦、哈密 20 兆瓦、达坂城 10 兆瓦项目获准开展前期工作。

2009 年，中广核集团继续加大海外铀资源开发力度。2009 年 4 月与哈萨克斯坦合资成立的谢米兹拜伊铀有限责任合伙企业揭牌仪式在哈萨克斯坦首都阿拉木图举行。该合资企业旗下的伊尔科利铀矿于 4 月 28 日正式开工，这是中广核集团开工的第一个海外铀矿项目。与乌兹别克斯坦成立铀资源开发合资企业；成功收购澳大利亚 EME 公司，占领了海外铀资源市场的又一阵地。同时，在国内也开展了铀资源的开发业务，与新疆在铀资源勘探开发领域开展全面合作，并实质性开始勘探。

“走出去”步伐更加坚实。核电方面，在泰国、越南、南非、白俄罗斯等重点目标市场取得积极进展；铀资源方面，在澳大利亚的铀矿收购取得了突破，与中非就合作勘探、开采铀矿达成合作协议；非核清洁能源方面，积极开拓美国、乌克兰、哈萨克斯坦、白俄罗斯等国的风电市场，并取得良好进展。

（五）科研情况

国家能源核电站核级设备和数字化仪控系统两个研发中心落户集团；具有自主

知识产权的核电站安全级DCS产品验证样机研制成功；《核电站数字化仪控系统技术要求》正式实施，并取得相应的著作权；成功获得山东石岛湾高温气冷堆核电站反应堆保护系统（安全级DCS）合同；核电站安全壳内不可接近设备研发、LOCA模拟环境鉴定、杂质鉴定等3个实验室的建设填补了国内空白；成功研制压水堆核电站换料机和地坑过滤器工程样机，达到世界领先水平；在国家大型压水堆重大专项9个课题中，牵头1个课题和5个子课题，参与10个子课题。

中国电力投资集团公司

一、基本情况

中国电力投资集团公司（以下简称中电投集团）是我国五家大型国有发电集团之一，组建于 2002 年 12 月。近年来，中电投集团加强产业结构调整，主营业务已扩展到煤、电、铝、路、港口五大板块，煤炭产量超过 5000 万吨 / 年，电解铝产能达 170 万吨 / 年，运营铁路 300 余公里，在建 2 个大型港口，逐步实现了向以电为核心，煤为基础，产业一体化协调发展的大型综合能源集团的转变。同时，加强电源结构调整，大力发展清洁能源和可再生能源，清洁能源占比达 30%，在五大发电集团中居第一位。在建规模 2000 万千瓦，其中核、水、风电等清洁能源比重超过 30%。按照发展规划，预计 2020 年，清洁能源比例将超过 50%。

核电方面，参股运行核电权益容量 135 万千瓦；控股在建核电站 2 座（含等比例控股），容量 450 万千瓦；参股在建核电站 7 座，权益容量 187 万千瓦。同时，在江西、吉林、广西、湖南、重庆等省份积极开展了核电前期工作。

2009 年，中电投集团营业收入首次突破千亿大关，利润总额 31.65 亿元，利润总额、净资产收益率、流动资产周转率超额完成国资委考核目标和中电投集团年度经营目标。完成资产负债率控制目标。截至 2009 年 12 月，中电投集团资产总额已超过 3700 亿元人民币，资产分布在全国 28 个省、自治区、市及港澳地区，拥有 6 家境内外上市公司和 19 座已建成的百万千瓦以上的大型电厂。

二、核电方面主要工作完成情况

2009 年，中电投集团根据“融核于电、以电促核”的核电发展指导思想，重实效、谋大局、促发展，围绕核电“三步走”战略的实施，积极探索，各项工作平稳有序推进，取得了积极的进展。

（一）海阳核电正式开工

海阳核电作为中电投集团第一个控股建设的核电项目，对中电投集团“三步走”战略的实施和核电事业的发展，具有重要的战略意义。2009 年，中电投集团把海阳项目作为核电事业的重中之重，围绕海阳项目正式开工的主线，精心部署，扎实工作，一是积极协调国家核电技术公司、JPMO、SPMO，调整好工程进度计划，形成统一的工作目标，二是做好项目核准和执照申请工作，落实浇筑第一罐混凝土的外部条件和施工条件，调整管理程序体系，不断完善和优化项目 FCD 准备方案。9 月 23 日，海阳核电一期工程（1、2 号机组）获得国务院核准，9 月 24 日获得国家核安全局颁发的建造许可证，并顺利浇筑第一罐混凝土（FCD），项目正式开工建设。

（二）红沿河核电稳步推进

等比例控股建设的辽宁红沿河核电厂一期工程自开工以来，工程建设进展顺利，项目稳步推进。到2009年底，1号机组核岛土建全部结束，全面进入设备安装阶段，3、4号机组核岛主体工程先后开工，一期工程4台机组全部开工建设，红沿河核电成为我国乃至全球同时在建机组最多的核电项目。

在做好一期工程建设管理的同时，积极参与二期工程的开发，与辽宁省共同向国家发展改革委、国家能源局上报了《关于申请开展辽宁红沿河核电厂二期工程（5、6号机组）前期工作的补充请示》，为二期工程的开发打下了基础。

（三）彭泽核电准备工作全面启动

2009年，中电投集团加大工作力度，将江西核电有限公司由三级单位升格为二级单位，努力推动彭泽核电项目。4月3日，作为内陆首批核电厂之一，江西彭泽核电项目1、2号机组“两评报告”先后获得国家核安全局和环保部的批复，厂址“四通一平”等前期准备工程全面开工，项目进入实质性实施阶段。截至2009年底，一期工程“四通一平”基本完成，项目可研阶段的设计工作全面展开，并启动了长制造周期设备的集中采购工作。

（四）核电项目前期工作取得新突破

2009年，中电投集团继续做好核电厂址保护与开发工作。海阳项目3、4号机组获得了国家能源局同意开展前期工作的批复，这是国内继4台自主化依托项目之后首个获准开展前期工作的AP1000机组。同时积极协调国家和地方有关政府主管部门，稳步推动广西桂东、吉林靖宇、湖南小墨山、重庆涪陵等核电项目前期工作。

（五）进一步强化核电建设安全和质量监督

中电投集团认真落实国务院领导“始终坚持安全第一，质量第一”的指示要求，高度重视核安全文化建设和培育，始终把核电安全放在首位，作为开展核电工作、谋求核电发展的一项基础性、根本性的任务来抓。2009年，对核电质量、安全和应急管理制度进行了全面修订，帮助和指导各核电开工项目建立安全监督和保证体系；着力培养核安全意识，严格执行国家核安全法规和导则，建立规范的核电管理制度体系和质保体系。

同时积极开展同业评估和经验反馈，加强与国内外同行间的交流和学习，汲取国内外经验，在各层级建立了经验反馈和业绩评估机制，开展了对相关不安全事件的分析总结和持续改进工作。

（六）持续开展核电人力资源开发

按照中电投集团核电“三步走”发展战略，根据国家核电发展形势，修订升版了中电投集团2009—2020年核电人力资源规划。积极引进国内外有经验的核电建设运营人才，依托常规电力的骨干人才，通过全方位、多层次的核电培训，以满足核电开发、建设和运营需要。截至2009年12月底，中电投集团拥有近1300名核电从业人员。

重视培训教材的开发工作，制定了基于AP1000技术的核电工程建设和生产运营培训教材规划体系，组织编写出版了《AP1000核电厂系统与设备》中级教材等20多份培训教材。创新培训方式，拓展培训资源，与国内高校开展联合培养核电人才，缩短毕业生培养周期。开展核电培训基地建设，依托中电投上海高级培训中心，利用高校资源，建设AP1000核电理论培训基地；依托海阳核电项目，规划建设AP1000核电技能培训中心，配备模拟机和维修模拟体等设施；依托上海大漕泾百万千瓦火电厂建设核电操纵员预培训基地，进行核电生产运行人才的培养和储备。

（七）积极开展国内外合作和交流

2009年，中电投集团加强与国内外同行的合作，充分利用核学会、核能行业协会等行业组织的平台，加强与国内核电企业的交流，共同推进国家核电事业发展。与中核集团、中广核集团、国家核电、中核建设集团等单位建立起了战略合作关系，优势互补，共谋发展。

进一步加强与国际原子能机构、世界核电运营者协会（WANO）、日本海外电力调查会及其他国际行业组织与核电企业的交流与合作。与IAEA合作开展“山东海阳AP1000核电项目管理技术支持项目（IAEA-TC/CPR4031）”，与美国PE公司、日本海电调通过互访交流活动，深入探讨交流核电站工程建设管理和安全质保等问题。积极参与国际核安全组织（INSAG）和世界核电运营者协会（WANO）组织的各类国际会议和同行评审等活动，建立了多边合作平台，努力为集团公司核电事业的发展拓宽国际合作渠道。

（八）参股企业管理水平持续提升

2009年，中电投集团进一步加强参股项目精细化管理，与各参股项目公司积极沟通，实时取得重要信息，全力支持经营管理，投资分红大幅增长。全年核电板块实现净利润超过6亿元人民币。

国家核电技术有限公司

一、基本概况

国家核电技术有限公司(以下简称国家核电)成立于2007年5月22日，是经国务院授权，代表国家对外签约，受让第三代先进核电技术，实施相关工程设计和项目管理，通过消化吸收再创新形成中国核电技术品牌的主体，是实现第三代核电技术引进、工程建设和自主化发展的主要载体和研发平台。

2009年是我国三代核电自主化发展进入实质性阶段并经受全面考验的一年。一年来，国家核电技术有限公司深入学习实践科学发展观，拼搏进取，攻坚克难，AP1000依托项目建设、技术引进与设备国产化、重大专项等各项工作取得了突破性进展，支撑三代核电技术发展的产业布局初步形成，经营业绩保持三年持续增长，安全生产持续稳定，人才队伍蓬勃发展，经营管理水平稳步提高，国家核电技术有限公司综合实力不断增强，自主化发展的基础进一步夯实。

二、依托项目

2009年，我国第三代核电自主化依托项目——世界首批AP1000核电机组，已有3台相继全面开工，共完成了18个于可控状关键里程碑节点目标。依托项目进展总体顺利，安全、质量、进度处于可控状态，我国率先掌握AP1000核岛筏基大体积混凝土一次性整体浇筑技术、钢制安全壳底封头成套技术、模块设计和制造技术、主管道制造技术、核岛主设备大型锻件制造技术等五大关键技术。

三、技术引进

国家核电全力组织实施技术转让合同。提前完成全部34个任务包的启动，涵盖设计、制造、建造、燃料和运行维护等方面。累计接收技术文件6.3万份，计算机软件206项，占76%，培训和服务共6.8万人时，约占23%。技术引进中的关键性问题取得积极进展。积极组织国内核电和装备制造业的60余家单位进行消化吸收。已按照AP1000技术国内分许可管理办法，与部分国内装备制造企业签订了协议。

四、设备国产化

建立高层协调机制、设备合格供应商体系，发挥设计优势和主导作用，组织装备制造企业联合攻关，全面推进设备国产化。主泵国产化组织体系进一步完善，分包制造3级进度正式发布。主管道完全实现国产化，大大降低了造价。成功完成钢制安全壳底封头和1号环的制造。压力容器、蒸汽发生器锻件研制实现国产化。组织联合攻关团队，反包海阳2号机组12台爆破阀。

五、标准化设计

积极开展AP1000沿海和内陆核电站核岛、常规岛和电厂配套设施的本地化、标准化设计，为批量化建设做准备。国产内陆AP1000标准设计的初步设计和初步安全分析报告基本完成，超大型冷却水塔和全部长周期设备的初步设计已经完成。为我国首批AP1000内陆核电2010年底具备浇筑第一罐混凝土创造了条件。

六、重大专项

初步形成了以国家核电技术有限公司为主体，其他核电企业、装备制造企业、科研院所共同参与的重大专项联合攻关体系。围绕工程目标，全面启动了研发工作，完成了41项课题的可研报告，AP1000技术消化吸收、重大共性技术和关键设备材料研究取得重大进展，CAP1400概念设计得到进一步深化和优化。示范工程初步可行性研究报告通过审查，国核示范电站有限公司成立。

七、产业格局

国家核电技术有限公司通过两轮产业布局，初步形成了集研发、设计、制造、建设、运行为一体的专业化发展产业格局，填补产业空白、改善薄弱环节的效果正在逐步显现。在研发领域，组建了国家能源核级锆材研发中心，成为国家能源局批准的首批16个国家级研发中心之一。搭建产学研平台，联合科研院所、高等院校，初步形成了以上海院、研发中心及相关专业技术研究中心为框架的研发体系，带动了我国核电基础研究和应用研究水平的提升。在设计领域，以上海院和国核院为主体，形成集核岛、常规岛、BOP为一体的设计力量，并通过国产AP1000沿海、内陆核电标准设计的实施，带动了行业设计理念的变革。在制造领域，与西屋合资成立国核维科锆铪有限公司。国核锆业研制出我国第一个300公斤锆合金铸锭。国核设备率先实现钢制安全壳和模块的工厂化预制，国核自仪着力核电站数字化仪控系统研究，起到了很好的示范带动作用。在工程建设领域，依托项目模块化建造带动了国内核电大件吊装水平的提高，大体积混凝土一次性浇筑成功带动了二代核电混凝土浇筑工艺的改进。在运行服务领域，国核运行正在建立设备老化管理的技术体系，培育专业化运行维护和解决复杂技术问题的能力。

八、战略合作

国家核电技术有限公司与西屋建立了高层定期协调机制，有效推动了合作中一些重要问题的解决。与绍尔集团签署了战略合作框架协议，共同致力于世界核电和能源市场拓展。与美国泰拉能源签署了技术交流合作谅解备忘录，并逐步深化合作。与韩国电力公社、斗山重工，比利时哈蒙等就相关领域合作签署协议。与中核集团、中电投集团、中广核集团、中国华能、中国大唐、中远集团、中船重工等央企签署了战略合作协议，与清华大学、上海交大、西安交大、厦门大学等开展了多层次宽领域的务实合作。

九、经营业绩

全年实现经营收入55亿元，利润总额3亿元，分别同比增长137%和27%，连续三年保持了稳定增长；年末总资产达140亿元。

十、基础管理

一是管理的基础进一步夯实。完善制度体系，优化管理流程，并制定实施五年质量提升目标和计划。二是集约化经营水平进一步提高。加强资金集中管理和运作，规范重大项目决策程序，控制投资风险。建立资产和产权管理制度，规范资产评估和国有资产转让行为。加强招投标管理，成立国家核电技术有限公司招投标工作指导委员会，建立并完善了招投标管理制度，规范国家核电技术有限公司采购活动。三是国际化发展能力进一步增强。设立国家核电技术有限公司重大海外业务管理指导委员会，推进海外项目开展。设立国家核电技术有限公司驻美代表处，加强与西屋联队等合作伙伴的紧密合作。四是加强商务、法律和知识产权管理。在重要决策、对外合作和合同管理中有效地防范风险。初步建立了知识产权管理体系。五是资质申请取得积极进展，特别是国核电力院获得国家工程设计综合甲级资质，山东厂获得ASME体系认证。六是启动信息化“登高计划”，完成了国家核电技术有限公司广域网和信息安全系统一期工程建设。

十一、人才引进

全年共引进各类人才1376人，其中有工作经验的社会人才占41.32%，引才质量保持较高层次和水平。海外引进的两位科技领军人才已进入国家“千人计划”评审。上海院成立博士后工作站。广泛聘用一大批国内核电等相关领域的顶级专家，发挥了很好的传帮带作用。通过与相关单位的业务合作，人才队伍链条得到延伸和拓展。国家核电技术有限公司人才队伍的规模、结构、梯次和素质得到进一步优化和提升。

十二、党建工作

全年组织党组理论中心组学习12次。加强党群系统组织建设，完成了成员单位党组织属地化管理工作，组建了国家核电技术有限公司系统工会和系统团委，建立了职工代表大会制度。党群工作制度化、规范化有了改进和提高，党组织的政治核心作用得到强化。建立了“党委（党组）统一领导、党政齐抓共管、纪委组织协调、部门各负其责”的工作机制，完善了制度齐全、责任明确、制约有力、科学规范的监督机制，基本形成了比较健全的惩治和预防腐败体系建设工作格局。

十三、企业文化

对国家核电技术有限公司使命、企业愿景、核心价值观、企业精神、安全质量理念等进行了系统研究，创建了国家核电技术有限公司企业文化理念系统和视觉识别系统，并全面推广应用，形成了国家核电技术有限公司的整体形象。

中国华能集团公司

中国华能集团公司(以下简称中国华能)是经国务院批准成立的国有重要骨干企业，是国家授权投资的机构和国家控股公司的试点。公司注册资本200亿元。主要从事电源的开发、投资、建设、经营和管理，电力(热力)的生产和销售，金融、交通运输、新能源、环保相关产业及产品的开发、投资、建设、生产、销售，实业投资经营及管理。

中国华能从1985年创立第一家公司至今，历经二十余年的发展历程，为国民经济建设和电力工业的改革与发展作出了积极贡献，逐步形成了“为中国特色社会主义服务的红色公司，注重科技、保护环境的绿色公司，坚持与时俱进、学习创新、面向世界的蓝色公司”的“三色”公司理念和“坚持诚信、注重合作、不断创新、积极进取、创造业绩、服务国家”的核心价值观。

2009年，中国华能集团公司实现扭亏为盈，发电装机突破1亿千瓦，在中国发电企业中领先进入世界企业500强，主要经济技术指标继续保持行业领先，圆满完成国资委业绩考核指标，综合实力跃上了新的台阶，为促进国民经济平稳较快发展作出了重要贡献。

一、2009年主要工作情况

(一)安全生产保持平稳局面

公司以防范各类人身伤亡事故和设备事故为重点，积极开展“质量和安全年”、安全生产“三项行动”和“三项建设”等活动，安全生产基础进一步夯实。安全指标好于上一年度，安全生产应急保障能力进一步增强。

(二)扭亏为盈取得新成效

实现扭亏为盈，全年发电量始终保持领先。成本费用控制较好，经济效益稳步增长。加强燃料全过程闭环管理，大力开拓煤炭市场，优化供应结构，开展煤炭专项审计调查和效能监察工作，努力降低燃料成本。

(三)调整优化实现新突破

截至2009年底，公司清洁能源占总装机容量的15%，比2008年提高了2.6个百分点。新投产清洁能源容量占投产总容量的31%。电源结构继续优化。水电建设步伐加快，基地型和效益型风场建设积极推进。参股的海南核电工程基本具备开工条件，石岛湾高温气冷堆工程前期工作积极推进。火电结构调整迈出新步伐，大容量、高效率、低排放机组继续增加。进一步实施“走出去”战略，具有我国自主知识产权的清洁煤电关键技术——干煤粉加压气化技术首次进入西方发达国家和国际能源市场。

（四）节能减排取得新成绩

深入推进节约环保型企业创建工作。截至2009年底，公司安装脱硫设施的机组容量达到8148万千瓦，规划脱硫机组全部实现脱硫，完成“十一五”环保责任书目标的165%。全年关停小火电机组138.5万千瓦，“十一五”累计关停519万千瓦，完成“十一五”关停小火电机组责任书的206%。15个风电清洁发展机制项目获得国家发改委批准，3个清洁发展机制项目在联合国注册。

（五）企业管理水平不断提高

三级管理体系建设取得新成效。进一步明确集团公司、区域（产业）公司和基层企业的基本定位和主要权责，优化集团公司总部与股份公司之间的管理关系，理顺风电、核电科技管理体制，研究完善煤炭开发管理体制，体制机制更加科学。绩效管理机制进一步完善，绩效管理体系逐步健全。信息化建设扎实推进，在国资委开展的中央企业信息化水平评级中，综合得分、评级和排名都有明显进步，完成了国资委的“登高计划”。

（六）技术创新取得新进展

技术创新体系进一步完善，中国华能被命名为“国家级创新型企业”。初步建立科技创新制度体系，编制完成了2010—2025年中长期科学技术发展规划。示范工程建设取得实质性进展。华能天津IGCC示范项目取得核准并开工建设。国家科技重大专项依托项目——山东石岛湾高温气冷堆核电站示范工程项目核准审批工作正在抓紧进行，示范工程项目建造许可证申领取得重要进展。

（七）学习实践科学发展观活动取得突出成果

公司系统各单位围绕“攻坚克难、扭亏为盈、调整优化、科学发展”的总体目标要求，以“打造新优势、实现新超越”为实践载体，周密部署，扎实推进，完成了各阶段任务。中央、国资委党委对中国华能学习实践活动的做法和成效给予充分肯定，将中国华能作为典型单位进行了宣传；确定为中央企业学习实践活动总结大会书面交流单位，并把交流经验上报中央。整改落实工作取得显著成效，得到了中央企业学习实践活动整改落实后续工作检查组的充分肯定和高度评价。

（八）党的建设、队伍建设和反腐倡廉建设得到进一步加强

认真贯彻党的十七届四中全会、全国

国有企业党的建设工作会议精神，积极探索党建工作融入中心、进入管理、服务大局的有效途径。建立党建工作绩效考评体系和考核办法，落实党建工作责任制。广泛开展“党员示范行动”，使党员的先进性落实到基层、体现到班组、示范在岗位，为应对危机、降本增效注入了生机和活力。深化“四好”领导班子创建活动，建立对领导班子考核常态化、后备干部管理动态化的“两化”管理机制。企业文化建设广泛开展，公司理念深入人心。

（九）积极履行社会责任

认真做好定点扶贫、援疆、援藏工作，主动参与新农村建设和希望工程。中国华能荣获“2009中国企业社会责任特别大奖”，《2008年可持续发展报告》荣获“金蜜蜂2009优秀企业社会责任报告·领袖型”最高荣誉。玉环电厂、澜沧江公司入选“2009年度中央企业优秀社会责任实践案例”。中国华能荣获全国“五五”普法先进单位称号。

二、2009年在核电方面取得的主要成绩

2009年，华能山东石岛湾核电厂高温气冷堆示范工程前期工作进展顺利。

（一）主要工作

1. 示范工程前期工作基本完成。项目审批工作进展顺利，可行性研究报告的评估审查工作圆满完成。建造许可证申领文件的安全审评工作顺利结束，国家核安全局召开了专家委员会，建议颁发示范工程建造许可证。

2. 工程设计工作全面开展。在完成初步设计审查的基础上，消防、实物保护、职业安全、职业卫生四大专篇先后通过政府主管部门的审查。示范工程施工设计基本满足主体工程施工供图进度需要。

3. 设备采购与监造工作有效落实。核岛主设备制造合同和科研攻关合同全部签订生效，长周期主设备原材料采购全面落实。按照核岛主要设备联合采购与监造模式，中国华能与总包方齐抓共管，优势互补，主设备制造质量处于受控状态，制造进度基本满足工程二级进度计划要求。常规岛设备采购工作按计划推进，主要设备合同执行情况良好，主要辅机订货全部完成。核燃料采购供应工作进入全面实施阶段，签订了浓缩铀采购合同，辐照试验元件开始试生产，生产线初步设计进入审查阶段，启动了元件运输容器和运输方案的设计论证工作。

4. 现场施工准备按期就绪。6月16日，核岛基坑顺利通过国家核安全局检查验收。8月24日，核岛底板I区一层钢筋绑扎等各项施工准备工作全面完成，具备了浇筑第一罐混凝土的条件。混凝土供应链生产设施顺利建成投用，“五通一平”工程全面完工，厂前区一期工程及施工生活区建成并投用。

示范工程设备采购与监造工作深入开

展，生产准备工作卓有成效，为示范工程开工建设创造了有利条件。

（二）重大活动

1 月 6 日，示范工程浓缩铀采购合同签订。

2 月 12—14 日，国家能源局委托中国国际工程咨询公司对示范工程可行性研究进行了评估；8 月 20—23 日，国家能源局委托中国国际工程咨询公司对示范工程初步设计进行了行政审查。

6 月 1 日，环境保护部（国家核安全局）发函认可示范工程质量保证大纲（设计与建造阶段）。

6 月 16 日，示范工程核岛基坑顺利通过国家核安全局检查验收。

6 月 20—29 日，中国核能行业协会组织对示范工程建造阶段进行首次同行评估。

8 月 16—17 日，示范工程通过国家核安全局组织的核岛 FCD 前核安全检查。

8 月 24 日，示范工程核岛底板 A 区一层钢筋绑扎等各项施工准备工作全面完成，具备了浇筑第一罐混凝土的条件。

9 月 23—25 日，环保部（国家核安全局）组织召开第七次核安全与环境专家委员会部分专家委员会议，建议国家核安全局颁发建造许可证。

中国大唐集团公司

一、2009年工作全貌

2009年，是中国大唐集团公司(以下简称中国大唐)组建以来挑战最多、困难最大的一年；也是发展速度最快、发展质量最好的一年。

受国际金融危机影响，我国经济受到严重冲击，全社会用电量增速放缓，发电设备利用小时下降；受南方来水偏枯、新机未能发挥应有作用等因素影响，中国大唐发电设备利用小时大幅下降；电煤价格在去年大幅上涨的基础上继续高位运行，而上网电价未能随之联动，中国大唐经营形势异常严峻。面对前所未有的困难和挑战，全系统广大干部职工，深入学习实践科学发展观，全面贯彻中央保增长、扩内需、调结构等一系列方针政策和胡锦涛总书记四次考察中国大唐的重要指示精神，紧紧围绕“一个中心、两项重点、三大目标”的工作思路，全面落实“攻坚年”总体要求，积极应对国际金融危机的影响，戮力同心，砥砺奋进，迎难而上，共克时艰，投产容量创造新纪录，结构调整取得新进展，节能减排实现新突破，扭亏增盈取得新成效，经营风险得到有效控制，多种产业收入大幅提高，安全生产保持稳定局面，集团化管理体制和运行机制更加完善，学习实践活动取得明显成效，党建、人才和反腐倡廉等各项工作扎实推进，以“三大目标”实现为标志，集团公司发展战略第二阶段目标提前一年圆满实现。

一是投产容量创造新纪录。6月29日，中国大唐在役发电装机规模突破9000万千瓦；11月10日达到9555.99万千瓦，比组建时“翻了两番”，提前实现了全年投产目标；12月30日，突破1亿千瓦。一年实现了“三大跨越”。

二是结构调整取得新进展。电源结构、机组结构和区域布局继续优化。全年投产清洁能源和可再生能源装机178.15万千瓦。其中水电56.36万千瓦，风电121.79万千瓦。

三是节能减排实现新突破。消耗性指标和排放指标继续大幅下降，完成供电煤耗328.41克/千瓦时，在前六年累计下降36.03克/千瓦时的基础上，又下降了6.73克/千瓦时。单位火力发电量烟尘、废水、二氧化硫、氮氧化物排放率均有较大幅度下降，中国大唐提前一年完成了国家下达的“十一五”节能减排任务。

四是扭亏增盈取得新成效。面对利用小时下降和电煤价格高位运行的严峻经营形势，上半年实现了中国大唐整体扭亏，全年实现利润22.8亿元，同比增长85.96%；实现营业收入1515亿元，同比增长49.11%。

五是经营风险得到有效控制。积极推进全面风险管理体系和内部控制体系建设，制订了应对风险整改计划。

六是安全生产保持平稳态势。全年共

发生机组非计划停运 86 次，同比减少 15 次；平均非停运时间 31.08 小时 / 台，同比减少 1.72 小时 / 台；完成机组等效可用系数 94.85%，同比提高 1.09 个百分点；没有发生重伤及以上人身事故和重大及以上设备事故，顺利完成了迎峰度夏和度汛工作。

七是多种产业发展加快。全年多种产业实现营业收入 382 亿元，同比增长 316%，占中国大唐全部营业收入的 25.2%，同比提高了 17.57 个百分点。

八是集团化管理体制和运行机制更加完善。通过对境外资产的整合，强化了对海外投资、贸易的统一管理，增强了海外公司的实力。通过整合国内资产，先后成立了山东发电有限公司、煤业有限公司、新能源有限公司、辽宁分公司、广东分公司和能源化工公司。资产整合不仅使中国大唐的战略布局更加科学，而且进一步完善了集团化管理体制和运行机制，降低了管理和运营成本，为有效防范风险和增强盈利能力提供了体制保障。

九是学习实践活动取得明显成效。通过深入学习调研、深刻分析检查、精心整改落实，提炼了电力行业发展六个方面的特有规律，形成了推进科学发展的五个方面的共识，解决了影响和制约中国大唐科学发展的突出问题，明确了中国大唐今后一个时期的发展思路。并在全系统掀起了学习李朗红同志先进事迹的高潮，“朗红”精神在系统内和全社会产生了强烈反响，进一步激发了大唐员工的拼搏进取和无私奉献精神。

二、核能方面的成绩和活动

2009 年作为中国大唐核电工作组建年，机构建设、发展规划、对外交流、人员准备、项目推进等各项工作全面展开。

一是成功召开了中国大唐核电工作会。会议全面分析了核电发展形势和机遇及中国大唐核电工作面临的严峻挑战，确定了中国大唐核电发展的思路和目标：以科学发展观统领全局，加快结构调整，以取得核电控股资质为重点，以组建核电项目公司为载体，进一步加强人才队伍建设，提高开发建设运营管理能力，加大前期工作力度，争取 2~3 年内取得核电控股资质，到 2015 年实现两个项目开工建设，2020 年实现两个项目在役、两个以上项目在建。

二是成立中国大唐核电领导小组。9 月 7 日，中国大唐成立了以翟若愚总经理为组长的核电工作领导小组。核电领导小组将对中国大唐核电规划、产业布局、管理模式、重大技术问题等做出决定。

三是成立中国大唐核电专家委员会。10 月 30 日，中国大唐核电专家委员会成立仪式在中国大唐本部举行。核电专家委员会由我国核能界、电力界知名专家、学者组成，主任由翟若愚担任，副主任由张华祝、叶奇蓁担任。核电专家委员会将对中国大唐核电工作提出建议，以提高核电工作决策的科学性，加快中国大唐核电能力建设。

四是制定中国大唐核电发展中长期规划。整个规划分为两个阶段：第一阶段为 2010—2015 年，重点是取得核电项目控股资质和培养核电建设运营的管理能力；第二阶段为2016—2020年，重点是核电项目的控股建设和自主运营，同时要进一步完善和提高中国大唐核电建设运营的管理能力，实现经济和利润的双增长。

五是对外宣传与合作取得初步成果。4月1日，中国大唐正式成为中国核能行业协会的副理事长单位，翟若愚总经理当选为副理事长；4月19—22日，中国大唐成功参加了第八届国际核电工业展览会，翟若愚总经理陪同张德江副总理参观中国大唐展位，在国内核电行业引起强烈反响；5月4日，翟若愚总经理与韩国电力公社社长金双秀就双方进一步加强在核电领域合作等事宜进行了会谈，并签署了核电项目合作谅解备忘录；9月7日，中国大唐与国家核电技术有限公司在中国大唐本部签署了战略合作框架协议。

六是有序推进项目前期工作。2009年，重庆、湖北、江西、辽宁等省市的核电项目先后通过初可研审查，安徽核电项目通过了厂址普选审查。

七是加强人员培训工作。6月10—17日，中国大唐集团公司举办了第一期核电高级管理培训班。邀请了国家能源局、国家核安全局、北京安审中心、核能协会的领导和专家介绍我国核电发展规划，我国核电产业状况，核电监管体系、核电厂总体介绍等内容。来自中国大唐相关部门、项目筹备处等65名管理人员参加了培训。8月16—29日，中国大唐选派系统三级责任主体的优秀管理人员24人到韩国进行了为期2周建设及运行管理培训。

中国华电集团公司

一、概 况

中国华电集团公司(以下简称中国华电)是2002年底国家电力体制改革时组建的五家全国性国有独资发电企业集团之一。注册资本120亿元人民币。截至2009年底，中国华电装机容量7550.73万千瓦，其中，火电6239万千瓦，水电1235.96万千瓦，风电75.43万千瓦，其他0.3432万千瓦；资产总额3300亿元人民币；2009年发电量超过3000亿千瓦时。拥有国内单机容量最大、国产化程度最高的100万千瓦超超临界机组和国内首批60万千瓦级空冷机组、60万千瓦级脱硝机组，单机容量最大的39.5万千瓦天然气发电机组；积极开发建设风电、核电、生物质能、太阳能等清洁能源。目前，公司控股业绩优良的有华电国际电力股份有限公司、华电能源股份有限公司、贵州黔源电力股份公司、国电南京自动化股份有限公司、华电金山能源有限公司等上市公司；控股规划装机容量2115万千瓦的云南金沙江中游水电开发有限公司和装机容量800多万千瓦的贵州乌江水电开发有限责任公司。

中国华电今后五年的发展战略是：以创造经济社会价值为使命，以做强做大为方向，坚持电为主体、煤为基础、产业协同，坚持优化结构、建并结合、内外拓展，坚持改革创新、内强素质、外树形象，努力把公司建设成为以电为主的国内一流能源集团。

中国华电今后一个时期的发展目标是：到2013年实现“1118”战略目标，即发电装机超过1亿千瓦，控参股煤矿产能超过1亿吨/年，实现利润超过100亿元，资产负债率控制在85%。

中国华电从2003年开始配备力量组成专门机构，安排资金有计划、有步骤地开展核电前期工作。2005年，与中核集团合作，参与三门核电的投资建设，从多角度、多层面了解和学习大型先进压水堆技术及建设管理理念；2006年，从核电发展的大局出发，将开发的福清厂址转交中核集团控股，合作全过程参与福清核电工程的建设管理，充分发挥中国华电大型电力工程经验丰富的优势，与中核集团联手将福清核电工程打造成核电国产化的精品工程、样板工程。

二、组织机构

中国华电本部设立17个部门，分别是办公厅、规划发展部、人力资源部、财务与风险管理部、安全生产部、工程管理部、科技环保部、市场营销部、资本运营与产权管理部、政治工作部、监察部、审计部、政策与法律事务部、信息管理部、国际合作部、金融管理办公室、工委办公室等。

截至2009年底，中国华电共有注册单位387家，其中二级单位46家，三级单位341家。

三、主营业务

中国华电主营业务为：电力生产、热力生产和供应；与电力相关的煤炭等一次能源开发；相关专业技术服务。

四、2009年与核电相关的主要业绩

2009年，中国华电在全国多个省份开展核电前期工作。福建龙岩核电项目已进入可行性研究阶段，湖南、山东、河南、辽宁核电项目在开展初步可行性研究工作，河北、江苏、浙江、广西等地核电项目正在进行厂址普选工作。

除了核电前期工作以外，集团成员单位华电工程自2005年开始进入核电工程领域，主要参与凝结水精处理站、除盐水站、预处理水厂的建设，是国内最早开展该项业务的工程公司之一。经过几年发展，水处理业务在核电领域取得了骄人的业绩，在目前国内核准在建10个厂址核电站所进行的37个涉及凝结水精处理站、除盐水站、预处理水厂采购包招标当中，获得了其中17个采购包，成为国内参与核电水处理业务最多的工程公司。

面对核电高标准严要求，华电工程团队始终贯彻“安全第一、质量第一”的核电管理理念，用稳定的质量和良好的服务，在顾客当中树立了良好的品牌形象。特别是在承担岭澳二期核电工程二回路凝结水精处理站的项目当中，首次实现了CPR1000机组的凝结水全流量处理和主要设备的国产化，解决了国外公司都无法解决的大流量凝结水精处理系统因阳床、混床树脂混和不均、分离困难、易扰动破损导致系统出水水质较差的技术难题，在机组热态功能试验及首次并网发电中发挥了积极和重要的作用，得到了业主高度评价。

2009年11月，华电工程自主研发的“核电水处理控制软件v1.0”产品通过了中国软件评测中心的评测，并获得中国国家版权局的计算机软件著作权登记证书。

中国华电下属国电南京自动化股份有限公司（简称国电南自）中标辽宁红沿河核电站一期工程—LOT1Ac 500kV开关站二次设备，实现了国电南自产品在核电领域零的突破。

哈尔滨电气集团公司

2009年，面临复杂多变的内外部形势，哈尔滨电气集团公司(以下简称哈电集团)坚持党中央和国务院的正确领导，团结各所属企业奋力拼搏，各项工作取得了一定成绩。

哈电集团是中国最大的发电设备制造基地之一，也是中国最早参加核电建设的企业。核电业务作为公司的六大产业之首，其核电设备供货目标为年产4套核岛主设备及4~6套常规岛设备，逐步形成设备设计、制造自主化的整体成套供货能力。核岛目标产品为蒸汽发生器、主泵、控制棒驱动机构、稳压器、非能动余热交换器、压力容器等。常规岛目标产品为汽轮机、发电机、MSR、冷凝器、各类泵、低压加热器、高压加热器、除氧器及控制部分等，并积极开发K1、K2、K3类电动机。

一、2009年核电业务加速发展，成绩优异

据预测，到2030年我国核电装机可达2亿千瓦，核电产业前景广阔，哈电集团发展核电面临重大机遇。在前几年核电业务发展的基础上，哈电集团核电业务厚积薄发，2009年又取得了重大突破。

(一)核电市场开发取得优异成绩

核电市场开发取得了全年新签核电产品订单71.38亿元的优异成绩，占今年签约总额的25.23%，为公司的持续发展作出了重要贡献。其中核岛设备37.58亿元，常规岛设备33.80亿元。

1. 核岛设备，签订了福清、方家山项目12套及巴基斯坦恰希玛C3/C4项目4套主泵和电机订单。福清、方家山项目12套主泵和电机供货合同的签订，加速了哈电集团通过引进奥地利Andritz公司技术，经过消化、吸收、再创新，最终实现主泵100%国产化的步伐。

在AP1000核电项目中，哈电集团蒸汽发生器市场占有率已达到40%。取得了内陆AP1000核电项目——桃花江核电站4台蒸汽发生器、1台稳压器和2台非能动余热排出热交换器的订单。继去年取得三门项目两台蒸汽发生器订单后，又签订了4台堆芯补水箱、1台非能动余热排出热交换器的供货合同。海阳项目取得了4台堆芯补水箱供货合同。签订了湖北咸宁2台蒸汽发生器的供货合同。以上订单的顺利取得，不仅大大提高了哈电集团核岛产品的市场份额，更使哈电集团跻身为AP1000核岛主设备供货的主导企业。

此外，还签订了阳江项目3台蒸汽发生器、4台稳压器以及巴基斯坦恰希玛C3/C4项目4台蒸汽发生器的供货合同。成功签署了华能石岛湾高温气冷堆2台蒸

汽发生器供货合同。

2. 常规岛设备，取得了湖北咸宁AP1000核电项目1号、2号T&G包的订单，是哈电集团与中广核集团在常规岛领域的首次合作，为今后两公司在核电业务上的合作奠定了更为广泛的基础。签订了海南昌江项目1号、2号650MW机组及2台600MW级核电汽轮发电机组、4台汽水分离再热器的供货合同。签署了宁德、红沿河、阳江、防城港等项目的常规岛安全阀供货合同。

(二)生产组织和项目执行进展顺利

充分发挥哈电集团的牵头作用，多次组织哈电重装公司相关人员前往中国一重走访，协调锻件供货事宜，为三门项目下一步的顺利开工提供了有力支持和保障。配合哈电重装公司解决了阳江1号稳压器的供货拖期问题。组织哈电重装公司进行了大型锻件和U形管等长周期原材料的战略采购。

根据项目进展情况，加强了货款回收工作，对未能按时回款的项目，进行了充分的沟通、协调。积极组织高层领导对客户进行了走访，对于重点项目由哈电集团领导带队组成高层代表团进行访问。

（三）核电移证、取证工作稳步推进

哈电重装公司移证工作已进入尾声，只待国家核安全局确定最终现场审查时间，进行现场审查。交直流公司的扩证工作按计划进行，目前正实施回路试验台的建设以及质量保证文件的修订工作，预计2011年初完成扩证。阀门公司的民用核安全机械设备制造资格许可证取证工作，预计在2010年下半年能够完成取证工作。

（四）核电业务发展体制进一步健全

根据核电业务的发展需要，经过董事会审批，完成了核电事业部部门职能的扩展和完善，扩充了业务人员，理顺了核电发展的体制，为哈电集团核电事业的发展提供了组织保证。

二、2010年核电工作发展方向

（一）加强核电产品市场开发工作

核岛市场，随着国家能源战略的调整，AP1000项目招标会更加激烈，同时由于AP1000主泵试验和主设备锻件供应瓶颈，可能会出现一批二代改进项目。以AP1000蒸汽发生器设备市场为主，以核岛主设备（稳压器、安注箱、堆芯补水箱、非能动余热排出热交换器，核二、三级压力容器）、二代改进项目蒸汽发生器、稳压器等为辅，同时加大新产品（压力容器、控制棒驱动机构、堆内构件）市场开发的力度，争取在2010年度核岛设备市场开发中取得更大的成绩。

常规岛市场，密切关注国家核电政策动向，加强市场推介，积极与业主进行沟通。长期跟踪关键原材料市场动态，做出合理评估，做好关键原材料的储备。实现滚动订货，为市场开发工作提供有力的支撑。积极争取

田湾3号、4号机组T&G包和华能石岛湾CAP1400依托工程T&G包项目的订单。

（二）加快核电技术开发进程

做好“自主技术高压加热器研发”课题的研究工作。开展“第四代高温气冷堆核电立式高压加热器的开发与研究”课题研究，预计2010年12月份可完成正置三段立式高压加热器的虹吸疏水结构研究等内容。“AP1000核电汽轮机关键技术”课题，2010年将以湖北咸宁项目为依托，自主完成主蒸汽系统、旁路系统的系统设计和强度计算等工作。“核电常规岛衬胶截止阀研制”课题，2010年预计完成关键材料研究、施工图纸设计和样机制造与试验等工作。“AP1000机组爆破阀技术研究”课题将于2010年完成阀门设计技术及制造技术研究、阀门有限元分析和样机制造与试验等工作。

（三）做好在手项目执行工作

继续建立健全项目管理体系，全面提升项目管理水平。密切关注国家核电产业政策，与业主建立畅通的沟通渠道。长期跟踪关键原材料市场动态，做好储备，积极落实大型锻件、U型管资源，以保证项目的执行和后续的市场开发工作。加强风险分析，避免因政策或技术路线调整而受到损失。

（四）进一步加快核电基地建设

核岛主设备制造项目，全面竣工投产。秦皇岛核岛完善化项目，实现主要设备交付使用，交直流公司实现厂房及其附属设施工程收尾，主要设备交付使用。核电常规岛完善化项目全部设备投产。汽轮机百万等级核电辅机项目，全面竣工投产。

（五）继续加强核质保体系和核文化建设

秦皇岛重装公司、交直流公司、阀门公司等基地全面启动生产技术准备工作，强化培训，完成转证及取证工作，确保核质保体系有效运行。各核电制造企业严格按核质保体系控制核电产品制造的全过程。进一步普及核知识，推进核文化建设。

（六）继续加强核电人才队伍建设

采用多种形式（现场招聘、网上招聘等）招聘人才，提高招聘人员的档次，注重外语水平，加大对招聘人员的培训，尽快熟悉业务。制定各种激励机制，吸引人才，留住人才。

面对我国核电发展的良好机遇，哈电集团对国家发展核电的未来充满信心，在国家大力发展核电政策的鼓励下，在国家各部门的领导下，在各兄弟单位的大力支持下，哈电集团将以三门、海阳项目常规岛国产化为基础，进一步提高认识，增强紧迫感，不断提升自身的技术能力、管理能力，提升全体员工的业务能力和综合素质，为我国核电事业的快速推进作出积极的贡献。

东方电气股份有限公司

一、概况

东方电气股份有限公司(以下简称东方电气)总部位于四川省成都市，是涉及国家安全及国民经济命脉的重要骨干企业，我国大型发电设备制造基地之一。

东方电气以大型发电设备成套供应、电站工程承包、电站服务以及电控设备、环保节能设备制造为主业，拥有东方电机、东方汽轮机、东方锅炉、东方重机、东方武核等多家核心企业。公司在香港联交所和上交所上市。

东方电气是国家重大技术装备国产化基地、国家级企业技术中心，具有中国发电设备制造行业中一流的综合技术开发能力，形成了“五电并举”的产品格局，具备了大型火电、水电、核电、燃机、风电等发电设备的开发、设计、制造及电站工程总承包能力。

东方电气年发电设备生产能力为30000MW，可批量生产300MW、600MW、1000MW大型火电机组；400MW、550MW、700MW水轮发电机组；1000MW、1750MW等级核电机组；1.5~2.5MW风电机组；重型燃气轮机及大型电站锅炉烟气脱硫脱硝、大型化工容器等产品。2009年，东方电气发电设备产量31331.6MW，发电设备千瓦数连续6年居世界第一。

二、组织机构

东方电气股份有限公司组织机构图

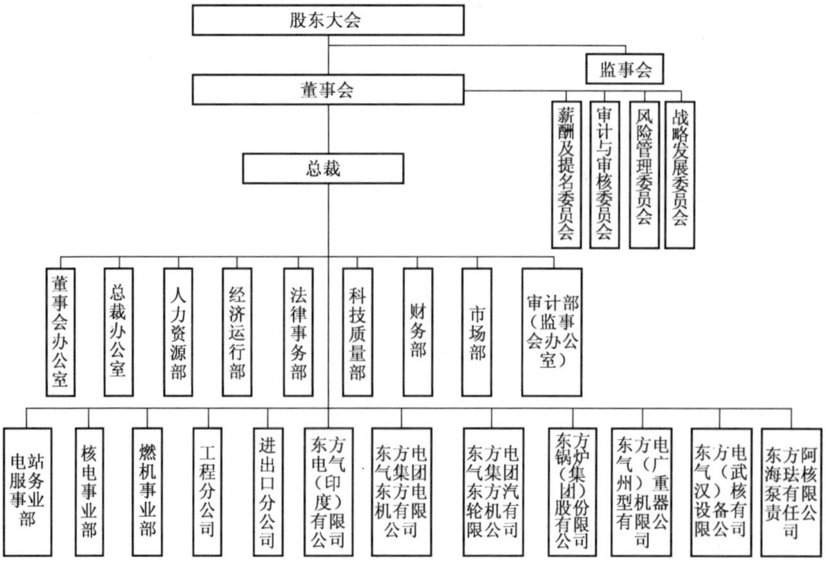

三、主营业务

东方电气以生产发电设备为主业，生产制造水电、火电、核电主设备以及相配套的各类辅机；生产制造重型燃气轮机，风电、大型电站锅炉烟气脱硫、脱硝设备，大型化工容器，军工产品，大型高压变频器，汽车电机；从事进出口贸易、电站工程服务总承包、金融服务等业务。

四 、2009 年主要业绩

（一）年度经营目标基本完成

全年实现营业收入 374.1 亿元，完成工业增加值 61.8 亿元，新承接合同 595 亿元。完工发电设备产量 31331.6MW。

海外工程建设目标基本实现。2009 年，海外在建工程项目 52 个，合同总金额超过 70 亿美元，机组容量约 19000MW，海外工程建设取得新进展。

（二）市场开拓成绩显著

根据国际国内市场形势变化，及时调整营销策略，统一协调，精心组织，抓市场，新增订单 595 亿元，超额完成全年订货目标。

1. 国际市场开拓取得新突破

全年共签订国际订单超过 19 亿美元。东方电气首次进入巴西、沙特和博茨瓦纳等国家电力市场。南美市场上，获得巴西杰瑞水电站 18×75MW 大型贯流式水轮发电机组供货合同，为我国水电成套设备出口单笔合同金额最大、一次出口台数最多、当今世界单机容量最大的贯流式水电机组订单。中东市场上，签订沙特阿拉伯拉比格 60Hz 2×660MW 火电项目合同，中国 60Hz 火力发电设备首次进入中东高端市场。非洲市场上，签订博茨瓦纳 4×150MW 燃煤电站汽轮机设备供货合同。巴基斯坦市场上，签订了 500 辆铁路货车和 75 台铁路内燃机车项目贸易合同，对中国铁路装备的产能输出和东方电气在相关领域的后续开发意义重大。

2. 国内市场订单平稳增长

全年共签订国内市场订单 440 亿元。获得世界首台最大容量的四川白马 600MW 等级超临界 CFB 示范工程主机设备、陕西府谷电厂百万千瓦火电项目等一批重要合同。获得桃花江 AP1000 项目、台山 EPR 项目部分核岛主设备制造合同；阳江 1 号~4 号，宁德 3 号、4 号主泵合同；宁德 1 号、2 号核岛主设备合同；田湾 5、6 号机组 TG 合同；阳江、宁德 3 号、4 号项目 ACC/BIT 合同；AP1000 海阳核电 1 号、2 号机组稳压器及非能动余热排出热交换器订货合同；阳江核电厂 1 号、4 号机组蒸汽发生器供货合同，CPR1000 大项目两台机组堆内构件及控制棒驱动机构供货协议，CPR1000 大项目 RPV、SG、PRZ 供货合同；福清核电厂 3、4 号机组汽轮发电机组及蒸汽发生器供货合同；阳江核电厂 1 号、4 号机组重型支撑供货合同；宁德 3、4 号机组重型支撑供货合同；深圳能源义和风电厂 200×1.5MW 风电机组项目等重要订单。

3. 订单结构得到优化

2009 年全集团 595 亿新增订单中，火电 270 亿元，约占 45%；核电 132 亿元，占 22%；风电 93 亿元，超过 15%；水电 35 亿元，占 6%；脱硫脱硝及电站改造 11 亿元。新增订单中，核电、风电等新能源比例继续提高，为东方电气产业结构进一步优化打下了良好基础。

(三) 以东汽灾后重建为代表的重点项目建设顺利推进

2009 年是东方电气固定资产投资建设高峰期，特别是一些关系产品产业结构调整战略的重大项目建设都进入了关键阶段。我们加强投资项目动态跟踪，及时了解、分析、整改投资过程中出现的问题，确保项目建设实现预期目标。

在东方汽轮机有限公司（简称东汽）广大干部职工奋力拼搏和社会各界高度关注、大力支持下，东汽新基地建设得到快速有序推进。截至 2009 年底，除铁路专用线和综合办公楼预计 2010 年上半年建成交付使用外，其他全部生产及辅助厂房已全部移交生产分厂投入设备安装或生产。

其他重点投资项目中，天津风电科技项目实现了 12 个月内建成投产目标，提前试生产；广州出海口基地三期、杭州新能源、中型电机等建设项目进展顺利，主体工程完工并进入设备安装调试阶段；乐山新能源项目建设也完成了主体厂房封顶，为东方电气 2010 年风电、核电等新能源产业全面形成规模能力奠定了坚实基础。

(四) 核电发展实现了新突破

1. 全面进入第三代核电设备领域

继获得台山 EPR 常规岛汽轮机发电机组和部分核岛主设备分包合同后，又签订了湖南桃花江核电工程蒸汽发生器及反应堆压力容器订货合同，AP1000 依托项目海阳核电 1 号、2 号机组稳压器，东方电气开始全面进入第三代核电设备领域。

2. 核电设备制造布局进一步完善

签订 CPR1000 大项目两台机组堆内构件及控制棒驱动机构供货协议，从市场上拿到了出生证。签订宁德、防城港机组高、低压加热器，STR 供货合同，东方电气正式进入核电常规岛辅机制造领域。

3. 工厂技术改造继续推进

东方重机三期建设进展顺利，可望 2010 年按期投入使用。控制棒驱动机构、堆内构件技改正在加快建设。东方汽轮机有限公司、东方电机有限公司的核电批量化生产能力技术改造正在加紧实施。

4. 核电设备生产渐入高潮

我国首台百万千瓦级核反应堆压力容器成功制造并发运。东方重机年内产出 2 台蒸汽发生器，初步形成批量生产能力。东方阿海珐完成岭澳 4 号机第一台主泵试验并发运。岭澳二期、红沿河、宁德、方家山、福清等项目常规岛汽轮发电机组投入生产制造。

5. 成立核设备设计所，谋求长远发展

东方电气十分关注设备设计的相关事

宜，岭澳一、二期均在阿海珐的指导下开展了核岛重型设备(包括反应堆压力容器、蒸汽发生器、稳压器等)的转化设计，核岛重型设备施工设计的成套图纸已成功用于岭澳一期、岭澳二期设备的制造。积极参与第三代核电AP1000、EPR的技术引进工作,已派人员参加了相关的技术培训，还将根据需要陆续派人参加相关的设计培训。为掌握设备设计技术，还与其他公司合作培训核岛设备设计人员。东方电气已于2009年底成立了核设备设计所，为培育核设备设计能力做好了组织上、人员上的准备。

6. 开展了CAP1400汽轮发电机组研究

东方电气参加了重大专项中的大型半速饱和蒸汽汽轮机、大型半速汽轮发电机等设备关键共性技术研究课题的研究。

采用引进消化吸收再创新的技术路线，掌握具有自主知识产权的大型半速核电汽轮发电机组的关键制造技术，进一步实施具有自主知识产权的CAP1400常规岛成套设备设计制造技术研究。

(五)岭澳二期核岛主设备、常规岛汽轮发电机组交货

1. 岭澳二期核岛主设备供货

岭澳二期核岛重型设备于2005年9月正式开工制造，2009年全部交付现场安装。

4号机反应堆压力容器——东方电气制造的我国首台百万千瓦级反应堆压力容器于2009年6月15日在广州南沙东方重机发运。4号机1号主泵——国内制造的首台核电主泵于2009年12月7日在东方电气成功发运。

2. 岭澳二期汽轮发电机组设备供货

岭澳二期3号汽轮发电机组克服了5.12大地震的影响，大部分设备都按期发货。4号机组已经陆续发货。

岭澳二期核岛、常规岛主设备的全面国产化，标志着我国核电设备的自主制造迈出了坚实的一步，为红沿河、宁德、方家山、福清、阳江核电站核岛主设备、常规岛汽轮发电机组的批量化生产奠定了坚实的基础。

上海电气（集团）总公司

一、坚定目标　奠定产业基础

在我国核电产业发展进程中，上海电气（集团）总公司(以下简称上海电气)是最早跨入设备制造国产化行列的企业集团之一。从上世纪70年代开始，上海电气旗下的众多制造企业就涉足国内第一座自行设计、制造和建设的核电站——秦山核电站的关键设备研制工作，并逐步形成了自主研制体系：以原先承担军工任务的人员为主体，组建了核电装备制造的基本队伍；以承担军工和化工等类似制造技术和经验为基础，完善了研发和应用设施及技术，由此开始了上海电气核电创业的艰苦征程。三十多年来，上海电气做到了“队伍不散、科研不停、投入不断”，核电产业从无到有、由弱渐强，无论何时，核电一直作为上海电气服务国家发展战略的主线受到重视。

相对其他产业来说，三十年核电领域的发展，尤其是前二十多年的发展步子似乎迈得不大，但难能可贵的是这段历程为应对当前核电快速发展的态势奠定了良好产业基础，使上海电气的核电产业集聚了人才队伍、制造技术和管理经验，形成了较全的核电设备配套供应链和相互支撑的核电设备制造企业体系。

（一）产业链不断延伸

从核岛的压力容器，蒸汽发生器，稳压器，堆内构件，控制棒驱动机构，主泵，核二、三级容器，环行起重机和装卸料机等，到常规岛的汽轮机、汽轮发电机和主要辅机以及大型铸锻件、泵阀和仪控仪表等核电设备供应链不断延伸。

（二）企业集群不断发展

从上海电气核电设备有限公司、上海第一机床厂有限公司、上海汽轮机有限公司、上海汽轮发电机有限公司、上海动力设备有限公司、上海重型机器厂有限公司、上海鼓风机厂有限公司、上海起重运输机械厂有限公司、上海电气集团上海电机厂有限公司、上海自动化仪表股份有限公司，到上海电气凯士比核电泵阀有限公司、国核自仪系统工程有限公司等，核电设备制造企业集群不断发展。

（三）基础更加扎实

从技术精湛经验丰富的专业制造队伍、具有国际水平的先进制造设施和设备，到自主开发的关键制造技术及与时俱进的先进管理经验，都为核电的发展打下坚实的基础。

（四）业绩不断增加

从在役核电站（包括秦山一期、巴基斯坦恰希玛一期、秦山二期、清华高温气冷堆、大亚湾、岭澳等）安全可靠运行着的一批关键设备和配套设备，到在建核电站（包括巴基斯坦恰希玛二期、昌江、红沿河、宁德、阳江、方家山、福清、桃花江、三门、海阳、台山等）的一大批关键设备和配套设备的制造，上海电气在核电站设备制造方面不断创造新业绩。

二、未雨绸缪　实现能力提升

（一）专业化管理　发挥资源整合优势

近几年，以一体化管理和专业化管理为突破口，本着有所为有所不为，强项求压倒优势、弱项求善于舍弃的思路，上海电气对照核电产业发展的中长期目标，对集团核电资源进行深入评估，在资源整合上推出了一系列重大举措，以适应核电发展节奏，保持持续快速发展势头，上海电气核岛、常规岛、I&C 三大核电板块应运而生。核电专业化管理能力涉及集团的产业管理和企业的项目管理两个层面。从集团层面，核电管理的重点在产业化管理、一体化管理、信息化管理以及结合核电工程和项目的总体协调和平衡能力上。在集团的专业化管理的运作下，相关企业或联手协作，或独立作战，在核电市场上驰骋，使上海电气核电领域的统一规划、集约管理、资源共享、文化共建、统一运作等管理特色和效益日益凸现，使上海电气核电资源的品牌优势不断提高。

1. 核岛板块（重工集团）

重工集团整合了核电材料生产与核岛主设备制造等优势资源，形成相对紧密的核电产业集团，将专业化、批量化地提供压力容器、蒸汽发生器、稳压器、堆内构件、控制棒驱动机构、主泵等核岛主设备，依托集团的核级大型铸锻件的资源和闵行、临港两大核电基地，在集团核电产业中扮演主力军的角色。

2. 常规岛板块（电站集团）

以新组建的合资企业——上海电气电站设备有限公司为主体，充分发挥与西门子公司合资的技术优势和临港制造基地的设施优势。以常规岛的汽轮发电机组为主要供货，同时配套核级二、三类容器和辅机供货能力，并具备开发百万千瓦级核电站大功率 1E 级电动机的基础。

3. I&C 板块（自仪公司）

以建设上海电气 I&C 基地，研发具有自主知识产权的数字化和电站控制系统、核反应堆保护系统平台为目标，成立了国核自仪系统工程有限公司。自仪公司依托 AP1000 引进技术，向国内外核电工程提供控制系统、测量仪表、执行机构等全范围系列产品和技术服务，其业务范围拓展至核电工程仪控系统设计、系统集成、安装调试等相关业务。

（二）加大投入　大力提升硬件能力

为满足国家核电战略发展的需求，自

2005年起，上海电气未雨绸缪，以建设专业化核电生产基地为目标，以满足国家核电发展中长期目标和技术发展路线为对标，花三年多时间，在临港和闵行两处进行了上海电气核电制造史上前所未有的重大投入和能力改造。

1. 临港基地

临港基地是上海电气新建的特大、特重、超限装备的制造基地，为核电关键设备的制造而专门建造，目标瞄准三代技术的百万千瓦核岛和常规岛主设备。临港基地一期工程于2008年投产，并于当年出产蒸汽发生器等一些重型设备。由此形成具有承制1000MW级压水堆的核岛主设备、1700MW常规岛半速汽轮发电机机组和195MW高温气冷堆主设备（压力容器和蒸汽发生器等）的能力。在核电设备订单井喷的态势和对国内外核电市场发展的研判的推动下，临港基地二期扩能规划于2009年7月正式启动，已达到年产堆内构件和控制棒驱动机构8~10套、压力容器和蒸汽发生器4~6套的生产能力的目标。临港二期扩能预期于2011年完成。

2. 闵行基地

通过三年多艰苦努力，上海电气完成了对上海重型机器厂有限公司核级大型铸锻件能力的改造，以满足包括三代技术在内的百万千瓦级核电主设备向超大、超重、高技术发展的大型铸锻件需求。在创建世界一流核级大型铸锻件生产能力的目标下，这次改造创造了三个“世界之最”：世界最大的1.65万吨自由锻造油压机、250吨/630吨·米锻造操作机和450吨电渣重熔炉。经过这次改造，上海电气可实现铸锻件最大钢锭600吨、最大铸件450吨、最大锻件350吨；可提供满足年产3套1000MW级核岛主设备配套锻件（压力容器、蒸汽发生器、稳压器、堆内构件和主管道）等核电主锻件5000吨以上。

三、稳步超越　实现瓶颈突破

（一）自主研发　掌握核心技术

上海电气重视核电制造技术的自我研发和积累。在技术转让引进AP1000等世界先进制造技术的同时，加大企业核电技术研发力度和投入，以高点起步，努力掌握核电设备制造核心技术，建立自主品牌的核电技术体系，为今后更大发展提供良好基础。

1. 专项攻关

由国家核电技术有限公司组织的大型先进压水堆重大专项工作首批确立的12个课题（包括AP1000消化吸收项目8个和重大共性技术项目4个）中，上海电气涉及9个课题。与此同时，依托上海市政府推进先进制造业的有关政策和举措，上海电气积极争取核电科研攻关项目的立项，已在上海市发改委、科委、经信委立项数十个科研课题。

2. 大型铸锻件

大型铸锻件国产化各项技术攻关工作全面展开，并取得重要进展。从二代改进项目、AP1000项目到高温气冷堆项目，批量性地开展评定件试制和产品制造，逐步实现上海电气核电设备大型锻件的批量化生产目标。今年以来，一些核级大型锻件已陆续取得了成功，其中包括蒸汽发生器管板锻件、压力容器下封头锻件、AP1000稳压器封头锻件等。

（二）专项培养　构筑人才高地

上海电气正在通过专业培训和项目实践等方式建立培养和储备机制，培养一批核电产业管理、技术和操作可用之才；形成一支知识和年龄结构较为合理、基础和实践水平较为全面的核电专业化队伍，以产业发展要求建设健全核电人才队伍。

这两年企业人才建设的工作力度很大，批量进人和大规模培训已经取得一定成效。当前人才队伍建设的关键在于人员增加与产业需求之间准确把握好数量、质量和节奏之间的关系，聚焦两大重点，即产业领军人物和专业紧缺人才，通过合理使用和有效激励机制用好人才、留住人才。通过对人才重点做出动态性研判，有计划地分阶段实施，以求最终形成一支包括产业领军人物、学科带头人、基本骨干队伍及基础后备力量等不同层次的梯形队伍。

同时，多种类型不同层次不同对象不同目标的核电培训工作持续进行。自2005年以来，上海电气开办了多期核电项目管理培训班和核电基础培训班，邀请科研院校、制造企业、业主单位、管理部门及国外同行等知名专家前来授课，普及和充实核电从业人员的核电专业知识和核安全文化意识。根据企业需求还开展了核电质量管理培训、民用核安全设备监督管理培训、核电法规宣讲和ASME取证等多形式、多层面和全员化的培训。

四、提升内涵　实现健康发展

核电质保体系和核安全文化建设逐步得到普及推广，为应对当前核电发展态势奠定了基础。对涉核企业来说，为了核电产业的健康持续发展，核安全文化建设和持续核安全监管需要进一步加强。这是历史赋予我们的重要责任。

核电项目周期长，容易疲劳懈怠，长效管理是个难题。加上前段时间材料采购正在挤占设备制造周期，企业项目进度压力很大。越是这样的时刻越要保持清醒的头脑。因此，上海电气始终将推进核电项目管理创新、推进质量管理和项目管理、推进核安全文化的建设作为抓合同兑现的重要抓手，采取了一些具体的行之有效的推进措施，如利用社会资源加强对企业管理工作的问诊和指导；利用项目机遇聘请国外专家对企业质量管理工作进行指导；利用项目业主及驻厂代表对企业质量管理进行监督和建议等等。

在核电项目不断增加，核电进度不断成为项目管理的重点的时候，理清核电质量管理的思路，对核电产业的健康发展具有重要的现实意义。

（一）将自觉接受核安全监管作为核安全文化建设的重要部分

三十年核电发展的历史已经证明了核安全文化建设和核设备安全监管对核电产业健康发展之重要。确保核电设备制造质量有效控制，首先要确保核安全文化的建立和完善，使企业核电质量保证体系有效运转，使核电设备整个制造过程处于严格受控状态。同时，企业也需全力维护国家核电监管机构的监管权威，确保核安全设备监管条例的顺利实施，自觉接受核安全监管，配合核安全监管，将此作为企业核安全文化建设的重要部分。

（二）为核电质量管理留有正常的时间、空间等处理裕度

项目的精细化管理和质量监管是调控好项目执行进度的重要环节，目的是为核电质量管理留有正常的时间、空间等处理裕度，给质量管理创造良好的环境和氛围。质量放在首位，要体现在项目管理的总体规划中。这意味着，质量控制和质量处理应在项目管理中留有必要的位置，在进度控制中留有充分的时间。有效的进度控制的重点不是挤质量管理的时间，而是在生产管理和技术管理中留出时间，给核电质量管理以正常的时间、空间等处理裕度。

（三）进一步倡导核电项目“过程透明”的企业氛围

提高核电从业人员的核安全意识，加强对核电从业人员的质量意识培育和灌输，促进核电从业人员自觉遵守核法规、规范和程序，形成相互交流、沟通、合作、监督的工作习惯，使之成为核电从业人员的下意识的良好习惯，以恰当的理解和行动来处理所有与核安全有关的事项。为此，当前形势下仍需要大力倡导透明、透明、再透明的核安全文化与企业文化的融合氛围，重点表现在：“坏消息”能畅通无阻；鼓励上报问题；追究隐瞒问题，使核电制造过程对于业主和监管单位来说，始终是个全透明、全公开、规范化的全过程。

五、规划未来 服务国家战略

发展核电产业是国家战略。上海电气对我国核电发展的未来充满信心和希望。近些年，面对国家积极发展核电的大好历史机遇，上海电气更感到责任重大。上海电气理性审视自我发展现状：行业竞争态势已经形成，资源有效利用仍待进一步加强。上海电气筹划新一轮发展：以“对标国际一流，五十年不落后”为参照，以满足国家核电发展中长期目标和技术发展路线为着眼点，以建设专业化核电生产基地为落脚点，加快实现核电产业化发展的“三个培育”目标，即培育面向国际市场的专业化核电主设备制造企业集群，培育具有国际竞争力的专业化核电队伍，培育形成主设备集成供货的产业链，在新一轮发展中作出更大的贡献。

因此，在立足硬件能力提高和软件技术提升相结合、重点产品突破和集成能力

培育相结合、自主创新与引进合作相结合的基础上，上海电气要重点实现转轨变型，即从原先单一的设备制造供货模式向设备设计、设备制造和设备集成供货的方向迈进。要将核电作为上海电气的一个支柱产业，没有这样的目标是无法应对形势发展的需求的。

上海电气正在为实现国家核电新一轮发展目标而做出我们应有的努力。继续全面服务国家战略，大力推进核电装备的自主化和国产化，争取承担更多的核电设备制造任务，为我国的核电产业发展不断作出新贡献，为核电装备产业发展铸就新的辉煌。

中国第一重型机械集团公司

一、企业概况

中国第一重型机械集团公司(以下简称中国一重)是关系国家安全和国民经济命脉的重要骨干企业，主要为国民经济发展的各行业及国防现代化建设提供重大成套技术装备、高新产品和技术服务。几十年来，中国一重为我国核电产品事业的发展作出了重要贡献，曾先后完成了我国出口巴基斯坦恰希玛核电站一期、二期项目核反应堆压力容器设备，主泵泵壳重型锻件；秦山核电站二期扩建项目65万千瓦3号反应堆稳压器全部锻件、反应堆压力容器部分锻件，以及中国首台实验快堆主设备反应堆容器及堆内构件、旋转屏蔽塞设备等。作为国内最大的核电锻件及核岛主设备供应商，中国一重目前是国内惟一承担并已完成和正在完成包括二代核电技术、二代改进型核电技术、三代核电技术、四代核电技术产品的企业之一，产品种类覆盖了核岛一回路的所有设备。有关资料显示，中国一重占有国内核反应堆压力容器约80%市场；在国内核锻件市场方面，中国一重占有率约为90%。中国一重已经参与了国内约3/4在建核电站。

二、2009年在核电方面的主要业绩

2009年，中国一重认真贯彻党的十七大和十七届四中全会精神，坚持以邓小平理论和“三个代表”重要思想为指导，以深入学习实践科学发展观活动为契机，紧扣企业改革发展主题，面对全球爆发金融危机冲击和国内宏观经济形势波动的影响，中国一重及时准确把握形势，沉着冷静应对危机，采取坚强有力措施，加快核电等新产品开发，加快“三大基地”建设，加快市场开拓，加快整体上市步伐，经受住了金融危机的重大考验，全面完成2009年的各项工作任务。2009年，中国一重全年实现商品产值120亿元，商品产量20万吨，国有资产保值增值率110 %，新产品开发和整体上市工作取得了重大突破。完成的核电产品主要有：巴基斯坦恰希玛核电站二期工程300MW反应堆压力容器，韩国斗山核电锻件，红沿河、福清、阳江、方家山等5台压力容器主体锻件，以及世界最大的核电锻件EPR压力容器法兰接管段等。

中国一重具有悠久的核电铸锻件和核压力容器制造历史，是国内目前唯一既生产核电锻件又生产核压力容器的制造企业。2007年，温家宝总理视察中国一重时指出：“一重能锻造核岛，核岛又能锻造一重。”这句话既是对中国一重核电工作取得成绩的肯定和鼓励，也是对中国一重寄予的殷切希望，中国一重上下深受鼓舞。

近年来，在国家积极发展核电方针的

指引下，红沿河、方家山、阳江以及第三代 AP1000 浙江三门和山东海阳等核电工程的陆续开工建设，为核电事业发展提供了广阔的舞台，同时也促使核电站设备国产化的任务迫在眉睫。在百万千瓦级的核电机组中，无论是二代改进型还是阿海珐 EPR 和西屋 AP1000，都是技术含量高、规格大、形状复杂的铸锻件，这些铸锻件目前仅有少数国家掌握制造技术，对于 EPR 接管段和常规岛低压转子只有日本制钢所拥有制造技术和能力。由于诸多原因，这些国家限制向中国出口铸锻件。上述情况引起了国家领导人的高度关注，要求尽快实现核电铸锻件的国产化。按照国家“以市场换技术”政策，以 AP1000 前两台机组为依托，进行技术引进，逐步实现 AP1000 机组的国产化。中国一重在国家的统一部署下，以国家利益为重，以满足国家核电工程建设需要为目标，凭借雄厚的技术基础，接受挑战，率先承担了由西屋转包韩国斗山重工的第三代 AP1000 机组两套铸锻件的重任，此后又承担了 AP1000 常规岛低压转子的制造任务。在提供多台核压力容器的基础上，中国一重承担了东北首个百万千瓦级核电站——大连红沿河核电站核反应堆压力容器的制造任务，并陆续承担了广东阳江、福建福清、浙江方家山等百万千瓦级核电站的核反应堆压力容器制造任务。2009 年 12 月，中国一重首次取得了与世界级的核工业大型设备供应商——西班牙恩萨公司的合作机会，签订了 ABWR 项目及其核 I 级大型锻件采购意向协议等多项供货合同及协议。

2009 年，由于受国际金融危机的影响，传统的钢铁产业市场萎缩严重，使一重的生产经营面临较大困难。加快调整产品结构，开发适销对路、技术附加值更高的新产品对中国一重来说迫在眉睫。为此，中国一重针对开发成功且具备产业化条件的新产品，积极开展产业化工作，策划了“中国一重滨海制造基地项目”。同时，瞄准国家鼓励新能源发展产业政策，正在筹建“海水淡化国家工程研究中心”和“能源装备大型铸锻件国家重点实验室”，积极发展海水淡化和核能装备制造，并以此为平台，吸纳海内外高层次人才，从而提高技术创新能力，保持技术持续领先。与此同时，营销工作紧紧抓住市场走势和公司新产品开发和产品结构调整的节奏，加大对核电设备等附加值高、有竞争力的新产品订货力度。2009 年，中国一重签订 13 台反应堆压力容器，4 台机组主泵泵壳供货合同，10 台机组 29 台蒸汽发生器锻件的供货合同和 1 台蒸汽发生器的供货协议。截至 2009 年 12 月 30 日，中国一重新签订的核电产品合同额达到 37 亿元，产品范围不仅包括了二代改进型和三代技术堆型的核反应堆压力容器设备，也包括了全部核岛一回路核 I 级大型锻件，供货范围几乎涵盖了国家核准开工建设的所有百万千瓦级核电机组，进入了百万千瓦核电制造领域。此外，新产品开发工作稳步推进。改变了原来的科研模式，新增七个新产品专门研究机构。中国一重根据科学发展的需要，重点确定了 30 个研发项目，每个项目由一位领导专门负责推进，加快了新产品开发的步伐。此外，在深入研究核岛一回路壳体和常规岛转子等高附加值产品的同时，继续加强大型铸锻件研制，已研制成功具有世界先进水平的12% Cr高中压转子和超大型支承辊等市场上供不应求的新产品。

为了更好地完成国家使命，中国一重完善了核质量保证体系，按照核电研制“凡事有章可循、凡事有人负责、凡事有人监督、凡事有据可查”的四个凡事原则，完善了各工序的岗位责任制，牢固树立核安全意识、核法规意识，以及核电产品必须万无一失、精品至上的意识，建立了有效的质量监督机制，贯穿到核电研制的每一个环节、每一道工序、每一位员工。2009年，中国一重完成了CPR1000和AP1000压力容器和蒸汽发生器锻件的评定工作。

由于第三代AP1000的设计寿命达到60年，随着机组功率的增大，对关键铸锻件一体化成形、强度和韧性等方面提出了苛刻要求。为尽快突破核电大型铸锻件的制造难题，中国一重将AP1000核电大型铸锻件的研制作为公司的首要任务，举全公司之力，集中了全部热加工及材料专家，采取研发、试制及评定并行，进行系列攻关研究，使第三代AP1000核电锻件研制取得了突破性进展。2009年3月，CPR1000水室封头研制成功；4月，AP1000锥形筒体研制成功；5月，CPR1000锥形筒体研制成功；6月，AP1000椭球封头研制成功；8月，CPR1000椭球封头研制成功；9月，AP1000整体法兰接管段研制成功；12月，AP1000管板锻件研制成功。

中国一重不仅在核电锻件研制方面业绩突出，而且在核能设备的研制上硕果累累。2009年8月，经过10年艰苦卓绝的努力，由中国原子能科学院和中国一重联合设计制造的、第四代核能系统——中国首台实验快堆主设备反应堆容器及堆内构件、旋转屏蔽塞设备的制造任务全部圆满完成，各项技术指标不仅符合设计标准要求，而且达到了国际先进水平。它的制造完成具有完全的自主知识产权，标志着中国首座实验快堆核岛主设备全部实现国产化，展现了中国在复杂核设备领域的科技水平和实力。

能源发展需要核电，核电发展重在装备。随着科研的进一步深入，中国一重正逐步实现核电主设备和锻件的产业化，目前已与中核集团、中广核集团、国家核电技术公司、中电投集团等主要核电业主公司形成了合作伙伴关系，深受国内、外核电业主的关注和信任。2009年，中国一重与中广核集团签订了《EPR核岛设备关键锻件联合开发及供货协议》、《核岛主设备国产化更紧密战略合作协议》，成为中广核集团核电设备国产化联合研发中心常务理事单位；参加上海核工业展览会；组织人员参加在韩国斗山重工、美国西屋公司的技术培训，培训人员达50多人次。与此同时，中国一重围绕提升核心竞争力进行了大规模的技术改造，加大了极端制造，特别是核电关键设备自主创新的科研投入。以最近 AP1000 蒸汽发生器管板性能达标为标志，在二代改进型及三代核电关键设备国产化中取得突破性进展，成绩斐然。应该说，这是中国一重在各方面支持下，在技术进步、经验积淀、人才培养等多方面综合实力长期积累、长期奋斗的必然结果。

国家重点建设项目为中国一重发展核电产品提供了前所未有的机遇，但也让一重面临着前所未有的挑战，在国家发改委、国务院东北办及有关兄弟单位的支持下，中国一重有决心、有信心实现核电铸锻件及核岛一回路设备的国产化，为国家核电国产化事业贡献力量。

中国第二重型机械集团公司

中国第二重型机械集团公司(以下简称中国二重)是中国重要的重型机械制造企业和重大技术装备国产化基地，是关系国家安全及国民经济命脉的重要骨干企业，承担着以核电大型铸锻件为代表的重大技术装备国产化、摆脱基础关键零部件受制于人的艰巨任务。

2008年，中国二重在“5•12”特大地震中迎来了极不平凡、极不寻常的五十华诞。2009年，是中国二重走向新的五十年、打造更新更强的二重的开局之年。中国二重继续发扬伟大的抗震救灾精神和不屈不挠的顽强拼搏精神，主要经济技术指标再创历史最好水平，全年完成商品产值95亿元，营业收入80.1亿元，经营订货108亿元，尤其是以核电产品为代表的新能源产品订货大幅提高，科研攻关尤其是以CPR1000和AP1000核电大锻件为代表的新产品开发进展迅速，技改工作稳步推进，实现了企业可持续稳健发展，为党和国家交出了优秀答卷。

一、核电大锻件科研攻关取得重大进展

2009年，中国二重继续以CPR1000和AP1000主设备用大型铸锻件为载体，设专项研发资金，集中优势资源进行核电大型铸锻件的研发。

目前基本完成CPR1000压力容器和蒸汽发生器全套锻件的评定和制造，其中接管、接管段筒节、锥形筒节、管板等锻件已交货；整体顶盖、堆芯筒节、上封头和水室封头评定已基本完成；形成“二代改进”型压力容器和蒸汽发生器整套锻件批量制造能力。2009年10月，在世界范围内率先攻克第三代AP1000主管道热段弯管弯制关键技术。2009年3月，采用560吨钢锭成功冶炼国内首支1100MW常规岛发电机半速转子，并完成锻造、热处理和性能检验。

继续围绕二代改进型和三代大型铸锻件的核心共性技术进行研制，主要包括：

（一）超纯净钢、超大钢锭冶炼和注锭技术研究

根据核电大锻件用钢纯净度高的特点，研究P、S含量极低，纯净度高的钢水冶炼方法；研究精确控制合金成分的成分控制方法；研究适合各种成形特点的超大型锻件的钢锭浇注方法和钢锭锭型。

研究完成了300吨到600吨大型钢锭系列钢锭模的研究、设计和制造，形成了大型钢锭系列。已经成功浇注340吨、450吨和560吨钢锭，为生产600吨及600吨以上重型钢锭积累了经验。对特大型钢锭凝固过程的偏析，进行了大量的研究，已经掌握了有效改善偏析的方法，确保了特大型核电用钢锭的均质性。

（二）异形锻件仿形锻造技术研究

针对核电大锻件形状复杂的特点，在计算机数值模拟和物理模拟试验的基础上，有针对性地开展整锻一体化封头、一次侧封头、带直边锥形筒体、带凸台上封头等异形锻件仿形锻造技术研究，目前已基本形成大型锻件随形锻造的理论和工艺体系。

（三）大型特厚筒体均质性研究

通过连续十几年的大量试验研究，掌握了保证特厚壁筒体均质性的必要措施和手段，为制造 AP1000 筒体锻件积累了经验。

（四）大型饼形锻件锻造技术研究

针对大型饼形类锻件，研究防止超大型饼形锻件产生夹杂性裂纹和有效减小片状夹杂物的锻造工艺，形成了大型饼型类锻件防止产生夹杂性裂纹和有效减小片状夹杂物的较为完整的理论和工艺体系。

（五）核电用钢的材料特性研究

根据 AP1000 蒸汽发生器锻件抗拉强度要求高的特点，开展了 SA508-3 钢化学成分设计及微合金化研究、材料基本特性研究、热处理工艺参数研究，为产品的制造提供理论依据。

根据 AP1000 主管道晶粒度要求，开展了 SA376 TP 316LN 不锈钢锻件晶粒细化技术研究，大直径弯管热处理变形控制技术研究，材料基本特性研究等，为批量、稳定制造提供基础参数。

二、装备能力大幅提高，达到世界一流水平

为适应核电产品制造发展的需要，解决核电产品批量化、稳定化制造的瓶颈问题，2009 年，中国二重实施并完成多项热加工技术改造。目前拥有生产二代改进型、三代核电大型铸锻件所必须具备的炼钢、锻造、热处理、机加工、理化检测、无损检测等全套设备，装备能力已达到世界一流水平。

完成 40 吨电炉改 60 吨电炉重大技改项目，新增 150 吨钢包精炼炉及除尘系统，新建 600 吨真空铸锭室及 600 千克真空泵系统，形成能够一次性冶炼 900 吨钢水、浇注 600 吨钢锭、产出 500 吨成品铸件及 250 吨成品锻件的能力。为 12000 吨自由锻水压机安装 400 吨 • 米操作机，提高了锻造效率和成型精度。新建 Φ9m × 8m 淬火水槽和配套的热处理炉，为特厚超大锻件的优良性能提供硬件保证。

为突破超大、超重锻件及异型锻件基础研发、中试和批量化制造的瓶颈，解决核电成台套产品及超大型石化设备的运输问题，中国二重确立了“一个中心、两个基地”（成都工程研发中心、镇江出海口基地和德阳重型装备制造基地）的发展战略。成都工程研发中心将使中国二重

具备更加强大的基础研发能力，能够为新产品的研发、中试和制造提供平台；镇江出海口基地的建设将使中国二重具备核电成台套设备制造和运输的硬件实力。通过2007年、2008年夯实基础，“一个中心、两个基地”的建设在2009年取得重大进展。镇江出海口基地一期建设基本完成，已具备大型容器组焊和发运能力。成都工程研发中心大楼基本完成，大型数值模拟软件设备开始安装，将在2010年投入使用。

三、核电产品制造有序推进

在持续提高产品研发和制造能力的同时，中国二重站在中国核安全、能源安全及核电大锻件代表中国装备制造业整体水平的高度，注重在制产品的质量。集团公司上到总经理下到一线操作员工高度重视核电产品的质量，以“四个凡事”（即“凡事有章可循、凡事有人负责、凡事有人监督、凡事有据可查”）为指导，不断完善核电质量保证体系，实现中国二重核电产品快速发展的同时，确保核电产品高质量、高水平。

2009年在制合同包括：

1. 红沿河3号、4号机组锻件

与东方电气（广州）重型机械公司签订红沿河3号、4号机组共7大类34件锻件承制合同，2009年完成大部分产品的制造，将在2010年8月底前全部交货。以上产品具有磷、硫含量低，成分均匀，强度适中以及性能稳定等特点，综合性能达到国际同类产品的先进水平，取得用户东方电气（广州）重型机械有限公司和中国广东核电集团公司的认可。

2. 福清1号、2号机组蒸汽发生器锻件

与东方电气（广州）重型机械公司签订福清1号、2号机组蒸汽发生器锻件承制合同，该合同是中国二重签订的第一份CPR1000蒸汽发生器整套锻件合同，2009年全部投料，除上封头和水室封头外，其余产品目前已基本制造完成。

3. 防城港1号、2号机组压力容器锻件

与东方电气（广州）重型机械公司签订防城港1号、2号机组压力容器锻件承制合同，该合同是中国二重签订的第一份CPR1000压力容器整套锻件合同，2009年全部投料，其中接管、接管段筒节已经交货。

4. CPR1000大项目蒸汽发生器整套锻件

与中广核工程公司签订CPR1000项目12台蒸汽发生器全套锻件供货合同，目前正在制造过程中，部分产品已经交货。

5. 石岛湾高温气冷堆项目

与哈尔滨锅炉厂有限公司签订2台石岛湾高温气冷堆蒸汽发生器锻件制造合同，2009年完成技术准备。

6. 海南昌江1号、2号机组管板及稳压器锻件

与上海核设备有限公司和西安核设备有限公司签订海南昌江1号、2号机组管板及稳压器锻件供货合同，部分产品已经交货。

7. 三门1号、2号机组补水箱锻件及稳压器封头

与上海核设备有限公司签订三门1号、2号机组补水箱锻件及稳压器封头供货合同，目前正在制造过程中。

四、以核电产品为代表的新能源产品订货取得重大突破

凭借红沿河3号、4号机组锻件和福清1号、2号机组蒸汽发生器锻件在整个核电设备制造领域赢得的良好声誉，中国二重2009年核电产品经营订货和产品结构实现跨越式发展。目前，核电产品经营订货已突破30亿元人民币，锻件产品覆盖二代、二代改进型、三代及高温气冷堆，并顺利签订稳压器成台套产品承制合同，包括宁德2号机组下筒体锻件，田湾5、6号机组管板及下封头锻件，桃花江AP1000压力容器和蒸汽发生器全套锻件，三门1号机组和海阳1号机组主管道及波动管，三门1号机组和海阳1号机组预埋件及支撑，CPR1000稳压器成台产品等。

中国二重目前已经与中广核集团、中核集团、国家核电等三大核电总承包商以及东方电气集团、上海电气集团、哈尔滨电气集团等三大核电主设备制造商建立了良好的长期合作关系，为后续合同的签订和提高核电产品市场份额奠定了基础。在已签订的合同中，包括第三代核电AP1000压力容器和蒸汽发生器全套锻件和高温气冷堆锻件。第三代AP1000技术是目前最先进的百万千瓦级核电技术之一，中国二重签订的AP1000核电大锻件突破9亿元人民币承制合同，标志着中国二重已进入核电产品高端市场。高温气冷堆是具有第四代核能系统特征的新型核反应堆，中国二重签订的高温气冷堆锻件承制合同，将使中国二重能够牢牢把握二十年以后的核电产品高端市场。

行业协会与学会

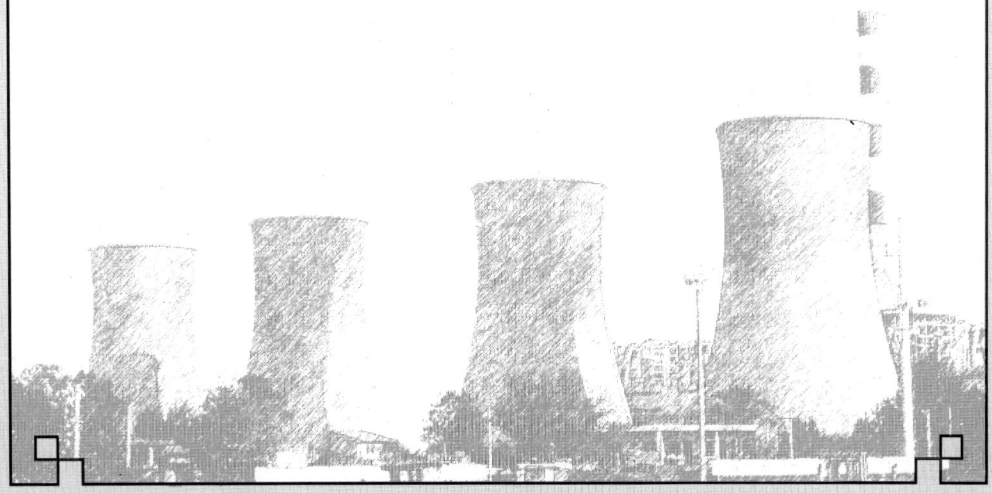

中国核能行业协会

2009年，为适应核能事业加快发展的需要，中国核能行业协会认真履行宗旨，热心做好服务，积极开展活动，努力促进发展，各项工作都取得了新的成绩，行业凝聚力、向心力进一步提高。

一、认真完成政府部门委托的各项任务

（一）受政府部门委托，开展重大课题研究工作

一年来，受国防科工局委托，开展了核工业“十二五”规划思路、国家核应急“十二五”规划、核燃料产业发展及体制机制等研究工作；受工信部委托，开展了《原子能法》立法研究等研究工作；受能源局委托，开展了中国核能发展战略、核电工程建设项目同行评估等研究工作，为政府的规划和管理工作提供了技术和决策支持。

（二）承办政府部门有关会议和大型活动的组织工作

2009年4月20—22日，由国际原子能机构（IAEA）主办、中国国家原子能机构承办的“面向21世纪核能部长级国际大会”在北京隆重举行。受国家原子能机构的委托，中国核能行业协会作为协办单位，承担了主要会务工作，得到国际原子能机构和中国国家原子能机构的好评，也扩大了协会在国内外的影响。

经国务院、中央军委批准，国家核事故应急协调委员会于2009年11月10日进行了代号为“神盾—2009”的首次国家核事故应急联合演习。受国家核事故应急协调委员会委托，中国核能行业协会负责协助政府部门组织国家核事故应急联合演习专家评估团，对整个演习进程实施了现场评估。

受国家能源局、国家核安全局的委托，协会承担了全国核电运行和建设管理经验交流大会的会务工作，在与会代表的共同努力下，会议取得圆满成功。两局领导对协会承担的会务工作给予了充分肯定。

（三）继续做好核电厂运行评估及经验交流工作

2009年5月，组织召开了核电厂运行评估及经验交流委员会第二次会议，讨论了2009年工作安排和有关事项。7月，组织业内专家对秦山二核扩建工程调试和生产准备的6个领域进行了专项评估活动，对进一步提升秦山二期扩建项目调试和生产准备的管理水平提供了重要参考。

10月，组织专家对秦山第三核电厂的运行评估进行跟踪回访，达到了预期目的。

根据委员会的工作安排，抓住优化核电运行管理的热点和难点问题，分别举办了“中国核能行业防人因失误研讨会”、“核电评估员能力提升研讨班”、“核能行业可靠性维修研讨班”和“核动力厂严重事故管理研讨会”等4场专项培训和研讨活动，共有126个单位次的315名代表参加。中科华核电技术研究院有限公司、中国核动力运行研究所、环保部核与辐射安全中心分别为上述活动提供了大力支持。

2009年，核电厂运行评估及经验交流委员会又新增4个成员单位。目前，委员会已有成员单位18家，进一步扩大了委员会工作体系覆盖、服务的范围。

实践表明，与我国核电中长期发展目标相适应，作为我国核电运营单位共同分享经验、持续改进的工作机制，核电厂运行评估及经验交流委员会在实现抓管理、保安全、出效益的行业共同目标上发挥了积极而独特的作用，影响力不断提升。

（四）继续搞好安全生产培训工作

在2008年工作的基础上，2009年6月举办了第五期安全生产培训班，主要面向没有参加取证培训的企业领导和安全生产管理人员。另外，根据有关规定，分别于2009年9月、11月、12月举办了3期对已取证人员进行的再培训，接受再培训的共有121人。

（五）完善核能行业统计体系研究成果

按照原国防科工委的要求，完成了《中国核能行业统计报表制度（征求意见稿）》研究制定工作，并已报送国防科工局。由于政府机构改革后核能行业管理体制的变化，给行业统计工作带来新的问题，协会正与有关方面协商，研究解决的办法。

另外，受北京市政府的委托，中国核能行业协会作为首都核能产业技术联盟的理事长单位，组织开展了核能产业及核能开发项目如何与北京市经济发展对接等研讨活动。

二、努力为会员单位提供服务

（一）召开2009年中国核能行业协会年会

4月19日，中国核能行业协会在京召开2009年年会，264位会员单位的代表参加了会议。会议还邀请周大地、隋永滨、张伟星三位专家，就世界经济危机推动我国经济结构调整、我国核电设备国产化的能力建设情况和面临的挑战、铀资源对核电规模发展保障状况，分别作了专题演讲。

（二）接受会员单位委托，开展课题研究

一年来，受中国大唐和中广核集团的委托，协会分别完成了《大唐集团核电发

展规划（2010—2020年）研究》和《CPR1000在海外市场的需求分析》等课题研究工作，为用户提出了有价值的咨询建议。

（三）发挥专家委员会的优势，提供技术服务

8月，协会专家委员会在京召开专业组长会议，要求各专业组根据专业特点和可依托的资源，围绕核能发展的一些重要问题开展课题研究活动。核燃料循环和铀资源专业组分别于8月、10月召开了专业组会议，就当前行业内普遍关注的问题进行了研讨并提出了建议。

应中核集团、中广核集团等单位的要求，专家委员会组织专家于8月、11月、12月，分别对安徽吉阳和芜湖、河南南阳、辽宁葫芦岛、江苏盱眙和连云港等核电场址进行考察，提出了具体意见和建议。

另外，受苏州市科技局等单位的委托，组织了4次科技成果鉴定会，对7项科技成果进行了鉴定。

（四）搭建供需相通的人才交流平台

根据会员单位的需求，2009年7月协会再次召开了“核学科建设及人才培养研讨会”，搭建了政府有关部门、用人单位和人才培养单位交流与研讨的平台。会议交流了工作经验，并就如何进一步加强核学科建设和核专业人才培养工作达成共识，形成了报送政府有关部门的会议纪要。这次会议也为政府部门制定“十二五”核学科建设和核专业人才培养规划提供了参考意见。根据会议代表的建议，经协会常务理事会第五次会议审议通过，在协会专家委员会增设了核专业人才培养专业组。

（五）继续加强核能行业信息交流平台建设

为了更好地为会员单位提供信息服务，协会网站进行了改版升级，现正在调试运行中。改版后的网站功能有较大幅度的提升，同时增设了一些栏目，将更好地发挥信息交流平台的作用。2009年网站的点击率快速提升，较2008年同期增加了60多万人次。

《中国核能》会刊全年出版了6期，举办了一期通讯员培训班。该刊目前尚属内部资料性质，无论是内容还是运作方式都有很大的局限性，不适应核能行业快速发展和协会工作的需要。协会向新闻出版总署提出向国内外公开发行的申请，尚未获批。

2009年7月，为会员单位提供国内外核能信息的电子期刊《中国核能》改版为《核能新闻》电子月刊，全年共出版了12期。

为了较全面地反映我国核能行业的发展情况，协会于2008年下半年始筹备出版《中国核能年鉴》2009年卷。为此成立了编委会和编辑部，制订了相关工作计划，进行了大量的材料收集和编辑整理工作，于2010年1月出版。

（六）促进核能行业企业文化建设的经验交流

为了促进核能行业企业文化建设，在利用会刊、网站宣传和交流会员单位企业文化建设经验的同时，协会编辑出版了《中国核能行业企业文化建设文集》，这是推进核能行业文化建设的一项基础性的工作。

三、拓展工作领域，推出协会新的服务项目

（一）开展核电工程建设项目同行评估试点工作

对在建核电项目进行同行评估，是保证在建核电工程质量的一项重要举措。协会领导多次召开研讨会听取意见，统一认识；组织专家编写《核电厂建造业绩目标与评估准则》、《核电厂建造同行评估管理办法》、《核电厂建造同行评估执行程序》等相关文件； 举办培训班，培训评估专家等。 2009 年 6 月，协会组织开展了对高温气冷堆核电站示范工程的同行评估。这是国内首次对核电工程建设项目进行同行评估的试点活动，对协助业主单位借鉴同行经验，改进和优化项目管理，降低工程风险，发挥了积极作用，也为探索我国开展核电建设同行评估打下了良好基础。

（二）开展质量保证培训工作

加强质量保证培训工作，既是我国核能事业快速发展的需要，又是行业自律的一项重要内容。在有关会员单位的迫切要求下，协会于 2008 年着手进行调研及前期准备工作，并组织专家编写了《核能行业质量保证培训大纲》和用于培训领导干部及质保监查员的两类培训教材。 2009 年，协会共举办了 4 期质保培训班，参加培训的单位为 132 家、学员人数 352 名。各期培训班经过考试，共评定出主监查员 163 名、监查员 155 名、实习监查员 29 名，并颁发了资格证书 。学员们普遍反映，培训内容系统、实用性针对性强，适合质保人员的实际需要。

（三）做好申请设立科学技术奖工作

根据国家有关规定，今后国防科技奖评委会将不再受理核行业军品项目以外的其他科技奖项的审评工作。为了积极推进核能行业的自主创新和科技进步，协会理事会第三次会议决定向国家申请设立中国核能行业协会科学技术奖。协会秘书处在深入调查研究的基础上，拟定了《中国核能行业协会科学技术奖管理办法》，已经常务理事会第五次会议审议通过。与此同时还完成了其他有关准备工作，已正式向科技部提出申报。

（四）办好第八届中国国际核电工业展览会

2008 年，原国防科工委决定，由中国核能行业协会作为中国国际核电工业展

览会的主办单位。在会员单位的积极参与和支持下，2009 年 4 月 19 日至 22 日，中国核能行业协会主办的第八届中国国际核电工业展览会在北京国际展览中心举行。这届展会展示了我国核电工业发展的巨大成就，促进了国际核能界的交流与合作，是一次有特色、高水平的展览会。

四、积极推进国际交流与合作

2009 年，协会国际交流与合作工作继续坚持“请进来、走出去”的方针，主要做了以下几项工作：

（一）争取政府有关部门对协会国际合作工作的支持

2009 年 12 月，国内有关集团公司赴印参加 WANO 双年大会签证方面遇到困难，协会组织了有关方面参加的协调会议。会后，国家国防科工局有关部门领导与印度驻华使馆进行了协调，有力地推动了印方对中方代表邀请、签证发放的进程。

（二）与国外相关核能组织建立合作关系

根据协会工作需要和会员单位的需求，协会开始与国外相关核能组织建立合作关系。经过友好协商，协会分别与韩国原子能产业协会（KAIF）、日本原子力产业协会签订了正式合作协议。另外，还陆续开展了与美国机械工程师学会（ASME）、印度化工技术协会和世界核协会建立合作关系的前期准备工作。

（三）海峡两岸核能行业合作与交流取得积极进展

2009 年 10 月，在充分协商的基础上，并经上级主管部门批准，协会与台湾核能科技协进会在京正式签署合作备忘录。协会还接待了台湾综合研究院代理院长和台湾核能研究所所长来访，就建立两岸核能合作关系交换了意见。

（四）为会员单位做好对外交流和有关信息服务工作

根据有关会员单位的建议，适应国内核电发展需求，协会拟组织内陆核电站建设考察团赴有关国家考察。为组织好这项活动，协会于 2009 年 7 月召开了 11 个会员单位参加的关于内陆核电站选址出国考察座谈会。计划于 2010 年 1 月 21—22 日，协会与环保部核与辐射安全中心、华能核电开发有限公司、法国辐射防护与核安全研究院共同主办“内陆核电厂选址研讨会”，将有 68 个单位、200 多名代表参会，中外 15 名专家作学术报告。

协会还通过网站，向会员单位及时通报重要国际会议或其他的活动信息。

（五）积极开展对外交流活动

2009 年，协会领导先后会见了来协

会访问的美国、英国、法国、日本、韩国、印度以及WANO东京中心等19个代表团。协会领导和有关同志应邀参加了国际原子能机构（IAEA）、日本原子力产业协会（JAIF）等组织召开的6次国际会议。

2009年，协会会同有关单位举办了“世界核大学清华周北京研讨会”、“2009核电站焊接与无损检验国际研讨会”、“第四代核能系统专题报告会”、“中法核燃料循环国际研讨会”等四次国际技术交流活动，来自中国、法国、美国、英国、德国、日本、瑞士、西班牙等国的40多位专家学者发表演讲，有640多位政府主管部门和会员单位的专业技术人员和代表参会。

五、加强协会自身建设，进一步提升业务能力和服务水平

一年来，按照协会章程和常务理事会、理事会工作规则，不断完善法人治理结构，常务理事会、理事会工作正常运行，保证了协会工作的顺利开展。经费管理委员会、组织委员会按照各自的职责，认真开展工作，定期向理事会提出报告，积极发挥自律作用。2009年以来，协会又接受了56家单位的入会申请，协会会员已由成立之初的160家增加到目前的251家。

协会秘书处建设不断加强。经国防科工局直属机关党委批准，协会成立了党支部和工会，加强了思想政治工作。为了使管理工作更加规范化、程序化、科学化，对原有规章制度进行了补充和完善，现有工作规章和工作程序已有31项。定期组织学习，举办专题讲座，不断提高工作人员的服务观念、业务水平和办事能力。在为政府和会员单位的服务中，协会逐步形成了课题研究、咨询评估、专业培训等三大核心业务。

政府部门的指导帮助是协会发展的重要前提。协会工作一直得到了国防科技工业局、国家能源局、国家核安全局等有关政府部门的关心和支持。2009年，我们分别到上述部门汇报工作，主动争取他们的指导与帮助。局领导和有关部门负责同志认真听取协会的工作汇报，有针对性地提出指导意见，委托协会承担具体工作任务，对协会开展各项工作给予了强有力的支持。正是有了政府部门的指导帮助，才使我们协会的各项工作稳步开展，并逐步取得明显成效。

会员单位的参与和支持是协会发展的基础。一年来，在协会开展的各项工作中，广大会员单位积极参与。在协会新推出的核电工程建设项目同行评估和质量保证培训两个服务项目的准备与试点阶段，得到了核电秦山联营公司、中科华核电研究院有限公司、核动力运行研究所以及华能石岛湾核电公司的大力支持。协会即将开展的中国核能行业协会科学技术奖评奖工作，得到了中国核工业集团公司、中国广东核电集团公司、中国电力投资集团公司、国家核电技术公司、中国华能集团公司和中国大唐集团公司等单位的鼎力支持。另外，广大会员单位自觉履行义务，按时缴纳会费，三年来，会费的收缴率都在应缴会费的90%以上，保证了协会工作的正

常开展。正是各会员单位的积极参与和大力支持，使协会的代表性和影响力逐步增强， 也为协会的进一步发展提供了坚实的基础。

加强自身建设，重视规范运作，是协会发展的基本保证。有了政府部门的指导帮助和广大会员的大力支持，协会就有了发展壮大的前提和基础。但是，能否利用好这些条件，最终还要靠协会自身的努力。协会成立以来，一直强调加强协会的自身建设，重视协会理事会和秘书处的规范运作，建立和健全协会的自我约束和自主发展机制，不断提升协会的办会能力和水平，为协会的可持续发展提供了可靠的基本保证。

在政府有关部门的指导帮助和广大会员的大力支持下，经过协会全体同志的共同努力，2009 年，协会被民政部评为 5A 级社会组织和全国先进社会组织。这既是对协会成立以来所取得成绩的充分肯定，也是对协会工作的激励和鞭策。协会工作与核能行业快速发展的形势要求相比还很不适应，与广大会员单位的要求与期望相比还有很大差距。主要表现为：核心业务不够强，办会实力较单薄，行业影响有限。协会今后的发展还需要继续得到各有关政府部门的指导帮助以及会员单位的大力支持。

中国核学会

一、学会简介

中国核学会是核科学技术工作者自愿结成、依法登记注册、具有法人资格的全国性、学术性、非盈利性的社会团体，成立于1980年。学会接受中国科学技术协会、中国核工业集团公司、民政部业务指导和监督管理。

中国核学会自成立以来共换届6次。

第一届理事会由145名理事组成，理事长王淦昌；

第二届理事会由114名理事组成，理事长姜圣阶；

第三届理事会由123名理事组成，理事长汪德熙；

第四届理事会由125名理事组成，理事长钱皋韵；

第五届理事会由173名理事组成，理事长王乃彦；

第六届理事会由146名理事组成，理事长王乃彦；

第七届理事会由169名理事组成，理事长李冠兴。

中国核学会下设21个分支学会，21个地方学会。现有会员9173人。

中国核学会是太平洋地区核理事会的成员单位，中国核学会辐射防护分会参加了国际辐射防护协会和国际辐射研究会，中国专家先后担任过这些组织的主要负责人。中国核学会与14家国外学术团体和中国台湾地区核能协进会建立了长期合作关系。

二、工作综述

2009年是我国核事业全面、快速发展的一年，中国核学会紧密围绕核科学技术发展的大局，认真落实科学发展观，积极为会员服务，圆满完成了千人学术年会、院士行、“三核”论坛（核科技、核应用和核经济）、国际核工程大会等多项学术、科普以及国际民间科技交流活动，各分会累计组织近50次专业会议。同时，中国核学会积极探索新形势下用人机制，加强学会服务能力建设。

（一）中国核学会2009年学术年会

11月17—20日，学术年会在国家会议中心隆重举行。会议收到论文1719篇，包括44位院士在内的核科技工作者近1400人参加了会议。从论文数、参会人数以及与会院士数量来看，本届年会都是我国核领域前所未有的盛事。年会主题是“创新——核科学技术发展的不竭源泉”，该主题旨在反映展示核科学技术各个学科领域创新成果，同时推动各学科进一步交叉融合，增强自主科技技创新能力。学术年会会期三天，除主会场外，486名科技工作者分别在11个分会场进行口头报告交流，共张贴1220篇报告。年会评选出优秀学术论文一等奖18篇、二等奖24篇、三等奖35篇，青年优秀科技论文奖26篇。

（二）中国核学会省市区“三核”论坛

9月18—20日，第六届中国核学会省市区“三核”论坛在西安交通大学举行。本次会议由中国核学会主办，陕西省核学会承办。陕西省核学会成立20周年庆典大会也同期举行。在全体大会上，叶奇蓁院士作了《中国核电现状和前景》的报告，陈达院士作了《核技术在军事发展和国民经济中的作用》的报告，西安交通大学苏光辉教授作了《中国核教育现状与未来》的报告，陈学俊、周永茂院士也出席了论坛。本届“三核”论坛共收到论文110篇，100余名专家以分组形式进行了深入的交流和讨论。“三核”论坛针对各省、市级核学会专业范围广而每个专业的从业人员又较少的实际情况，通过联合办会来共享资源，提高学术交流水平，扩大学术活动的影响，同时也可减轻单一学会的经费和工作量，从而可形成长期的学术活动机制，促进各省市区核科学技术的交流和人才的成长。本次会议还确定第七届“三核论坛”将在吉林省举行。

（三）第十七届国际核工程大会

7月13—17日，第十七届国际核工程大会在比利时举行，世界各国900余名专家出席了会议，其中约50人来自中国。中国核学会作为主办单位之一，全面参与了提名中方领导机构，组织大会报告和专业文章，推荐15名专题主席和数十名中方审稿人，为15名中国大学生争取参会资助等工作。会议的举办有效地促进了中外学者之间交流和联系。国内专家通过参会更好地了解国际核能及核科学技术发展的最新态势，也扩大了中国在国际学术领域话语权。国际核工程大会还密切了中国核学会与美国机械工程师学会、日本机械工程师学会两个国际著名学术团体的联系和友谊，为今后更深层次的合作打下了良好的基础。

（四）第九届两岸核能学术交流研讨会

12月1—2日，第九届海峡两岸核能学术交流研讨会在台湾桃园县龙潭乡核能研究所举行。中国核学会理事长李冠兴院士和台湾核能科技协进会董事长欧阳敏盛发表了热情洋溢的讲话，双方都共同提到，目前两岸关系已进入一个良好的环境，双方应抓住有利时机，进一步加强合作。本次研讨会共分4个单元进行，重点研讨了核电厂建设与改造、核电营运及安全管理、核废管理及核电产业等主题，共有19名专家做了专题技术报告。研讨会的最后，双方举办了“两岸在核电产业发展合作机会与努力方向”座谈会，为两岸同行合作走向实质化进行了有益的探讨。中国核学会代表团以理事长李冠兴院士为团长，一行共 16 人。此次赴台除参加研讨会外，还环台湾岛参访了相关的核电厂、电力公司及设备制造厂，与各单位专家进行了各种形式的交流。各界人士对两个学术团体多年来为两岸核能学术交流所作的贡献给予了高度的评价。两岸专家指出，研讨会为两岸核能界学术及相关交流提供了一个窗口，搭建一个很好的平台，希望今后两岸继续多方面交流和互动，开展更广泛的学术研讨，并就核电产业人才培养、经验交流，甚至产业互补、资源共享等方面进一步开展合作。

（五）钍资源核能利用国际学术研讨会

9 月 3—5 日，由中国核学会等单位共同主办的“2009 钍资源核能利用国际学术研讨会”在内蒙古包头召开。内蒙自治区科技厅厅长、包头市副市长等领导专程到会祝贺。来自美国、加拿大、日本、乌克兰、挪威和中国的 80 余名专家参加了会议。钍是重要的战略资源，但其利用在我国尚处在起步阶段，而且由于其伴生在稀土矿之中，还存在环境污染问题。我国钍储量居世界第二，其中包头钍资源占全国已探明量的 77%。根据我国核电中长期发展规划，到 2020 年核电装机容量将占发电总容量的 5%，铀资源的匮乏及核电装机容量的快速发展，对加快钍资源开发利用提出了新的要求。研讨会从资源和环保两个角度进行了深入的研讨。

（六）美国核学会代表团来华访问

美国核学会成立于 1954 年，是世界著名的学术团体。中美两国核学会早在 20 世纪 80 年代初期，就已建立了友好联系，特别是中国改革开放之初，两国核学会更是中美核科技界交流的主要渠道。

5 月 4—15 日，应中国核学会的邀请，以美国核学会主席 W. Burchill 为团长的美国核学会代表团一行 8 人来华访问。中国核学会理事长李冠兴院士会见了 Burchill 一行，双方在亲切友好的气氛中，就中美两国核学会以及核领域的交流与合作等问题交换了意见。李冠兴表示，美国核学会是中国核学会的老朋友，在中国核事业大发展的背景下，今后双方要进一步加强联系，为中美两国核事业的发展作出积极的贡献。Burchill 先生介绍了美国核学会的有关情况，并邀请中国核学会在方便的时间访问美国。在中国核学会人员陪同下，美国核学会代表团在京期间分别与国家能源局孙勤副局长、国家原子能机构王毅韧副主任、国家核电技术公司王炳华董事长、中国核工业集团公司杨长利副总经理进行了友好会晤，参观了清华大学高温气冷实验堆。结束北京访问之后，代表团拜访了上海交通大学、上海核工程研究设计院，参观了三门核电基地，最后抵达深圳，拜访了中国广东核电集团公司，并参观了大亚湾核电站。

（七）院士秦山行

10月24日，应中国核学会和秦山核电有限公司邀请，中国工程院院士、原中国工程物理研究院院长胡思得，中国科学院院士、核物理学家吕敏到秦山作报告。来自秦山核电基地的青年科技人员和海盐县青年代表200多人聆听了这场题为“弘扬两弹精神，立足岗位成才”的报告会。胡思得院士用珍贵的照片、生动的语言，为大家讲述了当年研制原子弹、氢弹的艰苦经历。“核试验成功是集体智慧的结果”，吕敏院士以此告诉青年科技工作者要有团队精神和创新思维。秦山核电有限公司运行部的一位青年科技人员会后表示：“通过这次报告，我们不仅了解了那段刻骨铭心的历史，更激发了发扬老一辈科学家的奋斗精神，肩负起新时代的重任和使命，艰苦奋斗，勇攀高峰，立足岗位成才，做一名核工业合格接班人的决心。”

（八）院士吉阳行

6月23日，中国核学会与安徽省池州市委市政府、中核集团安徽吉阳核电有限公司在池州举办核电科普知识专题报告会，邀请中国工程院院士叶奇蓁、中国核学会原秘书长傅满昌作核电科普知识报告，池州市委书记童怀伟主持了报告会并做大会总结。叶奇蓁院士、傅满昌研究员以其渊博的理论知识和丰富的实践经验，就中国核电现状和前景、核电是安全的能源，以及安徽吉阳核电采用的三代AP1000核电技术等进行了深入浅出的精彩讲解。他们分析了我国核电发展现状，阐述了核能发电的优势和发展前景，指出核电是安全、清洁、经济的能源，是可大规模开发应用的能源。专家们的报告既传授了基础知识，也讲解了核领域的前沿技术和最新进展，为参会的池州党员干部、广大市民送上了一席核电科普的“盛宴”。

（九）院士二连行

11月12日，中国核学会和中核铀业公司联合主办的核科普知识讲座活动在二连浩特市举行。二连市党政班子部分成员、有关部门负责人以及各界代表50余人，参加了此次活动。二连市广播、电视及新闻机构予以全程报道。讲座活动由二连市市委常委、市委秘书长孙振江主持。在中国核学会理事长、中国工程院院士李冠兴的带领下，来自清华大学、中国原子能科学研究院和中核铀业公司的四位专家分别就“核电和天然铀的保障供给”、“核能基本知识”、“辐射防护与安全”、“国家宝贵资源——铀”进行了讲解，并结合科研、实践和亲身经历，生动、形象地介绍了天然铀开采过程中的安全与保障。会上，还向参加活动的人员发放了中国核学会组织编制的《国家宝贵的资源——铀》科普丛书。此次核知识科普活动开核工业铀矿冶科普宣传教育活动形式之先河，是铀矿冶在项目建设过程中消除地方政府与公众的误解和恐慌的一种尝试，使不同层面的公众对核能与天然铀的开采有了正确的认识，为二连铀矿冶工程项目建设创造了更为宽松、和谐的社会环境。

（十）青年科技工作者座谈会

11 月 18 日，中国核学会举办了“我的青春谁做主”青年科技工作者座谈会，这是中国科协会员活动日的一项内容。众多青年科技工作者和关注青年工作的老专家出席了青年科技工作者座谈会，大家围绕“在核电发展大好形势下青年科技工作者如何快速成长”这一议题进行了热烈的讨论。与会者还建议中国核学会进一步采取措施，加强核学会在青年科技工作者培养中的作用，给年青人提供更多的发展机会。

（十一）科技人才推荐

2 月，学会成立了以理事长李冠兴院士为组长，基本由院士组成的 11 人“两院”院士增选推荐小组，对各分会推荐的 15 名候选人进行了认真的评选并上报中国科协。最终，由中国核学会推荐的加速器专家刘国治当选中国科学院信息技术科学部院士；3 月，在各分会和团体单位推荐的 15 名候选人基础上，经专家评委会评审后，核学会向中国科协推荐了 2 名第十一届中国青年科技奖正式候选人；9 月，根据中国科协部署，经各分支学会推荐，核学会向中国科协高层人才专家库推荐了 192 名专家，其中 118 名正式收录进“国家高层人才专家库”。另外，还向中国科协报送国家科技进步二等奖和国家自然科学二等奖各一项。

中国同位素与辐射行业协会

2009年是我国经济经受考验的一年，中国同位素与辐射行业协会专家委员会（以下简称专委会）在广大会员单位的支持和上级协会的指导下，顺应行业形势发展，围绕服务会员、做好桥梁，以抓好行业基础性工作为中心，积极开展工作，在争取国家政策支持、标准制定、人才培训、技术与信息交流、行业管理等方面做了大量卓有成效的工作，圆满完成了2009年年度工作计划。

一、拟定规划、建议，争取国家政策支持

（一）起草《关于发展食品辐照技术保障食品安全建议》

为发挥辐射技术在解决国家食品安全问题中的作用，专委会多次组织专家座谈会。根据座谈会上形成的意见起草了《关于发展食品辐照技术保障食品安全的建议》，获得王乃彦、陈子元、陈达、陈君石、潘自强等5位院士的赞同和支持，通过中科院院士工作局上报了国务院。文本建议在振兴我国食品工业进程中，将辐照技术作为一项成熟的新技术广泛应用于农业产品和食品加工，保障食品品质和安全，加速我国食品工业现代化进程。

（二）编制《2009—2013年我国辐照食品技术创新与产业化发展建议》

根据建议，10月专委会组织专家起草了《2009—2013年我国辐照食品技术创新与产业化发展建议》。纲要根据市场需求和现有技术装备水平，提出将重点发展六类食品及相关品种的食品辐照技术应用，扩大辐照食品加工的产业规模：（1）调味品、脱水蔬菜类；（2）肉类及制品；（3）冷冻海产品类；（4）水果保鲜及检疫杀虫；（5）谷物进出品检疫；（6）宠物食品类。争取在5年左右时间内，食品辐照的年处理量从2008年的17万吨增加到50万~70万吨，对国民经济的贡献率达到450亿~600亿元。专委会将在此基础上，形成《我国辐照食品加工行业“十二五”发展规划》，上报政府相关部门决策参考，并作为行业发展的指导规划。

（三）编制《辐射改性新材料及产品国标系列“十二五”规划》

为进一步推动我国辐射加工产业发展，争取辐射改性新材料及产品获得国家高新技术产业政策的支持，2009年4月专委会在协会网站发布了《关于启动辐射改性新材料及产品国标系列的紧急通知》，广泛征求会员单位的意见后，与核工业标准化研究所联合编制了“辐射改性新材料

及产品”国标系列“十二五”规划，争取纳入国标委标准制订计划。

（四）编制《国防军工行业标准化“十二五”核辐射技术应用标准发展规划》

在全国核能标准化委员会和专委会推动下，在国防科工局归口组织的《国防军工行业标准化‘十二五’发展规划》中，“核技术应用标准研究与制定”作为重要子项被列入。规划中的“核技术应用标准”主要是同位素与辐射加工方面军用、军民两用和重要民用产品标准；其中辐射加工产业标准主要内容包括：辐射改性新材料及产品、重要技术装备、特种食品辐照技术及工艺、环境保护与治理等。辐射加工专业委员会在广泛征求会员单位意见后，于2009年11月完成了规划文本的编制，上报国防科工局。

二、标准制定

（一）完成国标《辐射加工用电子加速器工程通用规范》的制定

由专委会和核工业标准化研究所联合提出并组织有关单位和专家编制的推荐性国家标准《辐射加工用电子加速器工程通用规范》，经过近两年的起草工作，10月完成标准送审稿。该标准在组织形式和内容方面都具有创新性。标准起草模式采取“企业＋专家”模式。该标准将电子加速器辐射装置作为一个整体工程考虑，包含了电子加速器装置、束下装置、控制系统和厂房建设等组成部分，是一部具有创新性的、完整的工程性标准。全国核能标准化技术委员会于2009年10月23日在北京主持召开了标准审查会。会议认为，该标准为“国内外首创”，“达到了国际领先水平”。11月，完成了报批稿。

（二）启动辐射改性新材料、特种辐照食品等标准前期工作

12月，专委会将先行启动的五个专题的15个标准清单报送全国核能标准化委员会，计划在2011年底前完成这些标准的起草报批工作。五个专题包括：辐射改性新材料及产品、特种辐照食品、医疗用品辐射灭菌消毒、辐照装置及运行规范、术语等。这些标准的制定和实施必将提高辐射加工技术在国民经济中的地位。

三、开展第三期辐射加工从业人员职业培训

为了适应我国辐射加工产业发展的需要，落实“3×100”人才培训计划，解决辐射加工行业人才短缺的现状，第三期辐射加工行业职业培训班于7月1日开学。来自全国23个业内单位的34名学员报名参加学习。专委会认真总结了前二期培训班工作经验，组织专家对培训教材进行了补充修改；延长了培训班集中辅导时间；规范了培训班管理工作，提高了辅导老师

的工作积极性。11 月 1—6 日，在京举行了培训班必修课程的集中辅导与考试。本期培训班预计于明年 4 月份结业。三期培训班累计培训了近 120 名学员。通过学习，许多学员在各自工作岗位上取得了好成绩。

四、加强技术交流与研讨

（一）召开了全国辐射交联线缆及加速器装置发展研讨会

2009 年 8 月 24—26 日，专委会和中国电器工业协会电线电缆分会在青海省西宁市联合召开了全国辐射交联线缆及加速器装置发展研讨会。本次会议主题为：辐照交联线缆产业发展的新机遇。来自全国辐射加工行业的 140 位代表与会。会议主题明确、内容丰富、研讨富有成果。会议共收到交流论文 21 篇，安排大会报告 18 篇。会议认为，辐射交联技术具有独特的技术优势，行业发展前景广阔，希望两协会进一步加强合作，提高辐照交联产品认知度，共同拓展市场空间。会议期间，专委会组织有关单位召开了“辐射改性新材料及产品”国标起草工作座谈会，就标准起草的组织工作达成了共识，建议成立标准起草组。为促进辐射交联电线电缆的发展，两协会领导通过磋商，决定成立联合专家委员会。联合专家委员会的主要任务是参与拟定辐射交联线缆和辐照装备发展规划，提出中近期行业发展中重大技术攻关项目；为两协会会员单位进行跨行业技术咨询和信息服务；结合国家重点行业和重点工程，介绍推广辐射加工技术和辐照交联线缆产品；参与对专业人员培训和专项技术评价。

（二）召开了全国辐照食品技术创新与商业化研讨会

我国辐照食品已成为辐射加工产业重要组成部分。根据当前我国食品安全形势和需求，为提高辐照食品技术水平，规范辐射加工企业行为，专委会与中国原子能农学会于 2009 年 12 月 8—11 日在广西桂林市联合召开了全国辐照食品技术创新与商业化研讨会。会议主题是：发展辐照食品技术，保障食品质量与安全，稳步推进商业化。近 120 名代表与会。会议安排报告 15 篇。报告内容涉及国内外辐照食品现状、政策法规、质量控制、工艺研究、装置安全、行业管理等。

会议围绕主题，研讨热烈，观点明确，在主要问题上达成了共识：（1）会议认为辐照技术用于食品加工具有广普性、节约性、专业性等明显优势，商业化前景广阔；（2）行业应坚持技术创新，打造特色食品，把辐照食品技术应用重点放在地方特色食品、特种食品；（3）正确定位辐射技术在辐射加工中的作用，食品加工是一个很长的产业链，辐照食品技术只是中间的一个环节，辐照食品加工企业重点是把这个环节经营好；（4）商业化的前景需要提高民众认知度，加大宣传力度。

会议建议：（1）抓住机遇，做好行业发展“十二五”规划，引起政府相关部门的重视；（2）利用多种渠道和政府主管部门沟通，获得政府对行业发展的理解和支持；（3）优化辐照食品产业结构，争取在辐照食品种类上有新的突破；（4）做好辐照食品加工信誉单位认证，把企业社会责任放在首要高度；（5）启动辐照食品加工行业文化宣传工程，利用内刊、多媒体光盘、网络、行业与政府沟通等形式，为行业发展创造一个良好的空间环境。

五、加强国际交流与合作

由专委会副主任王传祯率团，专委会于2009年9月11—27日赴美国参观访问。来自12个单位的28名成员参加了考察。部分代表在美国期间访问了IBA、STERIES Isomedics、Nydree公司以及美国能源部、FDA等部门的专家领导，进一步了解辐照食品、辐照木塑地板、辐照消毒以及加速器和钴源辐照装置在美国发展应用的情况。获得了有关辐照食品、辐照木塑地板和加速器的一些相关资料。

六、加强行业宣传和信息交流

（一）出版发行了6期《辐射加工》内刊

在副主任轮流担任责任主编的模式下，按计划发行了6期《辐射加工》，收录文章近120篇，文字信息量近30万字。信息量比前几年大大增加。专委会利用《辐射加工》对辐照食品进行了系统的宣传。

（二）加强网站日常维护工作

加强了协会网站的信息发布与更新工作，为协会与会员单位之间的及时信息交流起到了重要作用。

七、积极开展咨询服务

为国家原子能机构关于《中华人民共和国与国际原子能机构的技术合作国家计划框架》中的“食品辐照技术”、“工业用电子加速器”等部分提供了基础数据与意见。

为一些会员单位提供了技术咨询，促成一些合作研究项目。

八、启动两项重要基础性工作

（一）启动辐射加工行业公众科普宣传计划

为扩大行业影响，专委会启动了“辐射加工行业公众科普宣传计划”。计划将采用内容浅显易懂的多媒体光盘系列形式，科普内容包括辐照食品、辐射化工、辐照装置、医疗用品辐照灭菌消毒等四个专题。该项计划的实施必将对辐射加工产业发展产生深远的积极影响。

（二）启动辐照食品加工信誉单位认证

为了推动辐照食品加工产业健康可持续发展，经协会同意，专委会11月启动了辐照食品加工信誉单位认证。为规范认证程序，起草了《中国同位素与辐射行业辐照食品加工信誉单位认证办法》。信誉认证是行业内部自我管理、自我约束的一种措施。旨在提高全行业社会责任，规范食品辐照加工单位的行业规范。

九、存在的问题

活动经费严重不足，严重影响了开展工作的主动性，制约了基础性工作的开展；行业科普宣传工作力度不够，国家主管部门及相关行业对辐射技术及产业发展了解较少，影响技术推广及产业化进程。

中国核工业教育学会

中国核工业教育学会遵守国家法律法规和社会团体章程，较好完成了学会预定的2009年度活动计划。在2009年里，中国核工业教育学会开展了以下工作：

一、为了配合核工业事业的快速发展，掌握高校核人才的培养动向，学会秘书处设计出《普通高等院校核专业人才培养近3年情况调查》统计表，先后向清华、北大、上海交大、哈工程等20多所具有核专业的高校发出，统计表内容包括：

1. 近3年开设的核专业名称及招生的人数（包括本、硕、博）；

2. 毕业生近3年流向中核集团、中广核集团、中电投集团、国家核电、中核建设集团、中国大唐等公司的人数；

3. 高校目前与培养单位的合作模式；

4. 2010—2020年的规划中，高校在现有基础上拟增设的新专业及扩大招生的人数；

5. 高校希望与用人单位采用进一步的合作模式等多项调查内容。

秘书处对反馈回来的大量数据进行了仔细整理，并把整理后的数据运用到有关研究工作之中。

二、为推进校企合作，探索核专业人才培养的新途径和新方式，把高校人才培养与核工业人才需求结合起来，中国核工业教育学会副理事长兼秘书长周刘来亲自带队，于2009年8月3日至10日组织高校工作小组成员单位北京大学、清华大学、上海交通大学、南华大学、苏州大学、哈尔滨工程大学、中国工程物理研究院、东华理工大学、西南科技大学、兰州大学等11个单位一行20人，对中国核工业集团公司所属的中国原子能科学研究院、中国核电工程有限公司、核工业西南物理研究院、中核兰州铀浓缩有限公司和中核四〇四有限公司就人才需求情况和人才培养要求进行了调研。在调研期间，调研小组听取了相关核工业单位的介绍，实地学习考察了相关企业和研究院，并与核工业单位的领导、专家和职工进行了座谈。通过这次考察，高校的代表不但对考察的安排感到十分满意，而且一致认为要以这次考察活动为契机，加强高校与核工业单位的合作，努力建设产学研基地、学生实践基地，加强科研项目的合作等方面的工作。考察结束，由南华大学代表写出了《关于开展“十二五”核专业人才供需状况调研工作的报告》。

三、由中国核工业教育学会主办、秦山三核承办的“核电企业高技能人才培养研讨会”在浙江海盐召开，此次研讨会是中国核工业教育学会2009年“学会学术研讨年”重要活动之一。中核集团、中核建设集团下属15家学会核电组成员单位以及中电投山东核电、海南核电等特邀单位出席此次会议。来自学会成员单位中国核工业建设集团公司、中国核动力研究设计院、秦山核电有限公司核特有技能鉴定站等5位代表作了专题发言，其他代表就本单位在技能人才培养方面取得的成果以及良好实践，并结合单位自身实际，进行了充分的探讨和交流。会议结束，由秦山三核代表把代表发言的摘要和会议形成的几点共识，写进了研讨会的报告之中。

四、秘书处向学会各会员单位发出了收取2009年学会会费的通知，2009年共收取了11.6万元会员会费。

五、 完成了学会2008年年检申报工作。

六、2009年，学会接受了西南科技学院、华北电力大学、海南核电有限公司参加中国核工业教育学会的申请。正在办理申请的还有山东核电有限公司，将根据学会章程完成该项工作。

七、 2009年，学会派人参加了中国成人教育秘书长会议、核教育培训国家研讨会、中国教育发展战略学会座谈会等，与其他兄弟学会交流了信息。

企业风采

cpecc ECEPDI

中国电力工程顾问集团
华东电力设计院

秦山核电厂一期工程常规岛

“秦山三十万千瓦核电厂设计与建造”获国家科学技术进步特等奖

“秦山600MWe核电站设计与建造”获国家科学技术进步一等奖

华东电力设计院1953年创建于上海，现隶属于中国电力工程顾问集团公司，是中国勘察设计单位综合实力百强和获得国家质量、环境和职业健康安全管理体系认证证书，并具有工程勘察、工程设计综合甲级资质的单位。华东电力设计院主要承担电力系统规划，火电、核电等发电工程和超高压、特高压等输变电工程的勘测设计、咨询、监理、总承包等工作，截至2009年底共有在职职工1065人，其中工程技术人员871人。

华东电力设计院坚持发展高新技术，在300MW、600MW、1000MW、1250MW各容量等级核电厂常规岛、600MW级亚临界/超临界/超超临界和1000MW级超临界/超超临界燃煤发电、超高压/特高压交直流输电、洁净煤发电、天然气发电等方面的设计技术水平处于国内领先。

华东电力设计院开展了以我国首台百万千瓦超超临界燃煤机组华能玉环电厂勘测设计为代表的一批大容量火力发电勘测设计项目，截至2010年7月，全国范围内已投产的单机容量1000MW超超临界火电机组共有25台，其中有15台机组由华东电力设计院设计；开展了以三门核电厂为代表的一批核电工程常规岛设计。截至2009年底，华东电力设计院参与设计并投产的核电项目有秦山核电厂一期和二期工程、巴基斯坦恰希玛核电站1号机组工程，目前还承接了浙江三门核电厂一期和二期工程，秦山核电二期扩建工程，巴基斯坦恰希玛核电站2号和3、4号机组工程，福建福清核电1~6号机组工程，浙江方家山核电工程，海南昌江核电站工程，湖南桃花江核电厂工程等多个国内外大型核电站的常规岛设计任务。此外，还开展了一批核电项目的前期设计工作。

由华东电力设计院参与完成的“秦山三十万千瓦核电厂设计与建造”1997年获国家科技进步特等奖；参与完成的“秦山60万千瓦核电站设计与建造”2005年被国务院授予国家科学技术进步一等奖；参与完成的“超超临界燃煤发电技术的研发和应用”和“恰希玛核电工程技术研究设计”两个项目2008年被国务院分别授予国家科学技术进步一等奖和二等奖。

秦山核电厂二期工程常规岛

大事记

中国核能行业2009年度十大新闻

一、党和国家领导人高度重视和关注我国核能事业的发展，多次视察核能企事业单位

9月22日，国家主席胡锦涛在联合国气候变化峰会上发表重要讲话时提出，大力发展可再生能源和核能，争取到2020年非化石燃料能源占一次能源消费比重达到百分之十五左右。

11月11日，中共中央政治局常委、全国人大常委会委员长吴邦国到中核四〇四有限公司视察。

6月9日，中共中央政治局常委、中央书记处书记、国家副主席习近平视察了兰州铀浓缩有限公司。

10月11—15日，中共中央政治局常委贺国强在上海视察工作期间，到上海电气集团公司上海临港基地考察，并参观了高能级曲轴、汽轮机、核电蒸汽发生器等填补国内空白的重大装备制造产品。

5月7日，中共中央政治局委员、国务院副总理张德江视察了核工业理化工程研究院。

二、我国核电建设继续拓宽合作途径

9月29日，中共中央政治局常委、国家副主席习近平出席在北京人民大会堂举行的大亚湾核电站延长合营期合同签字仪式。

12月21日，中共中央政治局常委、国务院副总理李克强在北京会见法国总理菲永，双方共同出席了台山核电站开工暨台山核电合营有限公司成立仪式。

三、在役核电站实现安全稳定运行，多个核电新项目相继开工，我国成为世界上在建核电项目最多的国家

截至12月30日，中国广东核电集团有限公司大亚湾核电站自商业运行以来上网电量达到2000亿千瓦时。截至12月11日，中国核工业集团公司在役7台核电机组年内已累计发电364亿千瓦时。我国在役核电站全年实现了安全稳定运行，为国民经济发展和人民生活做出了积极贡献。

4月19日，作为我国核电自主化依托项目之一的、世界首座采用三代AP1000技术的浙江三门核电一期工程正式开工。中共中央政治局常委、国务院副总理李克强出席了工程开工典礼。李克强强调，推动核电建设要坚持核电自主化发展方向，瞄准新一代先进核电技术，依托重大项目，推动引进消化吸收再创新，不断提高我国核电自主化建设能力。

2009年内，我国还有8台新核电机组开工建设：3月7日辽宁红沿河核电

站 3 号机组，6 月 5 日广东阳江核电工程 2 号机组，6 月 17 日福建福清核电站 2 号机组，7 月 17 日浙江方家山核电工程 2 号机组，8 月 15 日辽宁红沿河核电站 4 号机组，12 月 15 日浙江三门核电一期工程 2 号机组，12 月 21 日采用欧洲先进压水堆（EPR）三代核电技术建设的广东台山核电站相继开工建设，12 月 28 日采用三代 AP1000 技术的山东海阳核电一期工程 1 号机组开工仪式在工程现场举行。截至 2009 年年底，已核准 10 个核电项目共 28 台机组，总容量为 3140 万千瓦，其中 20 台、2192 万千瓦开工建设。我国成为世界上核电在建规模最大的国家。

四、IAEA“面向 21 世纪核能部长级国际大会”在京举行

4 月 20—22 日，“面向 21 世纪核能部长级国际大会”在北京国际会议中心举行。这次大会是经国务院批准，由国际原子能机构主办，中国国家原子能机构承办，中国核能行业协会协办的。大会的主要议题是：能源资源与环境；核电发展基础结构；核电技术现状和展望；燃料循环和燃料供应、乏燃料和废物管理等。来自 61 个国家和 7 个国际组织的 800 多名正式代表和观察员参加了本次大会。

中国政府高度重视本次大会，国务院副总理张德江出席开幕式并发表了重要讲话。张德江强调，加快发展核电，提高核电等清洁能源占能源供给总量的比重，是中国能源发展的战略重点。

为配合 IAEA“面向 21 世纪核能部长级国际大会”的召开，4 月 19—22 日，由中国核能行业协会主办的第八届中国国际核电工业展览会在北京举办。来自亚洲、欧洲、美洲的 15 个国家及地区，200 多家享誉中外的核电工业企业、科研院所参加了本届中国国际核电工业展览会。

五、核电关键设备国产化工作取得重要进展，我国核电设备国内配套能力显著增强

6 月 1 日，由东方重机承制的，岭澳核电站二期 4 号机组国产化反应堆压力容器（RPV）水压试验一次成功。反应堆压力容器是组成反应堆冷却剂系统压力边界的重要设备。这次试验成功，标志着我国已能自主生产百万千瓦级压水堆反应堆压力容器。

11 月 19 日，我国首台具有自主知识产权、由重庆水泵厂和中国核电工程有限公司合作研发的上充泵，在重庆通过了国家能源局、中国机械工业联合会及有关核电企业上充泵专家的技术鉴定。

12 月 7 日，国产核电站主泵在四川德阳东方阿海珐核泵有限责任公司出厂并发往广东岭澳核电站。首台百万千瓦核电站反应堆主冷却泵的制造成功，标志着我国核电设备主要部件的国产化取得重要进展，核电设备国内配套制造能力显著增强。

六、"2009全国核电运行和建设管理经验交流大会"在京举行，"安全第一、质量第一"形成高度共识

12月8—9日，由国家能源局和国家核安全局联合主办，中国核能行业协会承办的"2009全国核电运行和建设管理经验交流大会"，在北京国家会议中心举行。这是我国核电进入加快发展的关键时期召开的一次重要会议。这次大会的主题是：交流、共享运行与建设管理经验，实现核电产业又好又快又安全发展。国家能源局、环境保护部（国家核安全局）领导出席会议并作了讲话。来自全国核电行业的80余家企事业单位的300名代表参加了会议。会议共收集到论文140余篇，其中40余篇论文在会议上进行了交流。

会议认为，面对核电快速发展的好形势，在看到有利条件的同时，核能界必须保持清醒头脑，必须始终坚持"安全第一、质量第一"的根本方针，必须正视核电安全性和经济性、放射性废物、核燃料供应、核设备制造、自主创新以及核专业人才等方面存在的诸多挑战，以确保我国核电产业积极、稳妥、健康、有序发展。

七、我国海外铀资源开发工作取得重要突破

4月29日，中国在中亚地区的首个铀资源合资开发企业——谢米兹拜伊铀有限责任合伙企业在哈萨克斯坦共和国阿拉木图揭牌成立。此前一天，中哈合作开采的第一个铀矿——该合资企业旗下的伊尔科利铀矿开工。根据协议，伊尔科利铀矿和谢米兹拜伊铀矿的产品将全部用于中国核电站。

中国核工业集团公司也在尼日尔、津巴布韦、纳米比亚、蒙古等国家成立子公司，并与澳大利亚、法国、哈萨克斯坦、俄罗斯等国保持着密切联系和业务往来。中国国核海外铀业有限公司控股的尼日尔阿泽里克铀矿山建设工程是我国第一个走出去自主开发的铀矿项目,有望在2010年投入试生产。

八、核地质与核燃料循环产业取得重大成果与进展

由核工业北京地质研究院和核工业二〇八大队共同承担的《鄂尔多斯盆地北部地浸砂岩型铀矿时空定位和成矿机理研究》项目入选2009年度中国地质学会十大地质科技进展；由核工业二一六大队承担的《新疆察布查尔县蒙其古尔铀矿床勘查取得重大突破》入选2009年度中国地质学会十大地质找矿成果。

我国核燃料专用设备二期工程达产，进一步增强了我国核燃料循环产业能力，标志着我国在核燃料专用设备制造方面迈上了一个新的台阶。核安全与核设施退役治理工作稳步推进。

九、核能领域国家重大科技专项起步阶段的工作取得新进展

12月17日，国核示范电站有限责任公司在京宣布成立。标志着CAP1400国

家大型先进压水堆核电站重大专项示范工程起步阶段的工作取得新进展。

大型先进压水堆核电站作为《国家中长期科学和技术发展规划纲要（2006—2020年）》确定的16个重大科技专项之一，是我国建设创新型国家的标志性工程。CAP1400的目标将是在消化、吸收、全面掌握第三代核电技术AP1000的基础上开发具有自主知识产权、更大功率的非能动大型先进压水堆技术。

此外，作为国家科技重大专项之一的我国首座高温气冷堆核电站示范工程项目——华能山东石岛湾核电厂前期准备工作基本完成，即将开工建设。

十、核能领域重要科研项目及研发平台建设取得重大进展

11月30日，在新的国家核动力研发基地，隆重地举行了开工庆典。新基地落户成都市，它的建设，将全面提升我国核动力研究设计的基础能力，显著增强先进核动力和核电技术自主创新的能力，对中国核动力事业的发展具有重要意义。中国核动力研究设计院将根据国家核电中长期发展规划，用10~15年的时间，打造一个配套完善、世界一流的综合性核动力研发平台。

12月3日，国家科技部在成都组织召开了核工业西南物理研究院国际热核实验反应堆项目（ITER）专项2009年度国内配套项目启动大会。西物院承担了两项ITER国内配套项目：电子回旋二次谐波共振加热技术和固态增殖剂固态屏蔽包层设计与技术可行性研究。

作为“863”高科技规划重要内容的中国实验快堆基本建成即将临界，作为国内重大科研项目之一的中国先进反应堆也已基本建成。

2009年中国核能行业大事记

1月9日，国家科学技术奖励大会在北京人民大会堂隆重举行，中核集团的“加速器驱动洁净核能系统（ADS）的物理和技术基础研究”项目获得国家科技进步二等奖。

1月13—15日，中国核工业集团公司2009年度工作会议在京召开。温家宝、贾庆林、李长春、李克强、张德江、刘延东、郭伯雄等中央领导同志对会议作出重要指示（批示）。

1月15—16日，国家核电技术有限公司2009年度工作会议在京召开。

1月18日，浙江方家山核电工程（秦山核电厂扩建项目）、福建福清核电站一期工程土建工程施工合同签字仪式在北京举行。

1月20日，中国广东核电集团有限公司与EDF召开技术支持体系与运营管理标准化建设研讨会。

1月份，国家发改委副主任、国家能源局局长张国宝，国务院国资委主任李荣融，工业和信息化部部长李毅中对中国广东核电集团有限公司发展作出重要批示。

1月30日，中国核工业集团公司、上海电气集团公司与西班牙核设备公司在西班牙马德里签署了海南昌江核电工程蒸汽发生器设计和制造合同，正在西班牙访问的国务院总理温家宝和西班牙首相萨帕罗出席了签字仪式。

2月3日，由东方锅炉（集团）股份有限公司首次独立自主制造完成的广东岭澳二期1000MW核电站3号机组核岛主设备——稳压器正式运往工地。这标志着我国1000MW核电站重大装备的制造水平迈上了一个新台阶。

2月5—7日，受国家发改委委托，由中国国际工程咨询工程公司组织的山东海阳核电一期工程项目申请报告核准评估会召开，国家有关部委、山东省有关部门、有关设计院和各股东方代表、特邀单位代表共180余人参加了会议。通过评估，与会专家对海阳核电站所作的前期工作表示肯定。

2月7日，中共中央政治局常委、国务院副总理李克强同志视察中广核集团。李克强副总理一行先后视察了岭澳观景平台、岭澳核电站2号机组主控室和岭澳二期工程现场。

李克强强调，坚持自主创新，开发使用世界先进的数字化主控室，对于核电发展非常重要，一定要确保安全，特别是从调试开始，就要不断总结、改进和提升，待成熟后再推广使用到后续核电项目，为国家核电发展作出贡献。

2月8日，福建宁德核电站一期工程3、4号机组核岛负挖工程正式开工，标志着3、4号机组开始进入主体土建施工准备阶段。

2月9日，由东方重机南沙基地承制的我国首台改进型百万千瓦汽水分离再热器正式下线，顺利起吊，并运往广东岭澳核电工程，向世界展示了中国在核电常规岛技术方面的实力。

2月12日，全国人大常委会副委员长，中国科学院院长、党组书记路甬祥视察中国原子能科学研究院。路甬祥指出：“中科院要加强与原子能院的密切合作，建立战略合作伙伴关系，为发展核科学技术，支持国家发展，造福人民作出更大贡献。”

2月12日，中核国际有限公司在香港华润大厦举行了开业典礼。中核国际有限公司是中国国核海外铀资源开发公司在香港的全资子公司，是中核海外铀业控股有限公司成功收购香港主板上市公司科铸技术集团公司75%的股份后而更名的公司。

2月16日，中核河南核电有限公司在郑州黄河迎宾馆揭牌成立，标志着南阳核电项目筹建工作迈出了关键步伐。

2月17—18日，由国家能源局组织的我国核电技术装备自主化第三次工作会议在海南省海口市召开，中广核集团在会上作了关于红沿河、宁德、阳江项目装备自主化情况的专题发言。

2月17日，中广核集团与越南电力公司在越南河内签署了核能领域合作意向书，并与越南电力公司、越南原子能委员会等单位负责人就集团参与越南第一个核电项目有关工作的合作内容进行了洽谈。

2月18日，中国核工业建设集团公司2009年度工作会议在京召开。

2月21日，中电投山东海阳核电一期工程核岛负挖工程顺利通过国家核安全局组织的专家检查组现场验收。

2月23日，国家核安全局向红沿河公司颁发了红沿河核电站3、4号机组建造许可证。

2月24—26日，大型核电重大专项CAP1400概念设计方案在上海通过专家初步评估。

2月25日，安徽吉阳核电有限公司在安徽合肥市揭牌成立，中国核工业集团公司同时与有关方面签署了安徽吉阳核电项目投资协议。

2月27日，中核建中燃料元件有限公司第4000组燃料组件下线。

2月28日，浙江三门核电站一期工程核岛工程承包合同在北京钓鱼台国宾馆签订。

2月28日，中国第一重型机械集团公司与中国广东核电集团有限公司在大连签订了总额超过10亿元的核岛主设备制造合同，并与大连市签署战略合作框架协议。

3月1日，上海核工程研究设计院正式启动了巴基斯坦恰希玛核电站3号、4号机组的设计工作。

3月2日，秦山二期扩建工程4号机组电气贯穿件设备出厂验收仪式在上海发电设备成套设计研究院举行。

3月3日，国家发展和改革委员会发文（发改办能源[2009]465号文）同意山东海阳核电项目3、4号机组按照AP1000压水堆技术路线开展前期工作。

3月7日，辽宁红沿河核电站3号机组正式开工。至此，红沿河核电站成为国内同时开工建设核电机组最多的核电项目。

3月11日，中国广东核电集团有限公司宣布，2009年将迎来核电建设高潮，全年其下属各核电项目工程建设总投资超300亿元。

3月13日，广西壮族自治区副主席林念修率领自治区发展改革委、环保局、国土局等相关部门视察防城港核电项目的征地搬迁、工程推进等工作，并召开项目推进工作现场会。

3月18日，中广核集团领导拜会了防城港市委书记禤沛钧、市长莫恭明，双方就防城港核电项目征地及如何加快推进工程进度问题交换了意见。

3月19日，大亚湾核电站第14、15次及岭澳核电站8、9、10次换料供应合同签字仪式在四川宜宾中核建中燃料元件公司隆重举行。

3月21日，中核四〇四中试工程冷试车顺利通过中核集团公司组织的专家组验收，同时通过了对中试工程热试启动工作的检查。

3月25日，国务院常务会议核准三门核电站一期工程项目。

3月26日，国家核安全局批准颁发三门核电站一期工程建造许可证。

3月27日，中国核工业建设集团公司二三公司秦山机械厂以总价480亿元成功中标方家山、福清、桃花江核电工程EVC堆坑主风管制作项目。

3月28日，中国广东核电集团韶关核电筹建处在韶关揭牌。韶关核电项目位于韶关曲江区白土镇，规划建设4台百万千瓦级压水堆核电机组，总投资超过500亿元人民币。

3月29日，三门核电站1号机组核岛筏基浇筑第一罐混凝土。

3月30日，中核辽宁核电有限公司在辽宁省葫芦岛市正式挂牌成立，同时，中国核工业集团公司与有关方面签署了辽宁徐大堡核电项目投资协议。

3月31日，中国广东核电集团有限公司与四川省人民政府在成都签署了核电及相关领域合作框架协议，四川核电一期工程筹建处正式揭牌。

4月2日，大亚湾核电运营管理有限责任公司获得法国电力公司（EDF）2008年度安全业绩挑战赛的工业安全、厂房管理和能力因子3项第一名，累计获得19项第一名。

4月3日，中国核工业建设集团公司和中国广东核电集团有限公司在江苏省扬州市一次签订8台核电机组土建工程合同。该合同成为我国核电建造史上土建工程数量最多、合同金额最高的“第一单”。

4月3日，国核宝钛锆业公司与美国西屋公司拥有的西屋电气英国有限公司在北京签署核级海绵锆项目合资经营合同。

4月3日，山东核电设备制造有限公司通过美国机械工程师协会（ASME）联检组为期4天的严格检查和评审，将被推荐到ASME协会发证。

4月7日，国务院国资委对国家核电技术有限公司的主业范围进行了确认和公布。

4月11日，由全国人大常委会副委员长、九三学社中央主席韩启德带队的九三学社中央低碳经济考察团到大亚湾核电基地调研，并就核电站的安全、运行、核燃料储备及核电对环境影响等问题进行交流。

4月18日，中广核产业投资基金管理有限公司揭牌，中广核产业投资基金（一期）募集协议签署。这是我国首家由企业发起并经国务院批准设立的产业基金。国家发改委副主任、国家能源局局长张国宝，中广核集团公司董事长钱智民共同为中广核产业投资基金管理有限公司揭牌。

4月19日，浙江三门核电站一期工程举行开工仪式，中共中央政治局常委、国务院副总理李克强出席并宣布该工程开工，拉开了三代核电技术AP1000全球首台机组建设的序幕。李克强强调，推动核电建设要坚持核电自主化发展方向，瞄准新一代先进核电技术，依托重大项目，推动引进消化吸收再创新，不断提高我国核电自主化建设能力。

4月20—22日，IAEA“面向21世纪核能部长级国际大会”在京举行。张德江副总理代表中国政府祝贺大会的召开，并强调核电是我国能源发展的战略重点。大会讨论了核能发展的一系列问题：能源资源与环境；核电发展基础结构；核电技术现状与展望；燃料循环和燃料供应、乏燃料核废料管理。来自61个国家和7个国际组织的800多名正式代表和观察员参加了本次大会。

4月21日，中共中央政治局委员、国务院副总理张德江参观第八届中国国际核电工业展览会。本届国际核电工业展览会由中国核能行业协会主办，于4月19—22日在北京中国国际展览中心举办，来自亚洲、欧洲和美洲15个国家和地区的200多家核电工业企业、科研院所参加了本届展览会。

4月21日，中国国家原子能机构主任陈求发和法国原子能委员会主席贝尔纳•毕戈签署了双方第十个《和平利用核能合作议定书》。议定书商定，双方将在核反应堆和放射性废物处理、核燃料循环后端、可控聚变、核专业技能人才培养等领域加强合作。

4月22日，法国国民议会议长贝尔纳•阿克耶率领法国国民议会代表团访问大亚湾核电基地。

4月22日，中科华核电技术研究院协同中广核集团有关单位与中核能源科技有限公司在北京正式签署了《高温气冷堆国家重大专项相关的设计与技术支持服务框架协议》。

4月23—24日，中广核集团与法国原子能委员会召开合作研讨会，并签署了《CEA-CGNPC核反应堆研发与放射性废物管理合作协议》。根据协议，中广核集团和法国原子能委员会将在现有的合作基础上，进一步拓宽合作领域，共同建立燃料行为、严重事故研究、老化和延寿管理等领域的协作实验室。同时，法国原子能委员会将协助中广核集团制定研发战略，提供结构力学方法与设计、中低放废物管理和优化等技术支持服务。

4月27日，在美国华盛顿举行的中美经贸合作论坛暨采购和投资项目签字仪式上，国家核电技术有限公司与绍尔集团签署战略合作框架协议。根据协议，双方将在世界范围的核电和能源市场上，在核电设计、项目管理、信息管理系统、设备采购和供货等多个领域拓展合作的深度和广度。

4月28日，上海核工程研究设计院与中国中原对外工程公司在上海签署我国出口巴基斯坦的恰希玛核电厂3号、4号机组（C3/C4）工程设计与技术服务总承包合同。

4月28日，广西防城港核电工程一期核岛区域开始负挖。

4月29日，谢米兹拜伊铀有限责任合伙企业揭牌仪式在哈萨克斯坦首都阿拉木图举行。该合资企业是中广核集团与哈萨克斯坦国家原子能工业公司共同出资成立的铀资源合资开发企业，旗下的伊尔科利铀矿于4月28日正式开工，这是中广核集团开工的第一个海外铀矿项目。

同日，哈萨克斯坦国家原子能工业公司与中广核集团签署了建立合资企业的备忘录，合资企业将在中国建设核电站。

4月29日，上海核工程研究设计院总承包的巴基斯坦恰希玛核电厂2号机组（C2）全范围培训模拟机出厂验收签字仪式在上海举行。

4月30日，广东台山核电站一期工程1号机组核岛土建预埋件不锈钢管道预制工程在二三公司施英达公司顺利开工。

5月7日，中共中央政治局委员、国务院副总理张德江到中核集团核工业理化工程研究院视察，再次带来了党中央和国务院对核工业的亲切关怀。

5月8日，清华大学核研院在昌平基地举行“先进反应堆工程实验室”奠基仪式，标志着核研院东区“核电国家重大专项基地”建设揭开序幕。

5月9日，国家电监会主席王旭东一行到中广核集团调研电力市场建设和电力体制改革工作。王旭东充分肯定了中广核集团在运核电机组多年来取得的安全运行业绩，双方就核燃料换料、核电上网定价机制、乏燃料处置等关心的问题进行了交流。

5月9日，方家山核电工程1号机组核岛反应堆厂房筏基E层砼顺利浇筑，比二级计划目标提前了21天。

5月10日，大亚湾核电站、岭澳核电站4台机组商运后累计上网电量达到3000亿千瓦时。大亚湾核电站上网电量2051.98亿千瓦时，供香港1401.50亿千瓦时；岭澳核电站上网电量948.02亿千瓦时。

5月12日，山东核电设备制造有限公司承担的我国第三代核电AP1000自主化依托项目首台机组——浙江三门核电站1号机组CA20结构模块的最后一个子模块（CA20—26）装车启运，标志着三门核电站1号机组CA20结构模块72个子模块全部制造完成并顺利出厂。

5月13日，国家电力院与山东核电公司在北京签订了山东海阳核电站一期工程常规岛、BOP设计及技术服务委托合同。

5月18日，国家国际科技合作计划项目“稳态托卡马克等离子体的先进诊断技术”通过了国家科技部验收。

5月24日，中国核电工程有限公司与八二一厂签订《八二一放射性废物治理三项工程总承包合同》，承包八二一厂退役治理项目中三项建设工程的总承包任务。

5月26日，青海原子城国家级爱国主义教育示范基地纪念馆开馆仪式在青海省海北藏族自治州西海镇隆重举行。

5月27日，国家发改委批准“国家核级锆材研发及检测中心”建设项目。

5月26—28日，中广核集团应邀参加在莫斯科举行的俄罗斯首届国际核电展览会。展会期间，中广核集团与俄罗斯国家原子能公司举行了双边会谈，就双方关心的问题进行了深入沟通，为进行战略合作明确了方向。

5月28日，中国国核海外铀业有限公司与俄罗斯国家原子能稀有金属金业股份公司签订了《合作谅解备忘录》。

5月28日，广东阳江核电站3、4号机组负挖正式开工，比原计划提前了两个月。

5月31日，中核建设集团五公司承建的秦山二扩项目4B蒸汽发生器成功就位，4B蒸汽发生器吊装工作全部结束。

6月1日，岭澳核电站二期4号机组国产化反应堆压力容器（RPV）水试验一次成功，这标志着岭澳二期核电核岛主设备已经全部制造完成。

6月2日，国家核电技术有限公司所属山东核电设备制造有限公司收到了美国机械工程师协会（ASME）颁发的ASME核级认证N、NPT证书和钢印。

6月4日，中国核工业集团公司福建福清核电项目3、4号机组负挖开工。

6月6日，中国核工业集团公司核燃料专用设备二期工程达产。进一步增强了我国核燃料循环产业能力，标志着我国在核燃料专用设备制造方面迈上了一个新的台阶。

6月9日，中共中央政治局常委、中央书记处书记、国家副主席习近平到中核集团兰州铀浓缩有限公司视察，并调研开展学习实践科学发展观活动有关情况。

6月9日，中电投集团山东核电有限公司与中国原子能工业有限公司在北京签订了《海阳核电建设项目一期工程首炉核燃料采购代理合同》。

6月10日，核工业西南物理研究院日前在受控核聚变实验装置——中国环流器二号A装置上首次实现了偏滤器位形下高约束模式运行，标志着我国磁约束聚变能源研发综合实力得到了极大提高。

6月15日，岭澳核电站二期4号机组反应堆压力容器在东方电气（广州）重型机器有限公司制造完工并交付发运，标志着我国CPR1000首台百万千瓦级反应堆压力容器制造成功。

同日，东方电气股份有限公司与中广核工程有限公司在东方重机举行了CPR1000大项目核岛主设备供货合同签约仪式。这是迄今为止东方电气最大的一单核岛主设备供货合同。

6月15—16日，高温气冷堆核电站示范工程核岛地段基坑负挖顺利通过国家核安全局专家组的检查验收。

6月16日，国家核电技术有限公司与斗山重工在韩国昌原签署核电项目合作谅解备忘录。

6月17日，中核集团福建福清核电2号机组开工建设，比原计划提前3个月。

6月18日，国家核电技术有限公司与韩国电力在首尔签署了核电项目合作谅解备忘录。

6月18日，山东核电设备制造公司完成全球首套AP1000钢质安全壳底封头的全部成型钢板生产。

6月20日，国务委员兼国务院秘书长马凯到红沿河核电项目现场视察工作。

6月20日，国内最大、具有国际先进水平的580吨核电常规岛低压转子真空大钢锭在中国一重浇铸成功。

6月24日，秦山核电二期扩建工程4号反应堆厂房穹顶N层混凝土浇筑完成。

6月29日，中国核工业集团公司和湖南省人民政府共建南华大学协议签字仪式在长沙举行。

6月29日，由国家核安全局主办、中广核集团承办的东盟10＋3会议正式开幕。会议将讨论东盟10国与中日韩3国在核能安全领域的合作。

6月29日，价值超过40亿元的福建福清核电厂1、2号机组，方家山核电工程及大件设备吊装工程合同在北京钓鱼台国宾馆签订。这两项工程是中国核工业集团公司首次采用EPC总承包建设模式的核电项目。

6月29日，三门核电站1号机组核岛最大的结构板块CA20模块成功吊装就位。

6月30日，核级海绵锆生产合资公司的注册申报获得了江苏省发展与改革委员会、外经贸厅的批复同意，并在南通开发区工商分局取得了公司法人营业执照。

6月30日，中核建设集团五公司秦山核电二期扩建工程4号核岛蒸汽发生器吊装成功。

7月1日，中共中央、国务院和中央军委致信祝贺中国核工业集团公司、中国核工业建设集团公司等国防科技工业集团公司成立十周年。同时，国务院总理温家宝，全国政协主席贾庆林，国务院副总理李克强、张德江做出重要批示，充分体现了党中央、国务院、中央军委对核工业的重视和关怀。

7月3日，海阳核电站一期工程核岛承包合同在北京签订。

7月3日，国家核电技术有限公司与中远集团在北京签署战略合作协议。

7月3日，中电投山东核电有限公司与国家核电工程公司在京签署了《海阳核电一期项目核岛工程承包合同》。该合同的签署标志着中国电力投资集团公司和国家核电技术有限公司的战略合作迈上了新的台阶。

7月6日，中国核工业集团公司与江西省人民政府《关于铀资源勘查开发及核电建设、共建东华理工大学合作协议》签字仪式在南昌举行。

7月8日，中共中央政治局常委、中央纪委书记贺国强到中核四○四有限公司视察调研，希望中核四○四为我国核工业再作新贡献。

7月10日，中国核工业集团公司与中国远洋运输（集团）总公司在北京远洋大厦举行续签战略合作协议暨福清、方家山核电项目设备运输合同（第一标段）签字仪式。

7月17日，秦山核电站扩建工程方家山核电工程2号机组开工建设，标志着秦山核电站两台百万千瓦机组扩建工程进入全面施工阶段。

7月17日，中共中央政治局委员北京市委书记刘淇，市委副书记、市长郭金龙视察了中国原子能科学研究院的中国实验快堆工程。

7月18日，上海电气临港核电制造基地二期工程在沪开工。到2012年，临港将成为全球规模最大的核电主设备制造基地。

7月20日，中国核工业集团公司与国家开发银行签订战略合作协议，国家开发银行向集团公司提供融资额度1000亿元人民币。同时，中核集团积极开展存量债务集团化运作，节省财务费用11亿元。

7月21日，国家核电技术有限公司与中国华能集团公司在北京签署战略合作框架协议。

7月21日，广西壮族自治区党委书记郭声琨视察防城港核电现场。

7月21日，中广核集团在京举行核电设备国产化合同签字仪式。本次签署的合同覆盖中广核集团CPR1000核电站和EPR核电站的关键设备，将有效提高我国核电设备制造能力和国际竞争力。

国家发展改革委副主任、国家能源局局长张国宝希望中广核集团把EPR三代机组和CPR1000机组的国产化工作进一步向前推进，努力实现我国核电设备“走出国门”的目标。

7月23日，央企业绩考核2008年成绩单公布，中国核工业集团公司以利润总额、净资产收益率、成本与收入比率三项财务指标获得满分的优异成绩，第五度获评A级。

7月24日，国家核电技术有限公司所属国核工程有限公司与泰科国际有限公司（TYCO）签订三代核电AP1000自主化依托项目稳压器安全阀（PSV）和主蒸汽安全阀（MSSV）采购合同。

7月27日，中国核工业集团公司与湖南省郴州市人民政府合作开发建设郴州核电框架协议签字仪式，在北京钓鱼台国宾馆举行。

7月29日，核工业二一六大队，新疆中核杨庄铍矿开工暨核工业新疆科技开发中心一期竣工二期开工庆典仪式在乌鲁木齐市中和大酒店举行。

7月31日，中广核集团与国家核电技术有限公司在湖北签订AP1000及大型先进压水堆技术战略合作协议，以推进在湖北咸宁建设AP1000内陆核电厂项目。

同时，国家核电技术有限公司与中广核集团、中船重工签订AP1000核电装备制造（湖北基地）合作意向书。以中船重工所属武船集团阳逻双柳基地为基础，合作推动AP1000核电项目模块生产与制造工作。

8月6日，三门核电站一期工程、海阳核电站一期工程核岛土建安装建安承包合同暨钢制安全壳（CV）组焊安装工程承包合同在上海签订。

8月8日，国家发改委副主任、国家能源局局长张国宝带领调研组，来到中核四○四有限公司，对大型核燃料后处理厂筹备工作进行了实地调研。

8月8日，国家核级锆材研发与检测中心暨国核锆业核级锆材生产线项目开工奠基仪式在陕西宝鸡市举行。

8月10日，红沿河核电站1号机组穹顶提前36天吊装完成，标志着1号机组核岛土建工程全面完成，进入设备安装阶段。

8月12日，国家核安全局核电第一期培训班在大亚湾核电基地结业。

8月13日，中组部副部长王尔乘在中核集团召开的总部和京区单位领导干部会议上宣布，中央决定孙勤同志任中国核工业集团公司总经理、党组书记。在此之前，鉴于康日新严重违纪，中央决定，免去康日新的中国核工业集团公司总经理、党组书记职务。

8月14日，中核集团与德方关于中国高放废液玻璃固化项目合同签约庆祝仪式在京举行。

8月14—15日，受国家能源局委托，大型压水堆核电站换料机样机鉴定会在上海临港工业基地举行，通过了专家组鉴定。鉴定认为，该样机各项关键性指标达到或超过国外同类产品，处于世界领先地位。

8月15日，红沿河核电站4号机组比原计划提前35天开工，标志着红沿河核电站一期4台机组全部开工，成为世界同一核电厂址同时在建机组最多的核电站。

8月17日，中国核工业集团公司与江西省抚州市人民政府合作开发抚州核电框架协议签约仪式在京举行。

8月17日，中国第一重型机械集团公司铸锻钢公司，采用580吨钢锭锻造的、目前国内最大的、具有国际先进水平的核电常规岛低压转子在水锻分厂15000吨水压机上锻造成功。

8月18日，福建省委书记卢展工视察宁德核电站。

8月20—23日，高温气冷堆核电站示范工程初步设计审查会在天津召开。

8月23日，全球首台第三代核电AP1000主泵主要部件在美国制造完成，顺利完成了原型泵试验前的组装工作，并安装上试验台架。

8月25日，国家核事故应急协调委员会第五届一次全体（扩大）会议在京召开。国家核事故应急协调委员会主任委员、工业与信息化部部长李毅中主持了会议，国家核应急办公室主任王毅韧作了工作报告，第五届国家核事故应急协调委员会20个成员单位的委员及专家咨询组的代表出席了会议。

8月30日，国家能源局核电站核级设备研发和试验中心落户大亚湾核电基地。该中心建成后将填补国内在核电行业大型LOCA基础鉴定试验设施以及大型核电站安全壳内不可接近设备研发与培训平台方面的空白。

8月31日—9月1日，国家核安全局在广西南宁召开了防城港核电1号机组核岛基坑负挖验收专家评审会，检查组同意项目通过验收。

9月1日，中国核工业第二三建设公司与中广核工程公司在燕郊签订了主管道自动焊项目合作协议，主管道自动焊技术将在国内核电站建设中正式运用。

9月4日，国家核电技术有限公司与中国华能集团公司在北京签订国核示范电站有限公司出资协议。

9月7日，国家核电技术有限公司与中国大唐集团公司在北京签订战略合作框架协议。

9月8日，我国核电自主化依托项目之一山东海阳核电站1号机组最大的结构模块成功进行了翻转吊装工作，顺利就位于CA20整体组装平台。

9月9日，全球首台三代核电AP1000主泵开始原型试验。

9月9日，南非共和国公共企业部副部长Enoch Godongwana一行访问中广核集团，双方就在核电领域开展合作进行了交流。

9月13日，中广核集团董事长钱智民一行拜会了前来我国进行国事访问的中非共和国总统博齐泽，并于9月15日，与中非签署协议备忘录，确认了双方在合作勘探、开采中非铀矿等方面达成的共识。

9月13—14日，在国家能源局指导下，由核工业标准化所主持的核电行业工程经济标准审查会在京召开。本次审查的标准包括《核电厂建设项目费用性质及项目划分导则》、《核电厂建设项目经济评价方法》。来自18个单位的40名专家和代表参加了审查会。

9月16日，海阳核电项目一期工程2号机组常规岛底板浇筑第一罐混凝土，标志着海阳核电一期工程全面开工。

9月23日，温家宝、李克强、张德江、马凯对国家核电技术公司工作作出重要批示，强调要高度重视核电安全和质量工作。

9月23日，国务院核准海阳核电站一期工程。

9月23日，岭澳核电站二期1号机组主回路水压试验成功。标志着1号机组核岛安装基本结束，开始进入核岛各系统的联合调试高峰和设计、设备、安装的验证阶段。

9月24日，国家核安全局批准颁发海阳核电站一期工程建造许可证。海阳核电站1号机组核岛筏基浇筑第一罐混凝土。

9月27日，海阳核电站1号机组CA01结构模块成功吊装就位。

9月28日，方家山核电工程1号机组反应堆厂房穹顶吊装圆满完成。

9月29日，大亚湾核电站延长合营期合同签字仪式在北京举行。中共中央政治局常委、国家副主席习近平出席，并会见了参加仪式的香港特别行政区行政长官曾荫权和有关代表。

签字仪式由国家发展改革委副主任、国家能源局局长张国宝主持，钱智民董事长与香港中华电力公司总裁及首席执行官包立贤分别代表双方在大亚湾核电站延长合营期合同上签字。根据新签订的合营期合同，中广核集团与香港中电将延长合营公司的合营期20年，至2034年5月6日。大亚湾核电站延长合营期合同的签署是中央政府为确保香港繁荣稳定做出的重要决策。

10月7日，国核电力院与比利时哈蒙公司在布鲁塞尔签署核电站超大型冷却塔深化合作协议。

10月7日，中核建设集团五公司已全部完成AP1000三门核电1号核岛钢制安全壳（CV）底封头主焊缝焊接。

10月10—11日，国家重大科技专项高温气冷堆示范工程初步设计可行性研究报告审查会在山东荣成市召开。全体与会专家和代表通过了对示范工程初可研报告的审查并形成了审查意见。

2009年10月11—15日，中共中央政治局常委贺国强在上海视察工作期间，到上海电气集团公司上海临港基地考察，并参观了高能级曲轴、汽轮机、核电蒸发器等填补国内空白的重大装备制造产品。

10月12日，俄罗斯副总理谢钦、能源部部长什马特科一行访问田湾核电站，国家发改委副主任、国家能源局局长张国宝，中国核工业集团公司总经理孙勤等陪同访问。

10月13日，中国核工业集团公司总经理孙勤、俄罗斯原子能工业公司总经理基里延科代表双方签署了关于田湾二期项目合作的相关文件，中国原子能科学研究院、中国原子能工业有限公司及俄罗斯核电出口公司代表中俄双方签署了有关中国示范快堆项目合作的有关文件。中俄双方的政府领导对文件的签署表示热烈祝贺。

10月13日，中广核集团与越南政府就核电建设合作事宜深入交换意见。贺禹总经理率代表团出访越南，拜会了越南工业与贸易部副部长杜友豪，就共同推进越南核电建设以及其他领域进行合作交换了意见。

10月13日，中国核工业集团公司与中国国电集团公司在京举行战略合作协议签字仪式，正式确立了双方长期合作、共谋发展的战略合作伙伴关系。

10月14日，福建省省长黄小晶视察宁德核电项目现场。

10月15日，钱智民董事长在成都拜会了参加第十届中国西部博览会的越南总理阮晋勇。阮晋勇总理表示，越南非常愿意与中方发展长期稳定的合作关系，特别是在基础设施和电力方面合作，希望双方加强交流，进一步加强合作。

10月15日，大唐宣城核电厂址普选报告通过电力规划设计总院的审查。

10月18日，我国核电自主化依托项目浙江三门、山东海阳AP1000一期核岛土建承包合同在上海签订。

10月19日，第三次中美核电技术标准研讨会在京召开。

10月22日，中共中央政治局常委、

国务院副总理李克强，在中南海紫光阁会见了来华出席全球核能合作伙伴执行委员会第三次部长级会议的部分代表团团长。希望各成员国坚持相互平等、协商一致的原则，在充分讨论中取得共识，实现共同发展。

10月22日，国务院通过圈签方式核准了广东台山核电项目。

10月23日，来自中国、美国、法国、日本等41个国家和国际原子能机构的代表在北京举行全球核能合作伙伴执行委员会第三次部长级会议，会议联合声明共同支持在全球范围内安全可靠地扩大核能和平利用，并积极探索包括核燃料保障供应在内的互利共赢途径。

10月26日，中核江西核电有限公司筹建处在南昌举行揭牌仪式。

10月26日，国家能源局与国家标准委员会联合发布《压水堆核电厂标准体系建设规划》等3项核电标准化工作的顶层管理和设计文件。

10月27日，国家核电技术有限公司与中国核工业集团公司在北京签署《共同推进第三代核电技术自主化发展战略合作协议》。

10月27日，全球首台AP1000核电机组在三门开工。这是我国核电自主化依托项目的首台机组建设。

10月28日，国家发改委正式下发广东台山核电项目一期工程核准通知。

10月28日，秦山三核成功实施核反应堆乏燃料干式贮存设施装料试运行。

10月28日，赣能股份、中电投、赣粤高速、深南电等4家公司签署了《江西彭泽核电项目公司出资协议》，4家公司一致同意组建项目公司——中电投江西核电有限公司，负责项目开发、建设、运营、管理。该项目资本金70亿元，4家公司的出资比例是：赣能股份20%；中电投55%；赣粤高速20%；深南电5%。

11月2日，国核电力院中标彭泽核电站一期工程常规岛及BOP设计和技术服务项目。

11月4日，美国微软公司创始人、董事长比尔·盖茨率美国泰拉能源公司相关人员访问国家核电技术有限公司，双方签署了开展行波堆核电技术交流与合作谅解备忘录。

11月5日，比尔·盖茨专程来到中国原子能科学研究院，了解中国实验快堆情况，与中核集团进行了技术交流。同时，他还在原子能院作了生动的主题演讲。

11月10—14日，我国成功举办了代号为“神盾—2009”的首次国家核事故应急演习。本次演习是国家、省、核设施运营单位三级联动，军地协同的国家级联合演习。演习在北京、南京和连云港三地同时举行，约2000余人参加，运用了卫星、网络、有线、无线、微波传输等高科技手段，动用了各类大型设备。

11月11日，全国人大常委会委员长吴邦国，副委员长、秘书长李建国，视察了中核四〇四有限公司。吴邦国在视察中指出，四〇四是国家重要的战略核基地，广大职工扎根戈壁、艰苦拼搏，为我国国防事业和核工业发展作出了重大贡献。

11 月 13 日，海阳核电站 1 号机组核岛筏基混凝土浇筑通过国家核安全局的现场检查验收。

11 月 16 日，中国广东核电集团有限公司与泰国电力公司、香港中电控股关于泰国核电合作谅解备忘录签字仪式暨中广核集团泰国办事处揭牌仪式在泰国首都曼谷举行。

11 月 18 日，国家核安全局正式颁发台山核电站一期工程建造许可证。

11 月 19 日，我国第一台具有完全自主知识产权的上充泵在渝通过了国家能源局、中国机械工业联合会及我国三大核电公司相关专家的技术鉴定。

11 月 20 日，秦山核电有限公司最大一项技术改造项目——反应堆压力容器顶盖更换及相关部件改造通过了由中核集团、上海市核电办、上海核工程研究设计院等单位专家组成的验收组的验收。

11 月 23 日，上海核工程研究设计院与湖南桃花江核电公司在上海签署了桃花江核电站一期工程的工程设计与技术服务总承包合同。

11 月 27 日，宁德核电站 1 号机组核岛反应堆厂房穹顶一次整体吊装完成，标志着宁德核电站 1 号机组土建工程基本结束，设备安装工程全面展开。

12 月 2 日，咸宁核电站一期工程 2 号机组反应堆压力容器、蒸汽发生器采购合同在成都签订。

12 月 3 日，国家环保部副部长、国家核安全局局长李干杰到江苏田湾核电站考察工作。

12 月 4 日，中电投集团山东海阳核电一期工程 1、2 号机组建造许可证颁发仪式在北京举行。

12 月 8 日，由国家能源局和国家核安全局联合主办，中国核能行业协会承办的“2009 全国核电运行和建设管理经验交流大会”在北京国家会议中心举行。

12 月 8 日，中国广东核电集团有限公司发行 2009 年度第二期短期融资券，发行额 21 亿元，期限 365 天。

12 月 9 日，东方电气集团公司与中核集团桃花江核电有限公司在蓉签署桃花江核电项目安注箱、堆芯补水箱、稳压器与非能动余热排出热交换器的订货合同。

12 月 15 日，台山核电合营有限公司在江门市工商管理局注册，并领取企业法人营业执照，台山核电合营有限公司注册成立。经国务院核准，商务部向台山公司颁发了中华人民共和国外商投资企业批准证书，正式批准台山核电合营有限公司注册，企业类型为中外合资企业。

12 月 15 日，三门核电站 2 号机组核岛筏基浇筑混凝土，比原计划提前一个半月正式开工建设。

12 月 17 日，国核示范电站有限责任公司在北京揭牌成立。

12 月 21 日，台山核电站开工暨台山核电合营有限公司成立仪式在人民大会堂举行。中共中央政治局常委、国务院副总理李克强，法国总理弗朗索瓦·菲永等出席仪式并共同为台山核电合营有限公司揭牌。李克强表示，中法和平利用核能合作基础良好，为台山核电站建设提供了有利条件，要将台山核电站建设成为先进、安全、经济的国际一流核电站。

12月21日，台山核电站出口信贷全面合作协议签署。在中共中央政治局常委、国务院总理温家宝和法国总理弗朗索瓦·菲永共同见证下，中广核集团与国家开发银行、中国银行和法国兴业银行签署了台山核电站出口信贷全面合作协议，与阿海珐集团、东方电气集团签署了CPR1000大项目核岛主泵供货合同。

12月21日，三门核电站1号机组核岛钢质安全壳封头整体吊装就位。

12月22日，中广核集团与法国阿海珐集团签署关于成立中法国际核能工程有限公司合作协议。

12月22日，国核工程公司、上海核工程研究设计院联队与华能石岛湾核电开发公司签署石岛湾核电站4台AP1000机组工程承包协议。

12月22日，三门核电站2号机组蒸汽发生器管板锻件在中国一重研制成功，AP1000核岛关键设备大型锻件自主化制造实现重大突破。

12月23日，中广核集团与中国核工业建设集团签署多项目核岛安装工程合同。本次签署的核岛安装工程合同金额高达53亿元，涵盖台山2台175万千瓦EPR堆型核电机组，以及防城港1、2号机组，宁德3、4号机组，阳江3、4号机组等6台CPR1000堆型的核岛安装任务，创下我国核电建造史上工程数量最多、合同金额最高的纪录。

12月23日，上海核工程研究设计院先进核电技术研究中心正式挂牌成立。

12月24日，大亚湾核电站、岭澳核电站年度上网电量累计达300亿千瓦时，提前完成2009年的上网电量目标。

12月24日，国家核电技术有限公司首批合格供应商颁证仪式在北京举行，中国一重等10家装备制造企业获得合格供方资格证书。

12月25日，中国三代核电AP1000屏蔽主泵批量化采购合作协议和钢制安全壳（CV）钢板采购合同在沈阳签订。

12月28日，海阳核电站一期工程主体工程举行开工仪式。

12月30日，国核工程公司与中国一重、哈动设备签订大型核电重大专项示范工程、咸宁核电站1号机组主设备及大型锻件采购合同。

新中国60年核能发展大事记

(1949年10月—2009年9月)

1949年

11月1日，中国科学院成立。根据物理学家关于开展原子核科学研究工作的建议，决定将原南京中央研究院物理所的一部分与北平研究院原子学研究所合并。

1950年

5月19日，中国科学院近代物理研究所成立，政务院任命吴有训为所长，钱三强为副所长。

该所后于1953年更名为物理研究所；1958年更名为中国科学院原子能研究所，由二机部和中国科学院实行双重领导；1984年更名为中国原子能科学研究院。

10月17日，中国科学院近代物理所决定将理论物理、原子核物理、宇宙线、放射化学等作为初期研究方向。重点是原子核物理方面的研究。

1952年

10月8日，近代物理所制订第一个发展核科学技术的五年计划（1953—1957年），提出“在核科学技术研究上打下基础，为进一步开展核物理实验和建造反应堆创造条件”的目标。

1954年

1954年，我国建成了位于云南落雪山的第一座高山宇宙线实验室，利用多板云室和磁云室开展了奇异粒子和高能核作用的研究，先后搜集到700多个奇异粒子事例。

10月，我国铀地质工作者，在广西壮族自治区富钟县黄羌坪采集到新中国第一块铀矿石标本。

1955年

1955年，我国开始了首台原子束装置的建造和核磁共振的研究。

1月15日，在中共中央书记处扩大会议上，毛泽东主席听取了李四光、刘杰、钱三强关于铀矿资源和原子能科学研究基本情况的汇报后，作出了重大战略决策——发展中国原子能工业。

9月，中南309地质大队在湖南郴州发现金银寨异常，这是中国最早发现的碳硅泥岩型铀矿床。后于1957年7月，在广东翁源首次在花岗岩体内发现大型铀矿床，1958年3月探明了江西上饶境内的我国第一个铀矿床——坑口铀矿床。

9月14日，决定在北京大学和兰州大学各设立一个物理研究室，并决定在北京大学和清华大学设置相关专业。清华大学于1956年正式成立工程物理系。

1956年

3月，我国研制的卤素和盖革计数管、核乳胶达到当时国际同类型号的水平。

8月17日，中苏两国政府签订关于苏联援助中国建设原子能工业的协定。从1955年到1958年，在核科学技术和核工业领域，中苏两国政府前后共签订了6个协定。

10月，新疆519地质大队在新疆的

白杨河首次发现中国火山岩型铀矿床。后于1959年6月在新疆察布查尔县提交了我国最早的含铀煤型铀矿床。

11月，第一届全国人大常委会决定，成立第三机械工业部（第二机械工业部的前身）负责核工业建设。宋任穷同志担任首任部长。

1957年

1957年，在赵忠尧的指导下，中国科学院原子能研究所研制成功了我国第一台能量为2.5兆电子伏的质子静电加速器，开始了我国粒子加速器的技术研究工作。

1958年

6月，中国科学院物理所研制的高压型静电加速器建成，加速质子能量达2.5兆电子伏。

7月13日，核武器研究所（北京第九研究所）成立。后称二机部第九研究院。

9月，北京第六研究所首次从铀矿石中提取出二氧化铀产品。

9月27日，我国第一座实验性重水反应堆和回旋加速器在中国科学院原子能研究所建成。

10月1日，我国第一座实验性重水反应堆生产出33种放射性同位素。

1959年

2月24日，中国科学院原子能研究所设计、制造和安装的我国第一座轻水零功率装置建成并达到临界。

1960年

1月19日，游泳池式研究性反应堆工程（49-2）开工。该堆于1964年6月建成，次年4月反应堆提升至额定功率。

2月12日，铀同位素分离气体扩散实验室工程建成并正式移交使用。

2月29日，用于爆轰试验的北京郊区17号场地炸药研制实验室及爆轰试验场第一期工程破土动工，揭开了核武器爆轰试验的序幕。

60年代初，我国研制成功第一台能量为30兆电子伏的电子直线加速器。

3月，王淦昌领导的研究小组，在杜布纳联合核子研究所，发现了超子的反粒子即反西格马负超子。

3月，中国第一座生产钚-239的石墨轻水反应堆动工兴建，后于1966年10月建成。

4月1日，我国自行设计制造的、为潜艇核动力堆进行物理模拟研究的零功率装置达到临界并开始运行。

10月13日，我国第一个六氟化铀简法生产装置（615乙）正式试车，获得3.4千克六氟化铀。12月，获得首批合格产品。

11月18日，湖南铀水冶厂生产出第一批符合纯度要求的二氧化铀产品。

12月，在原子能研究所成立由黄祖洽、于敏负责的“轻核理论组”，先行探索氢弹基础理论研究。后于1963年9月，由北京第九研究所组织力量探索氢弹理论问题。

1961年

1961年，原子能所组建了502和503实验室，在肖伦的领导下，开展了从靶材料的选择、氚靶元件的制备、反应堆照射和氚气的提取、纯化、浓缩，直到分析测量的研究，于1965年为生产厂的设计提供了氚生产工艺的图纸资料和必要的数据。

1962 年

11 月 30 日，原子能所建立了电解重氢至合成氘化铀的系统，达到 0.1 克 / 周的氘化铀生产能力。

1963 年

3 月，我国完成并提出第一颗原子弹的理论设计方案。

5 月，我国设计研制成功电磁分离器的核心部件——第一台离子源。

12 月 5 日，原子能所 615 乙、丙简法生产出 18.5 吨合格的六氟化铀产品。

12 月 24 日，1:2 核装置全球聚合爆轰出中子试验成功。

12 月 28 日，我国研制完成的原子弹点火中子源氘化铀铜壳包装小球通过最后鉴定。

1964 年

1964 年，我国核物理学家王淦昌与苏联科学家几乎同时独立地提出了用激光打靶实现热核聚变的科学设想，成为世界上首创惯性约束受控热核聚变实验方法的奠基人之一。

1 月 14 日，兰州铀浓缩厂一次投产成功，取得合格高浓铀产品。

5 月 1 日，我国加工完成第一套合格的铀-235 核部件。

5 月，我国后处理两期工程工艺相继由沉淀法改为萃取法。

6 月 6 日，西北核武器研制基地进行 1:1 全球聚合爆轰出中子试验，达到预期目的。

7 月，在钱三强的领导下，甲种、乙种分离膜分别在中国科学院上海冶金研究所和冶金部北京钢铁研究院完成实验室研究，并于同年 9 月进行了扩大试验。

8 月 22 日，第一颗原子弹产品次临界安全试验完成。

9 月 17 日，某核燃料元件厂生产出合格的锂-6 产品。

10 月 16 日，我国第一颗原子弹爆炸试验成功。这是我国核武器发展过程中具有历史性意义的一个重大的里程碑，表明中国掌握了核武器技术。这次试验采取塔爆方式，以高浓铀为主要核材料、采用“内爆法”实现核爆炸，试验威力为 2.2 万吨 TNT 当量。

10 月，冶金部上海有色金属研究所研制出核燃料元件用锆-2 合金管。

1964 年，原子能所理论物理研究室副主任金星南等，通过建立求解锂同位素分离级联方程的“迭代追赶法”，经过 1 年多的努力，完成了计算，攻克了理论计算的难关。

1965 年

4 月，我国自行设计建造的第一座工程性试验反应堆——游泳池式反应堆，在原子能研究所建成并提升至额定功率。

1965 年，在张文裕的领导下，中国科学院原子能研究所在云南落雪山建成了大型云雾室。

5 月 14 日，我国成功实施了第一颗用飞机空投的原子弹试验，标志着中国有了可用于实战的核武器。

7 月，某核燃料元件厂开始生产金属锂-6，9 月开始生产氘化锂-6。

9月，于敏带领计算人员到上海对氢弹做进一步研究和计算机探索，找到了热核材料自持燃烧的新原理模型。

11月中旬，某核燃料元件厂08元件生产线全线建成投产。

11月20日，湖南衡阳铀水冶厂全部建成投产。

1966年

4月，我国第一座后处理厂建成投产。

5月9日，我国进行了一次含有热核材料的核试验。

10月20日，我国成功建成第一座石墨慢化轻水冷却的生产钚的反应堆，达到临界。

10月27日，我国成功地在本国领土上进行了导弹核武器试验。这是一次用我国自制的中近程DF-2导弹进行的“两弹相结合”的实弹试验，标志着已经具有可用于实战的核导弹，武器化进程取得了突破性进展。

12月28日，我国首次氢弹原理试验获得成功。本次实验采用塔爆方式，爆炸威力为12.2万吨TNT当量，实际测到了聚变中子和裂变聚变反应的时间间隔等其他参数，说明我国已经基本掌握了制造氢弹的理论设计和关键技术。

12月，某核燃料元件厂四氟化铀生产首次达到设计能力。

12月，某核燃料元件厂试制出第一批氚靶件。

1967年

5月30日，西南金属制品厂与北京钢铁研究院联合攻关，完成丁种膜研制。

6月17日，我国第一颗氢弹爆炸试验成功。氢弹由飞机携带，在预定高度投弹爆炸，试验威力为330万吨TNT当量。这次核试验的成功是我国核武器技术发展的又一重要里程碑。

1968年

6月18—29日，我国氚生产线热试车，生产出了氚和氘氚化锂-6。

9月4日，酒泉原子能联合企业717工程投热料试车成功，获得二氧化钚产品。

12月27日，我国成功进行了带有钚材料的热核试验。

1969年

4月，改建的524厂、262厂和265厂，在年底，分别将制造专用化工设备和配件，研制射线仪器和元件，热工和自动化仪表的生产建成投产。

9月23日，我国进行了首次地下平洞核试验。

1970年

2月8日，我国首座核电站（代号为“728”）的自主设计工作启动。2月初，周恩来就我国核电建设问题作出了重要指示，同年11月，周恩来针对二机部企事业单位管理体制问题说：“二机部不光是爆炸部，而且要搞核电站。”同年12月15日，在主持中央专委会听取建设核电站方案汇报时指出，中国建设核电站要采取“安全、适用、经济、自力更生”的方针。

6月25日，814厂一期工程建成投产取得合格产品。

1970年，中国科学院兰州近代物理所重离子加速器改建成功，开始了超钚元素合成的研究。

8月30日，我国自行研究设计的核潜艇陆上模式堆运行达到设计满功率。

1971年

1月19日，包头核燃料元件厂生产出丰度99.995%的高纯锂-7产品。

9月，我国第一艘核潜艇顺利下水。核潜艇的研制成功，为推进海军现代化建设奠定了重要的基础。

1973年

6月27日，东风3号导弹核弹头定型核试验获得成功。

1974年

7月，中国科学院物理所建成我国第一台小型托卡马克核聚变试验装置(CT-6)。

8月1日，我国第一艘核潜艇正式交付部队服役。

1975年

8月，我国中程地地导弹核武器定型。

8月3日，09-1型反潜鱼雷核潜艇设计、生产定型。

10月，中国核数据中心正式成立，并组成全国数据协作网，开展了第一期16个重点核素全套核数据编评和理论计算工作，以及钚-239 γ 值测量工作。

1976年

1月3日，712矿酸法水冶厂一期工程正式投产。

11月17日，中国进行了与洲际导弹配合用的有突防中子能力的弹头核装置全当量试验。

1977年

12月，原子能所生产出放射性同位素产品100多种，总活度超过0.15拍贝可（4000居里），为上千家使用单位提供服务。

1978年

1978年，在核物理学家王淦昌的倡议下，原子能研究所研制成功一台强流电子脉冲加速器,开始进行粒子束核聚变研究。

3月18日，在全国科学大会上，核工业共计有344项科研成果获“全国科学大会奖”。

10月14日，我国成功进行第一次地下竖井核试验，基本上完成了地下核试验技术的探索攻关，为我国核试验完全转入地下奠定了基础。

1979年

4月5日，成功地进行了“506-34”两弹结合测中子飞行试验。

12月，生产浓缩铀的4号扩散机研制成功。

1980年

2月，中国核学会成立。

6月27日，原子能研究所研究性重水反应堆，在大修改建后试运行首次达到临界。

1981年

2月9日，我国第一座大型高通量工程试验反应堆建成。该堆热功率为125兆瓦，最大热中子通量为 6.2×10^{14}/厘米^2•秒。同年12月17日，该项目通过国家正式验收。

1982年

10月12日，我国潜艇水下发射潜地核导弹飞行试验成功。

1983年

6月29日，东风4号导弹核武器定型并投入批生产。

1984年

1月1日，我国正式加入国际原子能机构。

3月10日，我国自行研制的中国原子能科学研究院首座微型反应堆物理启动达到临界并顺利通过鉴定。

9月21日，西南物理研究所受控热核聚变实验装置——中国环流器一号顺利启动，12月23日调试结束。1985年11月16日通过国家验收。

10月30日，国务院批准成立国家核安全局。

12月19日，中国进行的初级中子弹原理试验成功。

12月30日，中国科学院等离子体研究所建成并启动了中型托卡马克型装置（HT-6M）。

1985年

3月20日，我国大陆第一个核电项目——浙江秦山30万千瓦核电工程开工建设。

1986年

5月11日，新华社宣布，我国第一个大型（HI-13）串列式静电加速器核物理实验室，在中国原子能科学研究院建成。

1987年

8月7日，广东大亚湾核电站主体工程正式开工。

11月，719矿研究万吨级铀矿石堆浸工业试验成功。

1988年

1988年，我国自行设计、建造的重离子加速器在中国科学院兰州近代物理所建成并出束。

1988年，我国建成北京正负电子对撞机，成功地实现了电子正负对撞，并精确测定了 τ 轻子质量。同年10月24日，在视察北京正负电子对撞机工程时，邓小平同志说："如果六十年代以来中国没有原子弹、氢弹，没有发射卫星，中国就不能叫有重要影响的大国，就没有现在这样的国际地位。这些东西反映一个民族的能力，也是一个民族、一个国家兴旺发达的标志。"

1988年，清华大学核能技术设计研究院设计的5兆瓦低温核供热堆建成并投入运行。

8月6日，512A地地核导弹定型。

9月29日，我国中子弹试验成功。

1989年

4月，我国完成"中国核工业30年环境质量评价报告"。

5月24日，中国工程物理研究院在四川绵阳建成1.5兆电子伏直线感应加速器并通过鉴定。

6月17日，我国品位最高的连山关中型铀矿床正式提交工业储量。

1990年

7月22日，中国核动力研究设计院自行设计、研究与建造的我国第一台1兆瓦铀氢锆脉冲反应堆达到临界。1991年1月21日首次达到1兆瓦额定功率。6月20日建成投入运行。

11—12 月，在王淦昌、于敏等指导下，我国在上海激光实验室神光 I 激光装置上进行黑洞靶间接辐射驱动出中子实验和高增益类氖锗 X 光激光实验，取得达到国际同类实验较高水平的实验研究结果。

12 月，低本底实验室在中国辐射防护研究院建成。

1991 年

1991 年，中国科技大学同步辐射加速器在安徽合肥建成，并通过鉴定和验收。

1991 年，北京大学重离子物理研究所自行设计、建造的 4.5MV 静电加速器建成并投入运行。

1991 年，中国原子能科学研究院首次合成新核素钌-90，并测定出其半衰期为 13 秒。次年，中国科学院兰州近代物理所利用重离子加速器和高压倍加器，在重质量丰中子区合成、鉴别了汞-208（半衰期为 42 分钟）和铪-185（半衰期为 3.5 分钟），并于 1993 年首次合成新核素钍-237。

4 月中旬，由核工业北京地质研究院与东北 241 大队协作完成的“以航空放射性测量为主的多源地学信息数字图像综合技术及其应用”研究成果，达到国际领先水平。

12 月 15 日，我国自行设计、建造的浙江秦山 30 万千瓦核电站成功并网发电，从而结束了我国大陆无核电的历史。

1992 年

1992 年，中国科学院合肥等离子体研究所在引进俄罗斯 T-7 装置的主机和低温系统的基础上，建成了我国第一台超导托卡马克型核聚变实验装置。

5 月 6—9 日，中国原子能农学会第四次代表大会宣布，我国利用辐射诱变或辐射和其他方法相结合，培育出 35 种植物 383 个优良品种，年推广面积 867 公顷，在育成品种、数量和种植面积等方面均居世界首位。

1993 年

10 月 30 日，宜宾核燃料元件厂大型核电站燃料元件生产线改造工程顺利完成，为我国核电站燃料元件国产化奠定了基础。1994 年 4 月 6 日生产线投产。

11 月 21 日，由中国、阿尔及利亚两国合作建设的研究性重水反应堆通过最终验收。

1994 年

2 月 1 日，广东大亚湾核电站 1 号机组投入商业运行。随后，5 月 6 日该核电站 2 号机组投入商业运行。

4 月 6 日，宜宾核燃料元件厂大型核电站燃料组件生产线投产，其产品于 1995 年 1 月 20 日正式启运大亚湾核电站。

4 月，核工业航测遥感中心首次利用航测技术，为秦山核电站和上海市进行了放射性监测和环境综合调查，其结论是秦山核电站对周围环境没有影响。

9 月，中国广东核电集团有限公司成立。

12 月 6 日，中国原子能科学研究院研制成功一台专门生产放射性同位素的加速器。

1995 年

1995 年，核工业西南物理研究院的

国际原子能机构技术援助项目——激光吹气注入金属杂质研究在中国环流器新一号装置(HL-1M)上顺利完成。

1月，国内首条采用国际先进流程，即AUC流程制备UO_2粉末，具有批量生产能力的化工试验生产线，在中国核动力研究设计院建成并投入运行。

5月15日，新华社宣布："我国第一个核武器研制基地全面退役。"该基地环境的治理符合国家有关环境法规的要求，并通过国家验收。

7月28日，核动力运行研究所研制的我国第一台核电站仿真分析机通过部级鉴定验收，填补我国这一领域的空白，达到20世纪90年代的国际先进水平。

11月，由秦山核电公司和亚洲仿真控制系统工程公司联合研制的我国首台整体核电站全范围、全过程、高逼真度的实时仿真系统——秦山30万千瓦核电站仿真机问世。1996年1月17日通过验收。

1996年

3月16日，世界上最大的，生产能力和技术水平达到世界先进水平的一条凝胶型锝-99m发生器生产线，在中国核动力研究设计院投入运行。

7月17日，由第一重型集团公司试制的我国首台核电站压力容器鉴定合格。

7月29日，我国成功进行了最后一次地下核试验。当天，我国政府向世界郑重声明，从1996年7月30日起暂停核试验。

1997年

2月22日，核工业四〇五厂铀同位素分离一期工程建成投产。随后，1999年1月5日二期工程建成投产。2001年7月10日，核工业五〇四厂铀同位素分离工程建成投产。

10月17日，我国自行研制的核电站乏燃料贮存格架镉套管样机通过验收。

1998年

2月6日，由沈阳水泵厂、哈尔滨电机有限责任公司、中国第一重型机械（集团）公司和上海核工程研究设计院、上海核电器材公司联合研制的两台核电站用主泵通过国家级验收。

3月12日，中国原子能科学研究院有关科技人员，在进行自由电子激光的L波段高亮度注入器组合实验过程中，发现了束腔共振场聚束现象。

9月12日，原七三一矿所属737原地浸出采铀国家重点工业性试验工程在新疆伊宁通过验收。

10月30日，我国对污染物在大气、地表水、地下水及生态环境中的迁移进行物理模拟的核辐射环境模拟技术综合实验室通过验收。

11月6日，我国第一台核反应堆压力容器检查机在核动力运行研究所研制成功。

11月10日，浙江秦山核电二期工程1号反应堆安全壳，由国内首次采用整体吊装穹顶技术封顶。

1999年

5月12日，采用直线加速器作辐射源的清华大学移动式集装箱检查系统在北京问世。

7月1日，中国核工业集团公司、中国核工业建设集团公司等十大军工集团公司正式组建。

9月18日，中共中央、国务院、中央军委在京举行大会，隆重表彰为研制“两弹一星”作出突出贡献的科技专家。于敏、王淦昌、邓稼先、朱光亚、吴自良、陈能宽、周光召、钱三强、郭永怀、程开甲、彭桓武等11位为研制原子弹、氢弹作出突出贡献的核科技专家荣获“两弹一星功勋奖章”。

10月20日，江苏田湾核电工程正式开工。

2000年

2000年，从1996年开始，北京大学的核科技专家利用测年技术，与历史学、考古学、天文学方面的科学家一起，共同参加了我国夏、商、周断代史的研究。通过4年多的研究，使我国有准确结论年代历史的纪年时间从2800年前向前推进到4000多年前。

3—5月，我国在上海神光Ⅱ装置上进行首轮激光打靶实验，获得高产额热核中子，取得激光核聚变研究标志性的物理成果。

5月30日，我国热功率为6.5万千瓦的中国实验快堆核岛厂房浇筑第一罐混凝土，工程正式开工建设。

6月13日，中国向巴基斯坦出口承建的30万千瓦恰希玛核电站投入运行，实现首次并网发电。

12月21日，清华大学10兆瓦高温气冷实验堆顺利建成。

2001年

12月21日，我国第一条重水堆核燃料元件生产线在包头二〇二厂建成，每年可生产200吨燃料元件，实现了重水堆核燃料元件国产化。

2002年

4月，浙江秦山核电二期工程1号机组投入商业运行。随后，2004年5月3日，该核电站2号机组投入商业运行，标志着我国首座自主设计建造的大型商用核电站全面建成。

2月2日，国家重点科学工程——中国环流器二号A装置（HL-2A）开机成功，并于12月4日通过由国防科工委主持的工程竣工验收。

5月28日，广东岭澳核电站一期工程1号机组投入商业运行。

12月底，中国电力投资集团公司成立。

12月31日，浙江秦山三核1号机组投入商业运行。随后，2003年7月24日，2号机组投入商业运行，比中国加拿大主合同规定的工期提前了112天。

2003年

1月8日，广东岭澳核电站一期工程2号机组投入商业运行。

2004年

8月27日，由国防科工委主办的“中国核事业50年成就展”在中国人民革命军事博物馆开幕。8月30日和31日，中共中央总书记、国家主席胡锦涛，中央军委主席江泽民分别参观了展览。参观时，胡锦涛强调指出：“无论是从促进经济社会发展看，还是从保障国家安全看，我们都必须切实把我国核事业发展好。”

中共中央政治局常委温家宝、曾庆红、黄菊、吴官正、李长春也分别参观了展览。

8月29日，中央军委主席江泽民在新华社《参考清样》上，对我国核科技工作作出重要批示，强调发展核技术，要“凭我们的财力急起直追地往前赶”。

2005年

12月15日，广东岭澳核电站二期工程1号机组开工。

12月28日，巴基斯坦恰希玛核电站二期工程开工。

2006年

3月22日，国务院常务会议讨论并通过了《核电中长期发展规划（2005—2020年）》，《规划》拟定了我国核电的发展方针、战略和到2020年的发展目标。

3月28日，浙江秦山二核扩建工程3号机组开工。

同年6月15日广东岭澳核电二期工程2号机组开工。

12月28日，中国国核海外铀资源开发公司揭牌成立，标志着我国在海外铀资源开发上迈出了实质性步伐。

2007年

1月28日，浙江秦山二核扩建工程4号机组开工。

4月18日，中国核能行业协会成立。

5月17日，江苏田湾核电站1号机组投入商业运行。随后于8月16日，2号机组投入商业运行。

5月22日，国家核电技术有限公司成立。

6月，中国原子能科学研究院研制的EDF-M邮件爆炸物检测装置通过2008年北京奥运防爆安检装备专家组验收，成为北京奥运会反邮件爆炸恐怖的关键装备。

8月18日，辽宁红沿河核电站1号机组开工。

9月26日，国防军工集团2007年惟一承担的科技部国家重点基础研究发展计划（973计划）项目——原子能院《嬗变核废料的加速器驱动次临界系统关键技术研究》项目获准立项。

2008年

1月8日，中核集团二一六大队等承担的《新疆伊犁盆地南缘可地浸砂岩型铀矿勘查研究及资源评价》项目获国家科学技术进步一等奖。

2月18日，广东宁德核电工程1号机组开工。

3月15日，十一届全国人大第一次会议经表决批准了国务院机构改革方案，决定新组建国家能源局（由国家发展和改革委员会管理），将国家发展和改革委员会的能源行业管理有关职责和原国防科学技术工业委员会的核电管理职责划入该局。新组建国家国防科技工业局（由国家工业和信息化部管理），承担核工业的行业管理职能。从下半年开始，我国新的核能行业政府管理机构进入正常运转。

3月20日，核燃料后处理放化实验设施工程在中国原子能科学研究院举行负挖仪式，标志该项目进入正式建设阶段。

3月28日，辽宁红沿河核电工程2号机组开工。

6月6日，中核（天津）机械有限公司在天津揭牌成立，标志着我国核燃料生产设备国产化实现了重大跨越。

2008年下半年，3000吨铀转化生产线在西北核工业基地全面建成并投入运营生产。

10月7日，中国广东核电集团有限公司与法国阿海珐集团公司签署铀资源和核电工程国际合作协议。

11月12日，广东宁德核电工程2号机组开工。

11月21日，福建福清核电工程开工建设。

12月16日，广东阳江核电工程1号机组开工。

12月26日，浙江方家山核电工程1号机组开工。

2009年

3月7日，辽宁红沿河核电工程3号机组开工。

3月21日，四〇四乏燃料后处理中试工程冷试车通过中核集团组织的专家组验收。

4月19日，作为我国核电自主化依托项目之一的、世界首座采用三代技术的浙江三门核电一期工程开工建设。

4月20—22日，国际原子能机构“面向21世纪核能部长级国际大会”在京召开。

为配合核能部长级国际大会，4月19日，由中国核能行业协会主办的“第八届中国国际核电工业展览会”在京开幕。

6月5日，广东阳江核电工程2号机组开工。

6月17日，福建福清核电工程2号机组开工。

6月29日，全球首个AP1000模块一次吊装成功，重达700多吨的模块顺利就位。

7月17日，浙江方家山核电工程2号机组开工。

8月15日，辽宁红沿河核电工程4号机组开工。

10月13日，在俄罗斯总理普京访华并与温家宝总理举行定期会晤之际，中国核工业集团公司与俄罗斯原子能工业公司签署了关于田湾二期项目合作的相关文件，中国原子能科学研究院、中国原子能工业有限公司与俄罗斯核电出口公司签署了有关中国示范快堆项目合作的相关文件。

（该资料由中国核能行业协会提供，汪兆富执笔）

核能协会
活动报道

2009年中国核能行业协会主要活动报道

美国机械工程师学会代表团访问协会（2009-01-08）

1月7日，以美国机械工程师学会（ASME）副秘书长林琼（中文名）女士为团长的美方代表团访问了中国核能行业协会。协会副理事长赵成昆等领导与美方进行了友好会谈。首先，双方介绍了各自组织的基本情况，美方特别介绍了其标准制定、更新及应用等情况。随后，双方就ASME的有关标准、规范和中国核电标准等共同关心的问题坦诚地交换了意见，并探讨了今后双方加强合作的方式。协会副秘书长冯毅、国际合作部有关人员参加了会谈。

英国卡文迪什国际集团与协会商谈合作关系（2009-01-08）

1月8日，英国卡文迪什国际集团首席执行官马修·艾斯提先生一行四人拜访了中国核能行业协会。宾主双方在亲切友好的气氛中介绍了各自组织的基本情况，并就协会主办的第八届国际核电工业展览会、双方合作开展国际交流活动等内容进行了坦诚的沟通和交流。

中国核能行业协会专家委员会召开铀专业组座谈会（2009-01-14）

1月10日，中国核能行业协会专家委员会铀专业组在北京国家环保部会议与培训基地召开座谈会，国家国防科技工业局系统工程二司核燃料处贾锦蕾副处长、中国核能行业协会徐玉明副秘书长，以及中国核工业地质总局，中核金原铀业公司，中国国核海外铀资源公司，中国原子能工业公司，中广核铀业公司，中电投集团核电部，东华理工大学，南华大学，核工业第四研究设计院，中核北方铀业公司，中核集团二七二厂，辽宁、陕西、四川、江西、广东地质局等单位的铀专业组专家和领导共29人参加了会议。

座谈会由铀专业组组长张伟星主持。来自各单位从事铀资源勘探、开采、天然铀贸易等工作的专家就2008年我国海内外铀资源勘探开发、生产、采购等情况进行了深入交流，对2009年进一步加强我国的铀资源开发工作和铀资源专业组的活动提出了建议，希望国家有关部门从资金投入、政策保障、体制机制创新以及加强技术研究等方面采取更加有力的措施，为我国核电发展提供可靠的铀资源保证。

与会的国家国防科技工业局有关部门及协会秘书处领导对会议讨论情况给予充分肯定，希望铀资源专家组会后对与会专家的意见进行总结归纳，组织开展进一步的深入研究，争取尽快形成操作性强的具体建议，并提交国家有关部门决策时参考。

张华祝理事长会见中国大唐集团公司郑文元副总经济师一行（2009-01-14）

1月14日，张华祝理事长会见了到访的中国大唐集团公司郑文元副总经济师一行4人。

张华祝理事长向大唐集团公司的同志介绍了中国核能行业协会职责和成立以来的工作情况；郑文元副总经济师介绍了中国大唐集团公司的情况，表示了大唐集团愿为我国核电发展作贡献的意愿。郑副总表示，大唐集团在核电领域是一个新兵，希望能加入中国核能行业协会，得到中国核能行业协会的支持，大唐集团也要为协会的工作承担起自己的责任，作出自己的贡献。张华祝理事长表示：核电进入快速发展期，没有常规电力的参与是不可能的，很高兴看到大唐集团重视核电发展，把核电发展作为公司的发展战略，作为实力雄厚的集团公司，这为核电的发展注入了动力。张理事长欢迎大唐集团参加中国核能行业协会，也希望大唐集团能为协会工作作出贡献。双方还就核电发展有关问题交换了意见。

中国核能行业协会赵成昆副理事长参加了会见。

中国核能行业协会召开负责人座谈会（2009-01-20）

座谈会上，张华祝理事长作了题为“2008年协会的工作情况及2009年工作安排的初步打算”的主旨发言。在发言中，他对协会2008年的工作情况进行了简要的回顾，并对2009年协会的工作思路和主要工作安排提出了意见。

围绕协会的主要工作，马鸿琳副理事长兼秘书长，赵成昆副理事长，徐玉明、冯毅副秘书长分别作了补充发言。

会议对协会2008年的工作给予了充分肯定，特别是对2009年协会工作意见进行了热烈的讨论。

会议还同时召开了《中国核能》会刊编辑委员会第一次会议，研究了《中国核能》会刊2009年出版工作安排。

张华祝理事长表示，协会秘书处将认真研究与会同志提出的意见和建议，并希望通过大家的共同努力，把协会建设成为“实力较强、影响较大”的行业协会，为促进我国核能事业又好又快又安全地发展作出积极的贡献！

法国原委会主席毕加先生访问协会（2009-01-21）

1月20日，中国核能行业协会张华祝理事长在北京会见了前来拜访的法国原委会主席毕加先生一行。双方回顾了过去成功而愉快的合作经历。应法方要求，张华祝理事长还详细介绍了中国核能的发展状况和我协会的宗旨、职能和任务等内容。

会谈中，双方充分认识到两国核能界在政府合作的基础上，加强协会间尤其是组织中小企业的合作方面潜力巨大，双方应着力推动。会谈结束时，双方共同祝愿中法核能合作取得新的更大的进展，以造福于两国人民。

法国驻华大使馆参赞杜迪克洛先生和协会副秘书长冯毅参加了会见。

协会领导拜会李干杰副部长(2009-02-05）

1月21日下午，张华祝理事长等一行四人到环保部拜会了环保部副部长兼国家核安全局局长李干杰。张华祝理事长感谢国家核安全局对协会工作的大力支持和帮助，汇报了2008年协会工作情况和2009年主要工作设想。李干杰副部长说，协会成立时间不长，确实做了大量工作，为我国核能事业又好又快又安全的发展作出了贡献。同时，也树立了协会的良好形象和威信。他表示，国家核安全局将一如既往，全力支持协会的工作。如在法规标准制定、人才培养以及课题研究等方面，充分发挥协会的作用，并探索建立长期有效的合作机制。李干杰副部长还介绍了在核电快速发展的形势下，核安全主管部门面临的任务。核安全司副司长周士荣以及郝晓峰、李天舒、刘路处长，协会马鸿琳副理事长兼秘书长，赵成昆副理事长，徐玉明副秘书长等参加了座谈。

张华祝理事长参加全国能源工作会议(2009-02-07)

2月3—5日，全国能源工作会议在京召开，这是我国17年来首次举行的全国性能源工作会议。中国核能行业协会张华祝理事长参加了本次会议。中国核工业集团公司、中国核工业建设集团公司、中国广东核电集团有限公司、中国电力投资集团公司、国家核电技术公司、中国华能集团公司、中国第一重型机械集团公司、中国第二重型机械集团公司、哈尔滨电站设备集团公司、中国东方电气集团公司、上海电气（集团）总公司等中国核能行业协会有关成员单位的领导也参加了会议。

全国能源会议是在全球能源形势剧烈波动，我国能源发展面临一系列新情况、新考验的形势下召开的，因此备受关注。

国家发展与改革委员会副主任、国家能源局局长张国宝在会上作了《转变发展方式，加快结构调整，构筑稳定经济清洁安全的能源供应体系》的工作报告。

张国宝副主任在总结2008年的工作时说：2008年是核电建设规模最大的一年，新核准了福建宁德、福清，广东阳江，浙江方家山四个核电项目，共14台百万千瓦级核电机组。目前，我国投产核电站装机容量910万千瓦，在建2290万千瓦，形成浙江秦山、广东大亚湾、江苏田湾三个基地。核电装备国产化积极推进，自主化百万千瓦级核电锻件开始供货，蒸汽发生器已经实现成套供应。加大了海外铀资源开发的力度。核电建设取得重大进展。

在谈到2009年的工作时，张国宝副主任强调：能源供需形势的相对缓和，为结构调整提供了难得的战略机遇期，要把结构调整作为能源工作的主线。强调要“大力发展清洁能源，着力提高石油天然气、水电、核电、风电等消费比重”，将把“大力发展核电”作为重要任务。

中共中央政治局常委、国务院副总理李克强出席了会议，并作了重要讲话。李克强副总理在会上强调，要认真贯彻党中央、国务院关于保增长、扩内需、调结构的决策部署，按照科学发展观的要求，切实保障能源有效供给，不断提高能源效率，加快发展现代能源产业，推进能源结构调整升级，促进经济社会又好又快发展。

协会积极推进在建核电项目同行评估试点工作（2009-02-11）

根据中国核能行业协会第三次常务理事会会议精神，应中国华能集团公司申请，协会拟于2009年5月份对石岛湾核电厂实施同行建设评估。协会领导十分重视这项工作，为做好相关前期准备，赵成昆副理事长分别于2009年2月6日和9日主持了“石岛湾核电厂建设项目同行评估讨论会”，石岛湾核电有限公司王永福副总经理、核电秦山联营公司张涛副总经理、中广核集团公司的有关专家应邀参加会议。与会代表就受评核电厂评估需求、在建核电项目评估模式、评估业绩指标及准则、评估队组建及评估组织工作等议题进行了认真分析，并达成广泛共识。

中国核能行业协会秘书处传达国家能源工作会议精神（2009-02-11）

2月3—5日，全国能源工作会议在京召开。这是我国17年来首次举行的全国性能源工作会议。中国核能行业协会张华祝理事长参加了本次会议。

2月10日，中国核能行业协会秘书处召开办公会议，传达全国能源工作会议精神。

张华祝理事长传达了李克强副总理在会议上的重要讲话、张国宝副主任在能源工作会议上的工作报告和会议总结，以及能源发展规划等会议内容。他强调指出，要把学习和贯彻全国能源工作会议精神纳入今年协会重点工作内容，要在协会举办的重要活动中和网站、刊物上宣传会议的精神，并结合核能行业的实际，主动开展工作，积极为政府部门和企业提供服务。

日本核安全研究协会学术代表团访问协会（2009-02-23）

2月17日，赵成昆副理事长会见了日本核安全研究协会（NRSA）学术代表团一行四人。双方就中日人才培养计划、高级人才培训工作等议题进行了坦诚的交流与沟通。应日方要求，中方介绍了核能行业协会自身情况，特别对协会的宗旨、职能与资金来源情况进行了详细的介绍，随后双方就共同关心的有关人才培训的需求进行了交流，日方着重了解了中方派遣留学生的渠道与留日学生回国的工作状况。

协会与日本原子力产业协会签署合作备忘录（2009-02-23）

2月19日，中国核能行业协会（CNEA）张华祝理事长在北京会见了日本原子力产业协会（JAIF）服部拓也理事长及日本株式会社日立制作所的嘉宾。会谈在友好愉悦的气氛中进行。首先，宾主双方介绍了各自协会的组织结构、业务范围等基本情况。随后，双方针对建立和加强两会合作关系方面进行了坦诚的交流和沟通，并就签署两会合作备忘录达成了一致意见。会谈结束时，举行了简短的签字仪式，张华祝理事长与服部拓也理事长分别代表各自协会在备忘录上签字。

双方相信，签署合作备忘录是两个协会开展合作的一个良好开端，必将促进两会合作关系进一步健康发展，必将有利于两国核能和平利用事业的进步与繁荣。双方约定，在未来适当时机，两会将签署正式合作协议。

日立制作所有关负责人参与了会谈，介绍了日立公司在中国的电力事业发展情况，并就未来合作事宜与协会领导进行了沟通与交流。中国核能行业协会马鸿琳秘书长、冯毅副秘书长及国际合作部相关人员参加了会谈和签字仪式。

“中国核能行业2008年度10大新闻”评选揭晓（2009-02-25）

为宣传中国核能行业2008年度改革发展取得的丰硕成果，扩大核能行业的社会影响，中国核能行业协会开展了“中国核能行业2008年度10大新闻”的评选活动。

在中国核能行业协会各会员单位及有关企事业单位推荐的基础上，协会秘书处对200余条新闻事件进行了归纳、汇总，并组织有关专家进行了评选。

2008年度10大新闻予以公布。(评选结果见本年鉴2009年卷《大事记》栏目)

IAEA核能部长级国际大会网站开通（2009-02-27）

国际原子能机构（IAEA）2009年核能部长级国际大会将于4月20—22日在北京举行。根据大会主办单位IAEA和承办单位国家原子能机构（CAEA）的要求，中国核能行业协会（CNEA，大会协办单位）设计建设了大会独立因特网网站，并于近日开通试运行。网站网址为：http://www.imcone.net，包括中英文两个版本，可方便切换。

该网站以介绍大会情况、宣传大会筹备工作、方便国内外代表参会为主要目标，共设立了“大会概况”、“大会组织”、“大会资料”、“大会动态”、“宾馆信息”、“联系方式”等九个栏目，具备参会代表直接通过网站预订宾馆等在线办事的功能。为提醒大家，网站还设计了距大会开幕倒计时牌。欢迎社会各界光临网站。

中国核能行业协会经费管理委员会第三次会议在京召开(2009-03-05)

3月4日，中国核能行业协会经费管理委员会在北京召开了第三次会议，经费管理委员会委员（或代表人）曹志强、宋建国、赵丽媛（代表马醒）、孙迟、吴昊（代表黄小平）等参加了会议；中国核能行业协会高玉兰、付凤如、胡勤列席会议；受时传清主任的委托，协会马鸿琳秘书长主持了会议。

会议对协会秘书处提交的《中国核能行业协会2008年财务决算和2009年财务预算报告》进行了审议。会议原则同意《中国核能行业协会2008年财务决算和2009年财务预算报告》，并提出了个别修改意见，同意在修改后提交理事会审定；对协会的财务工作还提出了一些意见和建议，希望协会积极发挥作用，努力开拓服务领域，培育新的经济增长点。

协会领导到国家能源局汇报工作（2009-03-20）

3月18日上午，中国核能行业协会张华祝理事长一行专程到国家能源局向孙勤副局长汇报了工作。

在全面报告核能协会2008年工作进展和2009年重点工作设想后，张华祝表示，为促进我国核电事业科学发展，核能行业协会愿意为能源局履行核电行业管理职责多做服务工作；当前，核能行业协会尚处于成长期，面临着拓展核心业务、完善治理结构、服务行业发展的重任，希望国家能源局能对协会的工作给予经常性指导。

孙勤副局长通报了能源局核电行业管理的进展情况，并对两年来核能协会的高效工作和不懈努力给予充分肯定。孙勤表示，我国核电发展的空间很大，核电行业管理的任务十分繁重；能源局愿意进一步加强与核能协会的业务联系，积极支持核能协会开展相关业务活动；希望核能协会继续做好已委托工作，在向政府部门提供专业服务方面发挥更大作用。

能源局许永盛、曾亚川、荣健，核能协会马鸿琳、徐玉明、冯毅汇报时在座。

中国核能行业协会组织管理委员会第三次会议在京召开(2009-03-23)

3月20日，中国核能行业协会组织管理委员会在北京召开第三次会议，组织管理委员会主任李永江主持了会议，组织管理委员会委员胡修奎、赵锦洋、张谦、朱宏，协会秘书长马鸿琳，综合管理部主任高玉兰等同志参加了会议。

会议对调整理事会、常务理事会成员单位的方案和申请入会单位的资格进行了审查。会议还讨论了其他有关事项。

法国阿海珐集团中国区总裁访问协会（2009-03-25）

3月23日，协会张华祝理事长在协会秘书处会见了法国阿海珐集团中国区总裁安德龙（Mr. Marc Andolenko）先生。

宾主双方就中法核电发展及共同关心的问题交换了意见。

WANO 主席一行访问协会（2009-03-26）

3 月 24 日，协会张华祝理事长会见了世界核电运营者协会（WANO）新任主席 Laurence Stricker 先生一行。双方在介绍了各自组织的基本情况后，针对核电站运行评估、经验交流以及在建核电项目同行评估方面深入交换了意见和看法。

双方一致认为，加强核电站运行同行评估和经验交流对于确保核电站运行安全至关重要，双方将加强在这方面的合作。WANO 代表认为，随着中国核电建设大规模展开，对在建核电项目进行同行评估，必将促进中国核电建设的规范化，提升核电站的建设水平，有利于保证建设质量，并将向其他国家提供良好经验。

第一期核电建设同行评估培训班在京举办（2009-03-30）

由中国核能行业协会主办的“2009 第一期核电厂建设评估培训班”于 3 月 27 日上午在北京举行。张华祝理事长出席开班式并讲了话。来自协会 11 个会员单位的 32 名专家参加了培训活动。

张华祝说，我国核电建设已进入快速发展阶段，国家已核准的 22 个核电机组，总装机容量达 2290 万千瓦，若加上今年可能核准的 9 个机组，我国在建核电规模已相当可观。在备感振奋的同时，我们核电界要保持清醒头脑，要十分重视核电建设质量，而核电工程项目管理是确保建设质量的核心环节。因此，认真学习相关国际经验、切实总结 20 年良好实践，尽快形成我们自己的行业评价、经验共享机制，对促进核电产业科学发展具有十分重要的意义。

张华祝说，我国核电建设同行评估试点工作已进入实施阶段。在各有关会员单位的大力支持下，经过协会近一年的准备，应华能石岛湾核电有限公司申请，核电建设评估试点各项工作进展顺利。评估业绩目标及准则的开发、同行评估队的组建、培训班的举行均按计划实施。培训班是确保现场评估效果的基础性工作。本次培训活动是评估前的热身，是各位专家探索创新、集中智慧、形成共识的过程，也是培育团队文化的机会。希望大家平等协作、积极研讨，为确保首次建设评估试点工作的成功，为开拓我国核电评估新领域作出新的贡献！

赵成昆副理事长主持了开班仪式。来自中广核集团公司、核电秦山联营有限公司、中国核电工程有限公司、中广核工程有限公司、湖南桃花江核电有限公司、福建宁德核电有限公司、山东核电有限公司、辽宁红沿河核电有限公司、海南核电有限公司，核动力运行研究所、中科华核电技术研究院，以及华能山东石岛湾核电有限公司等 12 个单位的 32 名领导、专家参加了培训，并获得评估员培训合格证书。这次培训是协会为华能山东石岛湾核电厂建设评估试点所进行的准备工作。

培训的主要内容包括：国内外核电厂同行评估经验介绍，国内运行评估实践及工程建造同行评估的探索，华盛顿公司对核电秦山二期扩建工程管理评估，中核集团对巴基斯坦二期工程建设同行评估方法及实践，核电厂建设评估准则，评估队员职责、现场评估计划，巡视、观察、访谈方法及观察报告编写等。核电秦山联营公司副总经理张涛（评估队长）、处长陈建新，华能山东石岛湾核电有限公司副总经理王永福，核能协会副秘书长冯毅，核动力运行研究所评估中心主任程建秀，中科华核电技术研究院副所长汪德伟等同志参加了授课。

中国核能行业协会第一届理事会第三次会议在京召开（2009-04-02）

4月1日，中国核能行业协会第一届理事会第三次会议在京召开。67名理事（含新增补的理事及理事的全权代表）参加了会议。张华祝理事长主持了会议。

理事会首先审议了李永江副理事长代表组织管理委员会所作的《关于接受中国大唐集团公司等13个单位申请入会的报告》、《关于增补理事的建议》、《关于增补常务理事、副理事长的建议》以及《部分理事单位关于调整副理事长、理事人选的建议》。

理事会通过了接受中国大唐集团公司、天津电力建设公司、福建福清核电有限公司、浙江省海盐经济开发区管理委员会、浙江省海盐县核电关联产业办公室、浙江中达特钢股份有限公司、浙江宝纳钢管有限公司、嘉兴多角电线电缆有限公司、陕西煤炭建设公司管件设备厂、江苏大明金属制品有限公司、宁波奥崎自动化仪表设备有限公司、中国化工代销华北公司、北京中核东方控制系统工程有限公司等13个单位的入会申请；并以投票表决的方式增补中国大唐集团公司总经理翟若愚为协会副理事长，增补中国核工业地质局局长李德连、华能核电开发有限公司总经理王迎苏、中广核铀业发展有限公司总经理周振兴为常务理事，增补中国中原对外工程公司总经理毛晓明、福建宁德核电有限公司总经理李一农、福建福清核电有限公司总经理卢洪早、四川核工业地质局局长金有忠和大全集团有限公司总经理左岚林为理事；同意部分单位因工作原因调整本单位副理事长、常务理事或理事人选的意见，并讨论通过了《理事会第三次会议关于增补和调整理事、常务理事、副理事长的决议》。理事会对不再担任协会副理事长、常务理事或理事职务的王寿君、濮继龙、田佳树、李同生、郝宏生等同志为协会工作所作的贡献表示衷心感谢。

理事会还听取并审议了马鸿琳秘书长所作的《关于协会一年来工作情况和2009年主要工作安排的报告》和徐玉明副秘书长所作的《关于设立中国核能行业协会科学技术奖的说明》。听取并审议了时传清副理事长代表经费管理委员所作的《关于协会2008年财务决算和2009年财务预算的报告》以及组织管理委员会关于贯彻协会《章程》第十二条有关规定的意见，会议同意中广核能源开发有限公司和上海翊彤动力设备有限公司因业务范围调整等原因提出的退会申请。

与会理事在讨论中，对协会一年来的工作给予了充分肯定，一致同意并支持设立中国核能行业协会科学技术奖和编辑出版2008年中国核能年鉴，对协会今后的工作提出了意见和建议。

张华祝理事长作了会议小结，他强调在新的一年里，协会将继续围绕“认真提供服务，推动行业发展”开展工作，为推进核能事业又好又快又安全发展作出积极贡献。

中国大唐集团公司郑文元副总经济师一行到访中国核能行业协会（2009-04-16）

4月14日，中国大唐集团公司郑文元副总经济师一行5人到访中国核能行业协会。张华祝理事长会见了郑文元副总经济师一行。

2009年4月1日召开的中国核能行业协会第一届理事会第三次会议，增补中国大唐集团公司为中国核能行业协会的会员单位，中国大唐集团公司总经理翟若愚当选为协会副理事长。

郑文元副总经济师表示：中国大唐集团公司对能够成为协会的会员单位感到非常荣幸。中国核能行业协会成立以来，做事非常认真，为行业的发展做了很多工作。中国大唐集团公司看好这个平台，作为协会成员和协会的副理事长单位，中国大唐集团公司愿意为中国的核电发展贡献自己的力量。

张华祝理事长对郑副总的来访表示欢迎，认为作为知名度很高的大企业集团，大唐集团公司加盟中国核能行业协会，进军核电市场是核能行业发展的好事，核电发展需要电力行业的参与。张理事长介绍了中国核能行业协会成立以来的工作情况。双方还研讨了下一步工作内容。

中国核能行业协会马鸿琳副理事长兼秘书长、徐玉明副秘书长参加了会谈。

中国核能行业的一次盛会（2009-04-19）

——2009年中国核能行业协会年会在京召开

在上下同心、举国协力共同应对全球性金融危机的关键时刻，在迎来我国核电新的发展高潮的重要时期，在春暖花开的美好季节，2009年中国核能行业协会年会在北京召开了。264名来自协会副理事长单位、有关省市经济（核电）管理机构，以及核电建设运营、核燃料生产、铀资源开发、研究设计、建筑安装、设备制造、技术服务、人才教育、医疗、商务咨询等会员单位的代表齐聚一堂，共商国家核能发展大计。

中国核能行业协会副理事长钱智民

主持会议。中国核能行业协会理事长张华祝，代表协会理事会在会上作工作报告。张华祝的报告包括三个部分的内容：一是 2008 年我国核能行业取得的重大进展；二是 2008 年核能行业协会工作的回顾；三是部署核能行业协会 2009 年的主要工作。

中国核能行业协会副理事长、协会组织管理委员会主任李永江，作了组织管理委员会工作报告；中国核能行业协会副理事长、协会经费管理委员会主任时传清，作了经费管理委员会工作报告。

会上，核能行业协会邀请三位专家，围绕我国核电发展过程中遇到的若干重要问题作了专题报告。周大地研究员报告的题目是：《世界经济危机推动我国经济结构调整》。隋永滨总工程师报告的题目是：《我国核电设备国产化的能力建设情况和面临的挑战》。核能协会专家委员会铀资源专业组组长张伟星报告的题目是：《铀资源对核电规模发展保障状况》。三位专家精彩的报告受到全体与会代表的热烈欢迎。

张华祝理事长强调，2009 年，核能行业既面临着前所未有的发展机遇，又面临着各种可能的挑战，行业协会的发展有着广阔的空间。我们要在党中央、国务院的领导下，在政府有关部门的指导下，在全体会员单位的支持下，深入贯彻落实科学发展观，求真务实，开拓创新，齐心协力，扎实工作，努力开创中国核能行业协会工作的新局面，以优异成绩迎接新中国成立 60 周年。

我国在建核电机组占全世界在建核电机组的 30%（2009-04-20）

在2009年中国核能行业协会年会上，中国核能行业协会理事长张华祝说，2008年是极不平凡的一年，对我国核能行业来说也是非同寻常的一年。

——在役核电机组实现安全稳定运行

——核电建设进入批量化、规模化发展新阶段

为适应能源结构调整和加快清洁能源发展的需要，我国核电建设加快推进。

截至目前，我国已核准 8 个核电项目，共 24 台核电机组，总装机容量为 2540 万千瓦；其中，已开工建设的核电机组 13 台（包括浙江三门核电站 1 号机组），总装机容量 1335 万千瓦，占全世界在建核电机组的 30%。

——核电装备国产化稳步推进

在核电加快发展的形势下，以三大动力设备集团和两大重型设备集团为代表的设备制造企业，通过技术改造、产业升级和新基地建设，设备制造能力和管理水平不断提高，二代改进型核电装备国产化稳步推进。

在新增中央预算内资金中为重大能源技术装备自主化专项投资 8 亿元，其中 13 个核电设备项目获得的补助总额占资金总额的 80%。

——核工程设计、建设与管理能力不断增强

通过引进消化吸收再创新和规模化批量化的工程实践，我国已基本具备二代改进型百万千瓦级压水堆核电站的自主设计能力。AP1000技术转让工作稳步推进。

——核燃料循环产业能力建设全面展开

为保障核电加快发展对铀资源的需求，我国铀矿地质勘查落实了新的矿床，包括万吨级以上的大型矿床。铀转化、铀浓缩、核燃料元件制造等诸多产能建设工程全面展开，这些项目按计划建设与投产，可以确保核燃料生产能力同步增长，满足核电发展需要。

——国际合作与海外开发迈出重大步伐

我国与美国、法国、日本、韩国、哈萨克斯坦等国家在核电、装备制造、铀资源开发等方面的合作取得新的重大进展，与国际原子能机构、世界核电运营者协会等组织的合作卓有成效。

——自主创新和人才培养取得新的进展

在国家核能开发专项经费的支持下，我国核能领域技术研发不断取得新进展，关键技术研发和基础能力建设都取得一批新的成果。

核专业人才教育培养工作受到各方高度重视。在政府有关部门的指导和支持下，高等院校核专业设置和学科建设普遍得到加强，加大了核专业人才培养的力度，有效地缓解了核电快速发展与核专业人才不足的矛盾。

伴随着我国核能事业的发展而诞生和前进（2009-04-21）

在2009年中国核能行业协会年会上，中国核能行业协会理事长张华祝说，中国核能行业协会是伴随着我国核能事业的发展而诞生和前进的。过去的一年，在政府有关部门的指导支持下，在广大会员单位的积极参与下，协会紧紧抓住“认真做好服务，努力促进发展”这一协会工作的主题，积极开展活动，取得良好效果，受到政府部门和会员单位的好评。张华祝从多个方面回顾了核能行业协会在过去一年中的主要工作：

——加强了与政府有关部门的沟通

一年中，根据核能行业快速发展的新形势和核能行业管理体制调整的新情况，协会多次向国家国防科工局、国家能源局、国家核安全局等有关政府部门汇报工作，提出建议，争取指导和支持。反之，政府有关部门强有力的指导和支持，也为协会工作指明了方向，促进了协会桥梁纽带作用的发挥。

——成功举办协会年会暨中国核能可持续发展论坛

——围绕行业发展的一些热点难点问题开展软课题研究

——组织核能行业安全生产培训

——开展技术咨询和服务活动

——充分发挥专家委员会的智力支持作用

——开展核电厂运行评估和经验交流活动

——重视行业信息交流平台建设

——积极开展对外对内的宣传交流活动

——积极筹办三件大事

一是协助筹备国际原子能机构2009

年核能部长级国际大会及主办第八届中国国际核电工业展览会。

二是积极推进在建核电项目同行评估的研究和准备工作。

三是努力做好质量保证培训的准备工作。

——加强协会自身建设

研究、服务、交流、加强自身建设（2009-04-22）

在2009年中国核能行业协会年会上，中国核能行业协会理事长张华祝强调，2009年，受国际金融危机的影响，我国经济发展面临着严峻的形势，对我国能源发展造成诸多不利影响，但也为推进能源结构调整带来了机遇，为核能等清洁能源的发展腾出了空间。

张华祝说，为了适应核能发展的新形势、新任务，在新的一年，协会要在政府有关部门的指导下，深入贯彻科学发展观，认真落实全国能源工作会议和国防科技工业工作会议精神，按照国务院办公厅《关于加快推进行业协会商会改革和发展的若干意见》，把履行《章程》规定的协会宗旨作为一切工作的中心，把“加强研究工作，搞好技术服务，推进信息交流，承接转移委托”作为重点业务工作，认真加强协会自身建设，为我国核能行业健康持续发展做出新的贡献。2009年，协会将在以下几个方面做出努力：

——加强研究工作。

——搞好技术服务

——推进信息交流

——承接转移委托

——组织好三项重大活动

1. 积极筹划、精心准备国际原子能机构2009年部长级核能国际大会，并以此为契机，加强与世界各国在核能领域的互利合作，提高我国在国际核能界的地位；

2. 作为主办方，办好与国际原子能机构2009年部长级核能国际大会同期举行的第八届中国国际核电工业展览会；

3. 开好协会2009年年会，下半年将着手2010年年会暨论坛的策划和筹备工作。

——推进国际交流与合作

——加强协会自身建设

加强协会的自身建设和规范管理，着力提升秘书处业务能力和服务水平，是履行协会宗旨、做好协会工作的重要保证。

从“六个如何”找准协会今后工作的方向（2009-04-23）

在2009年中国核能行业协会年会上，中国核能行业协会理事长张华祝在理事会工作报告中强调指出，在充分肯定成绩的同时，我们也要清醒地看到，我国核能行业发展也面临着诸多挑战。张华祝归纳了“六个如何”：

一是如何应对国际金融危机可能对核电发展带来的负面影响。

二是如何进一步提高自主创新能力。

三是如何保障铀资源的长期稳定可靠供应。

四是如何继续保持清醒头脑，更加重视核电的质量与安全。

五是如何加快核专业人才成长。

六是如何解决体制机制与核能发展不相适应的问题。

从“六个如何”，我们既能清楚地看到我国核能行业发展面临的挑战，又能找到核能行业协会今后工作的方向和目标。张华祝要求协会工作人员要始终牢记协会的宗旨——贯彻国家关于核能发展的方针政策，推动行业自主创新和技术起步，为提高核能利用的安全性、可靠性和经济性提供服务，促进核能行业发展。协会的中心任务是做好政府与会员单位之间、会员单位之间、国内与国际之间的沟通与交流，维护全行业和会员的合法权益，向政府建言献策，为企业排忧解难，努力发挥桥梁和纽带作用。

核能部长级国际大会外宾参观第八届中国国际核电工业展览会（2009-04-22）

4月21日晚，参加国际原子能机构（IAEA）2009年核能部长级国际大会的部分外宾在大会承办方的组织下，兴致勃勃地参观了第八届中国国际核电工业展览会。许多外宾对展览的内容很感兴趣，纷纷留下联络方式，希望与相关参加单位作进一步沟通和了解。一些代表在离开时，还感到恋恋不舍，意犹未尽。

李永江副理事长出席日本原子力产业协会（JAIF）年会（2009-05-05）

4月14日，中国核能行业协会副理事长、核电秦山联营有限公司董事长李永江参加了在日本横滨召开的日本原子力产业协会（JAIF）第42届年会。本届年会的主题是：实现低碳排放，核能可以达成目标。共有六百多名专家、学者参加了此次会议。

会前，李永江副理事长出席了JAIF专门举办的加强两国协会合作的座谈会，双方介绍了各自协会的组织机构、业务范围等情况，并对建立两协会合作关系等方面进行了深入沟通和交流。会后，日方向中方提交了启动两协会间合作的试验项目计划草案。

日本原子力产业会议创立于1956年，2006年4月1日起更名为日本原子力产业协会，协会的宗旨是针对日本的能源问题，从事各种同位素及放射线的应用，希望通过各界的协作，促进核能的和平利用，以利于国民经济及社会福利的全面发展。JAIF每年4月举办年会，近年我国每年均组团出席。

赵成昆副理事长应邀出席日本快堆发展国际咨询会议（2009-04-30）

应日本原子力开发机构（JAEA）的邀请，赵成昆副理事长出席了2009年4月23—24日在日本茨城召开的日本快堆发展规划第二次国际咨询会议。

核电厂运行评估及经验交流委员会负责人座谈会在京召开(2009-05-13)

在我国核电加快发展的形势下，为了总结 2008 年的工作、研究部署 2009 年的安排，核电厂运行评估及经验交流委员会(以下简称委员会)负责人座谈会于 2009 年 5 月 6 日上午在北京召开。委员会主任张华祝主持会议并做小结，委员会副主任曹述栋、俞培根、贺禹的代表邹永平、陈桦的代表程慧平，委员吴岗、杨忠勤、丁云峰等同志应邀参加了座谈会。在认真听取秘书处的工作报告后，与会各位负责人及代表围绕委员会当前工作及今后发展方向，踊跃发言，达成了广泛共识。

关于 2008 年的工作，大家认为：在原国防科工委和国家能源局的指导、推动下，委员会适应国家核电管理体制调整和核电市场化发展需要，实现了工作体系的平稳过渡，完成了年度重点工作任务，在促进我国核电厂安全、可靠、经济运行方面发挥了重要的作用，应给予充分肯定。

关于 2009 年委员会工作的安排，与会的各位负责人及代表表示：同意秘书处提出的工作建议。委员会要更多地向国家能源局汇报工作，主动争取业务工作的指导和科研经费的支持；委员会应建立负责人定期商谈制度，切实推动工作体系的有效运转；同意秘书处试行联络工程师制度，开展好同行评估、经验反馈等核心业务，积极探索在建项目管理同行评估，努力为我国核电运行、建设管理提供客观的同行评价服务和共用反馈信息平台。此外，各成员单位应重视运行经验事件报送的质量和及时性，委员会要加强典型事件分析，发挥专家网络的作用。

在谈到委员会今后的发展方向时，大家认为：与我国核电中长期发展目标相适应，作为我国核电营运单位共同分享经验、持续改进的工作机制，随着我们工作的扎实推进和我国核电总装机容量的快速增加，委员会的影响力会逐步提升，担负的责任也将更重。委员会应继续坚持行业自律属性，突出同行评价特色，关注行业共性问题，促进核电运行管理水平和运行业绩不断提升。通过今后十年的努力，委员会应当成为：向政府报送核电运行业绩的重要渠道；核电运营者共享经验的重要平台；与国外核电营运者同行开展交流的重要窗口。

委员会秘书处冯毅秘书长，程建秀、琚存有副秘书长也参加了会议。

给中国东方电气集团有限公司的致敬信(2009-05-15)

中国东方电气集团有限公司：

在历史的长河中，365 天只是短暂的一瞬。但 2008 年 5 月 12 日 14 点 28 分，却让每个中国人永远铭记。

这一刻，四川汶川特大地震突袭而至，地动山摇，房倒屋塌，无数亲人生离死别。

这一刻，东方人擦干眼泪，昂首而立，不屈不挠，千方百计恢复生产，重建家园。

2008 年 6 月 17 日，斯泽夫总经理在中国核能行业协会年会上所作的《抗震救灾纪实》的报告，感动了中国核能行业协会全体会员。一年来，东方人面对灾难，众志成城，自强不息，勇敢承担起国企的社会责任，如凤凰涅槃，从巨大的灾难中获得新生，以圆满完成全年的各项经营目标，产销均创历史新高的骄人业绩，向世人展现了东方电气人“泰山压顶不弯腰”的大无畏的英雄气概。

地震中倒下去的是房屋，立起来的是精神！东方人的这种精神是国有企业的财富，是我们核能行业的骄傲，是全行业学习的榜样。

值此5.12周年之际，中国核能行业协会代表全体会员向东方人表示崇高的敬意，对东方人一年来取得的成绩表示衷心的祝贺，对中国东方电气集团有限公司及所属企业对中国核能行业协会工作的大力支持表示诚挚的感谢！

祝东方人再谱华章，为祖国做出更大的贡献！

二〇〇九年五月十四日

2009年核能行业安全生产培训第五期培训班正式开课（2009-06-10）

受国家国防科工局委托，由中国核能行业协会组织，核工业培训中心承办的“核能行业安全生产培训第五期培训班”于2009年6月8日上午正式开课。这次参加培训的66名学员来自非铀地矿的21个单位。

6月8日上午，在核工业培训中心举办了简短而隆重的开课仪式。开课仪式由中国核能行业协会马鸿琳副理事长兼秘书长主持，国防科工局系统工程二司郭永吉副巡视员、中国核能行业协会赵成昆副理事长及核工业培训中心周刘来主任等出席了开课仪式。周刘来主任致欢迎词。国防科工局系统工程二司郭永吉副巡视员讲了话，他从落实科学发展观、促进核能行业又好又快又安全地发展的角度，阐述了加强核能行业安全生产培训，提高安全管理水平的重要意义和现实必要性，并要求学员珍惜学习机会，认真学习，联系实际，学以致用。马鸿琳副理事长兼秘书长代表中国核能行业协会讲了话。

开班仪式后，赵成昆副理事长讲了第一课：“核能行业安全生产管理体系”。

IAEA致函感谢中方成功举办核能部长级国际大会（2009-06-10）

面向21世纪核能部长级国际大会已于2009年4月20—22日在京成功举办。共有来自61个国家、7个国际组织的21名部长，总计808人参加了大会。会议上，先后有32位部长级代表发言，16位专家在技术专题部分作报告。

近日，中国核能行业协会收到国际原子能机构（IAEA）副总干事索科洛夫先生代表总干事巴拉迪先生的来函。信中指出，本次大会取得了圆满成功，国际原子能机构对中国政府（工业和信息化部、国家原子能机构）及中国核能行业协会为大会成功举办所作的杰出贡献和不懈努力表示十分感谢，并希望双方在未来开展更多卓有成效的合作。

2009 第二期核电厂建设评估培训班在京举办（2009-06-15）

为做好秦山第二核电厂扩建工程调试及生产准备同行评估的相关工作，由中国核能行业协会主办的“2009 第二期核电厂建设评估培训班”，于 6 月 10 日至 12 日在北京国家会计学院举办。来自各核电公司及相关技术支持单位的 25 位学员参加了培训，并获得评估员培训合格证书。

培训期间，评估队领队中国核能行业协会副秘书长冯毅、评估队队长福建宁德核电有限公司生产部经理赵昔、评估队协调员中科华核电技术研究院副所长汪德伟，分别就国内外同行评估现状、评估方法、具体要求和注意事项等进行了讲解。培训班上，全体学员还就核电厂调试和生产准备的业绩目标及评估准则进行了认真的讨论。

WANO 东京中心主席一行访问中国核能行业协会（2009-06-15）

6 月 12 日下午，中国核能行业协会理事长张华祝、副理事长赵成昆会见了到访的世界核电运营者协会东京中心（WANO-TC）主席武黑一郎一行。随行人员包括 WANO-TC 事务局长庄司卓先生以及日本核技术协会（JANTI）理事长藤江孝夫先生。

中国核能行业协会国际合作部主任龙茂雄首先向来宾介绍了中国核能行业协会、中国核电厂运行评估及经验交流、中国核电工程建设同行评估的基本情况。WANO-TC 主席向中方介绍了 WANO-TC 的最新情况，藤江孝夫理事长介绍了 JANTI 的基本情况。

随后，宾主双方就核电运行评估、建设评估、中方参与 WANO 事务等方面进行了深入、坦诚的交流。双方表示，类似的交流活动有助于双方沟通信息，加强了解以及寻求共同感兴趣的合作领域和合作方式。双方将在核电站运行交流和经验反馈等方面进一步加强合作。

首届核教育培训国家研讨会在哈尔滨召开（2009-06-18）

5 月 25—29 日，首届核教育培训国家研讨会（1st National Meeting on Improving Education and Training for Chinese Nuclear Power Industry Personnel）在哈尔滨工程大学召开，来自中国国家原子能机构（CAEA）、国际原子能机构（IAEA）和中国核能行业协会，以及国内核领域的 28 家企业、研究院所与高校共 66 人参加了会议。会议就中国核工业人才教育培训的现状和需求，美国、英国、韩国以及 IAEA 的人才培养和教育经验，中国高等教育院校核人才培养情况，以及建立核工业人才教育与培训体系、标准等方面进行了研讨。

中国核能行业协会副秘书长徐玉明出席了会议，并就中国核能发展和人才教育培养情况作了专题报告。CAEA 国际合作司副巡视员许平、IAEA 核电司官员

Mazour 先生等出席会议并致辞。

此次会议由 CAEA、IAEA 和哈尔滨工程大学联合主办，是 CAEA 与 IAEA 为提高中国核工业人才的教育与培养能力而共同实施的核能合作专项（CPR4032）的第一次重要活动。2008 年 5 月，根据 CAEA 的统筹安排，哈尔滨工程大学核科学与技术学院代表团访问了 IAEA，双方就加强核教育领域合作问题进行了磋商，并就中国与机构核能合作专项下增加核教育培训内容达成共识。2008 年 11 月，中国 - 机构核能合作专项获得 IAEA 理事会批准，其中 CPR4032 项目，旨在提高中国核能发展的总体能力，并依托哈尔滨工程大学设立核教育与培训中心。为落实 CPR4032 项目，IAEA 于 2009 年 3 月在维也纳召开了项目启动会，讨论该项目的执行计划，并确定在项目框架下，以核教育与培训中心为依托，举办首次综合性培训活动——核教育培训国家研讨会。

张华祝理事长在京会见法国客人（2009-06-26）

6 月 25 日下午，中国核能行业协会理事长张华祝会见到访的阿海珐中国区总裁安德龙（Marc de ANDOLENKO）、法国驻华使馆核事务参赞杜迪克勒（DU CLOS）一行。法方首先就法国原子能委员会在核技术研发领域的最新进展，以及阿海珐在北美地区的业务状况分别做了详细的介绍，并仔细回答了中方提出的有关问题。

张华祝理事长对法国核能技术的研发、应用和组织体系表示赞赏，并希望加强双方在该领域的交流与合作，从而有助于提升中国的研发能力，促进中国的核电发展。此外，张华祝还了解了 EPR 机组在芬兰和法国的建设进度，并表示，希望即将在中国台山开工的 EPR 机组项目能够按时、顺利地进行。会谈中，双方一致认为，这种形式的交流与沟通，有助于增进了解，扩大共识。会谈结束时，张华祝理事长表示，中国核能行业协会将继续从民间组织的角度积极推动两国在核能领域的交流与合作。

阿海珐中国区副总裁聂立凯（Eric NEISSE）、中国核能行业协会国际合作部主任龙茂雄等参加了会见。

2009 年核电站焊接与无损检验国际研讨会在苏州举行（2009-06-30）

6 月 29 日，由中国核能行业协会和中科华核电技术研究院有限公司联合主办、苏州热工研究院承办的“2009 年核电站焊接与无损检验国际研讨会”在苏州开幕。中国核能行业协会副秘书长徐玉明出席并致开幕词。

本次研讨会是在我国核能加快发展的形势下举行的一次国际性技术交流活动。会议主办方邀请了来自美国、英国、德国、瑞典、日本和西班牙等国的 13 名专家，就核电站焊接与无损检验领域作专题报告。本次活动受到业界的广泛关注，共有来自 70 余家单位的 180 余名代表参加了会议。研讨会将于 7 月 1 日结束。

世界核大学清华周北京研讨会在京召开（2009-07-02）

6 月 29 日上午，为期一周的世界核大学清华周北京研讨会在京举行了开幕式。这次研讨会由世界核大学、中国核能行业协会和清华大学共同主办，清华大学核能与新能源技术研究院承办。

清华大学核能与新能源技术研究院副院长孙玉良主持开幕式，中国核能行业协会副理事长兼秘书长马鸿琳、世界核大学教务长 Steve Kidd、清华大学研究生院副院长高虹分别致辞。来自核领域研究院所，厂矿，核电设计、建设、运营、管理、服务单位以及有关大学的 242 名代表参加了研讨会。

研讨会将邀请国际核领域的知名专家，就能源供需、环境挑战与核电、核燃料循环、核电站设计、运行和管理、第三代和第四代核电站技术、核法规、核与辐射安全与健康、核不扩散机制与核保安、废物管理与退役、核电站选址等问题进行演讲和研讨。

张华祝理事长出席中国核工业集团公司成立十周年庆祝大会（2009-07-02）

6 月 30 日上午，中国核工业集团公司隆重举行庆祝大会，庆祝集团公司成立十周年。中国核能行业协会发了贺信，张华祝理事长代表协会出席了庆祝大会。

石岛湾实施同行评估　张华祝参加离场总结会（2009-07-07）

6 月 20 至 29 日，由中国核能行业协会组织的国内首次核电建设同行评估活动分别在荣成和北京两地实施。这次评估是应华能山东石岛湾核电有限公司申请，在高温气冷堆核电站示范工程开工准备进入关键阶段时进行的。本次评估涉及 10 个管理领域。通过评估队和对口人团队 10 天的辛勤工作、密切合作，顺利完成了这次评估活动的工作任务。

6 月 29 日上午，评估活动总结会在荣成召开。中国核能行业协会理事长张华祝、领队（协会副理事长）赵成昆、高级顾问曾文星、队长（核电秦山联营公司副总经理）张涛、副队长（中国核电工程公司副总工程师）王长东，石岛湾核电公司副总经理王永福、党委书记彭文晓、副总经理李亚军，中核能源科技有限公司副总经理徐元辉，清华核研院院长助理董玉杰，以及全体评估队员、对口人和石岛湾核电公司部门以上负责同志约 50 人参加了会议。总结会由张涛主持。在各领域评估员报告评估初步结果后，张涛宣读了总体评价意见，赵成昆做了评估工作小结。王永福、徐元辉、董玉杰分别代表受评方作了发言，对评估工作给予了充分肯定。最后，张华祝理事长讲了话。

张华祝说，这次评估是在核能协会近一年多对建设评估的筹划、研讨和技术准备的基础上进行的。高温气冷堆核电站示范工程是《国家中长期科学和技术发展规划纲要（2006—2020年）》确定的重大专项之一，也是国内外核能界高度关注的一个重要的核电建设项目。规范、安全、高质、高效地推进该工程的技术研发、工程实施、建设和营运，是国家、责任单位和核能协会共同的愿望。中核、中广核、华能等集团公司对本次评估给予了大力支持。石岛湾核电公司、中核能源科技有限公司、清华核研院，本着追求卓越、坦诚开放的精神，对评估工作全程给予了密切配合。评估队和对口人团队，平等交流、建设性切磋，分享了彼此经验，凝聚了行业共识。本次评估取得了积极成果：共产生101份观察报告、4个强项和若干个待改进领域。应当说，本次评估实现了核能协会的服务初衷，达到了预期目的。评估的初步成果，对相关示范工程责任单位更有效地借鉴行业卓越业绩目标，改进和优化项目管理，降低开工后潜在风险，具有积极的现实意义。同时，也为探索、积累我国核电建设同行评估的新实践、新经验，开拓核能协会服务工作新领域，打下一个良好的基础。他代表核能行业协会，对全体评估员的忘我工作表示了衷心的感谢。

张华祝说，总结以往国内核电运行评估和本次建设评估的实践，我们应牢牢把握同行评估的自律性、服务性、企业主体性等特征，继续坚持“平等自愿、合作开放、规范有序、共享经验、持续改进”的工作方针。尽管我们迈出了新的一步，取得了一定成果，但尚需进一步的实践检验。我们应认真总结同行评估实践，不断提高服务质量，切实为我国核电行业科学发展作出更多贡献。

在谈到有关后续工作的安排时，张华祝表示，希望有关单位能够重视评估队的建议，制订好纠正行动计划，力争从评估中获得最大收益。同时，他也希望评估队继续完善最终评估报告。

在会上报告评估结果的有关领域评估员有：陈建新、王志（项目管理），王长东、刘信荣、刘明辉（设计管理），钟华（设备采购），周赛军（施工管理），陈松涛和姚刚（调试和生产准备），程建秀（质量保证），王耀华和杜雷（进度控制），郑红兵（投资控制），孙志杰（合同管理），邹益民（安全管理），韩春林（信息文档）等。本次评估活动的协调员由中科华核电技术研究院有限公司的汪德伟和李洋担任。中国核能行业协会副秘书长冯毅、特聘专家路雅玲全程参加了评估活动。

世界核大学清华周北京研讨会圆满落幕（2009-07-08）

由世界核大学、中国核能行业协会及清华大学共同主办、清华大学核能与新能源技术研究院承办的世界核大学清华周北京研讨会于2009年7月3日圆满落幕。

来自有关集团公司、电站设备厂、研究设计院所及高等院校的 50 余家单位的 242 人参加了研讨培训，并取得世界核大学、中国核能行业协会与清华核研院共同颁发的结业证书。

本次活动于 6 月 29 日开幕，中国核能行业协会副理事长兼秘书长马鸿琳代表主办单位致开幕词。他首先对来华的各国专家学者以及参会的各位代表表示热烈的欢迎，并向与会代表简要介绍了 2008 年中国核能发展情况。随后，研讨会以“当今世界核工业的关键问题”为题，由来自美国、英国、中国、阿根廷等国以及国际原子能机构（IAEA）、经济合作与发展组织核能机构（OECD/NEA）的 10 余位专家，进行了 20 场主题讲演，深入探讨了世界能源展望、全球环境危机与核能、核经济学、核法律、核政治、核项目构架、核燃料、新型核电技术、辐射防护、废物管理、核能公众接受等。

研讨课程结束后，由清华大学核研院院长张作义代表主办单位致闭幕词。世界核大学教务长 Steve Kidd、中国核能行业协会国际合作部主任龙茂雄与清华大学核研院院长张作义为毕业学员颁发了结业证书。

2009 核电站焊接与无损检验国际研讨会成功闭幕（2009-07-08）

由中国核能行业协会和中科华核电技术研究院有限公司共同主办、苏州热工研究院有限公司承办的“2009 核电站焊接与无损检验国际研讨会”于 6 月 29 日至 7 月 1 日在苏州举行。来自美、英、日、德等国的 13 名焊接与无损检验领域国际顶级专家作了专题报告，国内从事核电设备制造，电站设计、建设、运营，核安全审评和咨询，以及高等院校的，共 180 余名技术人员和专家参加了研讨会。

本次研讨会是近年来国内举办的核电站焊接与无损检验领域最大规模的一次国际研讨会。会议包括以下四项议题：主回路系统异种金属焊缝以及厚壁焊缝的焊接特性和无损检验；反应堆压力容器接管、贯穿件及控制棒驱动机构密封焊缝的焊接、无损检测和修复；主回路系统的窄间隙焊接及其应用；蒸汽发生器传热管的制造及检测。

与会代表普遍反映，本次会议专家们准备充分，讲解生动，翻译准确到位，会议资料丰富、翔实，会议准备工作充分，会务服务周到。他们希望协会今后能多举办类似的活动，以促进核能领域的国际合作与交流，为核能行业健康发展服务。

首期质量保证监查员培训班在苏州举办（2009-07-22）

中国核能行业协会首期质量保证监查员培训班，于 2009 年 7 月 13—17 日在苏州举办。培训班学员是来自国内核电营运、设计、工程建造和设备制造等 52 个单位的质保部门负责人和质保监查人员，共 124 人。本期培训由苏州热工研究院核电培训中心负责承办。中国核能行业协会副理事长赵成昆主持了开班仪式，国家核安全局刘璐处长、苏州热工研究院徐晓文副院长出席开班仪式并讲话。担任本期培训班教员的均是多年从事质量保证工作的业内知名专家。

赵成昆副理事长在讲话中，首先介绍了我国目前核电发展的形势。他说，为了适应我国核电快速发展的形势，满足会员单位的要求，中国核能行业协会第一届常务理事会第三次会议决定开展核能行业质量保证培训工作。在国家核安全局及有关政府部门的大力支持下，协会自去年5月即开始培训筹备工作，制定了培训大纲，组织编写了教材，聘请了教员。协会组织业内在核电质量保证方面有丰富经验的专家，根据我国《民用核设施安全监督管理条例》、《民用核安全设备监督管理条例》、《核电厂质量保证安全规定》以及相关法规中有关质量保证的要求，结合国际和我国核电质量管理的实践经验，编写了两套培训教材，其中一套适用于核能行业质量保证监查员培训，另一套适用于核能行业高级管理人员质量管理培训。另外，还编制了《核电厂质量事件案例（初稿）》，作为上述培训的辅助教材。

赵成昆副理事长在讲话中还指出，参加首期质量保证监查员培训班的学员人数远远超出了我们预期的数量，这充分说明各单位对质量保证培训工作的高度重视和热切需求，体现了对协会开展质量保证培训工作的巨大支持。协会将在此次培训试点的基础上，认真总结经验，不断改进工作，以求更好地为会员单位提供服务，进一步满足我国核电发展对质保工作的需要。赵成昆副理事长还代表中国核能行业协会，向为这次培训做了精心准备的授课老师和苏州热工研究院的同志表示感谢。

刘璐处长在讲话中表示，中国核能行业协会组织行业内的质量保证培训工作，对提升业内各相关单位的核安全意识和质量意识，提高质量管理水平，有着非常重要的意义。同时，刘璐处长还通报了国家核安全局自《民用核安全设备监督管理条例》（国务院500号令）正式实施以来，核设备安全监管工作的情况，以及近期的一些政策和发展动态。她强调指出，落实核安全设备监督管理条例的核心任务是完善政策法规，规范许可管理，强化设备监督。在近期核安全监督检查中发现的问题中，绝大多数是质保问题，既有营运单位的问题，也有持证单位的问题。由于质量保证体系的不健全和过程控制方面的缺陷，甚至导致了重大不符合项或重大质量问题的发生。因此，在我国核电快速发展的形势下举办质保培训是非常必要的，既是为企业服务，也是为监管服务。希望这种培训今后能成为一种长效机制。

本期培训班主要培训内容是质量保证基础知识和质保监查技术。培训结束后组织了监查实习并进行了考试。学员们普遍认为，此次培训内容系统、实用性和针对性强，适合质保工作人员的实际需要，也为今后的学习和提高打下了基础。学员们很珍惜此次培训和学习的机会，在天气炎热、条件有限的情况下，始终保持了热情的学习态度，课上认真听讲，课下认真复习、研讨，整个培训期间无缺席和中途离班的现象。培训反馈表显示，学员对这次培训总的满意度达97%。学员们还对今后质保培训工作提出了宝贵的意见和建议。

依照相关法规对核质保监查员条件的要求，根据学员考试、考核成绩和质保工作经历，中国核能行业协会将向参加本期培训的人员分别颁发质量保证主监查员、监查员和见习监查员资格证书。

核学科建设及人才培养研讨会在京举行（2009-07-23）

中国核能行业协会于7月20—21日在京召开了核学科建设及人才培养研讨会。参加这次研讨会的15家用人单位和23所高等院校，涵盖了我国核能领域的主要企事业单位和国内高校所有核专业学科，具有充分的代表性。

政府有关部门十分重视这次研讨会。国家国防科工局系统工程二司司长董保同，以及工业和信息化部的人教司、军民结合司，环保部核安全司等有关部门的同志出席了会议。董保同司长针对研讨会主题，发表了指导性意见。

这次研讨会的主要议题包括：核行业快速发展形势下的人力资源需求与供给，核学科建设，人才培育质量与结构优化，校企合作与培育模式创新，以及如何发挥中国核能行业协会的作用等。与会代表围绕上述议题认真地进行了交流与研讨。中核集团公司、中广核集团公司、中电投集团公司、国家核电技术公司、东方电气集团，清华大学、哈尔滨工程大学、南华大学、西安交通大学等单位的代表先后在大会上作了发言。其他代表在分组讨论时发表了各自的意见。

中国核能行业协会张华祝理事长在会议总结时说，我们开了一个简短而高效的会议。代表们集思广益，畅所欲言，在相互交流的基础上，围绕我国核能发展面临的形势与任务，核学科建设与人才培养工作的现状与需求，存在的问题与建议，以及对核能行业协会的工作等，发表了很多很好的意见。我们将尽量把大家的研讨成果吸收到研究报告中来，为政府有关部门制定相关政策提供参考依据。

协会还将在7月23日召开核能领域部分院士和资深专家座谈会，进一步听取意见。

核工业老部长座谈会在京召开（2009-07-28）

为迎接新中国成立60周年，中国核能行业协会于7月23日在北京举行了核工业老部长座谈会。

在会议室里，鲜艳的大红会标“庆祝新中国成立60周年座谈会——中国核能事业发展的回顾与展望”格外引人注目。中国核能行业协会理事长张华祝，向老领导汇报了核能行业协会成立两年多以来开展的工作，以及我国核能事业的最新发展的情况，对老领导给予协会的关心和支持表示衷心的感谢。

会上，蒋心雄、刘书林、赵 宏、李定凡、昝云龙、闵耀中等核工业老部长老领导们兴致勃勃，充满激情地回顾了新中国成立以来我国核能和平利用的发展历程，并展望了今后核能发展的光辉前景。

老部长老领导如数家珍地追述了新中国核能和平利用事业发展过程中的一桩桩一件件令人难忘的重大事件，特别回忆了我国改革开放总设计师邓小平，以及江泽民同志和历任国务院领导同志，对发展我国核能事业所发挥的历史性重大作用。老领导通过自己的亲身经历，回忆了几代核工业人艰苦奋斗的岁月。他们激动地表示："没有改革开放就没有核能发展的今天，没有党中央的英明决策就没有核能发展的今天，没有各部委各地方政府的大力支持就没有核能发展的今天，没有成千上万建设者的努力拼搏就没有核能发展的今天！"

作为亲历者，老领导们都曾亲身经历了核事业发展，特别是核能和平利用事业发展各个阶段的许多重大事件。几十年的拼搏，几十年的奋斗，我国核能领域能取得今天的成就，除了上有党中央、国务院和中央军委的正确领导，也是在从核工业首任部长宋任穷到历任老部长的具体的领导和组织之下取得的。正因为如此，老领导们对新中国核能事业的发展，自然有着不同于一般人的经验，也有着不同于一般人的感受。

老领导们对我国核能发展的光明前景充满了期待，也希望核能协会的工作不断进步，充分发挥协会的作用。

中国核能行业协会副理事长兼秘书长马鸿琳，副理事长赵成昆，副秘书长徐玉明等参加了座谈会。

张华祝会见日本亚洲交流协会理事长一行（2009-07-30）

7 月 28 日，中国核能行业协会理事长张华祝在京会见了日本亚洲交流协会理事长北村博昭一行。

会见中，北村博昭理事长首先介绍了日本亚洲交流协会成立的背景，与中国民间的交流活动情况，以及协会高层与中方领导人之间的友好往来，同时表示希望与中国核能行业协会建立长期合作关系。北村理事长说，日本亚洲交流协会将于今年 10 月组团访华，届时希望能拜访中国核能行业的相关会员单位。

张华祝理事长对北村理事长一行的到访表示热烈欢迎，充分肯定了日本亚洲交流协会长期以来在推动中日双方民间交往上所发挥的重要作用，并对双方协会建立合作关系作出积极响应。张华祝理事长说，作为核能领域的民间组织，中国核能行业协会将不遗余力地推动中日两国在核能和平利用方面的交流与合作，并将大力支持与协助日方与中国核能行业协会会员单位间的沟通与互动。

日本亚洲交流协会驻北京联络员大久保大辅，中国核能行业协会国际合作部相关人员参加了会见。

刘永德副司长到中国核能行业协会调研（2009-07-30）

7 月 29 日，国家国防科工局系统工程二司副司长刘永德和国际合作处张俊新副处长到中国核能行业协会调研。张华祝理事长和马鸿琳副理事长兼秘书长向刘副司长介绍了协会的发展状况，感谢协会成立以来上级主管部门给予的大力支持，并表示中国核能行业协会将尽全力完成政府部门交给的各项任务。

刘副司长对协会在短时间内的发展和壮大表示肯定和赞赏，认为这种喜人形势不仅是中国核电大发展和政府职能转变背景下的产物，更是老领导敬业和奉献精神的成果。他表示，愿与中国核能行业协会共同探讨未来的合作方式，以期在工作思路和方法上有所创新，更好地开展工作。

冯毅副秘书长向刘永德副司长详细汇报了协会在组织结构、运作方式、职能分工、业务开展情况以及需要完善的工作等方面的情况。

秦山二核扩建工程专项同行评估离场会在海盐召开（2009-07-31）

在核电秦山联营有限公司的密切配合下，由核电厂运行评估及经验交流委员会、中国核能行业协会组织的国内核电建设工程首次专项评估活动，于 2009 年 7 月 17—27 日在浙江海盐顺利实施。由 19 位同行专家组成的评估队，针对秦山二核扩建工程调试和生产准备的 6 个领域，开展了认真细致的工作，完成并提交了评估报告。7 月 27 日上午评估离场总结会在海盐举行，中国核能行业协会理事长兼评估委员会主任张华祝到会并发表了讲话。

张华祝说，秦山二核扩建项目是“十一五”期间国内开工建设的第一个核电工程，也是我国核电产业从“适度发展”到“积极推进”的战略转变中，一个承上启下、进一步实现自主化、奠定规模化加快发展基础的重要项目。通过同行评估，查找薄弱环节，优化项目管理，对推进工程建设具有十分积极的意义。他说，本次活动是行业评估的一次新拓展、新尝试。得益于中核、中广核、中电投、华能等集团公司的大力支持，核电秦山联营有限公司的充分配合，评估队专家夜以继日、一丝不苟的艰苦工作，专项评估试点工作取得了积极的成果，为进一步提升秦山二核扩建项目调试和生产准备的管理水平提供了重要参考，也为我国核电建设项目评估的探索积累了新鲜经验。

在简要回顾我国核电同行评估的发展历程后，张华祝说，我们应牢牢把握同行评估基本特征，坚持“平等自愿、合作开放、规范有序、共享经验、持续改进”的工作方针，不断总结经验，为完善行业评价机制、促进学习效应做出更多努力。张华祝也对评估后的有关工作安排提出了期望。

核能行业协会副秘书长冯毅，队长、福建宁德核电公司生产部经理赵昔，副队长、江苏核电公司调试处主任工程师刘瑚，中核集团公司核电部副主任程慧平，核电秦山联营有限公司董事长李永江、总经理杨兰和、党委副书记周方国、副总经理张涛、副总经理雷鸣泽、总经理助理兼电厂对口人洪源平，以及全体评估队员、对口人约 50 人参加了离场总结会。程慧平、杨兰和分别代表中核集团核电部和受评单位讲了话。赵昔宣读了总体评价意见。各领域评估员赵德元（调试）、梁敬武（运行）、邹先明（维修）、黄斌（技术支持）、顾景智（辐射防护）等分别报告了相关评估要点。

中国核能行业协会通过全国社会团体2008年年度检查（2009-08-05）

根据民政部《关于印送全国性社会团体2008年年度检查事项公告的函》的有关规定，中国核能行业协会委托民政部指定的中辰兴会计师事务所有限责任公司，对协会的财务进行了审计，在中辰兴会计师事务所有限责任公司出具了审计报告后，向国家国防科技工业局报送了有关文件，并获批准。协会于2009年5月21日向民政部报送了《中国核能行业协会2008年度工作报告书》。

2009年7月21日，民政部发布了第一批2008年度全国社会团体年检公告，中国核能行业协会年度检查为“合格”(检查结果分为：“合格”、“基本合格”、“不合格”三个档次)。

RCA中期战略延长工作组会议在维也纳召开（2009-08-05）

亚太地区核科学技术协定(RCA)中期战略延长工作组会议于7月27—31日在维也纳举行。来自澳大利亚、中国、印度、新西兰、巴基斯坦、韩国、日本、马来西亚、国际原子能机构(IAEA)的10余名专家以及RCA韩国地区办公室(RCARO)的观察员代表参加了会议。根据第31届国家代表会议确定，会议主席由澳大利亚国家代表Ronald F. Cameron先生担任。会议主要讨论修订了RCA中期战略及其执行计划，讨论了2012—2017年RCA的3个项目周期的优先领域，制定了《RCA地区项目战略优先领域》编写格式和完成时间表等。

经中国国家原子能机构推荐，中国核能行业协会国际合作部主任龙茂雄作为专家参加了会议。

核能协会专家组赴安徽考察核电厂址并参加有关研讨会议（2009-08-18）

8月9日至13日，应安徽吉阳核电有限公司和安徽芜湖核电有限公司的邀请，中国核能行业协会组织业内专家，在张华祝理事长的带领下，前往安徽，现场考察了吉阳核电厂址和芜湖核电厂址。8月10—11日，核能协会专家组参加了安徽吉阳核电公司举办的“吉阳核电厂址建设AP1000核电项目适宜性研讨会”；8月12—13日，核能协会专家组参加了芜湖核电公司举办的“芜湖核电项目专家研讨会”。

通过实地考察和会议研讨，专家组认为，安徽省承担满足自身经济发展电力需求和“皖电东送”的双重任务，为满足安徽经济快速发展对电力的需求和改善能源结构、保护环境的需求，在安徽建设核电是必要的。同时，专家组认为，安徽吉阳核电厂址和芜湖核电厂址位于长江沿岸，具有大气扩散条件好、大件运输便利、地质条件适宜和取排水条件优越等厂址优势，这些优势满足了核电厂的选址条件，将为安徽省今后的核电站建设和安全运行提供十分有利的前提条件。另外，专家组针对两处厂址的各自情况提出了具体的意见和建议，供有关业主公司参考。

本次活动得到了当地政府的高度重视，池州市和芜湖市委市府的主要领导陪同考察并参加研讨活动。

核能协会赵成昆副理事长、徐玉明副秘书长以及来自国家核安全局、环保部核安全审评中心、国家核电技术公司、中国核电工程公司、苏州热工研究院的专家参加了本次专家组活动。

全国核能与核技术工程领域工程硕士教育协作组第二次研讨会在合肥召开（2009-08-19）

全国核能与核技术工程领域工程硕士教育协作组第二次研讨会于2009年8月14—17日在安徽合肥召开。来自清华大学、北京大学等国内13所具备核能与核技术领域工程硕士培训资质的大学共40余名代表参加了研讨。应主办单位的邀请，中国核能行业协会理事长张华祝出席会议并致辞。

致辞中，张华祝介绍了目前国内核能发展形势，协会承担的核专业学科建设和人才培养课题研究的进展情况，并结合本次会议的主要内容，对核能和核技术工程领域工程硕士的培训提出了几点建议。代表会议主办方致辞的中国科技大学副校长、全国工程硕士专家学位教育指导委员会委员张淑林对核能协会的领导出席会议表示热烈欢迎，并对未来校企联合培养工程硕士寄予厚望。

研讨会由中国科技大学与中科院合肥物质科学研究院共同成立的核科学技术学院承办。

2009第二期核能行业质量保证监查员培训班在杭州举办（2009-09-04）

中国核能行业协会主办的“2009第二期核能行业质量保证监查员培训班”，于8月17—20日在杭州举办。本期培训班是应浙江省火电建设公司的申请，由核能协会组织实施的一次专项培训服务，来自浙江省火电建设公司的59名学员参加了培训。协会副理事长赵成昆在开班仪式上讲话，并为培训班上了第一课。

赵成昆在讲话中强调了质保培训的重要性，并对浙江火电建设公司高度重视核安全文化和质量管理工作给予了充分肯定。他说，在我国核电快速、批量和多元化发展的形势下，大量生力军进入了核电建设领域。核电要发展，安全是前提，而质量又是保证安全的最重要的基础。为强化从业人员的质量意识，切实提高核能行业的质量管理水平，确保核电建设顺利推进，在政府有关部门的支持下，核能协会开发了核能行业质量保证培训这一“产品”。经过一年的准备和首期培训班试点，该服务产品受到了业界的高度重视和普遍欢迎。他希望来自生产一线的同志，能充分利用好本次学习机会，同任课老师互动交流，力争学有所获，学以致用。开班仪式后，赵成昆就我国核能及核能安全现状、核能行业安全管理体系、核安全文化和核安全监管等内容讲了第一课。

培训期间，按44学时、5个方面内容执行了教学计划。经培训班专家小组综合考评，评定出了主监查员、监查员。中国核能行业协会将向学员颁发相应的资格证书。

第一期核行业安全生产再培训班在秦山基地举办（2009-09-10）

9月7日至8日，中国核能行业协会在秦山基地举办了第一期核行业安全生产再培训班。

来自核能行业15个单位的36名安全生产负责人和安全生产管理人员参加了再培训。

再培训班安排了“核能行业事故案例分析”、“核应急预案的编制实施”等课程，组织学员到秦山二期现场进行了参观学习，并交流了安全管理的经验。通过考核，全体学员圆满完成了再培训的任务。

核能协会党支部组织党日主题活动（2009-09-14）

在喜迎新中国60周年华诞的前夕，中国核能行业协会党支部于9月10—11日，组织全体党员和协会工作人员，赴革命老区西柏坡，过了一次有意义的党日主题活动。

西柏坡是全国人民向往的革命圣地之一。周恩来曾经指出：“西柏坡是毛主席、党中央进入北平、解放全中国的最后一个农村指挥所，指挥三大战役在此，开党的七届二中全会在此。”

在鲜艳的党旗辉映下，与毛泽东、周恩来、刘少奇、朱德和任弼时等“五大书记”塑像合影后，大家先后观看了历史纪录片，参观了西柏坡纪念馆，瞻仰了毛泽东等老一辈革命家的旧居和党的七届二中全会旧址、西柏坡石刻园。那一幅幅珍贵的历史镜头和资料，仿佛把大家带回到了新中国诞生前夕那激情燃烧而又令人难忘的日日夜夜。在这里，我们仿佛听到了“新中国从这里走来”的脚步声，人人心中充满了敬仰之情！

大家边参观边议论，对“敢斗敢胜、团结进取，实事求是、创业兴邦，艰苦奋斗、廉洁自律”的西柏坡精神，对新中国成立60年来的辉煌成就，有了更深刻的体会和认识，感到更应该牢记毛主席关于“务必继续保持谦虚、谨慎、不骄、不躁的作风，务必继续保持艰苦奋斗的作风”的教导。

张华祝理事长等协会的领导同志也都积极参加了这次党日主题活动。

2009中国核能行业防人因失误研讨会在深圳召开（2009-09-22）

由中国核能行业协会主办、中科华核

电技术研究院承办的“2009 中国核能行业防人因失误研讨会”于 9 月 17 日—18 日在深圳市召开。来自政府有关主管部门、核能行业协会、核能企业集团、科研院所、高等院校、设计、运营、工程管理和建安等 35 个企事业单位的 79 名专家和代表参加了研讨。中科华核电技术研究院总工程师徐文兵致欢迎词，中国核能行业协会副理事长赵成昆致开幕词，中国核能行业协会副秘书长冯毅致闭幕词。张力、琚存有、黄辉章、黄清武等 20 名专家作了专题技术报告。

赵成昆在讲话中介绍了目前我国核电发展形势和面临的挑战，强调指出：在抓住核电发展大好机遇的同时，要认真对待发展中遇到的每一个困难和挑战。为实现我国核电发展的规划目标，一定要保证核安全。他强调，发展核电，一定要始终坚持“安全第一、质量第一”方针，要大力培育高水平的核安全文化；在快速发展的同时，要注意把握节奏，确保有序推进；要采用先进技术，不断提高核电厂的安全水平；要大力加强核电建设和管理人才的培养。他说，做好防人因失误对保证核电的安全性，提高核能设施的可靠性和可利用率，无疑具有十分重要的意义。

赵成昆还强调，防人因失误在核能领域似乎是“不太起眼”的“小题目”，但它无处不在，无时不发生影响，影响着安全、影响着经济，甚至影响着核能发展。大量统计资料表明，各类事故中，人因失误占了很大的比例。我们一定要花大力气做好此项研究，做出水平，做出效益。希望大家在研讨中相互交流，彼此受益，不断提高在核能设计、建造和运行工作中的防人因失误技能。中国核能行业协会愿意本着努力为政府部门和会员单位服务的态度，搭建平台，积极推进防人因失误技术的研究与应用，共同促进我国核能事业又好又快又安全地发展。

与会代表认为，本次研讨会是近年来防人因失误研究领域的一次盛会。会议期间，与会专家和代表围绕主题，畅所欲言、热烈讨论，相互交流。大家献计献策，提出了很多很好的建议。通过研讨，大家深化了对防人因失误管理的认识，也明确了下一步工作重点和发展方向。本次研讨会共收到 66 篇论文，论文内容丰富，水平较高，涉及核能产业的各个环节，包括核能防人因失误理论分析、实际应用、人因失误分析技术及防范方法、第三代核电厂的人因失误预测与对策、防人因失误的先进经验和良好实践以及员工行为训练研究等。全部论文已收入《2009 中国核能行业防人因失误研讨会文集》。

核电评估员能力提升研讨班在武汉举办（2009-09-27）

在国家原子能机构指导下，9 月 21—24 日，中国核能行业协会联合国际原子能机构（IAEA）在武汉举办了“核电评估员能力提升研讨班”。

本次研讨班是根据 IAEA 有关技术援助项目计划举办的，目的是通过深入了解 IAEA 在核电安全评估方面的政策、方法与标准来提升国内核电行业同行评估与核电企业自评估的能力。

研讨期间，来自 IAEA、世界核电运营者协会（WANO）莫斯科中心及英国的三名专家分别介绍了国际核电评估的最新进展和良好实践，其中包括 IAEA 运行安全评估小组（OSART）评估概述、WANO 同行评估概述、IAEA-OSART 与 WANO 同行评估比较分析、核电同行评估方法与技巧等。研讨班通过专家讲授和学员练习相结合的方式进行培训，课堂气氛活跃，学员反响热烈。

本次研讨班由中核集团核动力运行研究所承办，共有来自国内 18 家单位的 50 余名学员参加研讨与培训。中国核能行业协会副秘书长冯毅及国际合作部的有关人员参加了研讨。

赵成昆副理事长会见法国客人（2009-10-10）

10 月 9 日下午，中国核能行业协会副理事长赵成昆在京会见了到访的代邦能源总经理 Arnaud Lefevre-Baril 一行。宾主双方共同回顾了过去良好的合作关系，表示将继续加强双方在交流信息、举办活动等方面的合作，推动中法企业在核能领域的交流与合作，促进两国核能事业的健康发展。

核能协会与台湾财团法人核能科技协进会在京签署合作备忘录（2009-10-15）

10 月 13 日，中国核能行业协会副理事长兼秘书长马鸿琳，台湾财团法人核能科技协进会执行长陈胜朗，代表各自组织，在北京签署合作备忘录。作为两岸各自拥有广大会员单位的核能行业组织，该备忘录的签署将为两岸核能企业搭建平台，有利于两岸核能界开展实质性的交流与合作。

在备忘录签署之前，中国核能行业协会理事长张华祝会见了到访的台湾核能科技协进会董事长欧阳敏盛一行。会见中，马鸿琳秘书长与陈胜朗执行长分别介绍了各自协会的成立背景、主要职能、会员组成、主要活动等情况。随后，核能协会副秘书长冯毅与核能科技协进会董事黄庆村分别介绍了大陆核电同行评估的进展情况以及台湾放射性废物的处理情况。通过交流，加深了彼此的了解，双方都表示将通过信息交流、技术研讨和实地互访等多种方式，积极推动和协调两岸核能企业间的交流与合作，共同促进核电事业安全、可靠、经济地发展。

核能协会副理事长赵成昆、副秘书长徐玉明、综合管理部与国际合作部负责人及相关人员参加了会见。

2009 中法核燃料循环国际研讨会在京开幕（2009-10-24）

经过精心筹备，在中国国家原子能机构的指导下，在法国原子能委员会和中法双方有关企业集团的大力支持下，由中国核能行业协会主办、中科华核电技术研究院有限公司承办的“2009 中法核燃料循环国际研讨会”，于10月22日在北京召开。来自中国政府有关部门、中方有关核集团公司、企事业单位以及法国原委会、法国阿海珐公司、法国电力公司的百余名代表参加了开幕式。中国核能行业协会理事长张华祝代表会议举办方致欢迎词，国家原子能机构董保同司长代表会议指导单位致开幕词。

在致辞中，张华祝理事长首先对中外来宾表示热烈欢迎，然后简要回顾了中法双方的良好的合作关系，表示核能协会将牢固树立为政府和企业服务的宗旨，积极为中法双方企业牵线搭桥，进一步促进中法两国核能事业的健康发展，并预祝会议取得圆满成功。

董保同司长在开幕词中表示，中国政府十分重视核燃料循环事业，有能力、有信心为核电快速发展提供核燃料。他指出，中法双方有很好的合作基础，今后，将进一步与法方加强包括后处理在内的核领域的积极合作和交流。

法国原子能委员会季乐(Gillet)先生、中广核集团公司副总经理张善明、中核集团公司核燃料部主任李广长出席开幕式并致辞。开幕式由中国核能行业协会副理事长赵成昆主持。

第四代核能系统报告会在京举行（2009-10-27）

10月21日，由中国核能行业协会主办的“第四代核能系统进展情况”报告会在北京举行。应核能协会理事长张华祝的邀请，第四代核能系统论坛(GIF)主席雅克·布尚（Jacques Bouchard）先生作了题为《第四代核能系统进展情况和法国的经验》的专题报告。张华祝理事长主持了报告会。

在报告中，布尚先生介绍了为应对气候变化的挑战，世界各国积极发展核能，特别是第四代核能系统研发的进展情况；布尚先生还结合法国的核电发展经验，深入阐述了进行新一代核能技术开发的必要性。

报告会得到中方有关政府部门和企事业单位的积极响应。环保部核安全管理司刘华司长、国家国防科工局系统二司刘永德副司长、中国核能行业协会马鸿琳副理事长兼秘书长、中核建设集团公司总经理助理祖斌出席了报告会，工业和信息化部有关官员、各核集团公司，以及参加将于22日开幕的“中法核燃料循环国际研讨会议”的有关领导和专家，共约80余名代表出席了报告会。

中国核能行业协会铀资源专业会议在广州召开（2009-10-29）

10月26—27日，中国核能行业协会专家委员会铀资源专业会议在广州召开。26日下午，广东省委常委、常务副省长黄龙云在广东迎宾馆接见全体与会代表，并发表讲话。黄龙云表示，广东已经下定决心，把发展核能形成的产业作为现代产业的重头戏，作为重大领域加以规划，加以提高。到2020年，广东的核电发展目标是形成2400万千瓦的装机容量，在建

1400万千瓦的装机容量，建成更优更佳的能源结构。

会议由中国核能行业协会主办，广东省核工业地质局协办。核能协会专家委员会铀资源专业组组长张伟星主持会议，国防科工局系统工程二司副司长李俊杰到会并讲话。会议听取了协会副理事长、专家委员会副主任赵成昆题为《核能发展与铀资源需求》的报告，协会专家郑玉辉题为《核工业‘十二五’规划有关问题》的报告；研究了我国铀资源保障如何与核电快速发展相适应和我国铀矿地质勘查开发如何与核工业“十二五”发展相匹配的问题；讨论了2010年铀资源课题研究有关工作。会议还对2010年中国核能可持续发展论坛的主题提出了建议和意见。

2009中法核燃料循环国际研讨会圆满闭幕（2009-11-02）

由中国核能行业协会主办、中科华核电技术研究院有限公司承办的“2009中法核燃料循环国际研讨会”于10月23日在北京闭幕。本次研讨会分为核燃料循环的政策与前景、乏燃料处理与再循环、MOX技术与应用、废物处置等其他核燃料循环技术四个技术部分。来自中法两国核燃料循环领域的20余位专家就上述内容作了专题报告，与会代表还针对报告内容进行了深入讨论。

技术研讨部分完成后，会议举行了闭幕仪式。上述四个部分的主持人对各自专题的报告和讨论情况进行了小结，法国原子能委员会季乐(Gillet)先生代表法方对会议进行了总结。

中国核能行业协会副秘书长徐玉明主持了闭幕式并致闭幕词。他指出，在中法双方共同努力下，在各位专家和与会代表的积极支持和配合下，研讨会取得了圆满成功。他代表核能协会对会议主持人和专家的辛勤工作、全体参会人员的积极配合和会务人员的周到服务表示感谢。

核能协会领导会见印度客人（2009-11-02）

10月29日，中国核能行业协会副理事长兼秘书长马鸿琳会见了到访的印度化工技术协会首席运营官Hemant Shetty一行。宾主双方分别介绍了各自协会的成立背景、从事领域、发展状况及合作活动，探讨了进行信息交流、共同举办活动、建立合作关系的可能性。

核能协会国际合作部主任龙茂雄及相关人员参加了会见。

2009核能行业可靠性维修（RCM）研讨会闭幕（2009-11-09）

由中国核能行业协会主办，环境保护部核与辐射安全中心、中科华核电技术研究院有限公司承办，为期两天的“2009核能行业可靠性维修（RCM）研讨会”，于11月5日在深圳闭幕。

共有17位专家、学者围绕“以可靠

性为中心的维修（RCM）”这一主旨作了报告。与会代表针对报告内容深入地进行了讨论。中科华核电技术研究院琚存有、卢文跃、江虹和瞿勐等4位专家在大会上做了相关报告，集中展示了中科华核电技术研究院在RCM领域的最新成果、研究进展及领先地位。大会共收到论文56篇，内容涵盖国内外RCM的现状与发展趋势、RCM基础理论研究与创新、RCM应用与实践、可靠性维修与设备管理、维修优化技术和应用经验等多个领域。

本次研讨会的成功举办，在总结我国核能行业可靠性维修应用的阶段性成果的同时，为国内维修领域在发展现代维修技术方面进行了有益的探索，也为各行业从事可靠性维修技术研究与应用的有识之士创建了一个交流平台。同时，与会代表希望在国家和行业层面尽快建立RCM应用规范、标准及从业人员资质认定与评估，并定期召开RCM研讨会，以加快RCM在我国的规范化应用。

最后，中国核能行业协会副秘书长冯毅做了总结发言。他表示，与会代表围绕“以可靠性为中心维修（RCM）”这一主题，通过大会发言、讨论等形式进行了探讨，内容涵盖面宽，富有深度，收到了预期效果，对进一步推动可靠性维修在我国的发展和应用将起到积极的促进作用。冯毅代表中国核能行业协会对专家和全体参会人员的积极配合和会务人员的周到服务表示衷心感谢。

来自国家能源局电力司、环境保护部核与辐射安全中心等部门的多位领导以及来自核电、火电、风电、交通运输、电力检修、机械制造、风险管理、高校和科研院所和中国核能行业协会等40多家单位的100多位专家、学者出席了本次研讨会。

核能协会组织评估中核南阳核电厂址（2009-11-10）

11月7日，应中核河南核电有限公司邀请，中国核能行业协会组成10人专家组，对中核南阳鸭河口核电厂址进行了考察和评估。

核能协会理事长张华祝、河南省副省长张大卫出席评估会议并讲话。中共南阳市委书记黄兴维、核能协会副理事长赵成昆分别主持了会议，核电项目筹备组负责人魏国良等做了相关报告。经评估，专家组认为：为支撑“中部崛起”战略，在河南发展核电是必要的；南阳核电厂址位于区域地壳稳定地段，附近范围不存在能动断层以及不良地质现象，取水可靠性较好，附近地区人口相对较少，外部环境条件简单，无敏感环境保护目标，具备大件运输、电力出线条件，是较好的内陆核电厂址之一。同时，专家组根据南阳厂址的实际情况，提出了一些建议供业主公司参考。

河南省发改委（能源局）、南阳市委、市政府有关部门，以及中核集团公司、中核河南核电有限公司、上海核工程研究设计院等单位的领导和代表约40人参加了会议。来自国家核安全局（核安全审评中心）、国家核电技术公司、中国核电工程公司、苏州热工研究院和核能协会的专家参加了本次活动。

核能协会领导会见日本保全学会会长一行（2009-11-13）

11 月 11 日，中国核能行业协会副理事长兼秘书长马鸿琳、副秘书长徐玉明会见了到访的日本保全学会会长宫健三一行。宾主双方介绍了各自协会成立的情况、开展的主要活动，并就关心的话题展开了讨论。会上，日方表达了进一步加强合作的意向，并就合作的方式进行了初步交流。

中国核能行业协会第一届常务理事会第五次会议在京举行（2009-11-20）

中国核能行业协会第一届常务理事会第五次会议在北京国谊宾馆举行。核能协会理事长张华祝主持了会议。核能协会全体常务理事（或全权代表）出席了会议。协会秘书处各部门负责人列席了会议。

中国核能行业协会副理事长兼秘书长马鸿琳作了 2009 年核能协会主要工作进展情况的报告。马鸿琳指出，协会于 2009 年 4 月 1 日召开的理事会第三次会议，明确提出了协会 2009 年的主要任务。在政府主管部门的指导帮助和会员单位的积极支持下，协会各项工作进展顺利，取得了明显成效。

2009 年，协会组织了几项重大活动：协办 IAEA“面向 21 世纪核能部长级国际大会”；主办了与核能部长级国际大会同期举行的“第八届中国国际核电工业展览会”；召开核能协会 2009 年年会；在国家核事故应急协调委员会于 2009 年 11 月 10 日进行的首次国家核事故应急联合演习中，受国家核事故应急协调委员会委托，协助政府有关部门，组织了国家核事故应急联合演习专家评估团，张华祝理事长担任评估团团长，赵成昆副理事长和徐玉明、冯毅副秘书长参加了这次演习；受国家能源局、国家核安全局的委托，承担了将于 12 月 8—9 日在北京召开的《全国核电运行和建设管理经验交流大会》的会务工作。

开展核能行业重大问题研究，为政府部门决策和企业发展提供参考依据与技术支持：2009 年，政府主管部门相继开展了“十二五”规划思路等重大课题研究工作，协会承担了相关的课题研究任务，为政府的规划和管理工作提供技术支持；根据会员单位的需要开展研究，为委托单位提供研究成果；发挥专家委员会的技术优势，针对行业发展中的热点难点问题，开展研究工作，其成果在协会内共享。

围绕提高核电运行安全、在建核电工程质量和促进核安全文化建设开展工作：开展了核电建设项目同行评估试点工作；组织了核电厂运行评估及经验交流工作；开展了质量保证培训工作；安排了安全生产培训工作；促进核能行业企业文化建设的经验交流。

加强核能行业信息交流平台建设：CHINA-NEA 网站于 3 月份改版，10 月份已基本完成，改版后的网站点击率快速上升，现已达到 60 万人次；将在办好内部刊物的基础上，继续争取申办公开发行的刊物号；7 月份，协会将《中国核能》电子期刊改版为《核能新闻》电子月刊，继续为大家提供较为丰富的国内外核能信息；争取年底或明年初出版《中国核能年鉴》2009年卷。

承接政府委托或转移的职能：完善核能行业统计体系研究成果，报批并开展行业统计试点；开展申请设立中国核能行业协会科学技术奖的有关工作；做好首都核能产业技术联盟的服务工作。

推进国际交流与合作：加强与政府有关部门的沟通与联络，争取政府有关部门对协会国际合作工作的支持和帮助；探索与境外核能组织建立长期合作的模式与途径，推进协会与境外核能组织建立长期合作关系；为会员单位做好外事及其相关信息服务工作；积极开展对外交流活动。

进一步加强协会基础建设，着力提升秘书处业务能力和服务水平：加强秘书处党的建设工作；进一步健全制度建设，促使秘书处工作更加规范化、程序化、科学化；狠抓秘书处队伍建设，加强政治学习和业务培训。

马秘书长在报告中也分析了协会发展过程中存在的问题。

常务理事会审议并赞成马秘书长的报告。同时，会议审议通过了一系列议题：

常务理事会审议了核能行业协会组织管理委员会主任李永江提出的“关于接受中国华电集团公司等33家单位申请入会的报告”，同意中国华电集团公司等33家单位入会；会议同时认为，中国华电集团公司作为国有特大型企业提出成为协会副理事长单位的要求是合理的，提请下次协会理事会审议；会议同意四川省重大技术装备办、华电国际电力股份公司成为协会理事单位；会议同意秦山三期提出由李大宽总经理接替原总经理魏国良担任协会常务理事的请求。

常务理事会审议批准协会专家委员会增设核专业人才培养专业组，由协会副理事长何建坤同志（清华大学原副校长）担任该组组长；会议同意协会秘书处关于增设网刊工作部的建议，由汪兆富同志担任该部主任。

常务理事会审议批准《中国核能行业协会科学技术奖励办法》，希望协会秘书处进一步完善《办法》，做好与政府有关部门的沟通和向国家科技部的申报工作。

会议同意协会秘书处办公会研究确定的“2010年中国核能可持续发展论坛”主题为：机遇与挑战——核电装备制造，希望协会秘书处围绕论坛主题，认真进行筹备。

常务理事会还听取了协会综合管理部主任高玉兰关于参加全国性行业协会商会评估工作的情况汇报。希望协会秘书处认真做好评估准备工作，借此进一步增强素质，提高协会的工作水平。

民政部评估团到中国核能行业协会进行实地评估（2009-11-20）

8月，国家国防科技工业局转发了民政部《关于进一步开展全国性协会商会评估工作的通知》。为促进协会的工作，中国核能行业协会申报参加此次评估。

11月19日，民政部贾卫处长等7名专家组成的评估团到中国核能行业协会进行了实地初评。国家国防科技工业局人事司孙莉副司长和车轴同志参加了评估活动。

协会副理事长兼秘书长马鸿琳向评估团汇报了协会工作情况，协会副秘书长徐玉明、冯毅及各部门负责人参加了汇报会。评估团分三个小组分别对协会的基础条件和内部治理情况、财务情况、工作绩效情况进行资料查阅和专题讯问，实地考察后评估团进行合议，并向协会反馈合议意见。

评估团对中国核能行业协会的工作给予了充分肯定，认为协会虽然成立时间不长，但起点很高，工作规范，工作业绩突出，取得了一定的成效；同时，评估组也针对评估中发现的一些欠缺和不足提出了意见和建议，并希望中国核能行业协会在今后的工作中更好地为政府和会员单位服务，为我国核能事业的发展作出更大的贡献。

中国国际节能减排和新能源论坛在深圳举办（2009-11-23）

11 月 18 日，第十一届中国国际高新技术交易会“中国国际节能减排和新能源论坛”在深圳召开。应论坛组委会的邀请，中国核能行业协会理事长张华祝，发表了题为《我国核电发展面临的机遇与挑战》的演讲。张华祝说，按照国家主席胡锦涛提出的今后 10 年中国将“大力发展可再生能源和核能，争取到 2020 年非化石能源占一次能源消费比重达到 15% 左右”的目标，我国核能产业正面临着难得的发展机遇，核电正在成为我国新能源的主力军。虽然在实施核电批量化、规模化战略的过程中存在着诸多现实挑战，但是中国核能界有信心、有能力，迎难而上、携手应对，力争实现我国核电“又好又快又安全”的科学发展。

张华祝说，核电作为当前唯一可大规模替代化石燃料的清洁能源，越来越受到世界各国的重视。进入新世纪以来，美、俄等大国先后出台鼓励核电发展的政策和规划，亚洲已成为核电发展最活跃的区域，欧洲一些国家的核能政策也相继做出积极调整。2009 年 4 月，在北京举行的 IAEA 面向 21 世纪核能部长级国际大会，对发展核电形成了重要共识：“核电有利于保障全球能源安全，应对气候变化，减少空气污染；核电是一种基荷电力来源，能够为 21 世纪能源的可持续发展发挥重要作用；核能能够为全球经济社会发展做出有益贡献。”10 月 23 日，在北京举行的全球核能合作伙伴（GNEP）执委会第三次会议的联合声明也强调指出：“发展核能是应对全球变暖的有效途径，有利于强化全球能源安全；扩大核能和平利用有助于增加就业，促进经济可持续发展；确保核安全、核保安和核不扩散是和平利用核能的先决条件。”

在分析了我国的能源供应和消费现状后，张华祝说，为减少对煤炭的依赖、减缓温室气体排放，在积极鼓励节能和发展可再生能源的同时，中国政府决定加快核电发展，并把核电作为优化能源结构的一项重要举措。2005 年党的十六届五中全会将我国核电发展方针由“适度发展”调整为“积极发展”。2006 年国务院通过的《国家核电中长期发展规划（2005—2020 年）》提出，到 2020 年，核电运行装机容量争取达到 4000 万千瓦；在建核电容量应保持 1800 万千瓦左右。目前，我国核电中长期发展规划实施顺利。到 2007 年 8 月，共建成核电机组 11 台，总装机容量为 910 万千瓦。2008 年，11 台机组的核发电量达 692.2 亿千瓦时，占全国总发电量的 2.02 %，相当于少燃烧 2312 万吨标准煤，减少二氧化碳排放 6763 万吨，减少二氧化硫排放 38.42 万吨，减少氮氧化物排放 17.03 万吨。我国核电站的主要运行业绩指标已达到国际同类电站的中上水平，放射性排放、工作人员受到的剂量照射水平远低于国家标准规定的限值，我国各方面人士对进一步加快发展核电的信心进一步增强。事实上，从 2006 年以来，我国核电的实际发展速度已经超出了预期，规划提出的目标有可能提前 5 年实现。到 2009 年 9 月底，国家已核准的核电建设项目 10 个，在建和待开工的机组达 28 台，总装机容量达 3140 万千瓦。2009 年底前，一批新核电项目也将获得核准。我国核电的发展拉动了核电设备制造、核燃料循环产业链的快速增长，其关联效应十分明显，在扩内需、保增长方面发挥了积极的作用。从核电建设布局看，正由沿海向内陆地区扩展。例如，国家有关部门已经批准在湖南桃花江、湖北大畈、江西彭泽等地建设一批内陆核电厂。再如，吉林、重庆、安徽、四川、河南、河北以及已经有核电站的广东、浙江、辽宁、山东等省（市）都在积极筹建新的核电厂。此外，据有关权威机构研究报告预测，到 2030 年我国核电装机有可能达到 2 亿千瓦，这意味着今后将每年新开工 8~10 台核电机组。总之，核电正成为我国新能源的主力军，核电发展处于历史上的最好时期。

张华祝说，在核电加快发展的新阶段，我国核能界应当倍加珍惜这来之不易的大好局面，应当保持特别清醒的头脑，要正视核电安全性和经济性、放射性废物、核燃料供应、核设备制造、自主创新以及核专业人才等方面存在的诸多重大挑战。

在详细分析上述挑战的基础上，张华祝提出了系统的对策建议。张华祝说，我国核电面临的挑战是发展过程中的问题，是完全可以解决的。当前，政府主管部门加强协调，监管部门强化监管，核电企事业单位切实发挥好市场主体作用，核能协会做好服务和自律等，对积极、稳妥、有序地推进我国核电建设至关重要。中期内，建议国家进一步优化核电建设管理体制和运行机制，为我国核电健康快速发展提供制度方面的保障。

张华祝最后表示，中国核能界有信心、有能力，在国家有关方针、政策的指导下，为实现“发展核电，造福人民”的崇高目标贡献力量。

中国核能行业协会与日本原子力产业协会主题交流研讨会暨合作协议签字仪式在海盐举行（2009-11-30）

经过中日双方长时间的精心筹备，

11月26日，由中国核能行业协会与日本原子力产业协会共同组织，核电秦山联营有限公司、海盐县核电关联产业办公室联合承办的“中国核能行业协会与日本原子力产业协会主题交流研讨会暨合作协议签字仪式”在浙江省海盐县举行。中国核能行业协会理事长张华祝与日本原子能产业协会理事长服部拓也共同主持了仪式。

此次研讨会的主题是：增进了解、携手合作、共谋发展。中国核能行业协会副理事长兼秘书长马鸿琳、日本原子力产业协会理事长服部拓也分别介绍了各自组织的成立背景、主要职能、构成情况及近期的主要活动，服部拓也先生还简要介绍了日本核电发展概况。中国核能行业协会副秘书长冯毅介绍了中国核电建设和运行评估及经验交流的情况。最后，日本原子力技术协会永田匡尚先生介绍了该协会主要工作及日本核安全领域的有关情况。

研讨会结束后，中国核能行业协会理事长张华祝与日本原子力产业协会理事长服部拓也代表各自组织签署了两国行业协会间的《和平利用核能合作协议》，服部拓也先生还向中方赠送了象征双方合作与友谊的纪念品。双方认为，合作协议的签署为中日两国核能行业合作与交流开启了新的合作空间，双方将根据《协议》要求，积极寻求有效的合作方式，使中日双方的合作与交流常态化、经常化，并推动双方成员单位间的合作与交流，共同促进两国核能事业健康可持续的发展。

中国核能行业协会副理事长李永江、国际合作部主任龙茂雄等有关人员参加了此次活动。

日本原子力产业协会成立于1956年，总部设在东京，目前拥有国内外会员单位约470个，是一家成立50余年，在日本乃至世界核能领域有较大影响的行业组织。

核能协会领导赴昌江核电现场调研（2009-12-02）

11月20日，中国核能行业协会理事长张华祝，协会副理事长、核电秦山联营有限公司董事长李永江等一行，在中核集团海南核电有限公司党委书记、总经理孙云根等陪同下，到海南昌江核电工程现场进行调研。

在工程现场，张华祝等听取了海南昌江核电项目发展历程及工程前期准备进展情况的汇报，并详细询问了工程取排水、设备采购等方面的情况。张理事长对海南昌江核电项目能在短时间内取得这么好的成绩给予了充分的肯定。

日本客人参观秦山二期和上海电气核电设备有限公司（2009-12-03）

11月26日，经核能协会的安排，日本原子力产业协会理事长服部拓也一行，在参加“中国核能行业协会与日本原子力产业协会主题交流研讨会暨合作协议签字仪式”后，在核电秦山联营有限公司董事长李永江的陪同下参观了秦山二期核电站，并参观了上海电气核电设备有限公司。

日本客人参观了秦山二期核电站2号主控室、2号汽轮机发电厂房和扩建工程现场，并与核电站技术人员进行了坦诚的沟通和交流。

11月27日，核能协会副理事长、上海电气重工集团副总裁朱根福，在上海临港基地会见了服部拓也一行，双方举行了友好的会谈，就共同感兴趣的话题进行了交流。会晤后，日本客人参观了上海电气核电设备有限公司的生产车间，重点考察了有关在建核电厂设备的制造情况。

2009全国核电运行和建设管理经验交流大会在京举行（2009-12-08）

12月8日上午，由国家能源局和国家核安全局联合主办，中国核能行业协会承办的“2009全国核电运行和建设管理经验交流大会”在北京国家会议中心举行。这是在我国核电发展关键时期召开的一次重要会议。

这次经验交流大会的主题是：交流、共享运行与建设管理经验，实现核电产业又好又快又安全发展。

来自全国核电行业的80余家企事业单位的300多名代表参加了会议。会议共收集到论文140余篇，其中40余篇论文在会上进行了交流。

国家能源局副局长刘琦，环保部副部长兼国家核安全局局长李干杰在会上作了报告。来自中国核工业集团公司、中国广东核电集团有限公司、中国电力投资集团公司、国家核电技术有限公司、中国核工业建设集团公司、中国华能集团公司、中国第一重型机械集团公司、中国东方电气集团公司，以及中国核能行业协会等9个单位的代表在会上作了大会发言。

在不久前召开的联合国气候变化峰会上，胡锦涛主席代表中国政府向国际社会表明了中方在气候变化问题上的原则立场，明确提出了我国应对气候变化将采取的重大举措。全国人大常委会作出了关于积极应对气候变化的决议。国务院总理温家宝11月25日主持召开的国务院常务会议，研究部署应对气候变化工作，决定到2020年我国单位国内生产总值二氧化碳排放比2005年下降40%~45%，作为约束性指标纳入国民经济和社会发展中长期规划，并制定相应的国内统计、监测、考核办法。会议还决定，通过大力发展可再生能源、积极推进核电建设等行动，到2020年我国非化石能源占一次能源消费的比重达到15%左右。

根据大会提供的资料，截至2008年底，我国核电行业已经建成并投入运行的核电机组共11台，总装机容量为907.82万千瓦，占全国电力总装机容量的1.04%。同时，到2009年9月底，国家已核准的核电建设项目10个，在建和待开工的机组达28台，总装机容量达3140万千瓦。目前，我国是世界上核电在建规模最大的国家。作为当前唯一可大规模替代化石燃料的清洁能源，发展核电已经成为当前优化我国能源结构、保证能源安全、改善环境的一项重要措施。在周密调研、充分论证的基础上，进一步加大核电中长期建设规模，较大幅度提高核电所占比例，到2020年，我国核电占电力总装机容量的比例将达到5%以上。核电作为我国新能源的主力军，我国核电产业正面临着难得的发展机遇，正在进入批量化、规模化的快速发展阶段。

与会代表普遍认为，面对核电迅猛发展的好形势，在看到核电发展具备的有利条件的同时，核能界必须时刻保持清醒头脑，必须始终坚持“质量第一，安全第一”的根本方针，必须正视核电安全性和经济性、放射性废物、核燃料供应、核设备制造、自主创新以及核专业人才等方面存在的诸多挑战，以有效应对在核电大发展过程中存在的困难和矛盾，最终确保我国核电产业的积极、稳妥、健康、有序地发展。

与会代表指出，我国核电事业面临的问题是发展过程中遇到的问题，是完全可以在发展过程中解决的。当前，最重要的是需要发挥各方面的积极性，政府主管部门应加强协调，监管部门应强化监管，核电企事业单位应切实发挥好市场的主体作用，协会（学会）等社会组织应努力做好服务和行业自律等。另外，国家进一步优化核电建设管理体制和运行机制，为我国核电健康快速发展提供制度方面的保障，也是非常重要的。

加强和完善管理，是确保核电站设计、建设、调试和长期安全稳定经济运行的重要手段和有效途径。有了好的管理，能使诸多活动得以有机组织和结合，使各种资源得以合理配置和充分利用，从而保证核电站在质量、进度、投资和安全等方面得到严格控制。管理水平的高低在很大程度上决定着核电建设与运营的成败和好坏。

从我国大陆第一个核电项目——秦山核电站，1985年3月20日正式开工建设并于1991年12月15日实现并网发电以来，我们已经积累了较为丰富的核电项目建设和运行管理的经验。我国核电站的主要运行业绩指标已达到国际同类电站的中上水平，放射性排放、工作人员受到的剂量照射水平远低于国家标准规定的限值。各投运和在建核电项目已经形成了各具特色的管理模式，在实践中发挥了重要作用，也使我国的核电项目管理水平有了很大的提高。

这次大会旨在提供一个平台和机会，使各核电集团公司、研究设计院所、高等院校等有关单位能够沟通情况，交流经验、取长补短、互相学习，充分总结核电运行和建设管理实践的成功经验，为新的工程实践提供可借鉴的有益经验，积极探索项目管理体制的创新，以不断调整和完善现有的核电项目管理模式，使之更加规范有效；同时，还要实事求是，敞开思想，认真剖析核电运行和建设管理中存在的问题和不足，加以研究和改进，使今后核电项目的管理更加有效，尽量少走弯路。力争到2020年左右，实现自主创新的，与国际先进管理水平接轨的核电建设和运行管理模式，为我国核电机组的经济性、先进性和安全性提供保障。

12月8日下午和9日上午，在两个分会场将分别举行运行管理和建设管理两个专题的报告会。专题报告内容十分丰富，其中，运行管理专题包括：国内外核电管理的现状和发展态势；我国在役核电的组织机构、运行、维修、技术支持、辐射防护、经验反馈、化学、培训和资格认证、消防、应急准备等的管理经验；我国核电运行典型事件的案例分析及启示；在役核电的设备及其老化管理；运行电厂PSA技术应用；严重事故管理；核安全相关技术改造、定期安全审查；运行安全性能指标和运行业绩指标等8个方面。建设管理专题包括：国内外核电建设管理的现状和发展态势；我国核电建设的项目策划、项目管理；核电建设前期工作、设计、合同、采购、施工、调试和生产准备、质量保证、进度控制、投资控制、安全（含健康安全和环境安全）、风险、信息和文档等方面的管理经验；我国核电建设典型事件的案例分析及启示；核电建设中的执照申请、操纵员培训管理；核电建设中与地方的协调以及公共关系管理等6个方面。

交流、共享，实现又好又快又安全发展目标，发挥核能协会优势，做好核电同行评估及经验反馈工作——张华祝理事长在核电经验交流大会上作大会发言（2009-12-08）

12月8日上午，在2009全国核电运行和建设管理经验交流大会上，中国核能行业协会理事长张华祝作了题为《做好核电同行评估及经验反馈工作　为核电行业管理持续提升服务》的大会发言。

张华祝在发言中首先说，刘琦副局长、李干杰副部长就我国核电发展发表了重要的指导性意见，也为核能行业协会发挥桥梁纽带作用、做好“两个服务”、实施行业自律、促进核电发展指明了方向。前面六大集团负责同志的交流发言，让人深受启发。“实现核电又好又快又安全发展”，是政府部门、社会各界对我国核电行业的期盼和要求，我们必须做出加倍的努力，坚持“质量第一、安全第一”的原则，坚定信心，迎难而上，团结协作，科学管理，切实维护核电加快发展的良好局面，切实履行核电行业的社会责任。

张华祝结合核能行业协会的实际，围绕做好核电同行评估及经验反馈工作讲了以下3点意见：

第一，国际核电界创立的核电同行评估及经验反馈工作机制，改善了世界范围的核电安全管理和运营业绩，值得我们重视和借鉴。

国际核电行业对美国三里岛与前苏联切尔诺贝利两起核电事故进行了深刻的反思，并通过各种创新手段来提高核电站安全水平，恢复公众信心。同行评估及经验反馈工作机制，就是其中一项重要的管理创新并已取得了良好效果。近30年来，美国核电行业运行协会（INPO）开展的以卓越管理为标准的自律评估和运行经验反馈活动，与美国核管会的独立监管互为补充，显著提升了全美核电厂的安全性、经济性。世界核电运营者协会（WANO）参考INPO方法，规划了“四大支柱”核心业务：同行评估、运行经验反馈、技术支持及交流、职业及技术开发。从1992年以来，WANO组织其会员做了大量工作，共实施同行评估390余次，技术支持活动234次，年度重大事件报告达1110份，为改进全球核电管理做出了积极贡献，全球核电机组能力因子平均值由1990年的77.2%提升到2008年的86.3%。

第二，我国的核电同行评估及经验反馈工作取得积极进展，正向核电建设管理领域拓展。

我国在役的核电厂都已经加入了WANO组织。为了进一步完善我国核电运行管理制度，在主管部门的推动下，从2002年以来，国内核电厂同行运行评估及经验交流制度逐步建立，成立了专门委员会，发布了管理文件，开展了评估员培训，实施了同行评估活动。目前，围绕核电运行、建设管理的专题研讨活动已实现常态化，并开展了相关评估方法、标准、准则的科研开发和国际合作。总之，该体系的有效运作对改进我国核电运行管理发挥了独特的作用。

2007年10月，受主管部门委托，核能协会承担了国内核电厂运行评估及经验交流委员会的日常工作。一个由政府主管部门指导、核能协会组织、核电运营单位参加、有关科研院所提供技术支撑的良性工作机制已经形成并正常运转。国内已经实施的9次同行运行评估，参加的评估员和核电厂对口人员约300人，共发现53个管理强项和289个待改进领域，对整个核电行业的管理工作提供了很好的借鉴。

第三，今后的工作思路和主要工作目标。

今后的工作思路是：适应我国核电专业化、市场化、产业化发展的新形势，坚持“平等自愿、合作开放、规范有序、共享经验、持续改进”的工作方针，以完善委员会制度、持续资源保障为前提，以健全我国核电同行评估及经验交流工作的基础结构为重点，以核电厂营运单位为主体，积极开展同行评估及经验交流活动，强化行业管理溢出和学习效应，促进在役核电安全、经济运行，在建项目顺利推进，实现核电行业又好又快发展。

今后5年的主要工作目标是：建立较为完善、与国际基本接轨、符合我国实际的核电运行和建设同行评估及经验的管理、技术文件体系和运转有效的组织体系；推动实现政府主管部门资助、受益者分摊工作经费的保障机制；更加重视客户需求、评估员选拔与培训、评估工作模式创新，提高资深评估专家的参与度，扩大行业内开放度，切实增强核电同行评估效果；改进事件报告的指导与服务，重视经验数据库建设及事件趋势因果分析，优化中国核电运行信息网，实现经验共享网络化与及时性；开展核电建设同行评估与经验反馈研究和试点；善用国际资源，强化国内、国外相关资源的协调与整合，努力做到合理、均衡、有效。

张华祝指出，在国家能源局的大力支持下，核能协会牵头开展了“建立我国核电工程建造同行评估及经验交流体系”课题研究。在中核集团、中广核集团和华能集团的支持下，该课题研究已取得初步成果并开展了评估试点工作。我们希望，2010年能正式推出“核电工程建设管理评估服务”，更欢迎各建设项目业主及工程公司提出评估申请。

张华祝最后强调，核电厂同行评估及经验交流是国际核电界公认的促进核电厂安全、稳定、经济发展的重要手段，也是核能行业协会服务政府，服务会员企业，开展行业自律的重要工作方式。我们希望并相信，这个制度一定会为我国核电事业的健康持续发展作出应有的贡献！

李干杰在核电运行和建设管理经验交流大会上强调坚持依法监管，促进我国核电又好又快又安全发展（2009-12-09）

12月8日，在由国家能源局和国家核安全局共同主办、中国核能行业协会承办的2009全国核电运行和建设管理经验交流大会上，环保部副部长兼国家核安全局局长李干杰发表讲话，强调坚持依法监管，进一步促进我国核电事业又好又快又安全地发展。

李干杰指出，这次管理经验交流大会是在国家积极发展核电政策的指导下，核电不断取得新的进展、新的成就的背景下召开的。我们要借这个机会，交流经验，相互学习，共同进步，促进我们国家的核电事业平稳健康发展，实现胡锦涛总书记提出的“又好又快又安全”的发展目标。能有这么多人出席今天的大会，是我没有想到的，这也正好说明了现在核电发展的大好形势，有强烈的人气和士气。同时，也说明大家对国家能源局和国家核安全局工作的理解和支持，我想这也是推动核电事业发展的一个很好的基础。

讲话中，李干杰要求大家要保持对核电发展客观规律、内在规律的清醒认识。他说，相对于其他行业和领域，核电有着非常明显的特点。第一个特点它不是粗放的；第二个在于某些方面存在明显的难以掌握的特点；第三个特点就是一旦造成污染，则后果难以消除；第四个特点就是社会公众的极度敏感性。事故的突发性可能大家都知道，是一瞬间的事，没事就没事，很多事情出来以后，最后酿成了后果相当严重的事故，一旦污染那是很严重的事。

此外，我们要保持对目前核电发展形势的清醒认识。他说，核电发展的形势是前所未有的好，现在的发展速度和发展规模是从来没有的，也是我们搞核的人期盼已久的。积极发展核电，已经成了我国能源战线的一项重要任务，因为它确实对保障国家的能源安全，对保护生态环境，对减排温室气体、应对气候变化都具有十分重要的意义。在看到大好形势的同时，我们千万不要忘记，我们还存在一些问题，还存在相当多的隐患，我们必须要保持高度的清醒认识。

在讲话中，李干杰特别强调，要坚持依法监管，严格管理。他说，“依法监管”包含两层含义，一层含义是程序上必须依法。所以从今年开始，我们说两句话：“受理有前提，不批不许动。”所谓受理有前提，就是没有国家的规划，没有国家发改委的条文，我们就不受理，不审查，不批不许动，两个报告不批复，现场一点都不能动，谁动了我就不受理，你那个厂址就报废了。所有的责任就要由你自己来承担，我们说到做到。

再一层含义是要按法规办，按标准办。在核的方面我们鼓励创新，但是创新的前提必须是按标准办，毕竟我们在这方面经验还比较少。要走得稳一点，只有稳了才能快，否则欲速则不达。

另外要严格管理，出了问题就是要严肃处理，尤其是那些明知故犯的，尤其是那些管理方面的问题。出了事要严肃处理，来不得半点马虎。过去，核安全局是不管处理人的，也不提这个要求。但从现在开始，我们提出了这个要求，出了事就必须要处理到人。在目前的形势下，我认为这是非常必要的。

李干杰还强调，要注重细节，保守决策。他说，注重细节、保守决策，按程序办是我们核安全文化的核心。遇到一个问题，遇到一个事情，要尽可能地从保守的角度、稳妥的角度去处理，保证不出事。这方面不要妥协，不要为了那么一两天、几天、几十天，最后使得一些问题失控，而造成一些不可挽回的损失和影响。

李干杰在核电运行和建设管理经验交流大会上强调协调好六个关系，把所有质量安全隐患消除在萌芽状态（2009-12-09）

12 月 8 日，在由国家能源局和国家核安全局共同主办、中国核能行业协会承办的 2009 全国核电运行和建设管理经验交流大会上，环保部副部长兼国家核安全局局长李干杰希望大家在核电建设全过程中，要突出协调六个关系。

第一个是在建和运行的关系。我们比较普遍地存在重建设轻运行的这么一种心态，这是一种非常糟糕的心态。在建固然非常重要，因为保证我们核设施的建造质量，是将来核电站运行的前提和基础，这是毫无疑问的。我们在各方面都付出了很大的精力。但与此同时，我想强调的是，千万不要忘记运行安全是根本，运行安全是我们所有工作，包括我们在建项目质量控制的出发点，离开了运行安全就什么都谈不上了。因为运行中的核电站才有实实在在的现实的高风险，如果说，在建造期间出点事你还有弥补的可能，运行阶段出点事你就没有后悔药可吃了。所以，什么时候都要把运行安全摆在首位，作为重中之重来对待和处理，我想大家一定要提高这方面的认识。作为一个行业，出点事是难免的，肯定要摔一些跤，关键是不要在同一个地方摔第二次跤，你本人本单位不摔第二次，整个业内也不要摔第二次。这就是我们为什么要做经验反馈的一个出发点。所以，我们一定要高度重视运行安全，把这个方面的工作抓好。

第二个就是前端和后端的关系。我们现在对前端核燃料的开发，对中间核电的发展都非常重视，各个方面投入也都非常大。但是对后端，对放射性废物的处理和处置，老实说重视不够，理解不够，支持也不够。核电要顺利发展必须要解决两个问题：第一，核安全不能出事。第二，放射性废物必须得到妥善的处理和解决。关于第一点大家基本上有共识，第二点恐怕我们业内还没有形成共识。所以说，随着我们发展的规模越来越大，这个问题会越来越凸显出来。现在到了重视和大力推动这项工作的时候了。在放射性废物处理和处置方面，我们要尽快地把我们的法律制定和颁布出来，要把我们的放射性物质的处理规划制定出来，要把我们的体系理顺。另外还要建立相应的资金支持制度，比如说是不是要加快产品的选择，加快我们的设计建设，不要等到已经堆积如山了，甚至已经引起很大的社会反响再来处理，再去考虑这些问题就来不及了。另外根据国外的经验，目前我们对核问题还不是敏感的时候，你做一些工作比较容易，若干年以后再去做非常难。

第三个是发展与监管的关系。监管是发展的保障，它是一个机制，是一个约束，是我们核电发展和核安全防御体系中的一个重要环节。我们这个事业的特点决定了，我们需要一些机制的保证，而监管是一个重要的机制。它是一个既对立，实际上更是统一的关系，是一体的，不要把它简单地放在对立面来看。从认识上，从投入上，从安排上一定要这么理解，这么去推进。

第四个是日常和应急的关系。在搞好我们的日常管理的同时，还要把我们的一些应急工作跟我们日常工作同步推进，不怕一万就怕万一。应急这个东西是有事处理事，没事报平安。对企业来讲应该是这样的，对我们的监管部门，对地方政府来讲也应该这样，不要光顾一头。

第五个是恐核和参与的关系。这是讲社会公众的恐核和社会公众参与的关系，也要正确处理好和把握好。一定要在这方面下力气，想办法往前走，要推动公众的参与性，要让公众更多地参与进来。公众的科普宣传和舆论的正确引导，这个不能光靠政府来做，企业更有条件，更有人力物力去支持，并且要在这个方面注意一些，在目前信息化这么发展的情况下，要创新一些思路，创新一些手段，除了传统意义上的媒体的宣传和引导以外，恐怕还需要一些其他的办法。包括我们网络论坛上的一些正确引导，这是必要的。总而言之，在这个方面恐怕要更多的想办法，而不是回避和逃避。

第六个是处理好核安全和常规安全的关系。因为在我们核设施里面，除了核安全的问题，还有常规安全的问题。我们过去比较多的是在核安全问题上很重视，常规安全不太重视。要把常规安全问题摆在一个重要的位置，要把它抓好。

李干杰最后强调指出，在核电运行和建设中，确保核运行的安全是根本途径，我们一定要贯彻“质量第一、安全第一”的方针，正确处理好各个方面的关系，调动一切积极因素以确保我国的核电事业又好又快又安全地发展。每一位从事核电的同志都应该树立一道核安全的屏障，我们要正确地分析处理，敏锐地发现工作中间的一些隐患，发现问题既不能熟视无睹、置若罔闻，也不要草木皆兵、惊慌失措，要通过保守的设计，高标准的制造和严格的质量保证，从选址、设计、建造、运行和退役的各个环节，从源头抓起，把所有的安全隐患和质量隐患坚决消除在萌芽状态，只有这样，我们才能维持好来之不易的蓬勃发展的大好形势，确保我们核电事业建设和发展的这棵生命之树常青。

刘琦在核电运行和建设管理经验交流大会上强调高度重视经验交流，全面提升核电安全管理水平（2009-12-14）

12 月 8 日，在由国家能源局和国家核安全局共同主办、中国核能行业协会承办的 2009 全国核电运行和建设管理经验交流大会上，国家能源局副局长刘琦发表了讲话。他说，来自政府有关部门、行业协会，以及核电投资、科研设计、设备制造和建设施工领域的 300 多名代表汇聚北京，共同交流核电运行和建设管理经验。年根岁末专门召开这次会议，表明国家能源局的高度重视，应该说这是在核电发展的关键时期召开的一次重要会议，对促进我国核电发展，特别是提高核电安全水平具有积极意义。

刘琦在讲话中强调，要充分认识加快核电发展的重要意义。

我国电力发展到现阶段，客观上要求必须加快核电发展的进程，这对于保障我国能源需求，优化能源结构，特别是保护环境、减少温室气体排放具有重要意义。党中央、国务院高度重视核电事业，今年 9 月，胡锦涛总书记在联合国气候变化峰会上指出，中国将加快可再生能源及核能发展。11 月 25 日，温家宝总理主持召开国务院常务会议，确定了到 2020 年单位国内生产总值二氧化碳排放比 2005 年下降 40%～45%的战略目标。

核能技术成熟、经济可行，是大规模替代燃煤发电，实现我国温室气体控制目标的主要途径之一。

我国核电建设起步于上世纪八十年代，经过 20 多年的发展，先后建成了浙江秦山、广东大亚湾和江苏田湾三大核电基地，基本具备了自主设计、制造、建设和运营百万千瓦级核电站的能力，使我国成为世界上少数几个拥有完整核工业体系的国家之一。

近年来，在国务院的领导下，我国核电呈现出加快发展的态势。截止目前，国家已核准 10 个核电项目 28 台机组，总装机容量达到 3140 万千瓦，其中 19 台、2067 万千瓦已开工建设。初步统计，目前全世界在建核电机组 52 台，装机容量 4943.8 万千瓦，我国分别占 36.5%和 41.8%，是全球核电在建规模最大的国家。可以说，中国核电发展迎来了前所未有的机遇期。我们一定要抓住机遇，把握好核电事业发展的大局。

刘琦强调，要高度重视核电建设运行安全问题。

自 1991 年我国第一座核电站——秦山核电一期工程并网发电以来，全国核电机组一直保持着较好的安全运行业绩。按国际通行标准，18 年来从未发生过 2 级及以上核事件，所有核电厂安全情况均满足技术规范要求，放射性排放和工作人员照射水平远低于国家限值，实现了较好的经济效益和社会效益。在建设方面，通过工程实施，锻炼了一批合格的设计、设备制造和施工队伍，初步形成了与国际接轨的专业化、标准化管理模式，工程建设能力得到较大幅度的提升。这些成绩的取得是核电战线全体员工共同努力的结果，值得肯定。

与此同时，我们也必须清醒地认识到，核电安全一直是各方关注的焦点。在核电快速发展的形势下，核电建设和设备制造方面近期也发生了一些质量事件和生产事故。如不抓紧解决这些苗头性问题，有可能对核电安全带来隐患。这些事故的发生，暴露出有关企业在工程管理、质量控制方面还存在欠缺，也说明“安全第一、质量第一”的核电发展理念还没有真正落到实处。希望这些问题能够引起我们的高度重视。我们要坚决避免核电发展的大起大落，从而影响到国家能源发展的整体战略部署。

刘琦强调，要全面提升核电安全管理水平。

安全是核电的生命线，核安全无国界，一旦出现严重核事故，将不可避免地影响我国乃至全球核电事业的发展，给人民生命财产造成难以估量的损失。为此，我们要警钟长鸣，不断提高认识，采取切实有效措施，将苗头性安全问题消灭在萌芽之中，让党和人民放心。为此，我们要努力作好以下几项工作。

第一，确保核电建设有序进行。当前，各地区、各有关企业发展核电的积极性很高，跑马圈厂址、抢购核电设备、建设赶工等问题比较突出。这种状况如不及时改变，将很难确保核电站的工程质量。为此，必须重申，未列入国家规划的项目要停止除厂址保护之外的其他前期工作；对列入规划的项目，也要按照进度安排有序开展工作，确保核电建设稳步健康安全进行。

在工程建设中，要始终坚持“安全第一、质量第一”的方针，在进度与质量发生矛盾的情况下，进度必须服从质量，坚决杜绝因工期、造价等原因而放松安全质量要求的行为。

第二，努力提高设备制造水平。设备可靠性是核电安全的基本保障。目前，我国核电设备制造质量和能力与国际先进水平相比还有较大差距。核电设备已成为制约核电发展的突出问题之一。参加今天会议的有不少设备厂家的负责同志，希望你们切实抓好核电设备科研攻关，完善质量保证体系，严格生产管理，确保产品质量，力争在较短时间内把我国核电设备制造产业提升到一个新的水平，适应核电发展需要。

第三，严格核电市场准入。目前，发电企业投资核电的积极性空前高涨，要求获得核电控股资质的呼声很高。为确保核电安全，根据国务院领导的指示精神，现阶段不再增加核电控股企业数量。其他企业可通过参股方式参与核电建设。

第四，积极推进体制机制创新。通过学习国际先进经验和实践探索，我国部分核电企业实行了委托工程公司建设，委托运营公司运行维护的新机制。这是在业主安全责任不转移的前提下，核电向专业化、标准化、集约化方向发展的有益探索，有利于通过经验反馈，尽快提高工程质量和运行安全水平。今后，我们将大力推广这种新办法，并逐步考虑建立专业化核电运营企业，为更多的投资者提供核电厂管理服务。

第五，加强标准体系建设。核电标准是保证工程质量和运行安全的重要基础。目前，我国自己的核电标准体系还十分薄弱。对此，我们已会同有关方面作了专门部署，力争五年内使包括安全标准在内的核电标准体系建设取得明显进展，到2015年基本形成具有中国特色又与国际接轨的核电标准体系。保证核电工程建设、设备制造和运行有章可循。

第六，重视核电经验总结交流工作。核电站具有投资大、周期长、技术难点多、安全要求高、社会责任重等特点。在核电加快发展、人才相对不足的情况下，通过有组织地开展经验总结与交流，可以及时、低成本地发现和改进核电建设运行中存在的不足，是提高行业管理水平的重要举措。

刘琦在讲话中指出，应该看到，目前我们这方面的工作还很薄弱。在一些单位，经验总结与交流主要还是停留在领导的口头上，没有成为广大员工的自觉行动，没有成为企业核安全文化建设的有机组成部分。此外，在部门和企业间还存在着一定程度的信息沟通不畅和技术壁垒问题。为此，我们要以建立与国际接轨、符合我国国情的核电建设运行管理经验交流制度为目标，强化信息报送、分析和经验反馈，积极推动交流平台建设，努力实现全行业信息共享。要继续开展与国际原子能机构、世界核电营运者协会的合作，参与相关活动，努力提升我国核电建设运行水平。

最后，刘琦说，中国核电从无到有，已经走过20多年的历程。在不断的探索中，我们已积累了许多值得总结和推广的经验。国家能源局、国家核安全局举办本次会议的目的，就是为各方提供一个相互学习，交流讨论的平台。希望大家利用这次宝贵的机会，取长补短、共同提高，为实现我国核电又好又快又安全发展作出贡献。

日本保全学会会长访问协会（2009-12-22）

12月21日，中国核能行业协会理事长张华祝在京会见了到访的日本保全学会会长宫健三一行，双方签署了《中国核能行业协会与日本保全学会第一次会议纪要》。

会见中，日方代表提出了与协会加强在核电站维护维修人才培养、共建电子杂志（EJAM）、共办研讨活动等方面的合作建议。张华祝理事长充分肯定了双方加强合作与交流的必要性，对日本保全学会提出的合作方式与交流内容，有针对性地提出了意见，并建议双方从具体的核电站设备维护技术交流开始，在增加了解的基础上，进一步扩大合作共识，提升合作层次。

法国电力公司董事长兼首席执行官访问协会（2009-12-22）

12月20日，中国核能行业协会理事长张华祝会见了法国电力公司（EDF）新任董事长兼首席执行官普格里奥（Henri PROGLIO）先生并共进晚餐，双方进行了愉快的交流和沟通。

双方共同回顾了长期以来的中法友好合作关系，交流了两国核能发展情况，探讨了双方如何加强未来合作，共同促进世界核能复苏等问题。法方十分重视核能行业协会在中国核电快速发展过程中的积极作用，希望借助于协会平台，在已取得良好合作成果的基础上，与中国核能企业界进一步开展广泛而深入的合作，并在时机成熟时，共同开发国际市场。

核能协会副理事长兼秘书长马鸿琳、副秘书长徐玉明、国际合作部有关人员，法国电力公司副总裁兼亚太区总裁马识路（Herve MACHENUD）先生、EDF总裁办公室主任Denis LEPEE先生、EDF亚太区中国部总裁吉强毅（Jean-Yves GUIGNARD）先生等参加了会见。

2009核动力厂严重事故管理研讨会在深圳举行（2009-12-22）

由中国核能行业协会主办，环境保护部核与辐射安全中心和中科华核电技术研究院有限公司共同承办的“2009核动力厂严重事故管理研讨会”，于12月17—18日在深圳召开。来自核电厂、营运单位、工程设计、研究院所、高等院校等33个单位的86名专家和学者参加了研讨会。这是中国核动力厂严重事故领域内第一次全国性的研讨会。中国核能行业协会副理事长赵成昆、国家核应急办副主任许平、中广核集团公司总工程师赵华、中科华核电技术研究院院长杨忠勤等在开幕式上讲了话。国家核应急办调研员黄敏、国家核安全局副调研员蒋帆等出席了开幕式。

许平在讲话中说，今年4月在北京召开的“面向21世纪核能部长级国际大会”达成了共识：核电是保障全球能源经济的重要选择。同时提出，为了抓住核电发展机遇，必须在核安全方面做出努力。由此可以看出，国际社会对于核电安全的高度重视。随着科技的进步和管理水平的不断提高，核设施发生重大事故的概率不断减少，但这仅是个统计数据，并不等于零。因此，必须按照“安全第一、预防为主”的方针，严把核设施建设各环节的安全关，并认真做好核设施应急准备工作。严重事故管理的研究和应用，对降低严重事故的风险，在一旦发生事故时，及时有效地应对，缓解事故的后果具有十分重大的意义。国家核事故应急办公室作为全国核应急工作的行政管理机构，历来高度重视严重事故管理工作。许平强调，进一步提高核应急管理水平，夯实基础是当务之急。其中加强严重事故管理的研究和应用是重要的一个方面。这次核动力厂严重事故专题研讨，必将对深化我国核动力厂严重事故管理，提高核安全和核应急管理技术水平发挥积极的作用。

赵成昆在讲话中分析了我国今后在节能减排，发展绿色能源上所面临的艰巨任务和沉重压力。他说，中国政府在国际上做出了到2020年将单位国内生产总值二氧化碳排放比2005年下降40%~45%的承诺，在这个大背景下，国务院有关部门经过广泛的调查研究，着手调整了我国核电中长期发展规划，进一步加快了我国核电发展的势头。虽然业界都认为核电是安全的、清洁的能源，但不能忘记美国三里岛和苏联切尔诺贝利核电站的重大安全事故。这些事故有技术上、管理上的原因，更有安全文化理念方面的原因。两起事故的发生，第一催生了核安全文化理念，并为世界各国核能业所接受，第二使得核能先进国家开始重视严重事故的研究，并在严重事故发生的机理，预防和缓解措施，以及管理规程等方面提出了新的要求。

赵成昆强调说，胡锦涛总书记指示要又好又快又安全地发展核电，这就给核电发展提出了重要的指导原则。近10多年来，中核集团、中广核集团以及相关的科研院所，在严重事故领域开展了大量的研究工作，并且取得了可喜的进步。特别是，中科华核电技术研究院与上海交通大学专门成立了严重事故的研究部门，建立了严重事故研究设施，在事故研究和管理规程等方面取得了很大的成绩，有的研究成果已直接应用到我国二代改进型核电机组上。赵成昆还介绍了我国核安全监管当局在不同发展阶段对严重事故的法规要求以及当前存在的问题，并希望，为提高严重事故的研究效果，应进一步加强国内有关单位的合作，以尽快解决我国二代改进型核电机组严重事故相关问题。

本次研讨会的内容涵盖了核电厂严重事故预防与缓解研究，严重事故薄弱环节及措施研究，严重事故管理导则研制，严重事故进程及机理研究，PSA方法在严重事故分析中的应用，严重事故源项及应急研究等领域。环保部核与辐射安全中心副主任柴国旱、中科华核电技术研究院中心主任肖岷、上海交大核动力学院副院长杨燕华、中国核电工程有限公司总体所副所长赵博等20名专家在大会上作了相关报告，与会代表针对报告内容进行了深入研讨。本次共有75篇论文编入了《2009核动力厂严重事故研讨会会议文集》。

中国核能行业协会副秘书长冯毅作了总结发言。他说，本次研讨会按照议程，进行了深入的交流与讨论，取得了圆满成功。本次研讨会的成功举办，在总结我国严重事故管理基础上，为核长安全领域在跟踪、交流国内外严重事故管理最新进展，深化我国核动力厂严重事故的研究、分析和工程应用方面进行了积极的探索。冯毅表示，协会将本着为会员单位服务的宗旨，为促进行业发展和行业自律，继续搭建好业内各领域管理和技术交流的平台。

张华祝理事长为核能协会秘书处党支部讲党课（2009-12-23）

在深入开展学习实践科学发展观活动

中，中国核能行业协会党支部于12月22日召开党员大会，请协会理事长张华祝讲了一次以“牢记党的宗旨，加强个人修养，牢固树立服务意识，推动协会工作再上新台阶”为主要内容的党课。

张华祝理事长指出，我们党是中国工人阶级的先锋队，是中国人民和中华民族的先锋队，是中国特色社会主义事业的领导核心，代表最广大人民的根本利益。协会的每一名共产党员都必须牢记全心全意为人民服务的宗旨，加强社会主义初级阶段理论的学习，做好本职工作，加强个人修养，认清形势，积极把个人的事业融入到党的事业、集体的事业中去。张华祝理事长还结合协会成立两年多来的工作实践，强调全体工作人员必须牢固树立“四种意识”，即服务意识、忧患意识、公仆意识和团队意识，认真总结经验教训，不断加强和提高服务意识与水平，在服务中谋求发展，增强实力。张华祝理事长最后指出，协会党支部要充分发挥战斗堡垒作用，与工会一道，努力营造团结向上、和谐宽松的工作氛围，不断推动协会工作的健康发展。

张华祝理事长的党课内容深入浅出、联系实际，不仅是一次深刻的党的理论教育，也是一堂生动的形势教育，受到了与会人员的好评。党课结束后，与会人员还进行了讨论。党支部书记马鸿琳在总结了党课主要内容后指出，协会党支部今后要进一步加强理论学习，尤其是科学发展观的学习和实践，2010年要安排两次党课教育，主要由协会有关领导结合自身的工作经验和体验来讲，以此促进协会工作人员素质的提高和协会工作的进步。

党支部还传达了国防科工局直属机关党委《关于学习贯彻党的十七届四中全会精神的通知》等有关文件。

核能协会专家组赴辽宁、江苏考察核电厂址（2009-12-29）

应中核辽宁核电有限公司、中国广东核电集团有限公司的邀请，12月23—27日，中国核能行业协会专家组在张华祝理事长的带领下，分别考察了辽宁省徐大堡核电厂址以及江苏省盱眙和东陬山核电厂址。

考察期间，专家组对现场进行了实地踏勘，听取了当地市政府领导关于地区经济发展与电力需求情况的介绍，以及核电项目建设与设计单位的专题报告。专家组分别就各个考察厂址所处区域的地质地震情况、人口分布情况、水文条件、取水条件、大件运输条件、大气弥散和水弥散条件、输电系统规划设计，以及电站冷却方式和废水排放情况等与建设方进行了认真、深入的讨论，并就相关问题提出了咨询意见和建议。

专家组此次考察得到了当地市委、市政府的高度重视，市委领导全程陪同考察。来自环保部核与辐射安全中心、中国核电工程有限公司、中国电力工程顾问集团公司、国家核电技术公司专家委、苏州热工研究院以及中国核能行业协会等单位的11名专家参加了考察。

台湾核能研究所客人拜会核能协会领导（2009-12-29）

12 月 28 日，在京访问的台湾核能研究所副所长马殷邦一行，拜会了中国核能行业协会副理事长兼秘书长马鸿琳。双方就各自业务和两岸核能发展情况进行了沟通，表示将共同努力，推动两岸核能领域的交流与合作，促进核能事业的健康发展。

（括号内日期为该消息上网日期）

附 录

中国核能行业协会年会

中国核能行业协会理事长张华祝在中国核能行业协会年会上的工作报告（摘录）

一、2009年核能行业的主要进展

2009年，是新世纪以来我国经济发展最为困难的一年，也是我国核能行业抓住机遇，迎难而上，顽强拼搏，加快发展，取得新的重大成就的一年。2009年9月，胡锦涛主席在联合国气候变化峰会上表示，我国将“大力发展可再生能源和核能，争取到2020年非化石能源占一次能源消费比重达到百分之十五左右”。11月25日，国务院总理温家宝主持召开国务院常务会议，研究部署应对气候变化工作，确定了这一行动目标。2010年4月22日，温家宝总理在国家能源委员会第一次全体会议上再次强调：“要加快能源调整优化结构，大力培育新能源产业。下大力气落实2020年非化石能源消费比重提高到15%的目标。”党中央、国务院的指示，确立了核能作为清洁能源在我国能源中的战略地位，为我国核能事业的发展指明了方向。在党中央、国务院的坚强领导下，在国家有关部门的关心和支持下，在全行业职工的共同努力下，过去一年我国核能行业各领域都取得了重要进展。

过去一年核能行业发展的主要状况，可以概括为以下几个方面：

（一）在役核电机组安全稳定运行

2009年，我国大陆11台、总装机容量908万千瓦在役核电机组继续保持安全稳定运行。全年累计发电量700.5亿千瓦时，同比增加1.2%；发电设备利用小时7914小时，同比增加89小时，平均负荷因子达到90.34%，均创历史新高。全年没有发生国际核事件分级1级和1级以上的运行事件，核电厂运行期间放射性流出物的排出量远低于国家标准限值，没有给环境带来任何不良影响。各核电厂继续坚持“安全第一、质量第一”的方针，千方百计提高安全和质量水平，在役核电机组安全运行业绩高于世界平均水平。中核集团公司运行的7台机组中有4台进入世界先进行列；到2009年底，大亚湾1号机组累计安全运行2692天，岭澳1号机组连续安全运行1601天，在法国同类型机组中分别排名第二和第三。大亚湾2号机组与WANO（世界核电运营者协会）13项指标对比，全部达到世界先进水平。在役核电站的安全稳定运行，不仅创造了可观的经济效益，提升了加快核电发展的信心，也为向在建核电站输送大量有经验的优秀人才提供了保证。

（二）核电建设继续加快推进

为实现2020年非化石能源消费比重

提高到15%的目标，2009年，国家加大了核电领域投资力度，陆续核准、开工一批核电项目，核电中长期发展规划加快推进。在2008年核准四个核电项目14台机组的基础上，2009年又核准三门、海阳、台山三个项目6台机组；在2008年新开工6台机组的基础上，2009年又新开工9台机组。据统计，2009年核电基本建设投资完成576.3亿元，同比增长74.91%。截至2009年底，我国已核准10个核电项目共28台机组，核准规模3130万千瓦；已开工建设的核电机组20台，在建规模2187万千瓦，占世界在建核电机组的三分之一以上。其中，三代核电自主化依托项目、世界首批AP1000机组，已于2009年4月、9月分别在浙江三门、山东海阳开工；与法国合作建设的EPR三代核电机组，已于2009年12月在广东台山开工，标志着我国三代核电自主化正在稳步推进。此外，田湾三期、防城港一期、石岛湾高温气冷堆核电站示范项目等5台机组已进入国家核准程序。

(三)核电装备国产化取得新突破

2009年2月，温家宝总理主持召开国务院常务会议，审议并原则通过装备制造业调整振兴规划。5月，国务院办公厅发布实施细则，要求“以辽宁红沿河、福建宁德和福清、广东阳江、浙江方家山和三门、山东海阳以及后续核电站建设工程为依托，推进二代改进型、AP1000核电设备自主化，重点实现压力容器、蒸汽发生器、控制棒驱动机构、核级泵阀、应急柴油机等主要设备的国内制造”。党中央、国务院对核电装备自主化的高度关注，政府有关部门的强力推动，极大地激发了装备制造企业为核电装备国产化作贡献的责任感。一年来，通过技术改造和新基地建设，我国核电装备制造业的研发和制造能力继续稳步提升。二代改进型百万千瓦级压水堆核电站核岛、常规岛及BOP系统中，除核主泵等少数关键设备尚需引进技术外，已基本可以立足国内提供。其中国产化难度很大的大型铸锻件，关键技术已取得突破；核二、三级泵阀国产化也取得重大进展。与此同时，引进AP1000三代技术的装备国产化工作取得实质性突破，主泵国产化组织体系进一步完善，主管道、反应堆压力容器、蒸汽发生器锻件实现了国产化。

(四)核工程设计、建设和管理能力持续提升

在核电加快发展的形势下，我国核电设计、建设和管理自主化能力持续提升。中核、中广核、国核技、中电投等企业集团积极推进以设计为基础，集设备采购、建设与调试管理为一体的核电工程总承包专业化运作模式，在多项目、多基地建设的新形势下，通过建立大工程管理模式和大团队组织模式，进一步发挥集约化和规模化建设的优势，确保在建核电项目优质高效推进。三代核电自主化依托项目全面开工建设，AP1000模块化的设计理念第一次由图纸变为现实，率先掌握了钢制安

全壳成套技术、核岛筏基大体积混凝土一次性整体浇筑等关键技术。

中核建设集团公司承担了国内所有核电站的核岛工程、部分常规岛工程以及出口巴基斯坦核电机组的工程项目。截至2009年底，承担的核电站核岛工程机组数量达到24台。通过不断提高集约化、标准化、专业化管理运作水平，已成为我国核电建设的中坚力量，具备多种堆型核电站、大批量同时建造的能力。

(五)铀资源和核燃料保障能力进一步提高

在铀矿地质勘查领域，狠抓重点区域的突破，在新疆、内蒙等地取得新进展；加强国家队与属地化队伍的合作，在江西、广东等地实现新突破。在天然铀生产领域，注重安全生产和技术创新，大基地建设前期工作扎实推进，完成4个项目立项。在核燃料供应领域，2009年生产任务圆满完成，保证了在役核电站的安全稳定运行；多个建设项目取得积极进展，专用设备研制实现产业化，中核北方核燃料元件有限公司压水堆元件生产线设备安装完毕，中核建中核燃料元件有限公司VVER元件生产线通过竣工验收，核燃料供应保障能力进一步提高。

(六)核能国际合作与海外开发取得重大成果

一年来，我国积极推进核能国际合作，成功承办了“面向21世纪核能部长级国际大会”、2009年全球核能合作伙伴（GNEP）部长级会议，与美国、法国、俄罗斯等国在核能领域的合作进一步加强。其中，由国际原子能机构（IAEA）主办、中国国家原子能机构承办的“面向21世纪核能部长级国际大会”，于2009年4月20—22日在北京隆重举行，来自61个国家和7个国际组织的800多名正式代表和观察员参加了本次大会。国务院副总理张德江出席开幕式并发表了重要讲话。大会期间，先后有32位部长级代表和16位专家发言或作专题报告，就世界核能发展取得了广泛的共识。

在核电国际合作方面，中核集团公司与俄罗斯原子能工业公司签署了田湾二期项目、中国示范快堆项目合作的相关文件；与法国原子能委员会签署了《和平利用核能研发合作协议》。中广核集团公司与法国电力公司合作，组建了广东台山核电合营有限公司；与香港电力公司继续合作，签订了大亚湾核电站延长合营期的合同。

在海外铀资源开发方面，我国与哈萨克斯坦合作开采的第一个铀矿项目开工建设，在香港上市的“中核国际”首次融资4.39亿港元，获得了新的铀矿项目。中核集团、中广核集团与国外签署的铀资源开发和采购协议的落实，为满足我国核电发展对铀资源的需求提供了保障。

(七)核科技创新和人才建设取得新的成绩

国家重大科技专项“大型先进压水

堆和高温气冷堆核电站”研发和示范工程建设全面推进。大型先进压水堆核电站项目，初步形成了以国家核电技术公司为主体，其他核电企业、装备制造企业、科研院所共同参与的重大专项联合攻关体系，AP1000 技术消化吸收、重大共性技术和关键设备材料研究取得重大进展，CAP1400 概念设计得到进一步深化和优化，国核示范电站有限公司正式成立并开始运作。专项的另一项重要内容，我国首座高温气冷堆核电站示范工程项目——华能山东石岛湾核电站前期准备工作基本完成，即将开工建设。

核能领域研发平台建设取得新的进展。中国先进研究堆、中国实验快堆基本建成，即将临界，国际热核实验反应堆计划（ITER）国内配套项目正式启动；国防科工局支持的原子能院总体规划建设全面铺开，新的核动力研发基地开工建设；国家能源核电站核级设备研发中心、核电站数字化仪控系统研发中心、快堆工程研发（实验）中心、核级锆材研发中心、重大装备材料研发中心、大型清洁高效发电设备研发中心正式挂牌。

在核电加快发展的形势下，核专业人才教育培训工作受到各方高度重视，高校核专业人才培养、企业核专业人才培训进一步加强，核电加快发展与核专业人才不足的矛盾得到一定缓解。

(八)核行业管理进一步加强

为适应核能行业快速发展的需要，与核能行业相关的政府管理部门大力加强行业管理工作。

国家国防科工局进一步加强核工业行业管理，组织开展了核工业“十二五”发展规划思路的研究工作，大力推进核心能力建设和科技自主创新，努力做好核设施退役治理、核安全和核应急工作，以田湾核电站为演习电站，组织了首次国家核事故应急联合演习。

国家能源局组织开展了核电中长期发展规划的修订工作、核电安全规划和核电管理条例的编制工作，开展了全国核电安全大检查，与国家核安全局共同组织召开了以“交流、共享运行与建设管理经验，实现核电产业又好又快又安全发展”为主题的核电运行和建设管理经验交流会。

国家核安全局着力加强民用核设施的安全监管，发布了《关于进一步加强商用核电厂建造阶段核安全管理的通知》，进一步明确了核电厂营运单位和核电厂核岛工程总承包单位的责任和条件；根据中编办的批复，核安全监管系统的人员编制有了较大幅度的增加；对 2009 年 9 月国务院颁布的《放射性物品运输安全管理条例》进行了宣贯。

一年来，核能行业各条战线取得了可喜的成绩。这些工作的开展和成绩的取得，是党中央、国务院坚强领导的结果，是政府有关部门科学决策、加强管理的结果，是核能战线广大干部职工开拓创新、艰苦奋斗、扎实工作的结果。在这里，我谨代表中国核能行业协会向参加本次年会的各位代表，并通过你们向在核能行业各条战线工作的同志们表示崇高的敬意和诚挚的感谢。

在充分肯定工作成绩的同时，也要清醒地看到，我国核能行业的发展，与科学发展观的要求相比，与优化能源结构、发展清洁能源的需求相比，还有很多差距和不足。例如，如何进一步加强宏观调控，转变发展方式，促进核能行业健康可持续发展；如何进一步加大工作力度，在核电快速发展的形势下，严格安全监管，培育安全文化，确保核电建设质量和核电运行安全；如何进一步强化自主创新能力，提高研发、设计、制造水平，尽快突破制约核能行业发展的关键因素；如何进一步利用好国内外“两种资源、两个市场”，保障铀资源的长期稳定供应，建设具有国际竞争力的先进核燃料工业；如何进一步创新体制机制，发挥整体合力，改善发展环境，增强发展动力，都需要我们深入研究、积极探索、不断改进。

二、2009 年核能协会工作的回顾

为适应核能事业加快发展的需要，一年来，协会认真履行宗旨，热心做好服务，积极开展活动，努力促进发展，各项工作都取得了新的成绩，行业凝聚力、向心力进一步提高。

(一) 认真完成政府部门委托的各项任务

1. 受政府部门委托，开展重大课题研究工作

一年来，受国防科工局委托，开展了核工业“十二五”规划思路、国家核应急“十二五”规划、核燃料产业发展及体制机制等研究工作；受工信部委托，开展了《原子能法》立法研究等研究工作；受能源局委托，开展了中国核能发展战略、核电工程建设项目同行评估等研究工作，为政府的规划和管理工作提供了技术和决策支持。

2. 承办政府部门有关会议和大型活动的组织工作

2009 年 4 月 20—22 日，由国际原子能机构（IAEA）主办、中国国家原子能机构承办的“面向 21 世纪核能部长级国际大会”在北京隆重举行。受国家原子能机构的委托，中国核能行业协会作为协办单位，承担了主要会务工作，得到国际原子能机构和中国国家原子能机构的好评，也扩大了协会在国内外的影响。

经国务院、中央军委批准，国家核事故应急协调委员会于 2009 年 11 月 10 日进行了代号为“神盾 -2009”的首次国家核事故应急联合演习。受国家核事故应急协调委员会委托，中国核能行业协会负责协助政府部门组织国家核事故应急联合演习专家评估团，对整个演习进程实施了现场评估。

受国家能源局、国家核安全局的委托，协会承担了“全国核电运行和建设管理经验交流大会”的会务工作，在与会代表的共同努力下，会议取得圆满成功。两局领导对协会承担的会务工作给予了充分肯

定。

3. 继续做好核电厂运行评估及经验交流工作

2009 年 5 月，组织召开了核电厂运行评估及经验交流委员会第二次会议，讨论了 2009 年工作安排和有关事项。7 月，组织业内专家对秦山二核扩建工程调试和生产准备的 6 个领域进行了专项评估活动，对进一步提升秦山二期扩建项目调试和生产准备的管理水平提供了重要参考。10 月，组织专家对秦山第三核电厂的运行评估进行跟踪回访，达到了预期目的。

根据委员会的工作安排，抓住优化核电运行管理的热点和难点问题，分别举办了“中国核能行业防人因失误研讨会”、“核电评估员能力提升研讨班”、“核能行业可靠性维修研讨班”“核动力厂严重事故管理研讨会”、“核电行业大型变压器技术研讨班”、“核电厂应急柴油发电机组运行技术研讨会”、“核电厂寿命管理研讨会”等七场专项培训和研讨活动，共有 206 个单位次的 509 名代表与会。中科华核电技术研究院有限公司、中核集团核动力运行研究所、环保部核与辐射安全中心等单位分别为上述活动提供了大力支持。

2009 年，委员会又新增 4 个成员单位。目前，委员会已有成员单位 18 家，进一步扩大了委员会工作体系覆盖、服务的范围。

实践表明，与我国核电中长期发展目标相适应，作为我国核电营运单位共同分享经验、持续改进工作的机制，核电厂运行评估及经验交流委员会在实现抓管理、保安全、出效益的行业共同目标上发挥了积极而独特的作用，影响力不断提升。

4. 继续搞好安全生产培训工作

在 2008 年工作的基础上，2009 年 6 月举办了第五期安全生产培训班，主要面向没有参加取证培训的企业领导和安全生产管理人员，共有 66 人参加。另外，根据有关规定，分别于 2009 年 9 月、11 月、12 月举办了 3 期对已取证人员进行的再培训，接受再培训的共有 121 人。

5. 完善核能行业统计体系研究成果

按照原国防科工委的要求，完成了《中国核能行业统计报表制度（征求意见稿）》研究制定工作，并已报送国防科工局。由于政府机构改革后核能行业管理体制的变化，给行业统计工作带来新的问题，协会正与有关方面协商，研究提出解决的办法。

另外，受北京市政府的委托，中国核能行业协会作为首都核能产业技术联盟的理事长单位，组织开展了核能产业及核能开发项目如何与北京市经济发展对接等研讨活动。

（二）努力为会员单位提供服务

1. 召开 2009 年中国核能行业协会年会

4 月 19 日，中国核能行业协会在京召开 2009 年年会，264 位会员单位的代表参加了会议。会议还邀请周大地、隋永斌、张伟星三位专家，就《世界经济危机推动我国经济结构调整》、《我国核电设备国产化的能力建设情况和面临的挑战》、

《铀资源对核电规模发展保障状况》，分别作了专题演讲。

2. 接受会员单位委托，开展课题研究

一年来，受中国大唐集团和中广核集团的委托，协会分别完成了《大唐集团核电发展规划（2010—2020）研究》和《CPR1000在海外市场的需求分析》等课题研究工作，为用户提出了有价值的咨询建议。

3. 发挥专家委员会的优势，提供技术服务

8月，协会专家委员会在京召开专业组长会议，要求各专业组根据专业特点和可依托的资源，围绕核能发展的一些重要问题开展课题研究活动。核燃料循环和铀资源专业组分别于8月、10月召开了专业组会议，就当前行业内普遍关注的问题进行了研讨并提出了建议。

应中核集团、中广核集团等单位的要求，专家委员会组织专家于8月、11月、12月，分别对安徽吉阳和芜湖、河南南阳、辽宁葫芦岛、江苏盱眙和连云港等核电场址进行考察，提出了具体意见和建议。

另外，受苏州市科技局等单位的委托，组织了4次科技成果鉴定会，对7项科技成果进行了鉴定。

4. 搭建供需相通的人才交流平台

根据会员单位的需求，2009年7月协会再次召开了"核学科建设及人才培养研讨会"，搭建了政府有关部门、用人单位和人才培养单位交流与研讨的平台。会议交流了工作经验，并就如何进一步加强核学科建设和核专业人才培养工作达成共识，形成了报送政府有关部门的会议纪要。这次会议也为政府部门制定《'十二五'核学科建设和核专业人才培养规划》提供了参考意见。根据会议代表的建议，经协会常务理事会第五次会议审议通过，在协会专家委员会增设了核专业人才培养专业组。

5. 继续加强核能行业信息交流平台建设

为了更好地为会员单位提供信息服务，协会网站进行了改版升级，现正在调试运行中。改版后的网站功能有较大幅度的提升，同时增设了一些栏目，将更好地发挥信息交流平台的作用。2009年网站的点击率快速提升，较2008年同期增加了60多万人次。

《中国核能》会刊全年出版了6期，举办了一期通讯员培训班。该刊目前尚属内部资料性质，无论是内容还是运作方式都有很大的局限性，不适应核能行业快速发展和协会工作的需要。去年，协会正式向新闻出版总署提出向国内外公开发行的申请，未获批准。今年还要继续努力。

2009年7月，为会员单位提供国内外核能信息的电子期刊《中国核能》改版为《核能新闻》电子月刊，全年共出版了12期。

为了较全面地反映我国核能行业的发展情况，协会于2008年下半年开始筹备出版《中国核能年鉴》2009年卷。为此成立了编委会和编辑部，制定了相关工作计划，进行了大量的材料收集和编辑整理工作。

6. 促进核能行业企业文化建设的经验交流

为了促进核能行业企业文化建设，在利用会刊、网站宣传和交流会员单位企业文化建设经验的同时，协会编辑了《中国核能行业企业文化建设文集》，这是推进核能行业文化建设的一项基础性的工作。

（三）拓展工作领域，推出协会新的服务项目

1. 开展核电工程建设项目同行评估试点工作

对在建核电项目进行同行评估，是保证在建核电工程质量的一项重要举措。协会领导多次召开研讨会听取意见、统一认识；组织专家编写《核电厂建造业绩目标与评估准则》、《核电厂建造同行评估管理办法》、《核电厂建造同行评估执行程序》等相关文件；举办培训班，培训评估专家等。2009 年 6 月，协会组织开展了对高温气冷堆核电站示范工程的同行评估。这是国内首次对核电工程建设项目进行同行评估的试点活动，对协助业主单位借鉴同行经验，改进和优化项目管理，降低工程风险，发挥了积极作用，也为探索我国开展核电建设同行评估打下了良好基础。

2. 开展质量保证培训工作

加强质量保证培训工作，既是我国核能事业快速发展的需要，又是行业自律的一项重要内容。在有关会员单位的迫切要求下，协会于 2008 年着手进行调研及前期准备工作，并组织专家编写了《核能行业质量保证培训大纲》和用于培训领导干部及质保监查员的两类培训教材。2009 年协会共举办了四期核能行业质量保证监查员培训班，有 132 单位、352 名学员参加培训。各期培训班经过考试，共评定出主监查员 163 名、监查员 155 名、实习监查员 29 名，并颁发了相应的资格证书 。

3. 做好申请设立科学技术奖工作

根据国家有关规定，今后国防科技奖评委会将不再受理核行业军品项目以外的其他科技奖项的审评工作。

为了积极推进核能行业的自主创新和科技进步，协会理事会第三次会议决定向国家申请设立中国核能行业协会科学技术奖。协会秘书处在深入调查研究的基础上，拟定了《中国核能行业协会科学技术奖管理办法》，已经常务理事会第五次会议审议通过。与此同时还完成了其他有关准备工作，已正式向科技部提出申报。

4. 办好第八届中国国际核电工业展览会

2008 年，原国防科工委决定，由中国核能行业协会作为中国国际核电工业展览会的主办单位。在会员单位的积极参与和支持下，2009 年 4 月 19 日至 22 日，中国核能行业协会主办的第八届中国国际核电工业展览会在北京国际展览中心开展。张德江副总理参观了展览并作重要指示。国家原子能机构、国家能源局、国家核安全局发来贺信。这届展览会是本展会办展以来规模最大的一次。来自亚洲、欧洲、美洲等 15 个国家及地区的 200 多家中外核电工业企事业单位参加了展览（其

中国内单位 96 家、国外单位 109 家）。法国、西班牙、俄罗斯等国组团参加了展览。有 12000 多名业内人员参观展览，参加部长级核能国际大会的部分代表也参观了展览。这届展会展示了我国核电工业发展的巨大成就，促进了国际核能界的交流与合作，是一次有特色、高水平的展览会。

（四）积极推进境外交流与合作

2009 年，协会境外交流与合作工作继续坚持“请进来、走出去”的方针，主要做了以下几项工作：

1. 争取政府有关部门对协会国际合作工作的支持

2009 年 12 月，国内有关集团公司赴印度参加 WANO 双年大会签证方面遇到困难，协会组织了有关方面参加的协调会议。会后，国家国防科工局有关部门领导与印度驻华使馆进行了协调，有力地推动了印方对中方代表邀请、签证发放的进程。

2. 与国外相关核能组织建立合作关系

根据协会工作需要和会员单位的需求，协会开始与国外相关核能组织建立合作关系。经过友好协商，协会分别与韩国原子能产业协会（KAIF）、日本原子力产业协会签订了正式合作协议。另外，还陆续开展了与美国机械工程师学会（ASME）、印度化工技术协会和世界核协会建立合作关系的前期准备工作。

3. 海峡两岸核能行业合作与交流取得积极进展

2009 年 10 月，在充分协商的基础上，并经上级主管部门批准，协会与台湾核能科技协进会在京正式签署合作备忘录。协会还接待了台湾综合研究院代理院长和台湾核能研究所所长来访，就建立两岸核能合作关系交换了意见。

4. 为会员单位做好外事和有关信息服务工作

根据有关会员单位的建议，适应国内核电发展需求，协会拟组织内陆核电站建设考察团赴有关国家考察。

为组织好这项活动，协会于 2009 年 7 月召开了 11 个会员单位参加的关于内陆核电站选址出国考察座谈会。

协会还通过网站，向会员单位及时通报重要国际会议或其他的活动信息。

5. 积极开展对外交流活动

2009 年，协会领导先后会见了来协会访问的美国、英国、法国、日本、韩国、印度以及 WANO 东京中心等 19 个代表团。协会领导和有关同志应邀参加了国际原子能机构（IAEA）、日本原子力产业协会（JAIF）等组织召开的 6 次国际会议。

2009 年，协会会同有关单位举办了“世界核大学清华周北京研讨会”、“2009 核电站焊接与无损检验国际研讨会”、“第 4 代核能系统专题报告会”、“中法核燃料循环国际研讨会”等 4 次国际技术交流活动，来自中国、法国、美国、英国、德国、日本、瑞士、西班牙等国的 40 多位专家学者发表演讲，有 640 多位政府主管部门和会员单位的专业技术人员和代表参会。

（五）加强协会自身建设，进一步提升业务能力和服务水平

一年来，按照协会章程和常务理事会、理事会工作规则，不断完善法人治理结构，增补理事 7 人、常务理事 4 人、副理事长 2 人，调整理事 3 人、常务理事 2 人、副理事长 4 人，常务理事会、理事会工作正常运行，保证了协会工作的顺利开展。经费管理委员会、组织委员会按照各自的职责，认真开展工作，定期向理事会提出报告，积极发挥自律作用。2009 年以来，协会又接受了 56 家单位的入会申请，协会会员已由成立之初的 160 家增加到目前的 251 家。

协会秘书处建设不断加强。经国防科工局直属机关党委批准，协会成立了党支部和工会，加强了思想政治工作。为了使管理工作更加规范化、程序化、科学化，对原有规章制度进行了补充和完善，现有工作规章和工作程序已有 31 项。定期组织学习，举办专题讲座，不断提高工作人员的服务观念、业务水平和办事能力。

在为政府和会员单位的服务中，协会逐步形成了课题研究、咨询评估、专业培训等三大核心业务。

各位代表，一年来的工作实践，使我们深深体会到：

政府部门的指导帮助是协会发展的重要前提。协会工作一直得到了国防科技工业局、国家能源局、国家核安全局等有关政府部门的关心和支持。2009 年，我们分别到上述部门汇报工作，主动争取他们的指导与帮助。局领导和有关部门负责同志认真听取协会的工作汇报，有针对性地提出指导意见，委托协会承担具体工作任务，对协会开展各项工作给予了强有力的支持。正是有了政府部门的指导帮助，我们协会的各项工作才能稳步开展，并逐步取得明显成效。

会员单位的参与和支持是协会发展的基础。一年来，在协会开展的各项工作中，广大会员单位积极参与。

在协会新推出的核电工程建设项目同行评估和质量保证培训两个服务项目的准备与试点阶段，得到了核电秦山联营公司、中科华核电研究院有限公司、中核集团核动力运行研究所以及华能石岛湾核电公司的大力支持。

协会即将开展的中国核能行业协会科学技术奖评奖工作，得到了中国核工业集团公司、中国广东核电集团有限公司、中国电力投资集团公司、国家核电技术有限公司、中国华能集团公司和中国大唐集团公司等单位的鼎力支持。另外，广大会员单位自觉履行义务，按时缴纳会费，三年来，会费的收缴率都在 90% 以上，保证了协会工作的正常开展。

正是各会员单位的积极参与和大力支持，使协会的代表性和影响力逐步增强，也为协会的进一步发展提供了坚实的基础。

加强自身建设，重视规范运作，是协会发展的基本保证。有了政府部门的指导帮助和广大会员的大力支持，协会就有了发展壮大的前提和基础。但是，能否利用

好这些条件，最终还要靠协会自身的努力。协会成立以来，一直强调加强协会的自身建设，重视协会理事会和秘书处的规范运作，建立和健全协会的自我约束和自主发展机制，不断提升协会的办会能力和水平，为协会的可持续发展提供了可靠的基本保证。

在政府有关部门的指导帮助和广大会员的大力支持下，经过协会全体同志的共同努力，2009 年，协会被民政部评为 5A 级社会组织和全国先进社会组织。这既是对协会成立以来所取得成绩的充分肯定，也是对协会工作的激励和鞭策。我们清醒地认识到，协会工作与核能行业快速发展的形势要求相比还很不适应，与广大会员单位的要求与期望相比还有很大差距。主要表现为：核心业务不够强，办会实力较单薄，行业影响有限。

协会今后的发展还需要继续得到各有关政府部门的指导帮助以及会员单位的大力支持。

三、2010 年主要工作安排

2010 年是“十一五”规划的最后一年，做好核能行业各项工作，对增强能源可持续发展能力，应对全球气候变化挑战，为“十二五”规划启动实施奠定良好基础，具有十分重要的意义。

2010 年全国能源工作会议指出，经过近 30 年的建设，我国已具备了加快发展核电的条件。当前，要根据应对气候变化的需要和核电发展所需的技术、人才、装备、厂址、资源等条件，研究调整核电中长期发展规划，加快沿海核电发展，积极推进内陆核电项目。在引进消化吸收的基础上，加快形成具有自主知识产权的核电品牌。加强核电人才培养，推进核电重大关键装备国产化。把握好核电新项目的核准节奏，使核电项目建设与现有的技术装备、专业人才和安全监管力量相适应。核电前期工作要严格按照国家规划有序推进。

国防科工局对 2010 年核工业的工作明确要求：要认真履行国家赋予的战略使命，坚持军民结合，切实抓好重点项目建设，着力提升核科技工业的核心能力。要把提高科技创新能力作为战略着力点，力争尽快突破一些制约核工业发展的关键技术。要坚持安全发展理念，加快核安全技术改造和核设施退役和放射性废物治理步伐，加强核安全管理，确保核安全“万无一失”。要着力推进铀矿地质勘查、铀矿采冶、核燃料加工环节三方面体制机制创新，促进核燃料工业专业化、市场化、产业化。

面对核能行业发展的新形势、新任务、新要求，2010 年，协会要在政府有关部门的指导下，深入贯彻科学发展观，按照国务院办公厅《关于加快推进行业协会商会改革和发展的若干意见》的要求，抓好已有的业务，巩固新拓展的工作，继续开拓业务领域，进一步提高办会能力和水平，为我国核能行业又好又快又安全发展作出新的贡献。

(一)抓好已有的业务

1. 积极承担重大课题研究工作

积极承担政府部门和会员单位委托的课题研究工作，为政府部门决策提供技术支持，为会员单位排忧解难。

2.进一步落实好核电厂运行评估及经验交流工作

要继续坚持行业自律属性，突出同行评价特色，关注行业共性管理问题，深化经验交流，促进安全管理、运行业绩持续提升。按照不久即将召开的核电厂运行评估及经验交流委员会第三次会议确定的工作任务，落实好 2010 年的各项工作。

3.继续做好安全生产培训工作

按照《国防科技工业安全生产培训规定》和国防科工局下达的培训计划的要求，2010 年组织一期核行业企事业单位负责人和安全生产管理人员的初次培训。这也是近三年内最后一期取证培训。另外，对已经取得安全资格证书的人员举办两期再培训。

4.积极开展国际交流与合作

坚持“请进来、走出去”的工作方针，继续扩大国际交流与合作。在与有合作关系的国外社团组织开展业务交往的同时，积极推进与有影响的国际组织建立合作关系。根据行业发展需要和会员单位需求，有序开展技术交流与合作活动。

5.努力抓好信息交流和公众宣传工作

按照《中国核能》编辑委员会会议精神，进一步抓好刊物出版工作。同时，继续抓好协会网站建设和《中国核能年鉴》(2010 年卷)的编辑出版工作。

6.推进核能行业文化建设工作

要在出版《中国核能行业企业文化建设文集》和加强企业文化建设经验交流工作的基础上，积极推进行业文化建设工作。

(二)巩固新拓展的工作

近两年，协会积极拓展工作领域，取得了明显的效果。在新的一年，要在总结经验的基础上，进一步巩固新拓展的工作，力求成为协会新的品牌。

1. 进一步做好核电工程建设项目同行评估工作

2010 年，确保对 1 个在建核电项目，争取对 2 个在建核电项目进行同行评估工作，不断积累经验，扎实推进。

2. 进一步搞好质量保证培训工作

根据会员单位的需求，2010 年拟举办 5~6 期质量保证培训班，同时还将继续举办企业负责人培训班。

2010 年，要把上述两项工作作为协会的核心业务来抓，进一步完善有关工作规章，提高工作质量。

3. 办好 2010 中国核能可持续发展论坛

2008 年协会举办了首届核能论坛，即“2008 中国核能可持续发展论坛”，取得圆满成功，并在业内外产生良好反响。本届年会将同时举办第二届核能论坛，即“2010 中国核能可持续发展论坛”，主题是：机遇与挑战——核电装备制造。我们希望，这个逢双年举办的论坛，能够成为就我国核能发展重大问题进行研究探讨和学术交流的重要平台，成为协会为行业服务的重要品牌。

4. 筹备第九届中国国际核电工业展览会

中国国际核电工业展览会已成为我国核能界对外交流合作的重要平台之一，也为我国核电企业走向国际市场开辟了新的途径。协会把展会作为为会员单位服务的一项重要工作，于 2009 年成功举办了第八届中国国际核电工业展览会，为我们提供了宝贵经验。展会逢单年举办，2011 年初将在深圳举办第九届中国国际核电工业展览会。今年要做好有关筹备工作，希望得到会员单位的积极支持。

(三) 继续开拓业务领域

作为一个成长中的行业协会，做强核心业务，增强协会实力和影响力，是本届理事会的工作重点。2010 年，协会将首次开展中国核能行业协会科学技术奖评奖活动；探讨参与行业标准制定的方式与途径；继续研究行业统计工作，探讨实施方案；稳步开展技术成果鉴定工作；积极争取承接政府部门委托的职能。

从兄弟协会的办会经验和核行业发展的需要来看，在设奖、行业统计和参与行业标准制定等方面有所作为，把这三项工作开展并逐步完善起来，是协会开展服务、促进发展的重要业务领域。2010 年我们要在这三个方面进行积极的探索，并力求有所进展。

(四) 进一步加强协会秘书处建设

要进一步加强协会秘书处的队伍建设和制度建设，加强规范化管理，建立内部激励机制，进一步提升工作人员的整体素质，增强办事能力，提高工作效率，把为政府部门和会员单位的各项服务工作提高到一个新水平。

加快核能发展是我国优化能源结构、应对全球气候变化的重要战略举措，事关经济社会发展全局。做好 2010 年核能领域的各项工作，任务艰巨，责任重大，我们要在党中央、国务院的领导下，在政府有关部门的指导下，在全体会员单位的支持下，全面落实科学发展观，再接再厉，开拓进取，努力做好中国核能行业协会的各项工作，为促进我国核能行业又好又快又安全发展作出新的更大的贡献。

面向21世纪核能部长级国际大会

基本情况

国际原子能机构“面向21世纪核能部长级国际大会”开幕式，于2009年4月20日上午在北京国际会议中心隆重举行。受中国工业和信息化部部长李毅中的委托，中国国家原子能机构主任陈求发主持了开幕式。出席开幕式并在主席台就座的贵宾有：中华人民共和国国务院副总理张德江、国际原子能机构总干事巴拉迪、经济合作与发展组织秘书长古里亚、经济合作与发展组织核能机构总干事艾切瓦尼、国际原子能机构副总干事索科洛夫、国家发展和改革委员会副主任兼国家能源局局长张国宝、国务院副秘书长肖亚庆、外交部副部长何亚飞、环境保护部副部长兼国家核安全局局长李干杰等。

这次大会是经国务院批准，由国际原子能机构、经济合作与发展组织和中国政府共同举办，中国国家原子能机构承办，中国核能行业协会、经济合作与发展组织核能署协助筹办的。这是一次向世界宣传和展示我国和平利用核能的政策、规划和成就，加强与世界各国在核能领域的互利合作，提升我国在国际核能界地位的重要会议。这次大会是继2005年法国巴黎部长级国际大会之后，在国际核能界有着重要影响的一次盛会。大会的主要议题是：能源资源与环境；核电发展基础结构；核电技术现状和展望；燃料循环和燃料供应、乏燃料和废物管理等。

这次大会得到了各国政府和国际组织的广泛关注和大力支持，来自61个国家和7个国际组织的800多名正式代表和观察员参加了本次大会。作为这次大会的东道主，中国政府对本次大会高度重视，国务院副总理张德江出席开幕式并发表了重要讲话。国际原子能机构总干事巴拉迪、经济合作与发展组织秘书长古里亚、中国国家原子能机构主任陈求发等也在开幕式上发表了热情洋溢的讲话。

张德江副总理首先代表中国政府对国际原子能机构和中国政府联合举办的“面向21世纪核能部长级国际大会”的召开表示热烈的祝贺，并对各位代表的到来表示热烈的欢迎！

张德江指出，核科学技术是20世纪人类最伟大的科技成就之一，经过半个多世纪的发展，核科学技术已广泛应用于能源、工业、农业、医疗、环保等各个领域。在繁荣世界经济、改善人民生活、促进可持续发展等方面发挥了重要的作用。张德江指出，目前中国核能和平利用事业已进入快速发展时期，一批核电新项目已在沿海地区陆续开工建设，其他新项目的准备工作也在有序地进行。三代先进核电技术引进示范项目进展顺利，实验快堆、高温气冷堆、热核聚变装置等科研工程项目积极推进。核燃料循环工业不断发展，核燃料保障能力不断增强。中国在推进核能利用的过程中，始终高度重视核安全问题，建立了与国际接轨较为完整的核安全法规、核安全监管及核应急体系。先后出台了一系列核安全监管的条例、规章、导则、标准等文件。通过独立、严格、有效的核安全监管和核设施运营单位的科学管理，确保了核设施的安全可靠运行，取得了良好的核安全记录，增强了公众对发展核能的信心。张德江强调，作为一个负责任和爱好和平的国家，中国一贯主张全面禁止和彻底销毁核武器，坚决反对任何形式的核武器扩散，并积极参与国际防扩散合作。多年来，中国政府在推动核能发展的同时，积极推进国际防扩散体系建设。目前，中国已经加入了国际上主要的防核扩散机制，并在国内建立起完整的核安全保障监督、核材料管理和核出口管理体系，为维护和促进国际和平与安全、确保核能和平利用做出了积极的努力。中国政府高度重视国际原子能机构在和平利用核能和防止核扩散方面的作用，积极参与国际原子能机构框架下有关问题的讨论，切实履行自身承担的国际义务。同时中国与国际原子能机构加强交流，在核技术、核安全、核保障等领域开展了富有成效的合作，提高了中国核能发展的总体水平。中国政府将一如既往地支持国际原子能机构，愿意继续加强和扩大各领域的合作。张德江说，当前国际金融危机给世界经济发展带来了严重的冲击，也给国际核能发展带来了新的挑战。在这种形势下召开面向 21 世纪核能部长级国际大会， 可以说是恰逢其时，给国际核能界交流核能发展经验，探讨未来核能发展战略，共商核能可持续发展大计提供了一个难得的机会。最后，张德江副总理希望与会各方围绕国际核能发展共同关心的问题进行深入交流、增进了解、消除分歧、取得共识。他表示相信，在国际核能界的共同努力下，本次大会一定能够实现预期的目标，为推动世界核能事业发展作出重要的贡献。

国际原子能机构总干事巴拉迪在讲话中说，自从上次核能部长级会议以来，全球对能源的需求和对核能的兴趣都在不断地增长。这次经济危机看来有可能推迟某些国家核电计划的引进和扩展，但是时间是比较有限的。中长期全球能源需求将继续大幅度增加，因为所有的国家都在致力于提高生活标准。尽管核电并不能解决全世界所有的能源问题，但是核电将在全球能源结构方面发挥重要的作用。经合组织核能机构的高端预测是，全球核电的装机容量到 2030 年将增长 66%。他说，亚洲仍然是核电增长的焦点。在 2008 年开工建造的 10 座反应堆当中，有 8 座是在亚洲，其中又有 6 座是在中国。因此在北京召开这个会议是非常恰当的。

经济合作与发展组织秘书长古里亚在讲话中，感谢国际原子能机构、中国政府，感谢中国国家原子能机构，为我们召开这一次 21 世纪核能部长级国际大会，并敦请大家重视在未来核能发展中的 3 个重要问题：第一是核安全问题；第二是资金来源问题；第三是整个核能发展的问题。

中国国家原子能机构主任陈求发在讲话中说，核科学技术作为现代高新技术的重要组成部分，核能作为成熟、安全、清洁的能源，对人类经济社会发展发挥着突出的作用。核能的开发和应用涉及核基础科研、工程设计建设、设备制造和燃料供应、核安全监管、放射性废物的处理处置、防核扩散、公众接受等诸多方面，是一项极其复杂的系统工程。发展核能事业需要从国家经济发展、社会进步、环境保护的战略全局出发，凝聚社会共识，制订长期发展规划，并坚持不懈地实行下去。改革开放之初，中国核电建设起步之时，相继发生了美国三里岛核电站事故，苏联切尔诺贝利核事故，世界核能事业陷入了低潮。中国政府从经济发展大局出发做出了积极发展核能事业的决策，为中国核能起步发展奠定了坚实的基础。当前面对国际金融危机引发的全球经济危机，中国政府把加快核能发展作为贯彻落实科学发展观，应对金融危机的重要举措，积极推进制订和实施核能发展规划，为中国核能发展创造了良好的条件。

2009 年 4 月 22 日下午，为时 3 天的“面向 21 世纪的核能部长级国际大会”圆满地落下了帷幕。经过与会各国和国际组织代表的共同努力和积极参与，本次大会取得了预期的成果。会上，先后有 32 位部长级代表和 16 位专家，就核能发展的有关问题做了发言。大家充分阐述了各自的立场和观点，在核能未来的发展趋势以及核能促进社会经济发展作用等方面达成了原则的共识。中国工业和信息化部部长、大会主席李毅中宣读了《大会主席声明》。

大会期间，还同期同址举办了以中国与世界核能发展为主要内容的专题展览——“世界核能主题展览”。该专题展览向大会代表介绍了国际原子能机构（IAEA）在和平利用核能方面所取得的成就与贡献，介绍了世界核电发展的现状与未来发展趋势，并介绍和宣传了中国在核能和平利用领域取得的最新成果。

为了配合这次核能部长级国际大会，经原国防科技工业委员会审定，由中国核能行业协会主办的“第八届中国国际核电工业展览会”，于 4 月 19 日下午在北京国际展览中心正式开幕。

4 月 21 日晚，中共中央政治局委员、国务院副总理张德江，在肖亚庆、刘铁男、孙勤、苗圩、李干杰、王毅韧、张华祝等同志陪同下参观了展览会。

中国核能行业协会理事长张华祝、国际原子能机构副总干事索科洛夫、国家国防科技工业局副局长王毅韧、国家能源局总工程师吴吟、国家核安全局副司长周士荣等为第八届中国国际核电工业展览会开幕式剪彩。高规格大规模精彩的展览会吸引了众多观众，中央电视台等上百家中外媒体也纷纷予以报道。

开幕式致辞

中华人民共和国国务院副总理张德江

扩大交流 深化合作 共同推动世界核能和平利用事业新发展

尊敬的巴拉迪总干事，
尊敬的古里亚秘书长，
尊敬的各国部长和高级代表，
女士们、先生们：

今天，国际原子能机构和中国政府联合举办的“面向21世纪核能部长级国际大会”在北京隆重开幕。我谨代表中国政府对大会的召开，表示热烈的祝贺！对各位代表的到来，表示热烈的欢迎！

核科学技术是20世纪人类最伟大的科技成就之一。经过半个多世纪的发展，核科学技术已广泛应用于能源、工业、农业、医疗、环保等各个领域，在繁荣世界经济、改善人民生活、促进可持续发展等方面发挥了重要作用。随着全球经济发展和能源消费不断增加，传统能源供给日益紧张，气候变化形势日益严峻。开发利用清洁和可再生能源，妥善处理经济发展与能源发展、环境保护的矛盾，是国际社会面临的共同任务。核能以其清洁、安全和可大规模应用的优势，受到越来越多国家的重视。加快核能利用步伐，已成为许多国家的共同愿望和必然选择。

中国核能事业起步于20世纪50年代初，经过半个多世纪的发展，初步建立起较为完整的核工业体系，核电总装机容量已达910万千瓦，发电量占总发电量的比例为2%，核能在中国经济建设中的作用正在逐步显现。但是，中国核能利用还很不够，发展水平落后于美国、法国等核能利用发达国家，核电占总发电量的比例还低于世界平均水平。中国能源供给结构以煤为主，清洁能源比重较低。为了实现能源和经济社会可持续发展，中国制定实施了积极推进能源节约和优化能源结构的能源发展战略。加快发展核电，提高核电等清洁能源占能源供给总量的比重，是中国能源发展战略的重点。目前，中国核能和平利用事业已进入快速发展时期，一批核电新项目已在沿海地区陆续开工建设，其他新项目的准备工作也在有序进行，三代先进核电技术引进示范项目进展顺利，实验快堆、高温气冷堆、热核聚变装置等科研工程项目积极推进，核燃料循环工业不断发展，核燃料保障能力不断增强。

中国在推进核能利用的过程中，始终高度重视核安全问题，建立了与国际接轨、较为完整的核安全法规、核安全监管以及核应急体系，先后出台了一系列核安全监管的条例、规章、导则、标准等文件，通过独立、严格、有效的核安全监管和核设施营运单位的科学管理，确保了核设施的安全可靠运行，取得了良好的核安全记录，增强了公众对发展核能的信心。

作为一个负责任和爱好和平的国家，中国一贯主张全面禁止和彻底销毁核武器，坚决反对任何形式的核武器扩散，并积极参与国际防扩散合作。多年来，中国政府在推动核能发展的同时，积极参与国际防扩散体系建设。目前，中国已经加入了国际上主要的防核扩散机制，并在国内建立起完整的核安全保障监督、核材料管理和核出口管制体系，为维护和促进国际和平与安全，确保核能和平利用作出了积极努力。

女士们、先生们，国际原子能机构成立以来，忠实履行《不扩散核武器条约》和国际原子能机构规约所赋予的职能，为推动世界和平利用核能事业的发展、防止核武器扩散作出了不懈努力和显著贡献，中国政府对此表示赞赏。

中国政府高度重视国际原子能机构在和平利用核能和防止核扩散方面的作用，积极参与国际原子能机构框架下有关问题的讨论，切实履行自身承担的国际义务。同时，中国与国际原子能机构加强交流，在核技术、核安全、核保障等领域开展了富有成效的合作，提高了中国核能发展的总体水平。中国政府将一如既往地支持国际原子能机构，愿继续加强和扩大各领域的合作。

女士们、先生们，当前国际金融危机给世界经济发展带来了严重冲击，也给国际核能发展带来了新的挑战。在这种形势下，召开面向21世纪核能部长级国际大会，可以说是适逢其时，给国际核能界交流核能发展经验、探讨未来核能发展战略、共商核能可持续发展大计，提供了一次难得的机会。我希望与会各方围绕国际核能发展共同关心的问题，进行深入交流，增进了解，消除分歧，取得共识。我相信，在国际核能界的共同努力下，本次大会一定能够实现预期的目标，为推动世界核能事业发展作出重要贡献。

最后，预祝大会圆满成功！祝各位在北京工作顺利、生活愉快、身体健康。谢谢大家！

国际原子能机构总干事穆罕默德•厄尔•巴拉迪

尊敬的张德江副总理，女士们、先生们：

自上次在巴黎举行的核能部长级大会以来的4年中，全球能源需求和对核电的兴趣不断上涨。30个拥有核能的国家中大多数在计划扩大核电发展。有60多个国家，其中大多数是发展中国家，已经告知国际原子能机构，他们可能对于启动核电计划感兴趣，其中有12个国家正在积极考虑核电。自2005年3月巴黎会议以来最大的变化，也是我们都无法预料的变化就是席卷全球的经济危机。正像张德江副总理所提到的，对于这场前所未有的危机对能源、核能计划造成怎样的影响，已经有很多的讨论。我相信这个话题在接下来的3天讨论中将会占据重要位置。看来这场危机可能会导致一些国家在一段时间内推迟启动或扩大核电的计划，但是时间不会太长。显然，从中长期来看，全球对能源的需求仍然会继续显著增长，因为世界各国都在寻求改善生活质量。虽然核电不是解决世界能源问题的万能药，但它将继续在全球能源结构中发挥重要作用。经合组织核能机构的最高预测是到2030年全球核电产能将从去年的372GW增长到

619GW，到2050年可能激增至1400GW。

首先，我将回顾一下核能领域的现状。然后，我将介绍机构在帮助成员国，特别是所谓的核能领域的“新来者”所开展的工作。最后，我将讲一下有关机构未来发展的几点看法，着重介绍我认为政府、核工业、监管者以及核电用户需要认真考虑的几个问题。

一、核能行业的现状

2008年对于核电可以说是自相矛盾的一年。这是自1955年以来首次没有新的反应堆并网发电的一年，同时也是10多台新反应堆开工建设的一年。这是自1985年即切尔诺贝利事故发生前一年以来开工建设数目最多的一年。目前，全世界有30个国家运行436台核电机组。中国、印度以及俄罗斯大幅提升新建核电站的目标。亚洲仍然是核电发展的焦点。2008年开工建设的10台机组中，8台在亚洲，其中6台在中国。因此，在北京召开这个会议是非常恰当的。在美国，核监管委员会已经收到了26台反应堆的联合许可证申请。在欧洲，意大利计划重启核电项目，而瑞典政府建议取消淘汰核电的计划，并建设替代反应堆。其他的一些欧洲国家也已制定核电扩展计划。

21世纪全球对于能源的需求与日俱增，反映了人口的不断增长和发展中国家为了改善占世界人口三分之一的、每天生活花费不到2美元的人们的生活所做的努力，反映了新技术的不断发展，以满足工业和消费者的需求。很多国家，需要大力投资建设电厂，一方面为了增加产能，另一方面为了替换依赖化石能源的不够经济也不够环保的电厂。能源安全和环保效益等关键因素促使各国对于发展核能的兴趣倍增。

上世纪70年代，石油价格惊人上涨引发供应安全的担忧，法国和日本等国家快速加大核电建设。现在，人们担心化石燃料储备日益减少，一些国家则担心石油、天然气的供应容易中断。石油、天然气价格的剧烈波动也是一个主要的顾虑。许多国家也将可再生能源作为确保能源供应多样化的手段。环境问题是第二个关键性的驱动因素。核电几乎没有温室气体的排放，因此，许多人认为可以用来解决全球变暖和气候变化的问题。《京都议定书》的生效以及欧洲碳交易计划意味着避免温室气体排放已经有了切实的经济效益。低碳排放的发电方式因此更具有吸引力。

上世纪80年代以来，核能工业的绩效改善促使核能更具有吸引力。目前全球积累了1.3万多堆年的运行经验。在改善安全的同时，效率也在提高。核电站运行具有经济性、可用率和生产效率高，以及维修停堆时间少的特点。核能发电成本的长期稳定性也是核电具有吸引力的一个原因。

二、潜在风险

总体来说，安全状况要比10年前好得多，但是安全和保安方面仍存在薄弱环节，即使在有大规模核电项目的国家也是如此。有一些国家，我们看到有老的反应堆，管理不善或资金不足的运营单位，以及不够有力的监管机构，这些因素加起来让人担忧。这些问题必须得到解决，我们必须保证在全世界维持最高的安全标准，这符合我们大家的利益。密切关注安全和安保问题应该视作促进核能进一步发展的推进力量，而不是障碍。应当鼓励新思想和创新办法来解决核安全和核安保方面的挑战。

考虑到核扩散风险，掌握铀浓缩和钚分离技术的国家则可认为是有核武器能力的国家，意思就是，如果他们退出《不扩散核武器条约》（NPT）或者启动秘密的核计划就能在很短的时间内生产出核武器。在我看来，这方面留出的安全边际非常狭窄。这些国家可能从来没有制造核武器的打算，但是如果他们对其国家安全面临的风险的看法有所变化，不制造核武器的想法也会很快改变。正如我们都知道的，安全观通常会迅速转变。多年来，我一直在倡导建立保证所有国家获得核燃料和反应堆技术的多边机制，这也是《IAEA规约》所设想的目标。有一些建议近来取得了重大进展，包括建立一个在机构的管理下的燃料银行，以及俄罗斯向机构保证供应低浓铀。我希望这些建议提交6月理事会。我仍相信，最终一个覆盖整个燃料循环包括后端的多边方案对于促进出于和平目的的、安全和可靠的利用核能具有巨大的潜力，同时也能减少扩散的风险。每一个国家都有权利用核电，同时依照最高的安全、安保以及不扩散标准负责任地利用核电。机构规约的目标是促进和扩大原子能对世界和平、健康和繁荣的贡献。这意味着帮助有兴趣的成员国行使利用核电的权利，同时履行他们的责任。我们的建议具有全面和公正的优势。

向机构请求帮助核电项目的成员国大幅增加，我们收到了60个国家的请求。我们帮助他们分析其能源系统以决定在何种情况下，利用核电是合理的。有时候，我们的建议是某一个国家不应当在现在阶段发展核电，选择其他的能源形式更为合适。我们认为，一个国家在决定引入核电之前，应当制定周密计划，发展人力资源和基础结构，设立独立有效的监管部门，坚持执行国际安全、安保和核不扩散协议。IAEA制定了里程碑文件，帮助各国系统地发展核电。应成员国的要求，我们提供指导意见，组织讲习班以及给予特别的援助。我们还提供法规起草方面的建议，培训监管人员和运行人员。我们已经制订了一个各国用来评估是否已经做好发展核电准备的基本方法，我们还向任何选择核电的国家提供核基础结构的一体化评审、服务（INIR）。我们强调核电项目各个方面的主要责任，特别是安全、安保以及保障方面的责任在于国家本身。这一点毋庸置疑。选择启动核电项目，意味着这个国家可能在今后数百年对于核材料要承担长期的责任。所以很重要的一点是他们要培养足够的本国的专业人才，从而对于核电厂的长期运行的各方面都能承担起完全的责任。我们还要让供应设备和专业知识的企业了解自己的责任。核技术的供应商对于接受者以及整个世界承担相应的职责。因为，任何一个涉及安全和安保的事故都会带来跨越国界的影响，切尔诺贝利事故则是最好的例证。核技术供应商和用户的合作必须是不中断的，延续到电厂交付给营运者之后。公众对于核能的态度在过去10年中变得更为积极，这很大程度归功于安全改善和对于气候变化的关注。但是核工业必须保持开放和透明才能带来和保持公众的信任。

多年来，尽管许多国家的高放废物都存储得很安全，但是乏燃料的管理和高放废物的处置仍然是核工业面对的关键性挑战。专家们一致认为，高放废物地质处置具有安全和技术可行性。芬兰和瑞典在此领域已经取得了很大进展。不过，除非第一批地质储藏库在10年左右成为有效可行的，否则公众仍然持怀疑态度。

三、加强国际原子能机构的作用

一段时间以来，我一直担心由于机构的预算多年一直是零增长，机构完成成员国交给我们的任务的能力在下降。幸运的是，在这一点上，现在仍有不少希望。之前我曾任命过一个独立的“名人委员会”，专门为机构的未来发展提供建议。这个委员会去年提出，到2020年我们的预算应该达到现在的两倍。最近，美国奥巴马总统新政府提出机构预算应在4年内翻番。机构最新的预算计划在资源上要有大幅度增加，以满足各成员国日益增长的需求，同时也为了使机构在各领域的工作方面做得更好。当然，钱不是所有问题。要想把工作做好的话，机构除了要有足够、稳定及可预测的资源，在核查、核安全与核安保方面也需要足够的法律授权。我希望，不久以后，所有的成员国都能够实施全面保障协定的附加议定书，这样机构就能够更加可靠地保证，没有发生任何未申报的核活动。我也希望，所有的成员国都能够加入核安全与核安保公约，并且坚持遵从机构的标准。

“名人委员会”就加强机构和提高机构为成员国服务的能力也提出了很多实用的建议。我从中挑出两条与今天大会特别相关的建议。

第一，全球核安保标准应当具有约束性而非目前自愿的标准，这样才能有效应对我们所面临的最大威胁——核恐怖主义风险。第二，机构应引导国际社会通力合作，在有约束性的协议基础上， 建立一个全球核安全网络。各国也应提交强制实施的国际核安全同行评议报告。通过机构的机制，如全面监管评审服务（IRRS）机制，实施同行评议，我坚信，这是未来的发展趋势，为了共同的利益，专家们和从业者们应当分享经历和实践经验。

最后， 我要感谢中华人民共和国政府和中国国家原子能机构为举办本次大会所做的努力，感谢你们的慷慨和支持。预祝会议圆满成功，谢谢大家！

经济合作与发展组织秘书长古里亚

尊敬的张德江副总理阁下、巴拉迪总干事、主席先生，女士们、先生们：

非常荣幸参加此次核能部长级国际大会。经合组织（OECD）核能机构很荣幸来共同组织召开这次会议。我要感谢此次会议的组织者国际原子能机构和承办方中国工业和信息化部以及国家原子能机构，让我们有机会相聚一堂推动一个共同的目标：确保 21 世纪清洁、和平地利用核电。

全球经济危机所暴露的不仅是全球经济所面临的前所未有的挑战，以及各国高度的相互依存，而且也迫使我们认识到自己的职责，确定未来我们所需要的全球经济类型。我们还有责任设计好的政策，实现一个更为强大、更清洁和更公平的全球经济。清洁和经济可接受的能源，包括获得安全、可靠、清洁的核电，应当是我们努力的重点。这不仅对于经济可持续发展，而且对地球的未来都是至关重要的。

这场危机促使我们立即采取一致行动。以我们这次的东道主——中国为例，面对经济发展速度下降，他们采取了迅速全面的行动。更重要的是，他们增加了政府支出，刺激内需，并在研究加强各项社会政策的有效方法。

这场经济危机表明，中国和我们所有国家，都需要进一步参与国际经济合作。好的消息是几天前中国高官表示，中国的努力已经生效，已经看到一些迹象，表明中国可能会更迅速地、更强有力地摆脱目前的经济衰退。我们都会深受自己国家执行国际经济合作政策的影响，再也没有比能源更好的例子能够证明国家间的相互依赖性。在北京举办这次会议也证明中国对国际合作的重视，也对中国在设计未来清洁和安全能源选择方案中所能发挥的作用是一种认可。

此次来北京，对于我来说，是一次强调 OECD 与中国伙伴高度重要的机会。现在，OECD 更加开放和多元化，我们欢迎新成员加入，也启动了与最重要新兴经济体“加强联系”的进程。与中国建立更具结构性和更强有力的伙伴关系是这一进程的重要一步。寻求全球性的解决方案来应对全球的挑战是建立在共同利益基础之上的，就像 21 世纪发展核能一样。因此，我呼吁各位探讨今后几年应当解决的三个重要问题：第一，核安全问题；第二，资金来源问题；第三，核能发展问题。

一、核电：能源安全和可持续性

如果不能可靠地获得能源和电力就无法实现可持续发展，但是我们目前生产和利用能源的方式是不可持续的，需要大量减少化石燃料燃烧释放的二氧化碳以避免全球变暖。煤炭燃烧和使用石油导致本地和地区空气污染，这一情况在很多国家已经达到了前所未有的严重程度。为了我们的后代，必须控制自然资源比如石油和天然气的消耗。同时，对于世界上最弱势的群体而言，用电和电价水平必须与实现千年发展目标以及全面减贫的水平相适应。

我们对于后代的义务是现在就解决能源安全和可持续性方面的挑战。因此，我们必须从多个方面推进工作：政策设计和执行，有效监管，完全承认碳排放的负面影响，以及确保供应安全。显然，发展和实现低碳或没有碳排放的能源的商业应用对于实现可持续能源政策是必要的前提条件。

核能应当是更加美好未来的一部分，但条件是我们能够协调核能发展与社会和环境顾虑之间的关系。清洁和没有碳排放的能源能够帮助满足日益增长的能源需求。预测表明到2030年，世界的能源需求将增长45%，电力消耗将上涨75%。核能有满足未来大部分需求的潜力，同时能够减少碳交易市场的压力，缓解全球气候变化的风险。

但是，放射性废物管理是各国政府和社会非常关注的一个问题。废物体积虽小但其放射毒性很高。各种放射性废物处置库的建造、装备和运行要取得进展就必须先解决这个问题，同时提高公众对核电的信心。

在核领域，政府的作用不只是设定国家能源目标。政府必须和各私人股东一起提高监管制度的有效性，确保核工业能够将安全和环境保护置于最重要的位置。OECD/NEA和国际原子能机构等国际组织为这一方面的工作提供国家和多边的支持，比如：多国设计评价计划（MDEP）。

二、能源发展的筹资：核电的作用

各国政府必须解决的另一个关键性的挑战就是筹资问题。现在，与其他基荷电力来源相比，特别是煤和天然气，在很多国家，核能发电具有很好的竞争性。铀的成本只占核能发电总成本的5%左右，而且核电非常稳定，这种长期的稳定性也是用电密集型工业国家的重要财富。在解决当前经济危机所带来的经济和社会影响之时，各国政府可以依赖核能来提高国内工业的竞争力，为经济发展奠定基础。

无论如何，核电站和核燃料循环设施的筹资也是一个问题。目前的核反应堆产能需要大量资金投入，建造周期长。对于私有投资者来说意味着这是难以承担的风险。当前的危机加大了核电工业，以及风能、太阳能项目筹集资金的难度。

巴拉迪也提到，尽管在这个领域中，在过去10年中各国的兴趣有所增加，但是资金还是相当困难的。目前的危机也为我们带来了这样一个问题，就是资金链、资金来源，还有整个金融方面的挑战。但是，零碳能源设施的资金筹措也会带来和创造新的商业、工业以及上百万就业的机会。政府能够通过确保稳定的监管机制，避免许可证发放的过度拖延来促进这一领域的投资。此外，应当探索一些具体的措施，比如：贷款担保，公营—私营伙伴关系以及其他的创新手段来为核设施提供资金支持，同时减少新技术开发面临的风险。

目前探明的铀资源足以供未来几十年核电厂的燃料供应。但是生产能力分散在各个国家。此外，很容易以很低的成本积累战略储备。希望数十年后，能够对裂变核燃料进行增殖的先进核能系统可能实现商业应用。正在开发的快中子堆能够对反应堆卸出的乏燃料回收的裂变材料进行重新利用。这将使铀资源的利用率提高 50 倍或者更多，最终将核能纳入可再生能源的家族中。

要发展这些创新技术须保证足够的资金投入，这应是能源安全保障首先考虑的问题。解决这个问题的想法和成绩应当与新兴经济体分享。我们不要忘记，目前世界上仅法国、日本和美国 3 个国家就拥有世界核发电容量的 57％，而 2005 年到 2030 年间全球主要能源需求增长的近 74％都将发生在发展中国家，也就是说四分之三的行动必须针对发展中国家。

三、前景：政府面临的挑战

很长一段时间，没有一种单独的解决方法可以能够提供大量的、清洁的和经济可接受的能源。作为未来能源结构的一部分，扩大核能，需要政府、研究人员以及私有部门共同行动。这对于复兴经济不仅是挑战而且是机遇。我们能否成功，取决于我们以更合作的方式应对技术挑战的能力，在核科学与研究方面投资的能力，寻求新的方法，加强合作，进行工作、计划和设计的能力。

我们不仅必须提供足够的基础设施，而且更重要的是要提供人力资源。高水平的科学家、工程师和熟练技术工人，我们都短缺。核能机构指导委员会提醒各国政府注意高素质人才对于保证核能计划成功的重要性。

虽然企业界积极参与核能的研发工作，政府仍应当继续支持研究和发展长期项目。应对 21 世纪需求的创新型核体系通常是在国际框架内进行构想和设计的。第四代核能论坛，核能机构是其技术秘书处，由国际原子能机构领导的革新型反应堆与燃料循环国际项目都是这方面国际合作的范例。我们的大会主办方——中国，也参加了这两个项目的工作，并且有全面的研究和发展计划，特别是在高温气冷堆和快中子堆方面。

女士们、先生们，当前全球能源形势并不是可持续发展的，所造就的未来不是清洁、安全和低廉的。我们必须为建立一个低碳的能源供应体系一起努力。减少碳排放量，并没有什么“万灵药”。我们有必要对所有低碳能源选择保持开放，避免对某一种技术推崇备至或极度贬低。在这种环境下，重新考虑核能的地位，不应将它排除在京都议定书的灵活性机制之外，这似乎是关键的。的确，核电能够以安全、低成本和高效的方式提供清洁的能源。在这一点上，我们主要有两个挑战：第一，增强公众的信心，即高放废物能够长期安全管理；第二，加强政治稳定性和监管稳定性，以降低商业风险，增强投资者下决定的信心。政府在这方面发挥着最主要的作用。

核能在 21 世纪的能源供应中能够发挥重要作用。各国应联合起来共同保证安全、可靠地利用核电，这对应对能源安全的挑战十分关键。政府间组织如 OECD 为有效的国际合作提供了框架。今天，我想明确声明，OECD 核能机构将继续支持共同行动，一起发展安全、无排放、低成本的核电。

我相信，本次大会将是 21 世纪安全、有效的核能项目路线图中的一个重要里程碑。感谢各位光临，希望讨论取得丰硕成果。

中国国家原子能机构主任陈求发

女士们、先生们：

中国国家原子能机构是负责中国核工业发展的职能部门，并代表中国政府参与国际原子能机构的相关活动。作为中国国家原子能机构主任，借此机会，我想就核能发展问题谈些看法。

核科学技术作为现代高新技术的重要组成部分，核能作为成熟、安全、清洁的能源，对人类经济社会发展发挥着突出的作用。核能的开发和应用涉及核基础科研、工程设计建设、设备制造、核燃料供应、核安全监管、放射性废物处理处置、防核扩散、公众接受等诸多方面，是一项极其复杂的系统工程。回顾中国核能事业 50 多年的发展历程，展望新世纪核能发展的广阔前景，我认为，实现核能事业持续健康发展，让核能造福社会，必须重点把握好六条发展规律。

第一，必须统筹规划。发展核能事业需要从国家经济发展、社会进步、环境保护的战略全局出发，凝聚社会共识，制订长期发展规划，并坚持不懈地实行下去。改革开放之初，中国核电建设起步之时，相继发生了美国三里岛核电站事故、前苏联切尔诺贝利核事故，世界核能事业陷入低潮。中国政府从经济发展大局出发，做出了继续发展核能事业的决策，为中国核能起步发展奠定了坚实基础。当前，面对国际金融危机引发的全球经济危机，中国政府把加快核能发展作为贯彻落实科学发展观、应对金融危机的重要举措，积极推进制定和实施核能发展规划，为中国核能发展创造了良好条件。中国国家原子能机构正在和国家有关部门，认真贯彻国务院决策部署，统筹规划，推动核工业持续健康发展。

第二， 必须严格监管。中国高度重视核安全问题，先后加入了有关核能安全的国际公约，建立起较为完善的核安全法规体系和监督管理体系。中国的核安全监管部门通过核安全许可证制度， 实施严格、有效和独立的监管；核设施营运单位严格执行核安全法规要求，健全质量保障体系，培养核安全文化，确保了核设施的安全运行。中国专门组建了由 18 个部委组成的国家核事故应急协调委员会，并制订了国家核应急预案，为妥善解决放射性废物问题，中国加大了对核设施退役、乏燃料后处理、放射性废物处理处置等关键技术的攻关力度，并确定了“中低放废物区域性浅地层处置、高放和超铀废物深地质处置” 的管理战略，努力减少放射性废物总量，保证环境永久安全。由于在核安全和放射性废物问题方面采取了有效措施，核能在中国得到了绝大多数公众的理解和支持，为核能快速发展创造了条件。

第三，必须夯实基础。中国十分重视核科研基础能力建设，通过政府和企业共同投入和支持，建立了包括核基础研究、应用研究、工程研究在内的核能科研体系和一批先进的大型核科研基地，并在核反应堆、核燃料循环、加速器、核聚变等领域开展了大量基础和工程研究，取得了显著成就。目前，中国已建成高通量研究试验堆，高温气冷堆、中国实验快堆工程进展顺利，中国环流器-Ⅱ、超导托卡马克等聚变装置的研究和实验先后取得突破，热中子反应堆—快中子反应堆—受控核聚变堆的“三步走”战略正在稳步实施。

第四，必须有效控制。通过几十年的努力，中国已经掌握了铀矿勘探和开采、铀纯化和转化、铀浓缩以及燃料元件生产等环节的关键技术，并建成了一定规模的生产能力。中国将以建设性的态度，积极参加建立国际核燃料多边供应机制的讨论，为世界核能事业发展作出应有的贡献。与此同时，中国严格履行防核扩散国际义务，通过出台相关的法规、设立专门机构等方式，逐步建立起符合国际惯例的核材料衡算和控制系统与核出口管制体系。确保核材料和核技术得到有效控制。

第五，必须以人为本。为解决发展核能所需要的核专业人才问题，中国通过政府的扶持、大学和企业通力合作的方式，建立起以大学基础教育为主、辅之以企业在职培训的核科技人才培养机制。近年来，为适应国内核能快速发展的新形势，中国国家原子能机构进一步加强与国家高等教育部门的合作，通过实施2006—2010年核科技人才发展规划，扩大国内大专院校的核专业人才培养规模。此外，国内核能企业也通过加强在职教育、岗位培训等方式，提高自身的核专业人才队伍水平。经过多年的不懈努力，中国已培养了一支具备核科研、工程设计、建设运行经验的高素质人才队伍，为核能快速发展做好了充分准备。

第六，必须加强合作。中国十分重视国际合作的特殊作用，并按照“以我为主、中外合作”的原则，在多边和双边核领域开展了全方位的合作。在多边领域，中国与国际原子能机构在核技术、核安全、防核扩散、人力资源等方面开展了富有成效的合作。并积极参与了第四代核能合作论坛、国际热核聚变堆、全球核能合作伙伴计划等重要国际合作项目，为推动国际核能界共同研发下一代核能技术做出了努力。在双边领域，中国与美国、俄罗斯、法国、欧盟、巴基斯坦、埃及等20多个国家和国际组织签订了政府间和平利用核能合作协定，并在核技术开发、核燃料供应、核设备制造、人才培训等方面开展了互利务实的合作。中国还在确保和平利用的前提下，为其他发展中国家核能发展提供设备、技术和人员方面的支持。应该说，中国过去20多年开展的国际核合作，为中国和世界核能的发展作出了贡献。

女士们、先生们，中国政府去年实施了以大部制为核心的机构改革，对有关核能管理的政府机构进行了相应的调整。核电管理职能划归新成立的国家能源局；国家原子能机构继续负责除核电以外的核工业管理，履行核出口管制与核保障监督等相关职责，并代表政府参加国际原子能机构活动，积极推进核领域国际合作。中国国家原子能机构将和国家能源局、环境保护部（国家核安全局）等部门各司其职，通力合作，共同为中国核能事业的发展创造良好的条件。

女士们、先生们，在全球核能呈现复苏势头和中国核能事业开始进入一个新的快速发展阶段的大背景下，中国国家原子能机构十分荣幸地能在北京承办本次有关核能发展的国际部长级会议。为充分利用本次大会的良机，进一步促进与国际核能界沟通和合作，中国国家原子能机构组织了一个包括政府部门、核工业界、研究机构以及行业协会在内的代表团参加本次会议。在今后几天里，中国代表团将积极参与大会的各项议题讨论，与各国核能代表团就共同关心的核能发展问题坦率交换意见，共商面向21世纪的国际核能发展战略。我相信，通过与会各方的共同努力，本次大会一定会实现预期的目标，为推动全球核能事业的发展作出新的更大贡献。

谢谢大家！

大会主席声明

中国工业和信息化部部长李毅中

2009年4月20—22日，“面向21世纪核能部长级国际会议”在北京举行，61个国家和7个国际组织的部长、高级官员和专家总计808人出席会议。大会由国际原子能机构主办，中国政府委托中国国家原子能机构承办，经合组织核能机构与中国核能行业协会协办。会议的目的是分析核能现状，讨论核技术发展，展望核能未来，并为正在考虑利用核电改善能源结构的国家提供有益的论坛。

为期三天的会议讨论了涉及核能发展的一系列问题，包括能源资源与环境、核能技术进展、基础结构建设、燃料保障供应、乏燃料和废物管理等。会议代表通过专题报告、讨论和磋商等各种形式，就核能的未来充分交换了意见。会议凝聚了共识，达到了预期的目的。

会议认识到，核电发展的积极势头正在显现，许多国家包括发达国家和发展中国家，做出了发展核能的决策。国际原子能机构总干事在发言中指出，目前已有60多个国家，其中大多数是发展中国家，向机构表示有意发展核电。在尊重各国有权依据其国际义务制定本国能源政策的同时，绝大多数会议代表认为，核能作为一种成熟的、清洁的、安全和有竞争力的技术，在21世纪及未来，将对人类可持续发展作出更大的贡献。会议就以下问题达成了广泛的共识：

第一，核电有助于保障全球能源安全，应对气候变化，减少空气污染；

第二，核电是一种基荷电力来源，能够为 21 世纪能源的可持续发展发挥重要作用；

第三，核能能够为全球社会经济发展作出有益贡献。

大会对于核电发展面临的机遇表示欢迎，为抓住这一机遇，会议代表指出：

第一，应加强国际防扩散努力，各国应履行各自防扩散义务，加强出口控制，与国际原子能机构深入合作以确保履行其保障义务。应继续加强上述领域的国际合作。

第二，世界范围的在运核电站保持了出色的安全记录。核电站的持续安全运行对于提高人们的信心十分重要。所有国家包括已经发展或将要发展核电的国家都应高度重视核安全问题。此外，各国应参照国际原子能机构的导则，采取适当有效的实物保护措施。为此，应当鼓励就核安全和核保安开展国际合作与交流。

第三，应采取措施，在保持国际核燃料市场正常运作的情况下，确保核燃料的可靠供应。国际社会应当深入讨论，并从技术、法律、政治、经济等方面全面分析，在国际原子能机构框架下建立多边核燃料保障供应机制的建议。国际原子能机构总干事希望向六月理事会提出此类建议。

第四，乏燃料安全管理和放射性废物处置，对核电的可持续发展极为重要。对一些国家来说，乏燃料安全管理还包括后处理和再循环。各国对各自乏燃料和放射性废物的管理负有责任。会议代表鼓励在上述领域开展国际合作。各国应采取适当措施，确保充足的资金，用于核装置整个寿期内包括退役阶段的安全管理，以及乏燃料和放射性废物的安全管理。

第五，计划发展核电的国家，应当建立必要的基础结构。包括发展中国家在内的一些国家可以向已经具备基础结构和技术能力的国家寻求援助和支持。应当向发展中国家提供支持，以帮助其建立必要的基础结构，并满足其特殊需求。具体的援助可以包括以下方面：建立法律和监管框架；开展培训，增进对各种核技术的了解；促进和支持新核电站融资等。

第六，应继续加强国际合作，推动先进核技术的研究和开发。在进一步加强核电站安全、核保安和抗扩散的同时，技术开发方还应根据发展中国家和发达国家的不同需求，对核电的经济竞争性给予应有的重视。

第七，经合组织秘书长和其他会议代表表示，核能应在后京都议定书灵活机制方面发挥更大的作用。

综上所述，自 2005 年巴黎会议以来，核工业取得了长足的发展。有意建造核电站的国家数量增加。国际原子能机构在协助各国和平利用核能方面发挥着不可或缺的作用。大会鼓励国际原子能机构继续与成员国和经合组织核能机构等国际组织开展国际合作。为此，会议代表期待 4 年后再次举行部长级大会，并认为这是朝着正确方向迈出的重要一步，将强化有关国家对核能和平利用的支持和保证。

各国部长发言

日本科技政策与食品安全大臣 Noda Seiko

主席先生、各位代表、女士们、先生们：

我代表日本政府在此向本届面向21世纪核能部长级国际大会的召开表示最热烈的祝贺！

我们目前面临着各种严重的挑战，对人类的繁荣来说我们必须让所有的国家共同加强协调、加强合作来解决面临的各项问题，比如说粮食的短缺、贫穷、恐怖主义，同时也要努力地克服去年以来出现的经济危机，尤其是全球气候变暖这些所要解决的各项问题，需要所有国家团结一致，即刻响应，有效地加以应对。

日本首相在达沃斯年度会议上说，减少全球温室气体排放的目标应该到2050年至少减少一半，他强调《京都议定书框架》之后的目标包括努力实现这些目标，能够使我们更好地承担起责任。今年是关键的一年，做好了才能达到为2013年设定的目标。我相信为了极大地减少全球温室气体效应，同时也确保能源的供应，有必要扩大和平利用核能，同时执行其他有效的措施，比如说能源节约、能源效率的改进和可再生能源的使用。

最近，核能的作用在全世界得到了充分的认可，比如2007年气候变化政府间专家组发表了第四届大会报告，说核能产生的温室气体是最低的，是能源供应领域中一项重大的新技术。经合组织核能机构在对全球能源展望中，也建议核能的供应到2030年翻一番，以便实现2050年减少温室气体排放的目标。去年，在北海道八国峰会上，各国领袖也说有更多的国家对核能表示兴趣，以缓解气候变化和对能源安全的担心。

从推动全球和平利用核能的角度，同时要确保核不扩散、核安全和核安保，日本决心作为一个牵头国家发挥重要作用，重点放在如下两个方面：

第一，日本将努力把和平利用核能变成一项公众可接受的共同概念，作为减缓全球气候变暖的一项重要措施。这一观念可以有效地帮助我们实现国际框架，推动和平利用核能。日本在亚洲核合作论坛上做出了努力，这个论坛是亚洲10个国家的一个论坛。另外在2007年12月的部长级会议上，我们推出了亚洲核合作论坛的一个联合公报，公报中各国决定将努力提高全球的认识，加强京都议定书框架后的各项努力，推动和平利用核能。将核能作为清洁能源加以推动，同时认为应在清洁能源开发机制框架内考虑核能。这个联合公报已经作为国际原子能机构INFCIRC/725向机构成员国分发。另外，在全球核能伙伴关系的部长级执行委员会会议上（2008年10月在巴黎召开），也发布了像上述的亚洲核合作论坛联合公报一样的一项声明。

第二，我强调的是日本将积极地加强国际合作，以满足打算发展核能和平利用基础结构国家的需要。日本一直在加强有关核能方面的研究、开发和应用工作，完全用于和平目的。50 年来积累了广泛的经验，有充分的人力资源用于技术创新的工作。因此，日本在核能发展的各个环节中都具备了丰富的经验和能力。如核电生产、核燃料循环、辐射应用、放废管理等。目前，我们有 53 个核电机组在运行，提供日本三分之一的电力。这些有价值的经验、知识，我们愿意与大家分享，支持有关国家核能基础结构的发展。

从国际原子能机构成立以来，日本就一直是理事国，对和平利用核能工作作出了贡献。日本也在和平利用核能中与发展中国家展开了广泛经验交流和技术分享，如通过机构的各项计划、技术合作等。日本也分享了机构先进的保障技术。此外，日本也努力地在多边合作框架下开展工作，如前面提到的全球核能伙伴关系、亚洲核合作论坛。对后者来讲，我们今年将开展一项核电基础结构方案研究专家组的工作，以便在有关成员国中，即有核电厂的国家中分享相关的实践、经验和技术。日本也在积极地向正在计划引进核电的国家提供双边援助，尤其是针对亚洲那些将要引进核电的国家，帮助他们开发必要的基础结构。

主席先生，为了实现全球温室气体排放的减少，同时要加强经济发展，就必须扩大核能和平利用，因为这种能源产生的温室气体最低。日本将努力地发挥作用，扩大全球核能使用的范围。当然，我们要通过国际原子能机构来加强这方面的工作。

谢谢！

印度原子能委员会主席 Anil Kakodkar

主席先生：

请允许我赞赏国际原子能机构和中华人民共和国政府以及经合组织核能机构组织了这一重要会议，会议使我们能够展望未来，讨论决策核能的未来，以满足全世界的发展愿望，同时又不增加二氧化碳排放的负担。

由于新兴经济国家，如印度、中国和其他新兴经济国家能源需求的增长，和对气候变化的担忧，造成了核能复苏的有利条件，有关对化石能源供应的关切，也导致有些国家重新考虑使用核电。这就需要我们认识当前许多国家发展核电的障碍，当然，这些因素是因国而异的。

用适当的核电技术来解决这些问题是当务之急。也许对一个小的国家，只需要较小的核电机组，只需要最少的换料，就可以保证可靠的能源供应。而对于主要依赖核电的大国，也许就需要有管理核燃料循环的能力，这将是一个关键因素。此外，如果核电增长按照预期来发展的话，可增殖的核燃料再循环是有必要的。核电在全世界的增长，需要各种技术来满足各种需求。

有关安全、安保和核扩散的风险妨碍了核电的规模发展，在技术转让和国际合作方面已经成为一大制约因素。这在国家和国际的若干法规和管理框架中已经得到了考虑，今天这些也占了我们工作和资源的一大部分。这方面我要指出，目前只有一小部分动力堆受到严格的机构保障监督，无疑这是非常重要的，但仅靠这种做法不足以在核电大规模增长中产生预期的结果。因此，有必要找到技术办法综合地解决安全、安保、核扩散的问题，同时又能够以可持续和生态友好的方式来大规模生产核电。印度已经在研究这样一种做法，使核电在满足需要方面的效果最大化。与此同时，我们也在开发新技术，以适应大规模发展核电的要求。晚些时候，我将详细地谈这个问题。有关目前核技术计划的一些方面，印度核电公司将在本届会议组织的展览中详细介绍。在我们自主研发核技术满足国内需要的同时，将加快实现能源安全，尽可能减少二氧化碳的排放。同时，我们愿与友好国家交流经验。这一经验与其他方案相比，有可能对他们来讲更重要和有意义。

世界需要更加突出地研发相关技术和设备。印度的 220 兆瓦加压重水堆，有先进的安全特征和很高的可靠性，许多发展中国家非常感兴趣。我们的 300 兆瓦重水堆提供了一种技术解决方案，可以用于下一代反应堆系统。尽管大的制造商可以提供大的反应堆系统，但也许中小堆更适于和满足更多国家的需要，我们愿意在这方面做出努力。

归根到底，世界需要能够驱动这些系统的人力资源，印度一直作持续的努力，开发足够的人力资源用于满足自身的需要，我们也愿意援助寻求帮助的国家，作出我们的贡献。我们还强调，国际社会的期待还很多。如果确实能够满足核电复苏所产生的期待，就需要对机构和成员国的资源进行重点部署。所以，机构预计在今后 10 年内，需要将其预算资源从现在的水平上增加 100%，以保证成员国在增加预算当中得到实际的好处。只有大力加强技术合作，核电、燃料循环和核科学才有可能适应目前的情况。机构 55% 以上的资源都花在核查和行政管理上，而技术合作、核电、燃料循环和核科学各占不到 10%，这确实是不能接受的。

印度非常重视国际新的核动力堆项目，这对于最近转向发展核电的国家来说，无疑将有助于使其以安全和可持续的方式发展核电，直到最近从机构日常经费中对 INPRO 提供支持之后，这才成为可能。

一段时间以来，我一直感到在核电发展方面我们处于十字路口。一方面，我们必须应对迅速减少的化石资源的挑战以及气候变化的威胁；另外一方面，我们需要应对核安全、安保和核扩散的危险。尽管通过国家和国际框架控制是必不可少的，但这本身不太可能解决关键问题，尤其是对于核安全担心有可能推迟使用核能，会对人类造成更大的威胁，而且有可能发生更大的灾难。我们认为唯一的做法就是迅速地找到技术解决办法，综合地解决所有的问题，尽早地部署核电。由于利益相关者参与不均衡，机构可根据其规约，利用其资源和能力找到适当的答案，这也许是我们未来的唯一出路。

谢谢主席！

中国国家能源局副局长孙勤

中国核电发展与未来

主席先生，女士们、先生们：

非常高兴出席 2009 年核能部长级国际大会，这次会议是全球核能界的一次盛会，为各国同行和专家共同分享核电发展的经验，探讨促进核电更为安全、经济的发展提供了一次难得的机遇。首先请允许我代表中国国家能源局向您和各国代表团致意，对会议的召开表示衷心的祝贺。

主席先生，中国经济持续快速增长，对能源发展提出了新的更高的要求。为了加强能源管理，妥善应对发展中出现的问题，2008 年 3 月，中国政府组建了国家能源局。从组建之日起，国家能源局就把“坚持科学发展，构筑稳定、经济、清洁、安全的能源供应体系”作为重要的工作内容，而加速核电发展是其中的重中之重。作为核电行业主管部门，国家能源局负责核电的规划、产业政策、项目审批、法规标准、技术研发、装备制造和国际合作等工作。一年来，我们已经在核电规划调整、项目建设安排、推进技术进步、人才培养、装备制造、天然铀保障等方面开展了大量的工作，并与 40 多个国家的能源部门和国际间能源组织建立了良好的合作关系。中国国家能源局愿与各国政府能源管理部门、研究教育机构、企业以及国际核能组织开展合作，共同促进核电在全球的应用。

主席先生，中国核电建设从上世纪 80 年代起步，至今已走过了近 30 个年头，中国核电从小批量建设、适度发展，到现在已经进入了快速发展阶段。目前，中国已投入运行的核电机组 11 台，装机容量约 910 万千瓦，同时在建的有 24 台核电机组，约 2540 万千瓦。

2007 年，中国国务院批准了《核电中长期发展规划（2005—2020 年）》，制定了积极发展核电的政策，提出了到 2020 年，核电建成装机容量 4000 万千瓦，同时在建 1800 万千瓦的目标。规划的发布，极大地激发了中国各行各业积极投入核电建设的热情。今天，核电在节能减排、保护环境和应对气候变化方面发挥的作用已日益得到人们的重视，中国政府将发展核电作为调整能源结构、保护环境、应对气候变化的重要措施之一，并将在周密调研、充分论证的基础上，进一步加大核电中长期建设规模。为了实现这一发展目标，中国将继续坚持“以我为主，中外合作”的方针，在建设一批二代改进型压水堆核电机组的同时，抓紧三代核电自主化依托项目建设。为此，今年将安排浙江三门、山东海阳、广东台山、海南昌江和山东荣成 5 个新的核电项目开工。其中，三门和海阳是三代核电 AP1000 自主化依托项目。昨天，三门核电 1 号机组已正式开工建设，三代核电的正式开工是中国核电进入快速发展阶段的重要里程碑。今年 9 月，在山东荣成，电功率 20 万千瓦的高温气冷堆核电站示范工程项目将正式开工建设，这标志着中国自主设计的具有一定四代特征的先进核电反应堆进入工程示范阶段，对核电发展、技术进步都将具有重要的意义。

未来，我们将根据三门首台AP1000的建设情况，适时启动AP1000机组批量化建设并向内陆省份推广。与此同时，中国将通过开展国家重大科技专项“大型先进压水堆及高温气冷堆核电站” 工作，提高核电自主研发和建设能力，开发出具有经济性、先进性和安全性的三代压水堆和第四代核电站自主品牌。我们还将加快快堆技术研发和示范堆建设，核电站乏燃料商用后处理厂的建设，提高核燃料的利用率，形成真正的闭式燃料循环。我们的目标是在2020年左右，在中国形成比较完整的自主化核电工业体系，具备批量化建设先进核电站的能力，并建立完善的核电法规和标准体系，努力培育与国际先进水平接轨的核电建设和运营管理模式。

主席先生，核电对人才、技术、安全和质量要求极高，国际合作是核电发展的必不可少的手段，在当今这个日新月异的社会，团结协作是核电发展的根本途径。为此，我提出如下倡议：

第一，各国能源主管部门要加强信息的交流与沟通。能源是个全球性的问题，只有国与国之间进行充分的双边和多边的信息、经验交流，才能取长补短，实现共同的利益。

第二， 要大力加强新技术开发领域的合作。第四代核电论坛、ITER等国际合作框架为我们提供了非常好的共同提高、共同创造的平台。同时，我们应与时俱进，根据发展需要，不断拓展新的合作领域和空间。

第三，充分开展铀资源保障供应合作。天然铀是核电的粮食，可靠的燃料供应是核电健康发展的重要保证，核电发展国和铀资源储量丰富国要加强互利合作，为核电建设提供坚实的发展基础。

当前，国际间关于核能发展的相关倡议和讨论颇多，中国国家能源局将积极参与其中，并愿意发挥建设性作用。中国国家能源局支持中国核能领域企业、科研院所加强国际间的和平利用核能合作，在人才培养、技术培训、经验反馈等方面，共同研究、共同发展、共同进步。

世界核能的发展迎来了春天。中国国家能源局希望与各国同仁一道，为世界核能发展，为保护环境，促进可持续发展和人类的福祉共同努力。

谢谢主席先生，祝各位代表在北京工作生活愉快。谢谢大家！

埃及电力和能源部部长 H.A.Younes

主席先生，女士们、先生们：

首先向东道主中国表示感谢，感谢中国提供场所。我高度赞扬国际原子能机构、经合组织核能机构共同组织了这次会议。埃及认识到，核电可以用来保证电力的安全供应。我们在过去30年中做了若干次努力，但是都没有实现，原因是多种多样的。最近，埃及重新考虑将核电作为电力的主要供应来源。

第一，电力的需求不断上升。

第二，埃及不是富有天然化石燃料资源的国家。

第三，我们充分使用了水力发电。

第四，化石燃料资源的价格非常不稳定。

如果引进核电技术，再加上其他能源资源，可使我们的资源最大化，核能在经济上、技术上都是可行的能源来源。21世纪我们不但可以看到活力，而且可以得到发展。

埃及的电力需求将在可预见的将来不断上升，目前埃及人口的99%已经使用电力，我们打算再增加58GW的电力，我们讲的目标是2027年。满足这些上升需求的挑战，将必须以最佳的方法实现，其中包括增加可再生能源的比重，到2020年这个比重达到20%。到2020年，总的风力发电能力至少能够实现7200兆瓦，其中63%将来自私营部门的投资。另外，还有140兆瓦的太阳能发电厂正在建设过程中。

增加电力的主要手段：要不断地通过减少输电损失加快电能的增加，还要加强照明系统的节能。要加强区域电网，埃及已经和利比亚、约旦、叙利亚，还将和黎巴嫩等国联网，与突尼斯、阿尔及利亚、摩洛哥、西班牙等国联网，和马格里布国家的联网期待着不久的将来可以实现。我们和沙特、苏丹、埃塞俄比亚也进行了联网的可行性研究。最后一点是要重启核能计划，埃及原来决定推迟核电的发展，核动力一直没有作为一项能源选择纳入国家的考虑。但最近有所变化，我们当时不考虑核能是鉴于切尔诺贝利事故，还有当时石油价格比较低，以及当地天然气的储存量也比较大。这一决定目前看来需要重新考虑，我们应该积极调整立场，加强核能方面的考虑。

2007年10月，根据国家辩论的结果，根据有关的研究，包括可行性研究，穆巴拉克总统宣布推出一项战略性的决定，准备建造一系列的核电厂用于电力生产。总统还宣布，埃及将开始采取必要的步骤来建立第一批核电厂，即通过一系列立法、机构、程序的筹备工作，其中包括起草了核能和辐射法来监管各部门之间的关系，尤其是在和平利用核能领域中各部门的关系，并且向国会提交审批。另外一个就是重新调整了现有机构的结构，加强了国家管制机构的能力，确保他们是独立的，具有相应能力来完成职责，并且建立了国家核材料衡算和控制体系，拟订了能力资源开发计划，以及核电厂所在地参与和编制的核电厂规划。

上述这些活动大部分都得到了国际原子能机构通过其技术合作计划的支持，埃及非常赞赏国际原子能机构提供不断的技术支持，并期待在这一领域中继续与机构进行友好的合作，使我们能够在核电建设方面，以及随后的核电厂运行方面得到有效的运作。

2008年，埃及对核电厂项目展开咨询服务的招标，这些工作范围包括选址、埃及团队的支持、招标规格书的准备、评估标书等，其中包括监管咨询等方面，这个项目不久将通过定标加以确定。埃及将邀请国际有关的投标者来建造第一座核电厂，时间定在2011年。此外，为了发展独立的国家监管体系，埃及最近将邀请国际顾问，请其提交资格文书并提供咨询。这项工作范围包括确定、执行和实施各类的监管活动，其中特别强调对核电厂规章制度建设的能力。

女士们、先生们，我们核电计划的挑战是巨大的，我们有充分的准备和能力面对这些挑战。通过我们与国际伙伴的合作，我们能够完成任务。我们期待这一合作能够确保和平、安全、可靠地发展核电。同时，我们也愿意与加入《核不扩散条约》的有关国家分享经验。

最后，我相信本届大会将提供一个非常好的机会，供各国充分地交换信息来应对核电发展的挑战，并抓住核电发展的机会。它将为我们美好的核电厂的未来铺平道路。因此，我预祝大会圆满成功！

韩国教育科学技术部部长 Ahn Byong Man

尊敬的国际原子能机构总干事巴拉迪博士、经合组织秘书长 A.Gurria 先生，中国国家原子能机构主任陈求发先生，女士们、先生们：

首先，我要感谢中国政府非常成功地组织了这次会议，深深地感谢论坛允许我在这样一个场所发言。这个论坛上，聚集了在能源政策方面最具影响的决策者和专家，就重要的能源问题展开讨论。如果我们要解决能源方面面临的巨大挑战，我认为这样的论坛应该不断地举办。因为化石燃料能源减少与气候的变化，使我们看到能源的危机。我真诚地希望这个论坛能够对核能的未来作用给予认真的关注，把它作为全球能源的来源，并为就全球能源问题展开有意义的讨论打下基础。

最近，由于石油价格不断浮动，以及气候变化等的各项问题，世界将注意力越来越多地转向核能，核能不仅仅是一个稳固的能源来源，同时也是产生非常低的温室气体效应的能源。韩国政府宣布了一项国家议程，即低碳、绿色增长的方案，以此参加克服气候变化的全球努力。韩国政府认识到核能技术在实现低碳和绿色增长方面的重要性，并且坚定地支持就此方面展开研究发展的活动。作为这项努力的体现，韩国将减少对于传统化石燃料，比如石油和天然气的依赖。同时，大大增加核能和可再生能源的份额。韩国建设核电已经有 50 年的历史了，截至目前，韩国政府对于核能的研发工作投入了大量的资金，并认为是不受限制的发展。

由于这些努力，韩国 1978 年就已经开始了古里 1 号核电机组的商业运行，到今天已经有了 20 台核电机组。目前韩国在世界上就核能发电而言，已经排在第六位。韩国已经过了长达 30 年的不断的核能技术创新工作。我们已经研发了目前正在使用的韩国 OPR1000 标准型核电机组，以及高效率的先进核燃料。最近，我们已经获得下一代核反应堆 ABR1400 的重大成果，积极参加了国际合作项目，即未来动力堆的研发工作，从而实现未来可持续的能源开发，并且提高安全性和对环境友好。2008年12月，韩国确立了未来核能发展的长期计划，并积极参与国际第四代未来核反应堆论坛。韩国将继续承诺和平、有效率地使用核能，并与国际社会一道推动核能设施和核燃料循环的发展工作。

尊敬的各位贵宾，大家知道，使用核动力、核能的权利只属于那些拥有了国际信任的国家，属于那些认真地遵循双边、多边有关协定的，具有高度透明度的国家。为了建立起在国际社会中的透明度，韩国正在国家层面上推动各种措施的落实，加强核电的监管体系，包括重新审核相关的法律框架、组织结构，严格地遵守由国际原子能机构监督下的议定书，继续推动韩国和平利用核能工作。同时也通过国际核查过程获取国际社会的信任，从而巩固我们作为使用核能技术先进国家的地位。

世界在核能利用方面已经走过50年的历史，核能在实现可持续发展方面已经显得日益重要。因为它关系到如何预防全球气候变暖，如何改进卫生健康和人类福利的各项工作。韩国希望与那些愿意与我们合作的国家分享经验和技术，我们也愿意向国际原子能机构提供更多的支持，超出我们从机构和成员国那里得到的支持。为此，韩国将扩大与国际原子能机构和成员国的合作范围，从而使和平利用核能在全世界得到进一步的发展。

再次感谢能够参加这次会议，并预祝大会圆满成功。感谢各位！

印度尼西亚能源矿业部部长的代表 Adiwardojo A

主席先生、各位阁下、女士们、先生们：

请允许我代表印尼代表团，感谢国际原子能机构、经合组织和中国国家原子能机构组织这次会议。能够参加这一重要会议非常高兴，在21世纪核能复苏时期这一会议的举行非常及时，对应对全球能源挑战的意义非常重大。

主席先生，进入21世纪，我们继续目睹全世界不同地区对核能发展日益增加的期待，特别是对于核电方面的期待。作为有2.3亿人口的国家，印尼需要大量的能源，满足不断增加的能源需求，首要的替代能源之一就是核能。作为《不扩散核武器条约》最忠实的成员国，印尼一直倡导和平利用核能。《不扩散核武器条约》第四条明确规定，每一个国家都有在不歧视的情况下和平利用核能的权利，只要是和平利用目的，而且接受国际原子能机构全面保障，这一权利应该得到所有国家在不受任何干预的情况下的尊重。印尼全面致力于加强在该框架内的核不扩散，过去几年中，印尼建立了一体化保证，包括全面保障协定与附加议定书，用于其核设施。在反核恐方面，印尼也与国际原子能机构以及通过双边和区域合作采取措施，加强其核设施的安全与安保。

主席先生，在民用核能方面，印尼颁布了1997年第10号核能法，该法强调核能对人类造福的重要性，以及希望其安全地使用。最大程度地扩大核能利用的努力是由国家核能机构作出的，核能监管机构负责通过监管控制尽可能减少印尼使用核能的相关风险。印尼核能资源使用管理的所有方面，都是由2007年30号关于核能的法律所管辖的，包括新能源和可再生能源。根据该法，新能源可以通过新的技术来使用，比如说核和水力，液化煤和气化煤。这些新能源应该由国家管理，用于人民生活水平的提高。在通过2007年30号法律之前，印尼总统曾发布阐明国家能源政策的2006年第5号总统令，这个政策既包括能源供应也包括需求，强调所有部门有必要立即实行和促进环境友好的发展，不但为了减少对石油燃料的依赖，也为了使能源多元化，减少贫困，促进经济增长。

上述总统令是国家能源管理实现国内供应的一个主要导则，该法令提出了到2025年之前，石油供应的比例将减少到20%以下，天然气要增加到30%，煤炭是33%以上，可再生能源是17%。尽管这一指标不太容易达到，但是通过明确的有利于投资氛围的政策，并在国内利益相关方的参与和支持下，我们相信能够达到这一指标。总统令还支持研发各种能源，包括在2025年之前研发新的和可再生能源。除了2006年第5号总统令之外，印尼政府还发布了其他法规政策，包括新能源和可再生能源的法规政策，比如地热法、绿色能源政策、利用可再生能源的散布式小型发电政策。

主席先生，在安全和安保方面，印尼加入了《核安全公约》、《核材料实物保护公约》、《核事故或辐射紧急情况援助公约》，以及《核事故及早通报公约》。因此，2007年第17号令提出，2005到2020年长期发展计划中核电的引进应该高度考虑安全因素。印尼一直积极参与亚洲核安全网建设，作为对加强国际核安全制度的承诺的一部分，强调为了掌握核科学技术，从一开始就要高度重视安全和安保，我们将努力保护人类和环境不会受到核能潜在风险的影响。

印尼1997年第10号核能法广泛适用于农业、牧业、健康、医疗、水资源管理、环保和工业。在引进核能系统的同时，我们已经着手进行相关的准备，比如核监管框架，以支持核能源安全、可靠和和平地利用。印尼核能机构为进行核能的研发做出了专门的安排，建立核科技基础，并且培训人员等。印尼将继续支持国际原子能机构的活动，以满足全球能源需求和促进经济社会的可持续发展。

我们尽管进行了全面和长期的筹备工作，但公众接受和经济财政方面的影响因素也必须适当考虑，这样才能在印尼建立起核能系统。

我们认为，在发展和管理核能系统方面，在现有国际文书框架内的双边和多边的合作方面，与先进国家开展广泛的合作是很有必要的。我们认为，核能是21世纪满足电力需求，减少化石燃料的使用，对缓解全球变暖作出贡献的能源系统的一部分。核能的作用并不应该仅限于发电，也应该用于其他的和平方面，如生产氢、液化煤、提高石油回收率以及淡化海水等方面。

谢谢大家！

俄罗斯国家原子能公司总经理的代表 A.M.Agapov

主席先生，女士们、先生们、各位同行：

我代表俄罗斯国家原子能公司总经理发言，介绍一下俄罗斯的核电。目前核电的确是全世界重要的能源来源，截至2008年底，全世界有438台运行核电机组，总装机容量达到372GW，核电占了全部电力生产的14%。2008年，俄罗斯总装机容量是23.2GW，输出1620亿千瓦时电，平均容量因子为79.5%。在核工业领域，俄罗斯发展燃料和能源的国家政策要素是：增加核电的装机容量，欧洲部分大于30%；发电量稳定增长，平均每年大于或等于4%；要确保核电基荷容量因子达到85%以上。从2020年起，我们将向快中子堆过渡，核电厂的装机容量将得到扩大。中小动力堆，用于俄罗斯的边远地区，以及提供给发展中国家。俄罗斯从现在起一直到2020年的核电建设路线图，提出了新的核电站建设日期和装机容量。目前，俄罗斯核电主体是热中子压水堆和开放式燃料循环，这种反应堆基于天然铀开采和浓缩。现在核电厂对环保有吸引力，可以生产有竞争力的电力，这是无争议的问题。

俄罗斯的核电工程基于VVER反应堆，也是压水堆的一种。我们现有的核电厂规范化和标准统一，俄罗斯原子能公司已经启动了一个NPP2006项目，是2005年开始的，这是至2020年的核电的主体计划，增加核电的发电能力。这与加强核电厂的安全是并行不悖的，我们不断改进安全参数，并加强人员培训，违规行为越来越少，减少了对核电厂工作人员的辐射。

在大规模热堆核电厂建设的同时，我们的主体计划是建造下一代闭合式的核燃料循环，其反应堆是第四代反应堆，也就是快中子堆。系统地建立新的核电技术平台，涉及建设各种类型的液态金属慢化剂实验反应堆，以及干法后处理技术，新一代铀–钚氮化物燃料技术，同时，必须进行科学研究以及新型核技术研究，这些是在俄罗斯的核研究中心进行的。俄罗斯发展核工业的一个重要因素是参加国际联合项目，比如INPRO（国际核动力堆组织）、第四代论坛和国际热核实验堆等项目进行，通过在安加尔斯克建立国际铀浓缩中心来加强核不扩散制度。迄今为止的经验表明，我们与国际伙伴密切合作，实施核发电战略是成功的，我们与其他先进国家，如日本、美国、英国、法国等国进行合作，对我们本国的核电带来很大的好处。合作在三个方面进行，一是互利交换信息，二是准备实施商业项目，三是解决新的核技术方面的问题。

最后，预祝会议圆满成功！

约旦原子能委员会主席 Khaled Toukan

主席先生，各位阁下、女士们、先生们：

最近，工业化国家核电的复苏，不是唤起发展中国家对核电兴趣的唯一因素。发展中国家核电的必要性，特别是在中东地区核电的必要性一直受到工业化国家的误解，因为他们觉得中东地区是富产石油和天然气的。但是，在我们这个地区，人均消费方面存在着巨大的差异，如苏丹与卡塔尔相比，年度消费差额很大，苏丹每年人均消费 0.1 吨汽油，而卡塔尔是人均 34 吨。

未来几十年中能源需求日益增加，对发展中国家来讲也是必然的。而有关能源需求和供应的全球预测，在决策和规划方面都有误导。如中东，传统认为它是富产油的地区，但是中东有许多国家正在遭受着石油高价格的严重负担。约旦很典型，超过 20％的国家预算都用来购买石油，就是购买能源或者是进口能源。

能源供应的不确定性，以及能源成本不断地上升，严重地影响着我们的经济增长和国家安全。约旦能源需求95％靠进口，因此发展可靠的替代能源是我们国家的优先任务。约旦没有很多选择来替代石油产品，主要的选择方案就是进口天然气，虽然天然气可以替代石油，但只是一个中短期的选择方案，长期而言不可依靠，天然气只能作为一个非常好的优质的资源。我们的想法是利用核能，到2030年的时候，把约旦从一个能源进口国变成一个电力出口国，那时候，约旦 30％的电力需求将通过核电解决，并且将多出的产量用于出口。约旦在认真地探索有关核能的各项发展，以及海水淡化的技术，作为确保能源安全供应和应对石油、天然气价格的措施。核能是一条重要的替代化石燃料的出路，特别重要的是它还是低碳能源战略的组成部分。在此，我希望本次大会作出呼吁，清洁能源发展机制中应该包括核能。

核电也可以使约旦铀矿得到充分开发，约旦王国拥有丰富的铀资源，有 7 万吨铀氧化物储量尚未进行有效开发。当然，约旦引入核电还有很多挑战，如投资成本很高，需要有才能的工程师、技术人员，建造核电厂的厂址缺少足够的冷却水资源，还有周边地区的政治局势等。自 2001 年起约旦就在制定核电战略，但直到 2008 年 1 月，约旦国会才授权约旦核能委员会推出约旦王国的核电战略，建立起一个国家核电执行组织。此外，依照国际惯例，约旦国还将建立一个独立的约旦核管理委员会，颁布必要的法律和安全监管框架，为引入核能做准备。约旦核监管委员会与法国、中国、韩国、加拿大等国缔结了合作协定，不久还将与俄罗斯和罗马尼亚缔结合作协定。

我们面临的重大挑战实际也是大家共同的挑战，就是要有必需的人力资源应对这个挑战。2006 年，我们在约旦科技大学开设了核工程科学学士学位的课程，并且正在部署研究堆项目，以推动教育培训和同位素生产。

为了持久地增加核电在中东能源方面

的作用，有必要使该地区所有国家都要接受国际原子能机构对该地区国家所有核活动的保障监督，从而使中东最终建立无核武器区，使所有的国家都遵守核不扩散条约。约旦非常重视履行核不扩散条约，以及受国际原子能机构保障的各项义务，并且参加了包括GNEP在内的各种重要论坛，促进实施约旦民用核能计划。我们认为，国际原子能机构也应刻不容缓地推广核能技术，满足发展中国家的需求，并清除核技术推广使用方面不必要的限制，以负责任的方式实现和平利用和开发核能。

预祝大会取得成功，让核能成为所有渴望核能国家的一项现实选择，从而解决各国能源需求，应对全球气候变化的挑战。谢谢大家！

美国能源部部长的代表 Gregory L.Shulte

很高兴参加机构在北京主办的面向21世纪核能部长级会议，我代表朱棣文部长发言。

众所周知，本周是地球周。美国能源部长正在华盛顿推销能源计划，美国认为核能是未来全世界实现低碳的一个重要组成部分。现在人们公认核能能够减少对化石燃料的依赖，并且能大大地减少温室气体的排放，同时又能够促进能源安全。

但是，核能在世界范围内有可能存在错误地使用和潜在的滥用的危险，因此，现有或新的核电国家，必须在解决核安全、安保和保障方面发挥积极的作用。正像奥巴马总统最近声明的那样，现在是我们考虑民用核合作新框架的时候了，这个框架应该能够使所有感兴趣的国家享受到核能的好处，同时又限制核武器扩散相关的风险。这一新框架应包括加强能源安全措施，包括国际燃料库和相关的燃料服务，这使我们认识到遵守全球核不扩散条约的国家有权分享和平利用核能的好处，我们有责任维持和加强全球安全标准、核安保和核不扩散。

今天，核能面临着重大的挑战，要发展有力的基础结构，可靠地提供核燃料，以及安全管理乏燃料和核废物。我相信我们能够成功地应对这些挑战，履行我们的职责，负责地促进核能的发展。

现在已经有50多个国家告诉机构他们对核能有兴趣，机构提出了帮助其描绘以安全、安保和保障的方式发展核电的蓝图，这被称之为里程碑文件，也是负责地发展核电计划的一个基础。美国一直坚持基础结构发展这个概念，也就是说，美国致力于加强机构能力，更好地履行其职责，其中的关键是改善国际保障。美国已经发起了一个计划，要建设下一代保障技术和新的保障专家组织，充分利用机构视察授权，充分利用核能保障和保安的氛围。尽管里程碑文件并不是核电的详细路线图，但每一个国家有责任评估其需要，提出自己的优先事项，并且提出自己的战略目标。在实现战略目标的过程中，可以通过核合作得到大量的指导。除了机构的重要作用之外，其他的多边合作也在应对核能面临的挑战。第四代国际论坛和全球核能合作伙伴关系就是对机构工作的重要补充，而且以机构工作为基础。

国际社会通过全球核能伙伴关系已经设立了两个工作组，都有机构的重要参与。第一个工作组涉及基础结构发展，并且努力帮助各国实施里程碑文件和提供指导。第二个工作组解决燃料服务问题，以避免获取敏感的燃料循环技术。我们需要充分利用各种交流，以便建立奥巴马倡导的框架。除了多边合作的渠道之外，新的核电国家也可以通过双边合作受益。美国有悠久的民用核合作的历史，可以追踪到原子能用于和平的演讲。半个世纪之后，我们在民用核合作方面的成就仍然很好，美国与近50个国家和机构签订了核合作协定。美国能源部，包括国家能源安全署和核管会，与几十个发达和新兴国家建立了伙伴关系，内容涉及能源规划、基础结构发展、选址和加强监管机构，以及新堆的安全评价和监管，堆运行、退役和废物管理等。我们为伙伴关系提供培训和咨询服务，有长期的规划和承诺。美国致力于确保所有的核公司完全根据其产品和服务进行竞争的工作，基于《核损害补充赔偿公约》的国际核责任制度，努力推动国际合作。美国认为，上述公约有助于确保最大程度的合作，并充分利用核能的好处。美国已经批准了《核损害补充赔偿公约》，其他国家也可以采取这一行动，以建立起核能基础结构的关键组成部分。

我们面临的第二大挑战就是减少核武器扩散的风险，也需要采取创造性的措施，使各国能够在避免核武器扩散的同时，获得核电技术的享受。2003 年巴拉迪总干事再次呼吁国际核燃料供应保证机制，他认为根据现有核不扩散体制，安保的幅度已经很小了，今天上午巴拉迪总干事又重申了这句话。自从 2003 年以来，已经提出了几十个燃料保证机制，现在若干机制正在维也纳认真地考虑。我很高兴地听到巴拉迪总干事打算将其中的两个方案提交给理事会，这是为了补充现有的燃料市场。我们认为，这个市场运行良好，可以推动在政治干扰情况下的燃料供应。美国致力于与机构和其他国家一道建立新的国际核能架构，包括国际核燃料银行和国际燃料循环中心，以可靠地保证燃料供应，还可以扩大到燃料循环的后端。通过国际合作管理乏燃料和废物，这种多边燃料循环机制能够为负责任的国家的电厂提供保证，使其核电厂始终可以得到燃料。

美国一直认为核能是能源结构很重要的一部分。尽管核能只占我们总发电量的约 20%，但是却占了无碳发电的 70%。在我们致力于达到既定目标之前，我们不能忽视这点。当前我们关心的是 1992 年至 2005 年制定的一系列涉及授权监管程序的法律规定、程序，包括核电建造和运行的许可证、贷款担保以及对核发电信贷的补贴。截至 2009 年 3 月，已经有 17 个电力公司为 26 个新堆提交了申请，另外有 6 个公司表示将在今后两年申请新的许可证，这些申请既有美国公司的，也有外国公司的。

展望未来，美国能源部正在调整燃料

循环的活动结构，其近期重点是开发后处理工艺和先进堆设计，把它变成长期的以科技为基础的研发计划。该计划重点放在与燃料循环后端相关的技术问题上，这些问题在我们探讨管理乏燃料的解决办法时将得到充分解决。美国继续致力于第四代国际论坛，所有成员国在第四代国际论坛结束时都会获得很多分享资源、专长以及提高科学效率的好处，尽管还存在技术障碍，我们认为通过核研发计划的进展，可以使我们获得先进的工具来应对三大挑战，这就是乏燃料的安全、安保和可持续管理。

我们正在目睹全球核电前所未有的复苏，尽管大多数新的反应堆大都在现有的核能国家建造，但在世界范围内引进新的核电计划方面也有一些新的活动。在符合最高的安全、安保和核不扩散标准的条件下，核能可以在世界范围内应对气候变化、促进和平和可持续发展方面发挥重要的作用，美国将坚定地发挥在负责地扩展核能方面的作用。

谢谢大家！

沙特阿拉伯科技部部长的代表 Hubtar Hussein bin Ali

在我开始发言的时候，请允许我以高兴和感谢的心情，向大家保证我国代表团愿意表示出最大的合作诚意，确保大会取得圆满成功。我也感谢来自中华人民共和国的朋友们，他们为大会作了出色的准备和热情的接待。

女士们、先生们，对我们所有人来讲，完成核能领域中的重要任务具有十分重要的意义。我们所面临的挑战可以为人类带来巨大的好处，我指的是核能的发展可以促进全人类的繁荣。我们都意识和注意到和平利用核能的目标，我们能够携手推进、最大程度地加强核能的生产，同时加强核废料的管理和处置，这样才能应对全球能源的挑战。

现在很多国家已开始认真考虑发展核能，作为部分解决能源的方案。沙特阿拉伯就是这样一个国家，我们在认真地考虑把核能作为众多的能源之一加以发展。我们也充分认识到国际原子能机构的作用，在其各项计划和活动中，充分地响应有关国家提出的技术援助的要求，尤其是响应最近考虑发展核能国家的要求。机构也加强了对有关国家核能开发研制方面的支持，使各国能够更好地采用国际核安全和核保障的标准。从技术和法律的角度来讲，机构有着牵头的作用，我认为机构值得给予充分的支持。

我这里要强调核不扩散条约，以及该条约所产生的保障协定的重要性。在整个地球上，尤其是在中东地区建立起无核武器区，以确保国际和平与安全，把核能真正转化成为人类造福的能源。所以，我希望本次大会能够成为一个重大的推动力，影响所有国家，影响机构的工作，使我们实现安全使用核能的目标，更为重要的是帮助我们在保障核不扩散方面作出贡献。

谢谢主席！

芬兰就业和经济部部长 M.Pekkarinen

各位阁下，女士们、先生们：

尽管我们国家的资源很少，但是芬兰的能源政策和实践是非常成功的。石油占我们能源消费的24％，这在工业化国家中是最低的。我们未来能源需要的量很高，我们将把可再生能源比例在28％的基础上再增加一些。芬兰有4座运行的核电机组，2座压水堆和2座沸水堆，这些机组2008年的发电量占总发电量的25％。2002年芬兰政府原则上决定再建第五座核电站，现在已经批准了这个决定，工期大约7年，机组将于2012年投入运行，主供应商是Areva。根据气候和能源战略文件，核电同样是未来的选择，芬兰政府并不资助核项目，有一个公司今年已经提出了许可申请，并将提交议会批准。我们有中、低放废物处理设施，还有地下的核废物处置设施，到2020年将成为芬兰的乏燃料处置库，核废物不会留给子孙后代。处置库设计的深度是500米，核废物将置于铅罐里，周围填上水泥和岩石，现正在进行地下实验研究。所有废物的处置管理费用将是60亿欧元，占芬兰核电整个成本的5％到10％，收入进国家基金，这是依据法律做的，现在已经筹备了17.5亿欧元。

PPT片中表明了核废物处理处置政策是如何实施的。乏燃料首先要储存在水池子里面，最终进入处置库。各位可以看到乏燃料如何在现场运输，包括芬兰现有和计划建造的反应堆产生的放射性废物。我认为，安全合理的放射性废物管理是有必要的，对核电取得成功，以及公众的接受非常有必要。我们已经制定了放射性废物安全管理原则，现在是着手有效地实施这些良好原则的时候了，核废物安全的政策是必须实施的。

谢谢大家！

孟加拉国科学信息和通信技术部部长 Y.Osman

尊敬的主席先生，尊敬的代表们，女士们、先生们：

我非常荣幸地能够有机会参加21世纪核能部长级国际大会。首先我要对中华人民共和国政府和中国国家原子能机构表示衷心的感谢，感谢他们能够承办这次重要的会议。我特别感谢和赞赏国际原子能机构所做出的承诺，以及在道义、财政和智力上的支持，支持各个成员国，并支持这次大会的召开。

国际原子能机构的历史是团结的历史，是各个成员国联合协作的历史，是促进原子能和平利用的标志。我深信这次大会将使参会各国能够更好地致力于核能，推进核能在21世纪的发展，为我们提供清洁的新能源。这次会议也将提供机会，让我们共同回顾和讨论核能的地位和前景，进一步推进核能建设事业。

尊敬的代表们，我们有一种共识，认为核科学与技术是现在可以想到的潜在的推动变革的手段，它可以发挥决定性和关键性的作用，帮助我们实现消除贫困的远大目标。为了确保世界的可持续发展，能源安全是21世纪最重要的战略性问题，由温室气体排放导致的全球变暖是我们必须共同克服的问题。亚洲无论在人口，还是在经济方面增长都是较高的，目前虽然人均能耗较低，但是未来人均能耗会快速和稳定地增加。因此，各国高度重视扩大核能计划，也重视各国之间的合作，以共同应对未来的能源需求，共同推动核能项目。为了实现合作的目标，我们必须要有明确的目的、有效的技术和明确的执行战略，同时必须要有资金的来源。

我们这一代人面临的最大挑战，一是能源，二是粮食安全，还有环境、人口迅速增长和贫穷。同时，这也为我们带来了机遇。我们这一代人有能力消除贫困，也可以逆转气候变化的趋势。我们这一代人必须解决经济发展、能源和环境安全，以及可持续这样一种矛盾。我们需要核技术，也需要专业技能和知识，首先是需要一个更加有意义、更加高效的方式开展合作，进行跨国界、跨领域的各方面合作。

我国总理已经宣布，政府坚决致力于为我们国家带来有意义的、实质的变革。愿望是在2021年前，把孟加拉国建设成为一个没有贫困的中等发达国家，即达到小康的水平。我国政府现在的战略应该说是全面的，包括了消除贫困内容，也有推进社会发展的内容。为此，落实可靠的能源和电力供应是一个重要的前提。在这方面值得一提的是，根据我国宪法，每个公民都有获得电力的权利。因此，要在2021年之前为全国所有人民能够提供电力。

由于缺乏能源资源，孟加拉国已经成为高度依赖于天然气的国家，如果按照目前的速度继续使用天然气的话，我们现有的储存在很短的时间内就要完全消耗掉。因此，孟加拉国迫切需要减少对天然气的依赖程度，煤炭作为替代燃料有很好的潜力，但是利用煤炭又会引发一系列的社会和环境问题。因此，核能是孟加拉国实现能源安全的不可或缺的必然选择，清洁、安全的核能可以作为一种成熟高效的技术。

考虑全球， 包括国内能源和发电情况的快速变化，我国政府已采取积极措施，在短时间内推行核电站建设。我国政府已经将核电反映到国家能源政策修改草案中。我们正在实施建设普尔（Rooppur）核电站的项目。孟加拉国原子能委员会也开始开展必要的活动，如更新和审定选址安全报告、招标文件，制定全面的核法律法规，进行其他的基础设施建设，以便在2010年之前开始核电站建设。

孟加拉国原子能委员会还制定了全面自我评估的报告，国际原子能机构也派团考察了孟加拉国，并以整体设施评估方法审查了核电站建造的基础设施。为了支持孟加拉国核电站的建设，国际原子能机构已批准为孟加拉国实施一个技术项目，借此机会，我要对国际原子能机构的鼎力支持表示衷心的感谢。

主席先生、尊敬的各位代表，为了确保我们这个地球能够成为65亿人的、环境友好的家庭，世界需要建立一种新的核秩序，虽然在很多具体问题上还有分歧，但是全球国际社会应当形成共识，进一步推进清洁发展机制（CDM）的落实。国际原子能机构应当制定政策推进各国核基础结构开发项目，目前国际原子能机构已经提出了19个里程碑式的事项，被认为是最必要的、不可或缺的要素。一个国家着手建设第一座核电站时，可靠的燃料供应、乏燃料和核废物处理和3S（安全、安保和保障）这些问题就必须以正确的姿态和承诺予以处理。我们也呼吁国际原子能机构，能够以更加积极的姿态处理相关的问题，帮助成员国采用核能。在每一台机器、每一种技术的背后，真正的推动力都是人。因此，核电站也应该把人才培养和开发放在首位，国际原子能机构和技术供应国在这方面都可以发挥重要的作用。

尊敬的各位代表，女士们、先生们，我愿再次重申，孟加拉国政府高度重视国际原子能机构，我们也将继续致力于使它成为最重要的论坛。

谢谢大家！

伊朗副总统兼国家原子能机构主席的代表 Saeidi Mohmmad

主席先生：

首先，祝贺国际原子能机构和中国政府主办这次大会。这次大会讨论的议题非常重要，在发达国家和发展中国家进一步发展核电，必须深入、准确地集中讨论相关问题，为发展中国家，包括某些先进的核技术国家，特别是还没引进和采用核能的国家提供帮助。这次会议的基础，就是要联合力量开展全球合作，有效地应对挑战，解决全世界能源短缺的问题，找到和掌握可靠、清洁、廉价的替代能源。

核能利用要求我们要在不同的领域开展科学技术研究工作，要求有大量的科研人员和技术人才能够掌握多种不同的技术，也要制定相关的法规和标准。设计、建设和运行核电站都需要有先进的科学技术作为支撑，还需要制定安全指南和标准，安全水平要高于常规的、传统的工业水准。因此，各个国家必须加强立法和标准制定工作，必须加强研发，包括在大学范围内。伊朗通过以上的种种措施不断培养专家，以及培养一线的技术工作人员。

按照宪法，政府有责任确保有足够可靠的能源供应，确保人们的生活质量。在核电站的建设方面，相关的政策和法律都得到议会和伊朗原子能委员会的批准，这些政策和法律在制定和实施相关的发展项目中发挥了主要的、决定性的作用。伊朗在能源行业的政策大都与核能发电有关，就是要努力提升核科学水平和核技术水平，要建造核电站，以便保证能源供应。议会所通过的关于和平利用核能技术的法律规定，政府应采取必要的步骤为国家提供用于和平目的的核技术，如提供所需核燃料，未来核电装机容量达到2000兆瓦。

伊朗原子能委员会批准建造核电站，说明这是伊朗政府的主要目标和政策之一。原子能委员会已批准，国家10%到20%的电力将来自核电站，并建立一个核燃料循环厂，为核电站提供所需燃料。去年伊朗原子能组织依照伊朗能源和核发展政策，宣布进行国际招标，建造两座1000兆瓦到1600兆瓦的核电站机组。我们按照第五个发展计划，正在采取措施掌握现代化的核科技，并提升相关基础结构水平，以便推进和平利用核能，并且要其达到一定的国产化水平。在这方面，伊朗原子能组织要做很多必要的工作，包括在国内开发核电站相关技术。这将与国际合作伙伴一起合作，具体方式是通过国际招标。我们将开始建造360兆瓦的核电站，在这个项目上我们要利用本国自主开发的技术，还要准备合适的位置建造2000兆瓦的核电站。我们将建设核燃料生产设施，以便能够供应2360兆瓦核电站和研究堆所需要的燃料。我们还要发展与核相关的科学技术，包括核聚变方面的技术。我们要确保国家监管机构监督下的核设施的安全和安保，还要完善基础结构，进一步培训专业人员和管理人员。

世界对电力需求不断增加，伊朗对能源的需求也是不断上升的。根据我们的发展规划，以及议会通过的相关法律，伊朗已决定采取必要的步骤、实行必要的计划来建设和发展核电站。在未来的20年中，核电站可以达到20000兆瓦的装机容量，并且以安全可靠的方式为其提供所必需的燃料，为此，要进行必要的核燃料循环相关活动。伊朗已经开始着手建设核电站，在接下来的五年国家发展规划期中，装机容量将达到5000兆瓦。与此同时，还要增加燃料循环设施的生产能力，满足国内所需的燃料。

谢谢大家！

乌克兰燃料能源部副部长 N.Shumkova

主席先生，尊敬的代表们，女士们、先生们：大家早上好！

首先我要感谢我们的东道主、会议的主办方，感谢中国政府和国际原子能机构给我们提供了这次非常好的机会，来共同讨论核能在世界发展的态势。乌克兰一直遵守，也将继续遵守核不扩散原则，我们也希望重点发展和平安全的核能，以确保经济稳定和能源独立。

在核能方面，乌克兰在世界排名第8位。我们拥有4座核设施，15台机组，装机容量1380万千瓦。最近几十年，乌克兰核电发电量占总发电量的50%。至2030年的发展规划是在2006年由我国政府批准的，根据这个战略规划，我们将继续让核能在发电中发挥主要的作用。

到2030年的时候，装机总量达到约3000万千瓦。乌克兰做出这样的决定有以下的依据：

第一，最主要的是依据我们多年的、安全可靠的运行经验；

第二，是核电的环保优势；

第三，我国铀资源较为丰富；

第四，我们自身具备建设新核电站的能力。

在乌克兰发展核能可以帮助我们减少对进口燃料的依赖。

女士们、先生们，确保安全、可靠、高效地运营核电站是我国能源政策的一个重点，今天乌克兰的核电站安全运行水平达到了国际最高水准，维持高水平的安全生产是其他各项任务的前提。我们还将延长核电厂的运行寿命15年，因为从2011年到2026年，在15个核电站中将有13座寿命到期。为了能够可靠地生产能源，我们要建造新的核电站，到2030年，将有2000万千瓦新增的核电投入运行。其中，2016年之前建造和运行2座核电站，装机容量200万千瓦，这是我们工作的重点。

乌克兰国家有发达的核基础设施，也有比较完善的立法和法规环境。我们有成熟的监管机构，也有一套培养核人才的体系。因此，创造必要的条件就可以进一步部署发展项目。对于所有拥有发达核工业的国家而言，至关重要的是必须要有安全的系统来处理乏燃料和放射性废物。在乏燃料处理方面，我们的战略是“推迟决定”的方案，也就是说乏燃料可以暂时储存100年，届时再决定是进行后处理还是地质处置。这就要求我们建造乏燃料中央储存设施，这个设施将在2012年之前投入运行。

下面介绍我国核燃料战略的主要内容。乌克兰已探明的铀资源在世界上排名第6位，所有已探明的铀资源都可以进行开发，可以满足乌克兰至少45年的需求。今天我们所需的铀只有30%靠自行采矿，未来我们将提高这个比例，到2030年，铀开采量将达到6.4千吨/年。我国所有的核电厂都是使用俄罗斯提供的核燃料。为了能够分散核燃料供应，我们现在开始与西屋公司合作，从2011年开始，乌克兰的3个核电厂将以商业条件使用西屋的燃料。除此之外，乌克兰还准备建立自己的核燃料循环生产体系，第一条生产线将于2013年投入运行。

到2030年，乌克兰核电的投资需求在2005年评估为460亿美元。当然，这么大的数额我们要主动落实投资，寻求国际合作和外商投资都是必要的前提。乌克兰要进一步深入发展和欧盟的合作，为此，我们在实施合作备忘录，以及核安全的路线图。

乌克兰已经参加若干国际核项目。2005年我国加入了一个很好的国际合作项目，即参与国际铀浓缩中心，这也是国际原子能机构参与的项目。我们还寻求铀浓缩合作其他的机会，参与国际燃料库等倡议。2007年乌克兰加入美国倡议的全球核能伙伴关系，还将继续加入更多的国际合作项目。

女士们、先生们，我们要进一步深入

开展国际合作，共享先进技术。在乌克兰和其他国家发展用于和平目的的核能，这是核能在全球取得成功的关键，只有这样，我们才可以避免全球气候变暖，避免全球环境灾难。

谢谢大家！

泰国能源部部长 W.Channukul

尊敬的主席，尊敬的代表们，女士们、先生们：大家早上好！

我非常高兴，也非常荣幸地代表泰国政府参加非常及时也非常重要的核能部长级国际会议，讨论核能的发展。首先，我向国际原子能机构表示衷心的感谢，还要感谢国际能源机构，感谢中华人民共和国政府的盛情邀请。

女士们、先生们，由于全球金融危机，我们迫切需要加强在能源领域的合作，我深信今天的大会意义重大，让我们能够审议我们地区的能源安全，共同推进核能的发展。核能将是未来廉价可靠的能源，可减少对传统化石燃料的依赖。泰国和很多国家一样，能源需求将有迅猛的增长，而传统的化石燃料资源趋于匮乏，因此，我国正在寻求一种新的能源来满足我们的需求，首选的方案之一就是核能。

就泰国核能发展而言，我向诸位重申，泰国早在 1954 年就开始研究核能问题，当时成立了皇家委员会研究和平利用核能的相关问题。2007 年，国家能源战略委员会通过了采用核能的决定，开始着手规划建造核电站。2008 年，成立了核电站规划办，牵头推动项目的开发。根据我们最新的电力发展规划，核能将作为未来的一种能源的形式，到 2021 年应该可以达到 2000 兆瓦核电装机容量，约占泰国总发电量的 5%。

女士们、先生们，我们知道，在未来 10 年里，世界对能源的需求将继续增加，这将对许多国家构成压力，泰国也不例外。分散发电的能源形式将是我国应对压力的重要课题，只有这样我们才可以避免石油和其他燃料的价格波动。现在天然气占我们发电量的 20% 左右，其他来自煤炭、水电和可再生能源。泰国消费的天然气中，1/3 是从邻国进口的，主要是来自缅甸。

气候变化问题给我们带来巨大压力，泰国这样的新兴经济体也不可避免地面对这样的压力。我们要实施减排，因地制宜地发展可再生能源。此外，我们把重点放在核能方面。建造核设施是技术密集型的工作，而且周期较长，并要有特定的基础结构，而且这种能源形式公众的接受度更为敏感。但从有利的方面讲，核电是零排放的。根据我们发电规划的测算，在泰国用核能生产的每 1 千瓦时电可以相应减少 0.25 公斤的二氧化碳排放，因此，使用核能技术可以帮助我们实现减排。

现代化的核电站既安全又可靠，但也是一个技术复杂的装置，因此人才教育是非常重要的。我国在拥有自己的核设施以前，必须和国际方面开展紧密的合作，与掌握核技术的国家进行交流，让泰国的专业人才学习相关知识。

女士们、先生们，泰国现在担任东盟的轮值主席国，因此我们正考虑如何推进东盟各国在核能方面的更紧密合作，重点将放在人才培养、教育培训、公众信息交流等方面。发展核能必须遵照国际相关的协定和标准，特别是在国际原子能机构的框架之下开展工作，并且也要参照其他已成立的国际和区域核合作机构的相关准则。

女士们、先生们，我深信，通过我们的合作，可以实现减少对常规燃料依赖的共同目标，使用环境更加友好的替代能源，如核能。鼓励开展广泛的合作，鼓励开发民用核能，这些目标一定可以实现。

再次衷心感谢东道主和主办方，非常好地组织了这次会议。预祝会议圆满成功。谢谢！

尼日利亚科技部部长的代表 F.E.Osaisai

主席先生，各位代表：

我是代表尼日利亚科技部长阁下讲话，他因其他要事不能到会，表示道歉。我代表尼日利亚代表团热烈祝贺国际原子能机构组织了这次会议，感谢中华人民共和国政府和人民的热情好客。我也感谢各代表团的成员，并转达尼日利亚政府和人民的问候。

会议的主题是为参加者提供机会，评估21世纪核能的现状和前景，探讨如何有助于实现全球最佳的能源结构，包括评估技术的进步，全球环境，保证核燃料供应和放射性废物管理，以及核不扩散等问题。此外，本届大会也提供论坛，评估发展中国家考虑引进核电所面临的挑战，核电的可行性，以及潜在的风险等。本代表团希望对这些问题进行公开坦率的讨论，为促进核电发展采取积极行动将是本届会议所取得的成果。

主席先生，大家普遍认为能源使用情况是人类发展的重要指数，有数据表明，生产和能源消费之间有着密切的联系，发达国家和发展中国家分别位于关联图的上方和下方。许多发展中国家面临的能源危机，主要是由于缺少所需的能源，或者是没有基础和技术开发这些资源。尼日利亚目前就面临这样的能源危机，我们不能生产足够电力来满足国内工业的需要，目前发电装机容量约为6000兆瓦，其中4000兆瓦可用。对于一个拥有1400万人口的国家，这样的电力显然是不够的。政府正在采取一些改进措施，其中包括增加发电的装机容量。

我们的办法是通过国家综合电力开发计划（预计到2010年将装机容量增加到10000兆瓦），使发电多样化（除传统的水电、石油和天然气之外，也包括核电和可再生能源）。政府的对策还包括对电力市场放松监管，将发电、输电分开，加强扩建输电网等措施，以提高容量效率和稳定性。尼日利亚政府努力引进核电，因为政府意识到，在能源规划中核电可以是一种选择。我们计划的目标主要是提供长期的安全能源，办法是发电多样化，更多地获得清洁和经济的电力。计划的执行不仅会对经济生产有直接的影响，有助于实现千年发展目标，而且可以减缓温室气体的影响，改善气候条件。

另外，我想再次表明尼日利亚对于引进核能的兴趣。国际原子能机构总干事巴拉迪博士于2005年访问尼日利亚，使我们再次对核电感兴趣，同时我们也感谢机构支持我们，并做出努力让我们获得核电技术。我愿重申，尼日利亚致力于促进和平利用核能，致力于可持续发展的目标。

尼日利亚考虑选择核电，是在全球核能复苏之时发生的。现在有许多国家已经开始扩展核能计划，还有些国家在引进核电， 根据机构的数据， 已有60个发展中国家打算引进核电。尼日利亚已经做出了国家承诺，希望能够成功地和平利用核能。为了实现核电目标，尼日利亚联邦政府于2006年7月成立了尼日利亚原子能委员会，负责制定并实施国家核电计划。我愿意进一步补充说明，我国战略执行计划是经过认真考虑的，核电作为可持续发展计划的一部分，包括如下内容，有路线图、战略计划，以及中短期和长期实施计划中的重大活动，这个计划可以使我国核电在10~12年之后至少实现1000兆瓦，20年之后达到4000兆瓦。

我国实施核能计划的管理框架已经构建，行政机构和管理职能已经明确，其中包括加强与国际原子能机构和其他国际组织的互动和合作，重点是和平利用核能。我们意识到人力资源的开发对可持续实施核能发展计划是必不可少的，核电技术实施要依赖于能够胜任其工作的人员，因此，全国核电路线图的第一个阶段就是要进行人力培训和技术结构发展。目前我们科技方面的人力资源严重短缺，因此我们发起了全国人力资源开发计划，涉及若干个教育机构，并已经着手进行了一些筹备活动。核电厂初步选址的活动正在进行当中，我们还要加强引进核电工业所需的法律和监管框架。我们知道这是一种政府的努力，还需要与国际原子能机构加强联系，尼日利亚对于国际原子能机构的评估结果感到很高兴。

我们意识到利用核能的好处， 对利用核电是非常谨慎的，将为今后的实施建造基础结构。尼日利亚已经表明，坚定不移地遵守利用核能的国际法律和安全监管、安保和保障的承诺。尼日利亚是1968年签署核不扩散条约的第二个国家，而且1995年投票赞同无限期的延长，也于1988年签署了全面保障协定，并在1990年批准了《及早通报核事故公约》。此外，尼日利亚于2007年批准了所有相关国际公约和条约，其中包括《乏燃料管理安全和放射性废物管理安全联合公约》、《核材料实物保护公约》，以及国际原子能机构与尼日利亚实施保障协定和议定书等。

我们赞赏国际原子能机构致力于加强各国之间和平利用核能的合作。多年来尼日利亚的计划和目标与机构是一致的，而且我们大大受惠于机构的计划，特别是在核废物处理处置领域，我们期待着与机构伙伴关系的合作，希望与其他国家合作来实现引进核电的目标。我希望本论坛能够充分明确，并且讨论全球扩展核电的问题，尤其是发展中国家，包括加强核动力堆生产能力，以满足预期的需求。毫无疑问，国际社会将克服这些挑战。

最后，我们感谢会议组织者邀请尼日利亚与会，并且给尼日利亚提供介绍情况的机会。希望会议圆满成功。谢谢大家！

罗马教廷代表 M.W.Banach

女士们、先生们：

很荣幸代表罗马教廷来讲话。非常感谢中国国家原子能机构和国际原子能机构组织了这次非常有意义的会议。罗马教廷是原子能机构的创始会员国之一。罗马教廷虽没有开发和使用核电的计划，但我是本着贡献的精神来讨论。

全世界对能源不断增长的需求要求认真思考核能的作用。众所周知，核能虽然有风险，但是也为全人类带来很大的机遇，从这个角度来看，我们需要认识到各国都有不可剥夺的权利，在不受歧视的情况下研发、生产和使用核能。我们还需要知道这个权利并不是绝对的，条件是有效的核武器裁军和核不扩散，这是相对于其他国家权利的。每一个国家都被要求促进发展人们的福祉，而并不论国家的实力。一个明确的能源政策肯定会有助于人类的发展，这种发展是尊重自然资源，而且生命和人体健康也取决于发展，所以我们要考虑到那些处于不利处境的人们，就像联合国1986年发展全人类宣言所确认的那样，人应该是发展的中心。

主席先生，在政治性众多的变数当中，最基本的一点是人有其尊严和基本权利。能源安全并不只是代表战略目标，而且是促进全世界健康和繁荣的手段，正像机构规约第二条所说的那样，这种贡献要求各国表现出智慧和责任感，而且迫切需要恢复机构多边的监督活动，这些活动并不是限制国家的合法利益，而能够保障所有人民的安全和共同利益。即使民营计划也需要有效的国际监督，同时要尊重各个国家在国际法规框架下的自由。

能源安全和核安全，固然需要采取适当的技术和法律措施，但是任何措施都不能有效地解决人性问题，以及对安全的威胁。因此，在人的层面，必须采取行动，如在近期需要采取技术和法律措施防止核恐行为。这个行为的破坏性和后果不堪设想，长期来讲，我们要采取预防措施，使这些措施能够抑制犯罪活动和恐怖主义。人力资源必须要有特殊的规则，尤其是核领域中的人才，安全取决于一个国家，但最重要的是取决于每一个当事人的责任感。

主席先生，在不扩散核武器条约方面，我们有更大的责任，这种责任必须通过国际合作加以培养，保证平衡和分享才能防止国家或地区孤立，从而避免造成紧张趋势。一方面，我们认为有必要不加任何歧视地看待核技术；另一方面，又有必要承诺实现全面彻底的核裁军，裁军和不扩散核武器有着巨大的政治价值。这种选择方案符合联合国宪章的宗旨，其中要求所有国家应该促进建立并坚持国际和平与安全，而世界军备有可能造成灾难。裁军措施所产生的资源释放可以用于经济和社会发展，造福于世界各国人民。

主席先生，核能为我们未来带来很大的机遇，这就解释了为什么世界目前看到核复兴，这种复兴已经促进了发展和繁荣。为此，能源政策必须放在综合的议题上，从作为人本身发展的角度来看，其中不仅包括物质的发展，更重要的是包括每一个人的文化道德的发展，每一个人在不可或缺的重大项目中都是参与者。不管是核能之内，还是核能之外，是公营部门，还是私营部门，是政府部门还是非政府部门都不例外，对和平与安全这种共同的信念和承诺，以及要求世界资源得到公正的分配，确定国际社会秩序，能够真正实现权利和自由才是我们所面临的重要任务。

预祝本次大会在核能发展方面取得成功。谢谢大家！

菲律宾能源部部长 A.Reyes

主席先生：

很荣幸代表菲律宾代表团作这个发言。我的发言主要是介绍菲律宾对于核能问题所持的立场，从发展中国家和不产油的国家角度来谈核能的立场。

菲律宾对核电再次产生兴趣，这与世界其他国家类似，主要是因为能源的安全，化石燃料价格不稳定，还有二氧化碳排放等因素。

在追求能源安全中，要确保最佳的能源供应配置。我们主要的考虑是能够把能源需求以当地的方式解决；其次，使能源供应多样化。

但事实上，在我国日益发展的经济中，满足我们电力需求的能源仍然取决于进口，取决于化石燃料。我们为了能够改变这种依赖，逐渐走向可再生能源。今年初我们通过了一部法律，在菲律宾将进一步发展可再生能源工业。

尽管我们迈出了一大步来推行清洁能源的利用，但我们估计可再生能源对国家电力需求的贡献，到 2030 年核能占到 35% ~55%，这还要取决于技术的发展，还有费用的考虑，尤其是能源储存技术的发展。

假定可再生能源能够占整个电力配置的 55%，余下的 45% 的缺口，必须要有极其可靠的基荷电能加以补给，这就可能包括核电。随着电力的需求不断上升，我们正在研究核能，看其是否为不排斥其他能源的长期可选的方案。为了确保我们能源的未来，我们同时还在寻求各种解决方案，通过更多样化、更稳定的能源结构，使发展中的菲律宾经济免受化石燃料价格浮动的影响，从而保持可持续的、合理的电力价格。

我们面临这样一种挑战，平均而言，电力生产的 60% 是使用化石燃料，主要是石油、煤炭和天然气。另外，菲律宾在亚洲仍然是电价最高的国家之一。我们认真考虑引入核电的另一原因是，与最便宜的煤电相比，它在发电成本上有竞争力；与风能、太阳能高前端成本的能源相比，核能是便宜的。为使每一位菲律宾人都获得充足电力，我们铭记，能源的使用必须保护地球脆弱的生态体系，要减少全球二氧化碳的排放量。菲律宾因此要走向利用可再生能源体系。

作为联合国气候变化框架公约的签署国，以及《京都议定书》的签署国，尽管我们没有在二氧化碳排放量上承担任何法律性或具有约束性的国家限制的义务，但我们承诺要努力应对全球气候变暖的问题。在不损害环境的努力中，我们面临再生能源的开发仍然昂贵这一问题。可见核电目前是具有吸引力的能源选择，整个核能生产过程所产生的碳量与风电及水电相当。

对于一个发展中国家且不产油的菲律宾来讲，我们觉得利用核能产电是有好处的，我们过去曾有过核电规划，但由于政治原因当时不得不将 Bataan 核电站停下来。目前，菲律宾政府正在采取适当的步骤研究核能，作为一种长期的能源选择。经国际原子能机构专家组建议，我国建立了核能核心小组来讨论在能源中引入核能的前景。我们正在制定有序的、合乎逻辑的核能规划。所有行动也将依照国际原子能机构所建议的对基础结构的要求开展。

现在核能最敏感的问题之一，就是如何处置核废物。因此，希望核能利用发达的国家提出一个持久性的放废处理办法。这个方法能为将要使用核能的国家所接受。

最后，我重申，菲律宾正在努力推行实现能源安全的各项计划，并且努力实现最佳的能源配置。我们的能源政策是以国家经济发展计划为依据的，如我们决定为发电而使用核能，而在涉及为菲律宾建立起核电计划的所有有关问题上，我们将与国际原子能机构密切合作。

感谢各位！

巴基斯坦原子能委员会主席 A.Parve

大家下午好！

我是巴基斯坦原子能委员会主席。感谢国际原子能机构和核能机构举办这次会议。在目前核能发展的情况下，可以说中国是举办这次会议的最佳国家，北京也是最佳的地点。因为中国有着非常宏大的核能计划，巴基斯坦很自豪能与中国合作建设核电厂。

今天我主要介绍巴基斯坦能源的总体情况。巴基斯坦是世界第 6 个人口大国，但电力能源消费量很低。投影片显示了这个情况。随着经济的增长，随着城市化的扩大，巴基斯坦的电力消费需求也不断上升。

2005 年，巴基斯坦政府制定了一个能源中期计划，根据年经济增长 7% ~8% 的速度，25 年内能源需求将会增加 4 倍以上，电力生产量在 25 年内将增加 6 倍以上。最近，金融危机经济衰退之后，再加上巴基斯坦自身的经济问题，以及石油价格浮动等，政府正在编制一个综合的能源计划，也就是 25 年的能源计划，原来的指标均有所下降。

从资源角度讲，我们没有很多数据。巴基斯坦的天然气、石油的储备量比较有限，石油按目前的消费率将能延续使用13年，天然气按照目前的水平将能延续使用15年，水力发电资源也很有限。我们自己矿产储备的开采，因为能力所限还不能展开。煤矿在巴基斯坦也是很有限的，质量也不好，且煤的污染也很严重。

所以在这种情况下，核能就变成了一个可行的选择方案，尽管核能有其自身的问题。在电力装机容量8800兆瓦的综合计划中，所涉及的核电份额，预计到2030年的时候将占整个电力的5.5%。40年前，巴基斯坦作为发展中国家是第一个搞核电的，虽然当时是一个很小的反应堆。1976年对巴基斯坦实行制裁，使我们不得不停下核能的发展，包括燃料的生产，这对电厂的安全、环境、公众都造成了一些威胁。但反过来讲，上世纪70年代中期对巴基斯坦的禁运，反倒加强了巴基斯坦自力更生的能力。20年之后，我们开始建造本国的第二个核电厂，国际上对巴基斯坦没有太多的响应，我们自己也缺少能力，而中华人民共和国核电的生产，为巴基斯坦打开了一扇窗户，使巴基斯坦建立起了一个300兆瓦的压水堆核电厂。这是2000年建造的，是中国援建的第一座核电厂，也是南南合作的范例。

虽然一开始的选址有些问题，但是后来运行得相当顺利，在调试后期功率已经达到了设计能力的90%。由于这项成功的合作，使巴基斯坦有了信心，认为可以与中国合作建造更多的核电厂。2004年，巴基斯坦和中国又签署了另外合同，建设第二台机组，这个电厂将于2011年建成。尽管1号、2号机组是交钥匙的项目，但它完成了很多目标，大大加强了我们掌握核能的信心。我们在核电可行性研究报告、选址，包括核电厂的工程建设方面积累了很多经验，在运行、燃料选用等方面也积累了很好的经验。

从自力更生开始，从对现有核电厂的运行、维护开始，我们已经为将来的核电厂项目建设打下了基础。如建立起了运行维护和控制讲习班来进行人员培训，也建立起了许可证审批的评估机制和独立的核安全监管体系。我们2001年就建立了核安全监管当局，覆盖全国辐射防护的各项工作。巴基斯坦也积极参加国际原子能机构的各项核能计划，是世界核电营运者协会成员之一。最近国际原子能机构代表团访问了巴基斯坦，提供了很多咨询服务。在国际原子能机构的保障作用下，我们将努力加强核电厂计划，我们将继续以合资的方式、独资的方式建设新的核电厂。我们愿意与发展中国家交流核电开发的经验，并在选址、监管、人力资源等方面作出贡献。

再次感谢各位给我这个机会。最后，我把爱因斯坦这个公式打出来，刚开始我不知道他是讲什么的，后来我才知道是讲质能转换的。

谢谢大家！

阿尔及利亚能源部部长的代表 Embarek Abdelkader El Mekki

大家下午好!

阿尔及利亚能源部长对未能到会感到遗憾。阿尔及利亚代表团对于主办方和承办方，以及国际原子能机构表示感谢。这个会议对我们应对核能的挑战是非常重要的，正像中国张德江副总理在开幕式上所指出的，以及其他发言人也强调的，核能是一种可持续的替代能源，它能够满足世界各国对能源与日俱增的需求，而且有助于保护环境和节约化石燃料。

阿尔及利亚也倾向于选择可持续的能源，而且要使能源供应安全和多样化，并利用我们的铀储量这种能源资源。我们计划到 2020 年，可再生能源将达到 20%，我们将在2025年建成核电厂并投入运行。为此，我们非常重视人才培训，还有设备的国产化，这些已经纳入阿尔及利亚政府的社会发展计划。

我们正在开发液化天然气，以便减少对化石燃料的依赖；促进可再生能源发展，特别是太阳能的发展；提高能源的使用效率；推动民用核电利用等。这方面已通过立法，以便为可再生能源的发展提供一个框架。我们还通过了能源开发的法律，设置了国家能源发展基金，以便促进核电发展。同时得到了电网的帮助，阿尔及利亚与突尼斯和摩洛哥密切合作，确定了一项逐步将北非电力市场与欧盟市场一体化的计划。

有关核电，核能委员会是负责核相关活动的机构。现在正在加强阿尔及利亚的 4 个研究中心的核技术研发工作；一个法律草案目前正在与其他机构一道最后定稿。这是促进核能发展的机构，另外一个是安全机构。在能源规划中，我国准备引进核电，并且使用核技术用于海水淡化和提供其他的可再生能源。阿尔及利亚南部正在建造混合式电站，这个电站将于 2010 年投入运行，可以使我国南部 18 个村庄电气化，使 1800 个家庭用上电。这里将逐渐成为我们的核能发展中心，以便满足我国人口、工业对电力增长的需求。我们需要通过加强国际合作实现千年发展目标。

谢谢各位!

立陶宛能源部部长的代表 Bernotas Rokas

主席先生，各位部长，女士们、先生们:

立陶宛有 1 个核电厂，2 座运行反应堆。第一座反应堆在 2003 年关闭了，第二座将在今年年底关闭。波罗的海能源供应安全方面面临着两个挑战，一是波罗的海国家的能源系统是互相连接的，但是与西欧连接的系统是完全分开的，东部邻国的电力供应也很有限，天然气和石油管道也是从一个方向通向波罗的海国家，所以这三个国家都依赖于一个供应商，能源系统面临能源短缺的局面。二是 2009 年底关闭核电厂后，将使情况更为严重。

解决的办法，一个是发展电力互联，加强地区的发电能力，向地区内增加石油供应和发展核能。我们密切关注全球能源趋势，能源需求日益增加，今后核电的份额将大幅度增加。预计经济高速增长对能源消费有直接影响，立陶宛已经决定扩大核电，并与波兰合作建立新的核电厂，将于2015年开始建造，位于现在的核电厂的厂址。这个核电厂将为整个波罗的海地区提供能源供应，建设这个项目是非常复杂的，而且时间也比较长。我们需要与合作伙伴不断地协调，但我们很高兴采取了这样的步骤。

波罗的海三国就建造核电站发表了正式宣言之后，立陶宛开始考虑与项目相关的环境问题，环境影响评估报告在2007年11月15日得到立陶宛环境部的批准，结合国际咨询意见，2008年8月已经提交议会。新的核电厂将有3400兆瓦的装机容量。环境影响评估表明，符合环境和社会的要求。

立陶宛已经建立了国家投资公司，负责实施核电厂项目的开发。下一步是要建立附属公司，新的子公司将负责核电厂所有的筹备工作。我们也在考虑吸引人才，国家战略确定优先培养专业人员在新的核电厂工作，从安装设备的时候起就安排在电厂工作。立陶宛已经制定了培养核能专业人员的计划，并考虑了与核电扩展计划相关的核安全、安保、辐射环境安全和放废管理等问题，这些都将是立陶宛优先解决的问题。

谢谢！

利比亚能源部部长的代表 Shilli Soad

谢谢主席，大家下午好！

我是代表利比亚原子能局的秘书长讲话，他因为有其他的安排不能到会。首先请允许我感谢中国和国际原子能机构组织了这次会议，发展中国家认为，本次会议使各个国家能够互相学习。

利比亚和平利用核能可追溯到1973年，我们在那一年设立了原子能委员会。1982年通过了电离辐射防护法，1983年建成了核研究堆，功率10兆瓦，包括同位素生产和防护实验室。我们也进行了中子物理材料科学研究以及等离子实验研究，有100瓦的核物理试验装置，放射性同位素用于医疗、农业。

我们还有100瓦的研究堆。1993年利比亚做出历史性的决定，拆除了所有导致生产被禁止核武器的设备。利比亚的这一做法其他国家应该效仿。利比亚加入了相关的国际公约和条约。

女士们、先生们，利比亚总统欢迎美国现任总统发出美国减少核武库的建议，我们借此机会希望所有拥有核武器的国家逐渐销毁核武器，我们向机构保证不发展核武器。利比亚打算宣布将核电引入能源结构，我们希望从国际有关公司引进适当的技术。我们已经签署了和平利用核能的协定，与法国、俄罗斯、阿根廷也签署了相关协定，现在正在实施当中。

利比亚希望得到所有拥有核技术国家的协助，让我们可以进行核能的开发，同时保证我们不会拥有核武器，所有的核能开发都是按照国际原子能机构的相关规定开展，并且实施有效的保障措施。

女士们、先生们，每一个国家都可以获益于核能的和平利用。预祝大会圆满成功，期待大家和平地利用核能。谢谢大家！

喀麦隆工业研究部部长 M.Ndontchueng Moyo

主席先生，各位阁下，女士们、先生们：

我代表喀麦隆政府感谢中华人民共和国政府欢迎我们，感谢中国政府承办这次国际会议。我代表喀麦隆代表团向参加会议的其他代表表示敬意。

主席先生，会议主题使我们反思在核能方面所面临的问题，以及如何满足各国的需要。我们注意到全世界的能源分布是非常不平衡的，有的国家几乎没有自然资源，有的国家自然资源很丰富，但因为经济比较落后没有得到有效开发，这是我们在今后几十年必须迎接的挑战。

主席先生，女士们、先生们，喀麦隆的水电潜力是15.2GW，但我们只开发了15%，我们可以用各种方式提高供电量。我们中长期计划增加1600兆瓦的装机容量，以满足能源需求。喀麦隆将开发所有的资源，特别是要开发铀矿藏。

尽管有上述潜力，但考虑全球气候变化的趋势，从可持续发展的角度来说，使用核电对我们来说也是重要选择，开发核电、掌握核技术，同时也要防止核扩散，核扩散可能会对我们构成威胁。我们致力于国际原子能机构控制下的核能和平利用，我们已经加入了核不扩散条约，以及相关议定书、核事故早期通报公约、核事故援助公约，也加入了全面禁试条约，我们将确保非洲是无核武器区。我想借此机会强调，喀麦隆接受了国际原子能机构提出的有关修订议定书的建议，该议定书的实施将使我们能够更好地跟踪全世界核材料的动向。

女士们、先生们，我们加入国际核能公约，意味着在国内以及地区内有义务，在法制框架约束下实施核能的安全和平利用。喀麦隆决定在国际原子能机构的组织下，在加强核安全、安保与保障的国际合作方面发挥积极作用。我们意识到核材料使用的不确定性和可能造成的危险，希望国际社会能够支持所有国家获得核技术的能力，这种能力将有助于减缓全球气候变暖。

本次会议使我们能够共同研究这方面的情况，我们应该获得核能技术，研发符合国家发展需要的反应堆，掌握燃料循环以及放射性废物管理技术。最后，喀麦隆希望国际社会能够向发展中国家开发铀矿提供支持，以便支持其可持续发展和给相关国家带来好处。

预祝大会取得圆满成功！

苏丹科技部部长 I.A.Omer

中国工业和信息化部部长、大会主席李毅

中先生，国际原子能机构总干事巴拉迪先生，经合组织秘书长古里亚先生，中国国家原子能机构主任陈求发先生，女士们、先生们：

首先感谢国际原子能机构和经合组织主办这次会议，感谢中国政府承办了这次会议。我很高兴在此致辞。这是有关21世纪核能发展的非常重要的会议。

苏丹作为一个发展中国家，由于工业化和城市化，我们对能源的需求有所增加。因此，我们在国际原子能机构的帮助下，开展了长期能源规划的研究。该研究表明，到2020年，苏丹能源供求将出现缺口，为此，苏丹考虑将核能作为能源结构的一部分。我们已获得国际原子能机构帮助，开始一个技术合作计划来研究核电发展所需的基础结构。

我们成立了两个委员会。一个是技术委员会，从事核项目的技术问题研究；另一个是管理委员会，提供必要的政治支持。为和平利用核能，需对放射性物质的安全、安保与保障作出强有力的承诺。

作为基础建设之一，我们开始修订法律和法规，并正起草新的《原子能法》。它的要点是：设立一个单独的机构，即成立一个监管机构，对核设施与核材料实行监管。新法将包括应急、安保、第三方核责任以及其他问题。核法律方面的要求应与国际接轨。

另外，管理委员会由司法、外交与科技等部门组成，就国家对所需法律框架的立场提出建议。

核电发展需要高素质的人才。我们已开始了开发关键人才资源的工作。苏丹科学院设立了辐射防护、核仪器和电子学、核科学与技术的硕士学位。为支持教育计划，为培养反应堆运行、堆工程与堆物理方面的人才，苏丹已与国际原子能机构讨论建立一个零功率堆作为培养科学家和工程师的手段。

引入核能的决策需要有必要的基础。建立这个基础的三个里程碑的19个专题中有许多与国际社会有关。如不受歧视性影响的核燃料供应尚是一个存在争论的问题；乏燃料处理与废物管理仍为灰色地带；适合发展中国家电网容量的中小型堆型现在还没有可用的。

非常感谢大家听取我的发言，并祝会议成功！

斯里兰卡科技部部长 U.T.Vitharana

主席先生，阁下们，尊敬的代表们：

非常感谢主席给我机会发言，尽管是临时接到通知，也是备感荣幸。我也感谢中国政府，特别是中国国家原子能机构，还有国际原子能机构，以及经合组织召开这次核能部长级国际大会。

当今世界能源危机和环境危机日趋严重，除了成本的考虑之外，继续依赖于化石燃料不再可行了。因为化石燃料影响着我们的气候，导致气候变暖，对地球上所有的物种都带来极其负面的影响。要进行大规模的无碳排放的发电，核能应该说是必然的选择。因此，各国都在考虑扩建核能设施。这同时要求我们管理好乏燃料，发展基础结构，考虑技术的获得问题，考虑环境问题。

在讨论斯里兰卡的具体情况之前，我要借此机会表示赞同中国国务院副总理张德江先生在开幕词中讲到的，必须全面销毁和禁止核武器。如果能够做到这点的话，我们就可以毫无疑虑地大力开发和平用途的核能，其他发言者对此也都表示赞同。美国总统奥巴马最近还说，他愿意努力减少美国的核武器库，我们在此表示欢迎。所有国家都有权利和平利用核能，这个权利应当得到尊重，前提是必须遵守国际原子能机构相关的规定，包括核不扩散条约。

我国还没有作出是否引入核能的最后决定。斯里兰卡是一个小岛国，面积64000平方公里，80％的人已获得电力，我们必须为余下的20％的人提供电力。我们刚刚经过了恐怖主义袭击，国家安全是至关重要的。我们必须推进经济可持续发展，电力是必不可少的。我们现有6000兆瓦的装机容量，60％是火电，30％多是水电，余下的是可再生能源，包括生物能大约占2％。我们依赖于石油的程度必须降低，既考虑到经济问题，也考虑到社会问题。水电方面的潜力已经基本上挖掘到位了，很难再进一步开发了。

因此，发展可再生能源是我们目前考虑的最重要方案，我们的目标是在2015年的时候使可再生能源占到10％。恐怖主义问题成功解决了以后，我们首次考虑引入核能，装机目标约1000兆瓦，即达到总能源需求的10％。现在我们必须认真考虑核能的可行性和成本、效益，结合我们的国情才能作出最后的决定。同时还需要得到国际原子能机构和有经验国家的咨询和指导，除了安全、安保和保障问题之外，我们还主要考虑以下内容：

第一，铀在世界范围内储备并不多，未来价格有可能随着需求的增长而波动。有资料表明斯里兰卡可能拥有比较丰富的钍资源，因为我们知道印度大概拥有世界1/3的钍资源，所以我们会优先倾向于使用钍燃料的反应堆。这个问题印度代表已经说了，该技术在开发中，目前尚不可行，要从可持续发展的角度予以考虑。

第二，要找到合适的场址进行长期的核废物处置。我们是小岛国，这方面可能有困难。也许有必要建立一个区域性的核废物处置设施，接受区域内各国的废物，收取合理的费用。从公众对我们建设燃煤发电厂所表示出的反对意见，可以预见到公众对核能的态度。因此，必须加强公众的宣传教育，重点强调核能的安全性和环保性。我国公民普遍关心核能的发展问题，但目前还缺乏必要的认识。

第三，人力资源也是比较重要的问题，在这方面特别需要国际原子能机构和国际社会的帮助。

关于斯里兰卡引入核电，除了做好研究报告外，还要结合全球的情况，结合本国的实际做出科学的抉择。我们特别需要得到国际原子能机构以及诸位的建议。

谢谢大家！

英国能源部部长的代表 William Ehrman

主席先生，女士们、先生们：

我代表英国能源部部长发言。大家都知道，英国政府已经决定实行新的核电站计划，在我国今后能源结构中核能将与其他低碳能源一道发挥作用。这是政府和我国公众共同的决定，是考虑气候变化和能源安全的挑战所做出的，这些挑战是比较紧迫的。

我们目前电力的15%来自于核电，其中一部分核电站将在2025年之前关闭。英国政府认为，应该由能源公司来开发建造英国新的核电站，而且为之提供资金，并且承担核电站退役以及放废管理的所有费用。政府的任务是为核电投资创造恰当的条件。英国政府去年1月发表了白皮书，提出了有关业界和政府在今后10年的电力需要，为能够建造新的电站制定了相关措施和工作计划。我们与业界建立了合作伙伴关系，如解除不必要的监管负担，提高投资者的确定性等。首先是在审批方面，我们采取了审批前进行设计评估的形式，即在设计前端进行评估，这将使更多的核电站兴起，而且减少了监管的不确定性。

政府已经立法，使选址的战略性考虑在国家层面进行，在地方一级针对厂址的具体标准考虑。有关废物处理和退役资金，我们也通过立法确保开发商在核电项目开始的时候就为最终的处理预留出资金。现在要做的工作还很多，比如，英国核监管部门需要额外资金来应对未来的工作，不管有没有新的核电站，我们都在考虑如何确保我国的核监管是世界一流的。我们要评估有关厂址在战略上是否合适，并将继续努力使能源公司为核废物处置负担代价。在我们的工作中，必须注意到法律的挑战。

我们要做的工作很多，首先是使能源公司从2010年开始新的核电站计划申请，2013年到2014年开始建造，2017年到2020年开始运行，我们相信这个计划能够实现，这一信心来源于业界对英国核电市场的认识。今天，我们开放了核电，投入了125亿英镑购买核能，有11个场所被指定作为核电站的选址。目前这些厂址正在拍卖。我们认为英国核能界愿意支持这一计划，这是基于国内计划的要求。我们有能力发展核电站，我们也希望有全球供应链的支持。我们有一些新的核电供应链，有训练有素的人才，有被证明的项目管理和工程建设能力，有运行核电厂的经验，能够设计、制造和安装先进的设备。

最后，我想谈谈国际原子能机构所进行的工作，以及为和平利用核能国家提供技术援助。英国认为，新的核电项目有助于减少二氧化碳排放，加强能源安全。英国工业界能够支持国内和国外的核能发展，我们努力地为必要的投资创造条件。我们也认识到，必须对全球的核增长负有艰巨的责任。我们期待着机构和其他国家密切合作，发展核能和平利用，并且解决核扩散的风险问题。

阿根廷能源部部长 D.O.Cameron

谢谢主席，各位下午好！

首先，感谢中华人民共和国政府给予我们慷慨的接待，以及成功地组织了这次会议。我还要感谢国际原子能机构。现在介绍一下我国的核电能力，以及我们今后的计划。

阿根廷是联邦制的国家，位于南美，面积有300万平方公里，气候是从亚热带一直到两极的气候。国内生产总值3000亿美元。目前我们正在应对前所未有的经济和金融危机，危机可以追溯到2002年。我们的电网使我们能够与邻国交换能源，与欧洲相比，相当于从莫斯科到伦敦。核能机构的监管职能与国家原子能委员会的职能是完全分开的。国家原子能委员会负责研发。

阿根廷核能的历史源于50年前，我们建立核能机构是完全用于和平目的。50年前我们建立了核能研究所，开始了反应堆的研究，并建立起第一个同位素站。40年前我们有了一个研究堆，27年前开始生产核燃料，后来有了铀浓缩的能力。25年前我们有了自己的反应堆，几年后建设了第二个反应堆，搞出了重水堆，又建立了铀分离实验室。19年前我们与澳大利亚合作建立起了生产同位素的研究堆。3年前我们又重新推出了核计划和核活动。我们建立的研究堆，主要用于放射性同位素的生产。澳大利亚是与我们合作的主要国家，核电站建造主要是用第四代的技术，基本是我们自己研制的。

阿根廷的核活动主要是生产电力。我们有3座核电站，6个研究堆，还有4个粒子加速器技术中心，还有1个重水生产厂，有5个很大的铀矿床，还有一个铀转化厂，339个应用设施遍布整个国家。有3所人才培训学院，主要是进行核专业研究人员培养，以及相关专业的人才培养，包括燃料循环和乏燃料处理专业。还有医学方面的核应用，有3个医院从事核医学的培训。我们培训的专业人员，包括整个拉美国家和其他相关国家的人员。

看一下阿根廷这张地图的分布情况，就可以了解核电和核技术应用使我们人民的生活水平得到提升。我们有核技术转让的历史，也允许私营部门参与进来，包括资本投资、工程建设等。我们还有锆这种金属材料，这是特殊的合金材料，用于核燃料元件包壳。我们有重水生产设施，还进行铀矿采冶。我们和一些学校合作等等。我们有一个振兴计划，目前在建一座25兆瓦的反应堆，希望这个级别可以上调到300兆瓦。另外还有1个浓缩铀和后处理的设施，我们也研制了离心机和激光，再加上后处理的技术，我们正在建立第四个核电厂。

展望未来，我们希望到2025年达到29020兆瓦的装机容量来补充我们的电力，国家也通过了相应的法律。在2010年之后，要同时加大可再生能源的开发。我们还通过了合理使用国家能源的计划，到2025年，能源结构中化石燃料从50%减少到29%，核电上升到21%。

有关核电发展的经济学因素，首先是核市场与化石燃料市场有着密切的关系。我们清楚地看到，核能是应对石油价格上升的最为合适的一种办法。现在石油价格结构上出现了变化，我们很难祈求石油价格再降到40美元以下，在今后10~15年内，油价变化趋势会随成本增大。目前石油价格下滑，对消费者来讲是有好处的，对整个可再生能源来讲也是一个好消息。但问题是供应国会不会增加供应来满足需求呢？

核能领域中应该有多大规模的装机容量，是以需求为驱动的。我认为不是所有的目标都要在第一阶段实现，如果供应方对自己的供应做出优先或轻重缓急的安排的话，发展中国家有可能在获取核能方面碰到困难，这对我们来讲显然是很大的担心。因为作为核能的“新来者”，通常从选址、组织班子、准备基础结构的投资等要花8年左右的时间，就算是在经济危机的情况下，要想获得核能也是比较困难的。

阿根廷在致力于核能发展的同时，要确保我们能够获得必要的燃料供应，当然，这在很大程度是自主的过程。我们签署了核不扩散条约，和巴西也签署了阿巴协定，严格地履行自己的国际义务，这是阿根廷共和国在发展核电中能够实现的国家承诺。对核能和核医学我们有着强烈的意愿，希望能够获得所有的技术，当然，在核不扩散条约下，我们会承担起自己的责任。

谢谢大家！

加拿大自然资源部部长的代表 Robert Wright

谢谢各位！

加拿大政府感谢国际原子能机构、经合组织核能机构，以及中华人民共和国政府共同出色地举办了核能部长级国际大会。同时，我们也感谢中国国家原子能机构承办这次会议。加拿大自然资源部部长要我向大家表示歉意，她不能够亲自参加会议。

首先，加拿大支持本次会议的各项目标，我们面临着非常好的机会，也面临很大的挑战。我们看到各国对核技术的使用越来越感兴趣，以满足有关的发展需求，减缓气候变化的威胁。

我们应该评估一下巴黎部长级会议后4年来的重大发展，以使核能发展势头继续得以保持。加拿大认为，必须对全球能源的安全、经济、环境，提供安全可靠的核能供应，我们相信核能对各国发展都具有重大的作用。核能是加拿大重要的能源配置之一，有17座运行的核电站，50％的电力是这些核电站提供的。加拿大也认识到核电对环境的贡献，它能够大大减少温室气体影响和其他污染物。核能在能源需求和保护环境之间形成平衡中将发挥越来越重要的作用，这在加拿大是不争的事实，我们90％的电是非排放温室气体的。

加拿大也在考虑新建核能设施，除了安大略省以外，其他省也在考虑再建新的核电站，以应对未来能源之需。我们还有一个大规模的改造项目，经过改造以后的反应堆可以延寿25~30年，从而确保有清洁可靠的能源供应。

我们国内基础扎实，可以为国际社会提供许多支持；我们也愿意作为负责任的核供应国，与大家分享我们的经验。加拿大原子能公司正在进一步推进、发展和与相关国家分享加拿大的核电技术，并正在研发第三代技术。政府作为股东大力支持原子能公司寻求国内、国外的商业机会。此外，政府去年还宣布对原子能公司进行审评，作为我们负责任管理的承诺内容。

加拿大有丰富的铀资源，铀燃料生产量占世界总量的20%，其中85%是外销的，出口包括转化过的铀，为世界各地的核电站提供了可靠的燃料供应。加拿大铀出口全面接受国际原子能机构的保障和监督，是在双边核合作协议下开展的，以确保用于和平目的。加拿大的铀产业是按照非常严格的安全、环境和健康规定开展作业的，而且在环境方面我们有非常好的记录。

展望未来，我们认为发展前景非常广阔。加拿大和世界各国一样，希望能够推进建立防扩散的多边燃料循环机制，我们认为多边运作燃料循环是有益的步骤，同时我们也对发展防扩散的钍燃料循环感兴趣。我们多年来在实验室进行了此项研究，我们认为用重水和钍的反应堆很有前途，这一方面我们还需要加强国际合作。

核能要得到可持续的发展，必须对乏燃料和放射性废物进行良好的管理和处置。加拿大接受放废管理组织的建议，进行分阶段管理，确保核废物可以在地质处置库中进行检测，也可以回收。加拿大认为，这可能是未来乏燃料循环再利用的良好做法。国际原子能机构无疑发挥了重要的作用，让核技术的开发者和使用者一起推进核能的和平利用。加拿大大力支持机构所做的这一努力。随着越来越多的国家有兴趣引入和扩建核能，需要国际原子能机构提供更多的指导和咨询。加拿大政府致力于加强与国际原子能机构的合作，以进一步推进核能的和平利用。

谢谢大家！

法国外贸国务秘书 A.M.Idrac

秘书长先生，总干事先生，部长们，女士们、先生们：

首先我感谢东道主很好地组织了这次国际大会，感谢国际原子能机构总干事巴拉迪先生，并祝贺和感谢所有与会各方。有这么多国家参加会议，充分说明世界各国对国际原子能机构有着非常浓厚的兴趣，法国非常重视在国际原子能机构框架内所开展的工作。

核能目前的成就可以归功于它能很好地解决当今所面临的能源挑战。法国拥有58台核电机组，占总电力装机容量的80%，给我们带来了能源的独立性和保障性，也使我们可以减少温室气体排放。我们是经合组织国家里第四大能源消费国，但是二氧化碳排放，作为单位GDP的比例是排名第27位，比欧洲邻国人均排放量少了30%到40%。此外，法国决定对乏燃料进行再加工，以便能够循环再利用部分燃料。优化废物处置，使我们可以推进核燃料的可持续管理。

从2005年巴黎会议至今，世界范围内核能大复苏的势头没有减弱，有越来越多的国家计划采用核能，多边机构，如国际原子能机构和经合组织核能机构帮助这些国家负责任地和平利用核能是至关重要的。在此特别祝贺国际原子能机构做了十分有意义的工作，发表了发展核能的国家基础结构的里程碑文件。

法国的公共服务界、企业界、大学和研究所不断贡献他们的专长和知识，并且积极推进国际合作，以便能够更多地分享和平利用核能的好处，当然是严格遵守安全、安保和防扩散的相关条约的。法国在第二代反应堆方面有很好的经验，今天我们已经进一步突破到第三代反应堆，我们的技术前景非常广阔，我们也积极参与国际框架内的技术合作。我们深信，由法国作为东道主的项目，发展前景非常好，国际原子能机构对此也作出了极大的贡献，所有这些都说明为什么有很多国家愿意开发核能。但是，我们必须牢记核能也意味着有特定的责任要承担。严格恪守核不扩散方面的义务是非常重要的。我特别强调，法国高度重视国际原子能机构的保障措施。我们要鼓励各国签署附加议定书。核安全和辐射环境保护问题是至关重要的，每个国家都必须制定相关的法律，建设所需的基础结构，并且设立独立的安全当局。

除了相关要求以外，核安全和辐射防护有赖于人的技能，以及所有各方共同营造一种安全和透明的大氛围。我们必须处理好放射性废物管理问题，并且要处理好相关的资金问题，以便能够在安全、安保和防扩散的最佳条件下进行运作。这些问题必须从核能计划的开始阶段就抓好。我还要特别强调，核电站退役方面的资金也需要考虑。

最后，我要指出非常重要的一点，就是要加强对公众的宣传教育和磋商机制，透明应该是最重要的准则，只有这样公众才能接受核能。我们非常愿意对愿意引入核能的国家提供力所能及的帮助和咨询，我们有一个专门的机构开展这方面的合作。核能是可持续能源战略中的一个重要环节，我们要强调减排，强调大力发展可再生能源，法国致力于在全球范围内推进这一目标的实现，在即将召开的哥本哈根气候变化大会中我们也会推进这样的目标。现在很多人都认同核能是解决世界能源需要的重要手段，同时也是帮助我们应对气候变化的重要手段。在这方面有经验的国家，还有那些愿意和平利用核能的国家之间开展合作是至关重要的。我们希望在国际原子能机构的框架内和各国一道，以同样的理想、同样的责任，共同推进和平、负责任地利用核能和发展核能。

谢谢大家！

核能专题报告

气候变化政府间专家小组主席 R.K.Pachauri

能源与环境的关系

大家下午好！

我是气候变化政府间专家小组的主席，我很高兴在这个大会上通过远程图像传输做一个发言。我本来想亲自到场，但因另有安排不能分身。我想在这里谈几个问题，与你们的讨论有关，主要涉及能源和环境的关系。

大家看到，世界上核能利用有着非常重要的作用，整个工业化的进程是建立在能源生产和使用的基础上。比如蒸汽时代可以生产巨大的船只，制造机械、运输工具，还有石油、天然气等。我强调的问题主要涉及温室气体效应，也就是二氧化碳排放问题。我们首先希望气候变化能够放缓和稳定下来，降低在大气层中二氧化碳的含量。工业革命前，大气中二氧化碳的含量保持在 280×10^{-6}（280ppm）的水平。我们看到工业化时代大烟囱排放的情景，使二氧化碳的含量增加到目前的 360×10^{-6}。气候的变化，在过去 50 年间，基本上是因为排放所造成的，也就是人类的活动所造成的，因此，需要认真有效地加以解决。世界应该立即在使用能源方面做变革，使我们能够真正解决或者减少温室气体的排放量。

我想谈一个稳定排放或者降低二氧化碳浓度的措施，因为这是唯一稳定气候变化的办法。世界上有几个国家目前已经达成了这样的一致意见，也就是说未来的气候变化不超过 2℃以上。为了实现这个稳定目标，我们必须限制温室气体的浓度，要基本保持在今天的程度上。

另外，我们很清楚地看到一个因素，世界只有 6 年的时间可以允许排放量继续上升，2015 年达到峰值时就该下降了，下降越急剧就越有可能扭转气候变化出现的负面效应。这需要我们迅速在能源使用和扩张中作行为转移，因为 6 年会很快过去。尽管目前出现了经济危机，导致了生产下降，从而排放量也下降了，但是，一旦经济复苏，对能源的需求将会急剧上升。所以目前经济发展的放缓给了我们一个机会，能够在能源结构方面做一个调整。因此，我认为首先要加强能源的使用效率，比如有些碳排放量比较低的能源应该加强使用，而核能显然就是低碳的能源。还要加强可再生能源，比如风力发电、沼气发电等。所有这些都可以构成世界未来的能源组成。如果我们要降低排放量，现在就必须拿出政策，并根据这些政策尽早投资发展低碳能源。综合地讲，广泛使用低碳能源，能够使温室气体在大气层中的浓度保持稳定。有一个问题是，这种做法对全球经济来讲是不是代价太大了呢？我们的评估认为，这绝对不是一个昂贵的方案，不可能严重地影响世界经济。我们看一下这个曲线的总体结果，到 2030 年全球国民生产总值下降 3％。另外，还有更大的核心利益，如果减少排放量，减少温室气体的话，可以减少当地的污染，而减少污染可以带来更大的好处。也带来更好的能源安全，如果不用化石燃料，而是多样化地使用核能，使用可再生能源，显然对全球石油市场、煤炭市场就会减轻压力，从而使能源供应有更大的保证。另外还有一个更大的好处，就是可以创造就业机会。提高能源效率，会产生一些新的就业机会。对于可再生能源市场来讲，就业更加具有吸引力，从整体来讲可以改变市场的竞争机制。

最后，还有一个很大的好处，可以使农业的产出更多。因为气候变化的重要后果就是对农业的影响，所以农业的产量在世界某些地区急剧下降，如果不遏制气候变化的话，这个趋势将会继续加剧。总体来讲，所谓国民生产总值3%的下降成本是能够抵消的，我们还是能够承担起这个代价的，开发低碳能源的结果是整体经济产出有可能增加。

总的来讲，我们不但要注意气候变化，还要使区域的气候受到保护。同样重要的是需要注意转向新的能源制度，采取相应政策，解决使用低碳能源的技术，并使这种技术得到有效、广泛的推广。因为目前我们没有一种政策框架，使各国能够使用现有的技术或者是即将商业化的技术。因此，气候变化小组第四个评估报告明确指出，我们可以走向减缓之路，不一定非得等待新技术，因为新技术、新方法肯定会发展，我们可以开始使用已有的技术。如果我们想开发新的技术，就需要采取促进技术的政策。一个重要的政策要素，就是有关碳的价格。每一个经济部门对于碳价格都非常敏感，如果碳的定价适当的话，就会向市场发出一个信号，即做出努力投资研发低碳技术，鼓励大家使用低碳能源。要有一个定价的框架，以使我们转向恰当的能源结构。

改变生产方式和消费方式，对我们转向低碳能源的未来很重要。我认为，所有国家都应根据行业间达成的协议制定政策，比如通过能源供应，对高碳能源进行收税或者与某些国家进行碳交易，甚至可以采取监管措施来减少高碳燃料的消费。我们希望转到低碳燃料的使用，必须从政策上促进这种转移，这是政策框架重要的一部分。有关碳的定价在IPCC第四次评估报告中指出，要么通过对那些碳含量高的能源征税或者是进行碳交易，要么就是采取监管措施，这些监管措施要使社会很难使用高含碳量的能源。

我们需要采取的各种政策，是由国家的能源现状来决定的，与国家的能源和消费方式有关系，不可能在短时间内出现很大的变化，但需要提出未来的愿景，转向对低碳能源的使用。所以我请各位研究能否达成这样的协定，即要求世界各国能源部门根据本国的国情，采取行政措施，包括主动制定政策，满足哥本哈根协议的要求。我们希望这个协定能够很快达成，我们将看到增加就业机会，降低局部污染，有利健康的好处，并实现全球的能源安全。我认为在所有能够利用的能源当中，核能是最有吸引力的，我们应该大规模地利用核能，大幅度地增加再生能源的使用。

最后，我要指出，世界上仍然有16亿人还没有用上电，因此，我们必须找到解决办法，为这些人提供电，而且是要以可持续和清洁的方式来提供。我们需要关注被忽视的人口，这是减少温室气体排放的一部分，希望找到办法满足人类社会的基本需要，这些方式应该是可持续的，可维护一个清洁的、稳定的未来。

中国环境保护部副部长、中国国家核安全局局长李干杰

把握机遇、应对挑战，促进核电健康发展

谢谢主席，女士们、先生们：大家下午好！

中国改革开放30年来，经济和社会高速发展，取得了世人瞩目的巨大成就。但与此同时，中国的环境问题也日益凸显，特别是由于能源结构不合理所带来的环境问题尤为突出。为了促进经济、社会和生态环境的协调、可持续发展，建设资源节约型、环境友好型社会，中国迫切需要加强环境保护，推行节能减排，大力开发和利用清洁能源。

为此，中国制定了“积极推进核电建设”的政策，并有一系列核电机组新近开工和即将开工建设，核电发展形势迅猛。那么，中国核电发展道路上面临哪些挑战？面对这些挑战，中国需要采取哪些应对措施？这是目前中国核电发展需要认真思考的问题。

一、核电是中国加强环境保护，建设生态文明的必然选择

为了切实保障公众生命健康，呵护好人类赖以生存的地球家园，实现可持续发展，中国政府将环境保护作为基本国策，提出要大力推动生态文明建设，努力形成节约能源资源和保护生态环境的产业结构、增长方式和消费模式。核电作为一种安全、经济、清洁的能源，是当今最现实可行、能大规模发展的替代能源，在中国大力发展核电无疑有着十分显著的重要性和必要性。

1．大力开发利用核能是优化能源结构、保障能源安全的客观需要

据统计，2008年中国的电力装机容量构成之中，火电占76%，水电占22%，核电占1%，风电等占1%。而火电机组中燃煤机组装机容量占98%左右。从中可以看出，煤炭依存度明显过高，能源结构不尽合理。这种过度依赖煤炭的能源结构在消耗大量资源的同时，给环境和交通运输带来了巨大压力。

经过50多年的建设与发展，世界核能利用技术日臻成熟，已经与火电、水电一起构成了世界电力供应的三大支柱。法国、韩国、日本等国通过大力发展核能，基本实现了核电的国产化、标准化和规模化，核电所占比例较大。美国、俄罗斯等国也形成了倚重核电的稳定的能源供应局面。因此，中国也完全应当和能够积极发展核能，提高核电在能源结构中的比例，

降低煤炭的依存度，优化能源结构，保障能源安全。

2．大力开发核能是厉行节能减排、减少环境污染的有效途径

目前，发达国家上百年工业化过程中分阶段出现的环境问题，在中国短时间里集中出现，呈现结构型、复合型、压缩型的特点。而能源生产和消耗所带来的环境污染是中国总体环境问题的重要方面。

要实现节能和减排的目标，必须大力发展清洁能源，而核电是最佳技术选择。与火电相比，核电基本不会产生二氧化硫等主要污染物。目前中国已有运行核电装机容量910万千瓦，折算每年减少的二氧化硫约16万吨，氮氧化物约32万~40万吨，烟尘约19万吨。随着装机容量的不断提高，减排效果将更加显著。

3．大力发展核电是减少温室气体排放、应对气候变化的重要举措

按照中国目前的核电发电量测算，相当于每年减少二氧化碳排放约5300万吨。核电与风电、水电等其他清洁能源在温室气体减排方面作用相当，而核电还具有容量大和基本不受天气等外部因素影响的优点，能够在有很小环境影响的情况下稳定地供应大量电力。因此，积极发展核电也是中国减少温室气体排放、应对气候变化的重要举措。

二、中国发展核电当前面临的主要挑战

实事求是地讲，目前中国发展核电还面临着一些明显的短板与瓶颈问题，需要在未来一段时间里努力克服。在现阶段，如果扩张过于迅猛，必然引发人力资源分配、国产化战略推进、放射性废物管理、核安全监管和公众可接受性等方面深层次结构性矛盾，进而威胁到核电的建造质量和运行安全。

1．核电建设人力资源总体短缺

核电项目的建设周期比较长，期间需要大量高素质、有经验、专业化的各类工程技术和管理人员。例如一个两台百万千瓦级核电机组的建设项目，有4年以上的建设高峰期，大约需要业主和各类承包商专业技术和管理人员上千人。其中相当数量人员应是具备相关经验的“高端人才”。由于世界核电经历了较长时间的低谷,国际、国内有经验、具备高素质的“高端人才”总量有限。随着新建核电项目的逐步开工，“高端人才”还将不断稀释。因此，人力资源总体短缺问题相当突出。

2．核电研发和设计能力尚不完备

经过20多年的不懈努力，中国在核电技术研发和工程设计方面已经打下了一定基础。但同时，我们必须看到在以下方面还存在不足：

一是中国还没有全面掌握百万千瓦级核电站的设计技术，一些关键技术的设计目前仍处在“模仿”阶段。二是中国尚未建立起真正属于自己的、符合中国国情的、基本完整的核电技术标准规范体系，多国标准规范混用的局面依然存在。三是中国投入不足，配套不全，责任不明确，自主创新能力不强，距离全面承担大规模核电

发展的研发与设计任务还有较大差距。

3．设备制造和安装能力不足

中国核设备制造技术力量和装备的水平近年来有很大提高，但主泵、部分关键核级泵和核级阀门、堆内构件、大型铸锻件、蒸汽发生器传热管以及部分特殊材料等制造能力仍有待加强。此外，中国真正具有资质和业绩的核岛安装队伍总体安装能力也还有限。

4．放射性废物管理体系还不健全

尽管中国放射性废物管理取得了可喜的进步和成绩，但当前仍然面临着政策研究欠缺、法规制定滞后、废物处理处置能力不足、历史遗留的废物还未得到完全的治理、铀矿冶的三废治理在技术和设施上比较落后等问题，这些问题制约着核电的健康发展。

5．核安全监管力量薄弱

核安全监管是发展核电的必要支撑和必然要求。随着中国核能利用和核能技术利用的发展，核安全监管任务日趋繁重，监管难度日益加大，目前中国的核安全监管力量已经远不能适应核能和核技术发展的实际需要，主要表现在监管人员少、技术手段落后、经费投入不足等方面。

6．公众宣传工作严重滞后，部分公众心存疑虑

虽然中国在核电公众宣传方面做了一些工作，基本获得了公众的理解和支持，但在一定程度上仍然不能满足未来核电大规模发展的需要。

当然，上述影响和制约核电快速发展的问题，是任何国家在核电发展中都不可避免，或多或少必须面对的问题。对于这些问题，我们必须充分认识，客观看待核电发展的制约条件，统筹考虑，循序渐进，并采取积极有效的针对措施，逐步加以解决。

三、统筹兼顾，积极应对，推动中国核电又好又快又安全地发展

当前，全球范围内的能源紧缺、环境压力和金融危机给核电的发展提供了良好机遇，全球范围的新一轮核电建设热潮即将到来。中国政府将把握机遇，采取有效措施，积极应对挑战，在确保核安全的前提下，稳妥和有序地加快中国核电建设的步伐。

1．制定核电发展规划，引导和规范核电产业快速发展

2007 年，中国政府制定了《国家核电中长期发展规划（2005—2020 年）》，提出到 2020 年有 4000 万千瓦核电装机容量投入运行，并有 1800 万千瓦在建。目前，中国政府正在积极研究调整核电发展规划，以图进一步增强引导和规范核电发展的力度。

2．积极引进国际先进核电技术，发展民族的核电产业

目前，中国政府已经明确了未来核电发展的主要技术路线，一方面，建设一批技术成熟的二代改进型核电机组，满足电力需求；另一方面，通过引进国际先进核电技术，提高核电工业技术水平，并积极探索发展民族核电产业的道路。

3．大力发展核电产业链，为核电健

康发展提供支撑

中国政府将积极制定政策，促进核电产业链的有序发展，并建立长效机制，解决铀矿冶和放射性废物处理处置问题。在核设备的设计制造、工程安装、核电厂运行管理等领域强化许可证管理，引入竞争机制，切实提高技术和管理水平。

4．理顺核电投资的管理体制，促进核电良性发展

目前，中国已形成中国核工业集团公司、中国广东核电集团有限公司、中国电力投资集团公司控股建设核电项目，其他公司参股的稳定局面，核电发展必需的投资资本金已有保证，投融资基础进一步夯实，稳固的投资体系已经形成，为实现核电中长期发展目标提供了保障。

5．构筑核安全监管大厦，切实加强核安全监管、

为了有效地履行核安全监管的职责，中国政府将着力夯实三个基石，构筑起一座坚固的“核与辐射安全监管大厦”。

一是夯实核与辐射安全监管机构队伍基石。总的目标是形成力量充足、运转高效的核与辐射安全监管组织体系。

二是夯实核与辐射安全监管技术能力基石。其中，重点是要加强核安全研究和分析、核安全设备质量检测、放射性废物管理、辐射环境监测、核事故应急等方面的技术能力建设。

三是夯实核与辐射安全监管法规标准基石。我们计划在短期内有新突破，5年内取得明显进展，到2012年基本形成具有中国特色并与国际接轨的法规标准体系，为后续核电建设和核安全监管打下更加坚实的基础。

女士们、先生们，中国是世界上最大的发展中国家，能源需求持续增长，保护环境任重道远，迫切需要核电作为稳定供应的清洁能源。目前，国际国内环境为我们提供了加快发展核电的良好机遇，我们必须保持清醒头脑，始终坚持“质量第一，安全第一”的根本方针，有效应对核电迅速发展过程中的各种挑战，以确保中国核电又好又快又安全地发展。

谢谢大家！

尼日利亚原子能委员会 F.E.Osaisai

引进核电：理由与挑战

谢谢主席先生！

我是几天前被紧急召过来替代同事作讲演。我主要是从核计划的角度着手谈核能问题，对于可持续发展，怎样作出相应的规划等。

我有一个简明的讨论大纲。首先拿出发展能源计划，看一下发展中国家、发达国家、先进国家的能源计划情况，然后找出长期能源需求。像尼日利亚这样的国家基础结构比较差，为什么要搞核能呢？首先看一下我们国家自然能源的情况，如何使这些资源的使用得到最佳化，使它们能够符合核能发展的要求。要像发达国家一样搞核计划有很多挑战，我们将面临什么

样的挑战呢？

1987年，我们有一个发展委员会，那时使用了持续发展的概念，也就是要发展，同时又不损失后代赖以生存的资源。我当时强调，尼日利亚也是像许多国家一样使用化石燃料，但是化石燃料在我们国家消耗得非常快，可能会对后代生存造成问题。当时在联合国也展开了讨论，有一个行动计划，该计划提出了几个不错的能源考虑，也就是说要使能源多样化，尤其对发展中国家要加强能源的多样化。对能源的讨论，是在这样一个背景下展开的，对核能推动持续发展的作用，大家各抒已见，有人强调搞不搞核能的责任在每个国家。

我简单地谈一下能源消费与国民生产总值之间的关系。我们知道，这些系统的内容都是相互联系在一起的，推动的动力就是能源消费，特别是电力能源。我们看一下能够拿到的数据，能源的消费在发展中国家和发达国家是不同的，非洲的情况显然很可怜，但欧洲国家人均耗电量是相当高的，亚洲国家、北美国家、大洋洲人均电力消费也都很高，这说明对电力的需求是很大的。同样，发达国家人均收入也是相当高的，从各种数字上可以一目了然。主要能源的14%是以电为代表的，现代生产业都要依赖于大量的电力。所以，可以看出人均消费与国民生产总值之间的关系是密切的：发展中国家在整个曲线中处于低谷，而发达国家处于高峰，很多非洲国家实际上已经排除在这些指标之外了。

如果分析电力产业，我不知道曲线关系怎么画，这个函数怎么定。但是有一点很清楚，就是发达国家对经济规划制定得很不错，但是如果没有办法制定出良好的能源开发规划，就没有办法继续向前发展。这里可以看到美国、英国、乌克兰和尼日利亚的排序。尼日利亚有1.4亿人口，装机容量只有6GW，其中水电占31%，天然气发电占37%，燃油发电占32%。用于制造业的能源是由一个公司生产的，因此生产成本很高。尼日利亚人均用电量仅是30瓦，即一个4口之家可能只有2个灯泡而已，也还有许多人没有用上电。

为什么需要考虑核电呢？因为涉及长期安全和需要多样化。我认为，能源长期安全对国家是很重要的。我们需要注意到，化石燃料是有限的，而且任何国家的水电也总是有限的。根据我们30年前进行的研究，我们总的水电是18GW，大型水电项目是17GW，即使能够完全利用这些水电装机容量，还要燃烧化石燃料，还要到其他地方找沼气。资源节约与环境效益相一致，我们还要考虑气候变化与现有能源效益的最佳化，而且需要能源结构多样化。可持续发展和环境保护取决于能否获得多样化的能源选择。

我们看一下尼日利亚的情况，在6000兆瓦的装机容量当中，1080兆瓦的水电，其他的是石油和天然气。这样的比例是不可持续的，我们现在没有足够的能源来驱动发展。因此，我们需要能源的选择，决策者需要考虑核能，而且要合理地管理可再生能源，石油天然气应该得到合理使用。对于尼日利亚这样的国家而言，很大程度上依赖化石燃料，如果我们不能在本国研发替代能源的话，就意味着威胁我们的子孙后代了，需要政府考虑利用现有的能源资源，为子孙后代节能。需要有可持续的能源使我们面向未来，而且需进行资源的节约和管理，以便不给子孙后代造成影响。

我们为什么考虑选择核能呢？任何国家的能源开发都取决于若干因素，其中主要包括经济是否可行，能源的基础结构是否符合战略考虑，以及对环境是否存在影响。尼日利亚人口基数大，有1.4亿人，如果技术可行、发展得当的话，就会有市场。在任何情况下，上述因素都需要政府决策，以使这些因素最佳化。全球经济是由市场力量来调节的，而且也受到环境的影响，因此要使所有的能源利用最佳化。

尼日利亚和其他国家在搞核电计划方面可能有困难，核电需要基础资本投资，这对我们的国家而言比较困难，包括它的建设周期长。我们在做核电计划的时候，有比较中性的意见，即恰当的规划就可以了。作为发展中国家，我们希望有核燃料供应保证，而且要具有很高的安全标准，还有就是要接受国际的监管，要有安全保证。

根据我们的预测，核电是有竞争力的，而且有利于减缓气候变化，也可以保证我们国家长期的能源安全。此外，我们还认识到，实施核能计划也有其他的效果，比如在水资源管理，粮农、医疗、人体健康等方面。对于我们而言，主要困难在于没有相关的技术框架。我们的资源贫乏，如何满足今后工业等各方面的需求，现有的能源用完了以后怎样获得能源，需要制订一个客观的能源计划，而且还应有透明度，让我们国家的人民达成共识，保证能源计划能够实施。

新的核电计划所面临的挑战，主要是国家的政策框架和机构能否实施，另外是人力资源，如果没有训练有素的人力资源，再好的核电站也没有用。我们迫切需要建立技术机构，以及更为重要的融资计划。国家在计划实施中有几项工作，一是政府要负责把建设所需的基础结构和人力资源，以及融资问题解决了，政府还要创造一种有利的环境，使得私有公司对此计划感兴趣。

我们面临的最重要的挑战是长期的政治承诺和可持续性，发展中国家都有这样的问题。我们必须解决这些问题，在国内要达成所需的共识，保证公众能够接受。还有一个重要挑战是培训所需的人员。培养专业人员所需的时间很长，我们与大学建立了伙伴关系，并制订了培训计划，也与国外建立了伙伴关系，搞了一些人员的培训计划。核电厂在投入运行的时候，应该有国内的人员参与工作。尼日利亚最大的行业是石油工业，我们在考虑核电计划的同时，也需要以某种形式对其他工业的发展作出承诺，希望关键部门参与如上面提到的融资计划。需要创造环境，让公民也致力于计划的实施。

我的结束语是：我们需要利用核电，我们希望成功，也需要我们辛勤努力，以保证有长期的能源供应，保证我们今后的可持续发展。对于能源资源有限的国家，在现有资源方面投资是非常重要的。有关实施国家核能计划所需要的框架，需要开放透明，遵守国际标准，要有安全保障。政府需要创造有利条件，保证政策能够成功。我们希望与其他的合作伙伴共同培养人力资源，以保证成功地实施计划。我们要学习的东西很多，我们也可以从大家的讲话当中学到很多东西。

谢谢大家！

国际能源机构执行干事 N.Tanaka

世界的能源形势

非常感谢 L.Echavarsi 先生，各位部长、各位嘉宾、女士们、先生们：

大家下午好！我非常荣幸受到国际原子能机构的邀请来这里作报告，介绍世界的能源形势。IEA（国际能源机构）和 IAEA（国际原子能机构）是两个机构，国际能源机构设在巴黎。国际能源机构 1974 年成立，旨在促进石油消费国间的合作，以应对能源供应的危机。有 28 个经合组织的成员国参加，拥有 90 天的石油储存，有紧急情况出现时可以使用这些石油储备。如伊拉克入侵科威特的时候就动用了这些储备，2005 年卡特里娜飓风时也动用了战略石油储备，把储备石油释放到市场上。在需要应急的情况下，我们可以采取这样的措施。

现在我们不仅关心石油安全，还关心天然气的安全问题，特别是欧洲成员国，要做应急方案来应对可能出现的天然气供应中断问题。同时，我们还在讨论气候变化的问题，因为能源安全和气候变化是我们必须共同面对的两大挑战。如何应对这两个问题，一方面靠技术，另一方面靠提高能源效率，少使用能源是保障能源供应的最好方式，同时也可以减少污染物的排放。所以，我们不仅仅关心石油的供应问题，还关心其他的能源政策问题，包括少用一些能源。今天我还应邀参加了在北京召开的另外一个大会，是煤炭方面的会议，因为煤炭对中国，包括其他一些国家仍然是最主要的能源。

我们对今年到 2030 年全世界一级能源需求作了展望，从 2006 年到 2030 年，每年增加 1.6%，增幅有很大一块来自非经合组织的国家。煤炭使用量增加显著，在 2030 年是世界第二大能源。当然核能也是很重要的一块，但其份额从 6%降到 5%。作为一级能源的供应和增加，只能说其他能源形式增加得更快、更多，因为其他能源形式更容易获得，也可能是成本比较低廉。如此的发展会导致化石燃料越用越少，也会带来可持续性方面的问题。

我们还要考虑投资方面的问题，现在世界面临经济危机，有很多国家推迟或者是取消能源开发项目，可能会在中长期造成供应短缺状况。去年我们已经看到过供应短缺问题，从而导致包括石油在内的各种能源的价格高涨。我们必须吸取去年石油行业的教训。根据测算，从现在到2030年，能源基础设施需要26万亿美元的投资，其中一半要花在电力上面。就核能来讲，我们预测在核能方面要花5570亿美元，这也是巨大的投资商机。

另外一个挑战是可持续发展的问题。照旧发展会导致二氧化碳排放增加，全球平均温度继续上升。为了把二氧化碳排放控制在可控的水平，也就是500ppm的水平，这是我们可以采取的一种方案。还有就是450ppm的方案，这等于本世纪末的时候，全球温度上升控制在2℃以内，这也需要加大投资。如果是450ppm，最大的一块来自节能，即54%的减排来自于节能，14%来自碳的捕集和储存。因为煤炭丰富、容易获得、价格低廉，美国、中国、印度主要使用煤炭，但煤炭的二氧化碳含量很高，需要使用碳的捕集和储存技术。不用这种技术，要使二氧化碳的排放量在2050年之前减半根本办不到。

另外一个数字， 这是照旧发展的预测方案。如果按照450ppm的方案，电力行业应当把二氧化碳排放量减少2/3。要做到这点，煤炭和天然气的发电量都要减少，同时还要大幅增加其他无碳、低碳能源的发电，意味着每年增加18000台风力发电机，有30GW的可再生能源，相当于建数千个太阳能发电站或者50个水力发电站，每年还要建30个碳捕集项目，或者是每年建设20个核能项目，每个项目在100万千瓦左右。每年保持这样的增长量，才能够在2050年使二氧化碳排放减少50%。

如果实现了450ppm，在这个方案之下，2030年核能会增加到18%，可再生能源增加得更多，从18%增加到40%，就是40%的电力来自可再生能源。水力发电也要增加，煤炭要减少，但仍会继续成为电力供应的主要来源。煤炭、水力和非水力的可再生能源，之后是核能，核能成为世界上第三大能源来源。

如果450ppm的方案延长到2050年，我们叫做能源技术视角的报告。蓝色相当于450ppm的方案，在这个方案之下核能装机要增加3倍，达到原有的4倍，经合组织国家和非经合组织国家都要大幅增加核能的发电。根据我们的测算，中国每年要增加7座1GW的核电站，这就要求中国做出巨额的投资，这也是巨大的商机，但确实也有挑战。初期投入比较大，特别是当前面临金融危机，我们能否落实这么大一笔投资呢？

李干杰先生刚才讲到人力资源的问题，我们也关心这个问题。人力资源够不够？有没有足够的人才来发展这些技术？要达到这么大规模的发展人才够不够？还有一个问题，就是很多人不愿意在自己的后院建设核电站。尽管有了资金，能不能说服公众在其所在地区建设核设施，以及乏燃料、放射性废物处理处置等都是大家关心的问题。所以我们需要政府方面开展关键行动，有时候政府在核能方面的政策是断断续续的，政府换届政策也换了，缺乏稳定性和连续性，这也是导致私人机构不敢在这方面做出大额投资的原因，因为风险太大，政府政策不稳定就意味着风险过大。我们需要国家的政策，还需要国际的框架，碳交易将会到来，需要民间积极参与，碳税也会成为现实，政府应当在这些方面发挥非常重要的作用。在放射性废物安全管理方面，国际原子能机构一直发挥着重要的作用，未来也将发挥重要的作用，这也是关键的问题。

女士们、先生们，我们必须投资于各种清洁的能源技术，包括提高能效、可再生能源、碳的捕集储存、混合汽车燃料电池等，所有这些备选方案都要考虑。现在我们有很好的机会应对气候变化的挑战，核能可以发挥至关重要的作用。我们既要应对气候变化，同时也要增加能源安全，国际能源机构对此非常重视。应对气候变化也是能源安全要考虑的重要因素，如李干杰先生所说的那样，这次经济危机必然会转化为一种商机。我们呼吁各方、各国政府要制定一种清洁能源的新政策。根据我们的测算，国际能源机构的国家在能效方面需要做出1200亿美元的投资，加上中国的数字要达到1500亿美元，所以我们要克服当前的经济危机，同时也要兼顾长期发展的可持续性。

让我们携起手来，国际能源机构非常高兴能够和大家合作，包括与国际原子能机构的合作。

祝大会取得圆满成功，非常感谢！

印度原子能委员会主席 A.Kakodkar

技术在解决长远需求方面所具有的影响

谢谢主席，女士们、先生们：

在我的专题讲演中，我向大家介绍技术在解决长远需求方面所具有的影响。我把印度作为讲演的案例。大家可以看到这样一个地图，世界地图是从外空拍照的，大体展示了世界上不同地区的分布，按照夜晚灯光的明亮程度展示能源的分布情况。大家会看到这个分布非常不均衡，有些国家人口很少，但是能源的消费使用水平很高，而有一些人口众多的国家，人均使用水平就很低了。我们还可以看到，有一些地区的能源利用不足或者欠缺。

如果人均每年的电力使用是5000千瓦时，基本上就达到了很高的人类发展水平。考虑到化石燃料储备在不断地消耗，以及解决全球变暖的任务日益重大，所以核能将对全球能源的需求作出重大的贡献，这一点是大家经常强调的。假设世界一半以上的能源需求来源于核能，那么就需要3000~4000个核电厂或者是核能反应堆。如果要替代化石燃料的话，上述核动力堆的数字至少要翻一番，因为化石燃料的危机大家已经看到。

这些核反应堆大部分都需要建在人口高度密集的地区，而且又是基础设施不是很发达的地区。按照国际能源机构的计划，主要是核电增长需要不断地获取铀，如果真正满足需求的话，我们需要大量的铀矿。到2020年，我们看到将有很高的预测，如果把已经发现和没有发现的资源都加在一起的话，就会发现到30年之后才会出现这样重大的转变。所以这里说明的是，铀的整个循环是不稳定的，尽管核能和化石燃料相比有更大的潜力，但是从长远看，我们要打破现有的核燃料循环的局限性。这告诉我们应当采取什么样的技术，包括反应堆，也包括在燃料循环方面，我们需要更经济的堆型，同时也需要采取成熟的技术。当然也有其他的问题需要考虑，如扩散问题和安全运行问题，本地的基础设施是否充分等。

从中期和长期来说，还有其他一些问题需要考虑，就是说所采用的技术必须和所使用的燃料循环相适应，堆型使用的燃料必须是可持续使用的。而且考虑到未来的量会很大，因此需要特别强调安全问题，还要有足够的技术来确保安全，包括扩散方面的问题。还要有很好的管理框架，简单的管理方式肯定不够。也要考虑非动力的应用，就是考虑替代化石燃料，除了动力之外还要非动力应用。

对于发电项目很大的国家来说，也要考虑规模的问题，国内设施是否能够保证提供足够可靠的燃料供应，还有经济可行性。当我们谈到燃料循环的时候，技术保护也是一个重要的课题，我们要保护自己的技术。就中期和长期来说，核燃料资源的可持续性，环境可持续性，还有核废物处置都是要考虑的问题。

从资源方面来说，我们可以掌握铀，可能还有钍。当我们在使用循环方式的时候，这两种技术都是可以考虑的，两者都有差异，也可以两种结合使用，各有利弊。一个是铀，一个是钍，用于循环的模式都可以，但是你要把能量最大化。在印度，铀资源比较有限，但是钍资源非常丰富。我们的核电项目是典型的“三步走”发展路径，先是压水堆，然后用第二代技术，再就是钍这种技术，充分使用所拥有的丰富的钍资源。裂变材料可以通过钍-232生产铀-233，这样就会有防扩散方面的担忧。而钍有很多的优势，钍元件可以更好地保留裂变气体，导热系数更高，同时产生废物也更少。

每个国家的情况不一样，所以不能搞“一刀切”。印度的经验是“三步走”的计划。我们同时在实施轻水堆，通过国际合作可以增加这方面的技术，解决近期的能源需求。仅有反应堆和燃料循环技术还不够，其他方面的技术也要到位，前端后端都需要相关的基础设施。比如重水，在设备制造供应链方面也要有基础设施，这取决于项目规模，这个基础设施可能是非常庞大的，建设方面需要有非常扎实的能力，能够快速地在多个点同步搞建设。每项技术转换都是技术革命，当然你可以使用同样工业的基础设施。反应堆运行也离不开高端技术，包括在役检测、检验以及零部件的检查，确定所使用设备的寿命是一项非常复杂的工程，其中有很多零部件都要更换，这也要求有非常过硬的技术能力，印度已经掌握了前面所提到的技术。

此外，我们在经济方面具有了一定

的竞争力。虽然我们建造和运行的是小型反应堆，现在才开始进入到700兆瓦和1000兆瓦的级别。但是按每兆瓦计算资本成本，远远低于大型的1000兆瓦的机组。虽然说220兆瓦的机组达不到规模经济效应，但与国际标准相比，还是非常经济的，相当具有竞争力的。关于电费方面，我们可以强调指出，核电的电费并不存在像化石燃料那样通胀的因素，因为它的可变成本在总成本中所占的比例较小。可变成本较小，固定成本比例较大，如果按照固定货币价值计算的话，实际上核电的电费是在下降的。

当前， 我们除了需要今天使用的技术之外， 还需要着眼于未来。印度的技术重点是钍，刚才也讲了很多钍的优势，特别是在防扩散方面。印度的先进重水反应堆可以采用浓缩铀、铀-钚混合氧化物、钍-钚混合氧化物和^{233}U-^{232}Th的混合氧化物的燃料堆芯，这种循环本身的特点是有利于防扩散。同时，安全水平很高，如果发生事故是没有辐射影响的，它有安全关闭系统，可以解决所谓的内线威胁，也可以防止人为破坏，它的设计寿命达到100年。简单说一下这个技术，^{233}U-Th细棒与Pu-Th细棒相比的话，这里面可以看到^{233}U-Th细棒有更少的次锕系元素的产出数量。

最后是安全、安保方面。先进堆如果发生停电，停产之后一级、二级关闭系统都同时失败， 也就是所有的后备系统都失败， 即使这样，温度上升的幅度也是非常小的。这是一个非常好的保障措施，可以解决核电站的安全隐患。我们需要有安全方面的技术方案来确保安全、确保安保，当然也需要有制度和体制保障，需要有监管的框架。全世界大规模地发展核电，仅靠监管制度是不够的，还需要有技术层面的解决方案。

主席先生，我的结论是：对于全球来说，长期核能发展的技术方案必须是科学的，要使核燃料资源可以可持续地开发利用，环境也可以得到可持续的发展。同时，有关安全、安保和防扩散方面的问题，也需要靠技术手段加以解决。印度的核项目均符合以上所述的两点要求，目前印度使用的都是成熟的核能技术，我们运行的是世界上最小的反应堆，这些小堆和大型反应堆相比有其竞争力。印度有着充足的资源和人才，也可以成为核设备制造的重要基地，不仅包括反应堆，也包括原材料，我们愿意加强与各国之间的国际合作。

谢谢主席先生！

国际原子能机构核能常设专家组 J.V.Lol ich

如何看待发展中国家搞核电

女士们、先生们：

大家早上好！首先非常感谢给我机会发言。我报告中介绍的是个人观点，即如何看待发展中国家搞核电，这些国家有哪些重点考虑因素，以及10~15年之后可以采取什么样的新技术。

目前世界上有 30 个国家在运行核电站，其中 24 个国家表示要新建核电站，多数是在 1000 兆瓦以上。还有 43 个国家向国际原子能机构表示希望考虑核电项目，其中 25 个国家正在考虑近期开始建设第一座核电站，这些国家是我们所说的“新来者”。

大家可以看到，这 25 个“新来者”当中大多数来自发展中国家，还有葡萄牙和澳大利亚。根据印度核能公司最近开展的调查显示，目前核电站的供应商有 4 个主要的公司，一个是西屋，他们有 AP1000 反应堆，还有通用电气、日立，他们有 ABWR，AREVA 的 EPR，还有俄罗斯的 VVER。过去 20 年核电站供应商数量减少，80 年代有 15~20 家，现在只有 4~6 家，他们设计的反应堆为数不多，可供选择的更少。

目前，大多数工业化发展国家都有了运行的核电站，“新来者”多数是发展中国家，是非工业化的国家，如智利、埃及、约旦、乌拉圭等。以商业条件可以购置的核电项目，大多是 1000 兆瓦以上，有的达到 1500 兆瓦到 1600 兆瓦。一般来说，“新来者”核电装机容量不会占到总装机容量的 5%~10%，所以他们一般会考虑购买 300 兆瓦到 600 兆瓦的设施，需要简单成熟的技术，本国产业可以更多地参与。面临的主要问题是人才，人才是全世界面临的共同问题，特别是“新来者”国家人才方面的瓶颈更加明显。当然，他们希望本国的人才可以更多地参与，也希望投入运行以后由本国承担运行和维修方面的工作。有小堆小于 300 兆瓦、中堆 300~700 兆瓦和大堆大于 700 兆瓦三种反应堆，发展中国家“新来者”现在最看好的是 300 兆瓦到 600 兆瓦的技术。

从经济方面来讲，当然是大容量的反应堆更加经济，但是初期投资过大，因此，他们重点考虑采用小型和中型的反应堆。设计者和建造者也可以考虑提供更多种容量的反应堆，现在中型反应堆的提供者有加拿大原子能公司，还有中国、印度。

AECL 在中国建造了 2 座重水反应堆，不但建造时间，而且建造预算都创新了纪录，这在核工业界是一件很了不起的事情。目前运行的核电站只有 10% 是重水堆，占核电总装机容量的 6%。现在加拿大因面临一些问题，加拿大政府表示要卖掉这家公司，目前正在进行招标。

西屋公司以 AP1000 堆进行投标。中国国内自主设计了 PWR 压水堆，也向巴基斯坦出口反应堆，一个反应堆已经运行了，另外一个正在建造当中。中国向巴基斯坦提供反应堆，政治动机超出了经济技术的动机，在国际核电市场上不是一个活跃的参与者。印度国内自主研发了 220 兆瓦的加压重水堆。印度国内的核计划在国际市场上不是很活跃。印度的目标是，在快堆和钍燃料循环技术方面成为世界领先者。根据国际原子能机构的资料，在一国或国际计划中，大约有 60 种革新型反应堆的概念和设计在研究和开发中。这是俄罗斯装机容量 70 兆瓦的 KLT-40S 反应堆，是一种成熟的设计，这种反应堆已经在俄罗斯建造，新的反应堆将于明年运行。这种反应堆是一种新型设计，用自然循环进行冷却，建造者是阿根廷核能委员会，预计在2014年投入运行。

为什么小型电站比较重要呢？我们称之为桥梁项目。大多数工业化国家和已经有了核电的发展中国家，都是先在研究堆或研究中心进行，而后再进行大规模的核电站建造。比如瑞士和日本就是这样，他们先自主建造核电站，然后大规模建设交钥匙项目。发展中国家从研究堆进入大规模核电建设，多数情况是造成了很长时间的耽搁。比如菲律宾，已经建造的核电站至今没有投入运行，墨西哥和阿根廷等国家建造核电站也花了很长时间。长时间的拖延主要是研究堆和核电厂之间有很大的差距，从经济的角度讲需要工业基础结构，需要人才和通过设计审评等。更重要的还有公众接受度，有关国家缺少长期的政治承诺。为此，我建议“新来者”首先要搞搭桥项目，比如说25兆瓦到100兆瓦的堆，需要的资源并不是很多，资金、当地技术人才需要都不是很多，并与当地的工业基础结构相适应。从技术角度来看，这些小型堆比研究堆复杂，但比大型核电厂要简单得多，建设、运行、维护都不是很复杂，重要的是这些小型堆能够发电。反应堆的设计和建造者需要考虑“新来者”不会再等10年或20年，他们期待这些堆能够早日投入运行，发电。同样需要指出的是，中小堆的设计必须有设计原型堆，没有任何“新来者”的国家会看了蓝图就购买反应堆，即使明天就有第四代堆的供应。因为这些堆从技术角度来看，太复杂了，不适合新引进核电的国家。

这是芬兰的核电项目，我想象不出发展中国家可以建造技术上这样复杂的堆，所以这对“新来者”讲是不合适的。中期来看，10~15年之后，俄罗斯和阿根廷的堆适合，我希望其他的设计者能设计出这类原型堆来。

我的结论是，堆型不能“一刀切”，对于“新来者”建造大型堆是不适合的，适合的是小型堆作为搭桥项目。另外，中小堆对于海水淡化来讲足够了，对于地区供热也足够了，现在在中小堆建造方面还没有太活跃的国家。

谢谢大家！

法国原子能委员会核能部主任 P.Pradel

核能如何走向负责和可持续发展

谢谢主席，女士们、先生们：

很高兴参加21世纪核能部长级国际会议，我感到非常荣幸。首先要感谢会议的组织者，他们对核能提出了很好的展望。

人们在不断地讨论全球气候变化的问题，为了应对气候挑战，我们需要对产生温室气体排放最多的部门进行分析，找到低碳的解决办法。今后世界对能源的需求将大幅度增加，还需要更多的电。核电也是一种非常好的清洁能源，核电在这方面发挥了重要的作用，我认为核电是重要的解决办法。

发达国家核电的比例高达20%。核电、水电和可再生能源可以实施中短期的解决办法。我们可以通过生物链的气化，实现生物燃料的合成。燃氢也是一种选择，有96%的氢气是化石燃料所产生的，这是不可持续的。我们要考虑对气候变化的影响，电化学的工艺必须研发，制造低碳车辆已经不是梦想了，到2015年可以成为现实。以后建造大的建筑物使用新能源是一种趋势，对于降低住房和商业用户的能源消费也提供了各种技术和管理办法，目标是改进最终用电系统。

考虑上述保护气候的因素，2008 年预测 2030 年核电在世界能源结构中的比例从 2006 年的 16％至少增加到 18％。可以说全世界在今后几十年需要增加480GW，达到 731GW，也就是说需要300 座单机容量 1500MW 的压水堆。预计2050 年反应堆的数量可能达到 1000 多座，单机容量 1500MW，甚至更多。

核能已经成为扩展低碳能源的不可分割的一部分，只有这样才能达到欧盟对2020 年提出的目标，过渡到第三代堆。法国在 2005 年能源法中已经提出，希望在 2020 年更新换代。另外，两台由中国广东核电集团有限公司建造的第三代核电站，是根据第二代核电站经验反馈和研究方面的进步设计的，并且按照法国和德国核安全当局提出的规格建造。

除欧洲外，世界各地区目前都看到对核能的兴趣上升，这是电力需求导致的。如俄罗斯、中国、印度、韩国、美国、巴西、南非等都有了新的核电厂建造计划，并且是建造寿期更长的核电厂。可以讲，现在的迹象是又回到了核电时代。还有一些地区，如非洲北部、中东、东南亚、中美洲、南美洲都准备把民用核能源纳入到混合能源结构中，在 2030 年之前，尽可能地把化石燃料作为非替代性的能源。目前，全球核能增长将在没有任何核工业基础的国家出现，许多反应堆是选择EPR型，1600 兆瓦级的。沸水反应堆是 SWR1000 型的，不久将会有 1000 兆瓦级的，是由日本 MHI 公司研发的。

EPR 反应堆是核电计划的里程碑，它结合了目前第二代 PWR 建造经验的反馈，并做出重大的技术革新。在运行和维护方面也都有较多改进，并且选择最佳的燃料方案，它也具有很强的安全性，可以通过纵深防护和实物保护，对所有情况下的排放后果起到减缓作用。反应堆的屏蔽结构也有很强的应对能力，可以抵御非常重大的外部冲击，以及地震灾害等。安全性的不断提高，能够满足各国监管当局日益严格的要求。当然，我们还要做一些协调工作，采取多国设计评估的措施，把安全当局充分地集结到一起来评估反应堆设计。我们要重申法国的立场，安全责任首先是国家的义务，不能把它下放到非国家的当局身上。

应对核能的复苏，要对能源配置中核能能力增加后乏燃料产生量的问题予以关注。全球核电到 2030 年每年将产生约10000 吨乏燃料，到 2050 年每年乏燃料产生量将达 20000 吨。如果没有很好的乏燃料处理措施，乏燃料将会达到 70 万吨的积累，相当于大约400个EPR的乏燃料池或每年必须增建2座贮存池。因此，我们必须紧迫地采取措施提高乏燃料的处理能力，当然乏燃料长期处置方案也要进行认真的审查。

闭合燃料循环的第一步是轻水堆再循环产生的钚及其废物整备。其实乏燃料的后处理，核材料的再循环和废物整备为一个连续的过程。闭合燃料循环的第二步是减少废物热载和放射毒性的次锕系元素的再循环，这是正在开展的研究项目，所以我们应该能够制定一个战略，减少最终废物的长期毒性。我们需要提升后处理和管理钚的能力，应该有一个处理核废物的一揽子计划和标准，达到工业化的执行水平。重新回收核燃料也是我们的目标之一，还有节约自然资源，我们要研制更加清洁的处理技术。法国有一家公司有几个国际客户，那里到目前为止已经后处理了约20000吨乏燃料。

在一些后处理厂，有先进的工艺技术可以回收99.9%的铀和钚，放射性排放水平和辐射照射水平都得到了控制。这项技术是法国工厂转让的，并转给了日本核燃料公司。最近签署的合作协定拟进一步扩大合作范围，可以通过这些设计满足核能国家日益增加的乏燃料处理需求。已经可以证明该技术能够保证很高的安全水平和经济效率，其中包括一体化的乏燃料处理处置设施，同时也能够满足核不扩散的承诺。

目前，全世界一共有439座运行中的核电厂，372GW装机容量，33座反应堆在建设。来自AREVA的资料显示，截至2007年，乏燃料已有17万吨积累，到2030年估计将达40万吨，如果不处理，情况将会变得很麻烦。乏燃料的问题不能再从各个国家的角度看，而应该从大的地区来看，比如欧洲、美洲、俄罗斯和亚洲等。全球范围内必须对乏燃料做认真、负责任的处理与处置，并且尽可能的在一个地区集中处理。考虑到2030年乏燃料数字将急剧增加到40万吨，我们必须提出真正有效的处置战略和措施，必须要在全世界范围内考虑乏燃料后处理的能力。核电复苏应要求乏燃料不急剧积累，因为这的确是核安全问题，也是经济问题。在大规模的核电复苏情况下，乏燃料后处理的再循环，把废料返回到原始国以经济、安全方式处置，使其更具抗扩散性、更安全、更可靠。为核燃料后处理和核燃料循环提供的全球服务，也应在相应的国际框架内建立，如国际原子能机构等。后处理设施的建造也应该在区域内依商业合同展开，相关的燃料循环后端应该以如下方式作为基础。

第一，要提供后处理厂，必须要以先进可靠的技术建造，比如刚才说到的几个工厂。

第二，后处理设施应该在区域内合理分布，防止在任何一个地区过多地集中乏燃料。

核电在21世纪能源中将发挥重要作用，并且是长期能源配置的一项资源，因为它可以推动能源的供应保证，减少温室效应的影响。但核能有两个重要的支柱，必须从现在开始加以考虑。一是研发新一代的核能，第三代核电站要从现在开始建设。二是要有持续性和持久性，要考虑一些创新的计划，应用最佳的技术，比如利用先进的循环技术可以弥补第三和第四代之间技术上的差距，第四代核电技术可以使我们在不产生温室效应的情况下生产电力。

关于第四代核电技术，比如说充分地循环这一项，必须从 2004 年开始工业实施。由于第四代国际论坛的存在，我们已经开始分享有关研发项目的成果。最近，我们与美国和日本原子能机构签署了备忘录，以便把新的第四代反应堆的雏形在美国、法国和日本推出，并为将来推广这些新型的技术做准备。

目前的考虑是快速地把具有闭合燃料循环的快中子反应堆系统开发出来，大约在 2000 年完成研究与开发，2015~2030 年出原型堆，到 2040 年完成工业开发，这是法国总统 2005 年宣布的，它有高性能的堆芯，安全性能、抗事故、抗外部冲撞都能达到最高的设计水平。这种快中子反应堆是创新性的反应堆。

为了能够深入地讨论，我们在这里也谈一下未来的燃料实验厂系统。

我的总结：总结全球对核能产生新的兴趣的形势，我认为 21 世纪核能的确是重要的贡献，它可以促进人类的发展，满足世界对能源的需求，同时不产生更多的温室效应。轻水反应堆将发挥重要作用，在核电复苏过程中要提倡这种反应堆。安全、安保、不扩散等标准是对国际义务的承诺，必须严格地履行，高水平的安全和国际和谐措施必须要建立，包括后端循环对乏燃料、放射性废物的处理，都必须要符合安全、安保和不扩散要求。燃料使用要有可靠的技术，必须由机构统一加以指导。为了增加核能的可持续性，第四代核电技术必须得到发展。法国的研发战略已经建立在快堆的基础上，并且具有闭合的燃料循环体系。挑战是可以应对的，我们要切实遵守国际核不扩散条约的义务，为全世界的繁荣而建立核能开发目标。

经济合作与发展组织核能机构总干事 L.Echavarri

关于《能源展望报告》

谢谢主持人对我的介绍。

首先，我们特别高兴有机会共同来主办这次会议。我要感谢中国当局，特别是中国国家原子能机构承办了这次非常重要的国际会议。我还要感谢国际原子能机构，也感谢会议的两位秘书邀请我参加这次会议。下面，我简要介绍经合组织的《能源展望报告》。

我很高兴地向大家介绍这本《能源展望报告》，我们已经以英、法、日文三种文字发表了这本书，还在准备其他文字的翻译，包括中文。我们为什么要做核能的展望报告呢？经合组织做了包括经济、环境等方面的展望报告，也有一个能源总体的展望报告，都是很有名的，但做核能的展望是第一次。

我想主要是因为多年来我们的成员国对核能的未来不是特别地看重。但现在不一样了，大家又重新重视核能，因此委托我们准备这样一个展望报告。去年 10 月，为了配合经合组织成立 50 周年的庆典，我们推出了这个报告。当然，核能政策是每个国家自行确定的，我们希望可以帮助各国做出科学的决策和完善他们的政策，政策的基础应该是扎实科学的信息。

我们都知道，未来核能要成为发展的重点，一个方面是因为石油等化石燃料价格高涨；另一方面是要减排，时间紧迫。在人类各种活动中，二氧化碳排放的最大的来源是发电厂。发电厂二氧化碳排放量不仅仅是最大的，也是增长最快的一个来源。

我们看一看世界人口，按照以往的平均增长率，2050 年世界人口将增加 50％左右。这将大大激发对能源的需求，特别在发展中国家，按照现在的能源政策，对能源的需求可能会翻一番，对电力的需求要比能源需求增长得更快。也就是说，如果现在的政策不变维持 40 年的话，对电力的需求可能会增加 150％，增加的幅度是能源需求的 1.5 倍。

我们考虑了两个重要里程碑，一个是 2030 年，一个是 2050 年。2030 年是经合组织做各种展望的期限，因为核能建设周期较长，所以我们考虑核能的影响可能要放长时间，把它放到 2050 年。我们也看到了国际原子能机构的展望，也看到了美国能源部的展望，还有国际能源机构的展望，虽有不同的预测，但是基本分析是相同的，即这个需求一定会很快地增加。2050 年这一部分由 IPCC 所做的分析，也有 ETP 的报告，也是国际能源机构的报告，他们预测电力需求会增加得非常显著。

综合以上信息，一个是人口的增长，一个是能源需求的增加，同时考虑要降低二氧化碳的排放，与发电相对应的二氧化碳排放要减排，因此核能可以发挥重要作用。

我们分析了不同国家到 2050 年的情况，每个国家核能发展的方案，也是按照世界区域来分析的。我们做了两个方案，一个是低的方案，一个是高的方案。在低的方案里，新的核电项目进展不好，建设有延误，投产推迟，核能相对来讲吸引力不是那么明显。即使这样，在低的方案里运行核电机组也要在 2008 年 439 台 372GW 的基础上增加到 580 台 580GW。也就是说，在最糟糕的情况下，运行核电机组数量也会有显著增加。这里测算的机组标准是 1000 兆瓦。在高的方案里，我们假设新的核能项目表现都非常好，没有超出预算，按时竣工投产，且化石燃料价格居高不下，各国实施了碳税，碳的捕集储存还没有市场化，很多国家需要新建大量的核电站。按照这个方案，我们认为到 2050 年将会有 1400 台机组运行，同样是 1000 兆瓦的标准机组。我们认为，真实的情况会接近高的方案，也就是接近 1400 台机组。

能不能实现呢？我们基于现实情况的分析是，在 20 世纪 70 年代、80 年代，

10年中有200台机组投产，其中1981年到1982年有33台投产，也就是说平均每年有20到25台机组投产，这是已经过去的事实。那个时候还没有计算机做模拟，要做物理模型，当时也还没有互联网，连传真机都没有普及。即使在那样的情况下，全世界每年可以达到25台机组投产。那么，1400台机组这个方案，从2030年到2050年，有20年建设时间，即每年要建54台机组。虽然现在核能方面的人才比较缺少，但是有足够的时间可以培养，所以在数量上应该说是有保障的，是能够办得到的。建设1400台机组的数量还是比较客观的，同时我们也认为这个数量应该说是一个最大的限制，就是说1400台是可以做到的，但它应该是最高峰量，也很难突破。

另外说明的是，我们的分析是经济危机爆发以前完成的，关于经济危机对我们分析的影响，我的看法是这样的，金融危机对谁都不利，如果有人告诉你，金融危机是好的机会，我只能告诉你如果没有经济危机，这个机会将更好，不会更差。对于能源受到的冲击来讲，到2050年这个期间可能不止发生一次危机，很可能会有两到三次危机发生， 我们今天所经历的危机比以往的危机影响更大，今后两到三年，它的影响会继续存在。因此，公用事业在资金筹措方面会有些困难，对电力需求的增长也放缓了，投资方面也比以前更加复杂。但我们都知道，核电是资本密集型项目，在经济危机中，如果银行要放贷，核电是很好的项目，它可以产生非常稳定的收入，有利于还贷。当然，核电是长期项目，很多人会着眼于长期的发展。在世界很多地方，核电站建设得到国家担保，所以它的资质很好，应该比较容易获得贷款。所以我们觉得因为经济危机的影响，某些国家的核电项目可能会推迟两三年，但还是有很多空间让政府和企业来发展核电项目。

每年我们与国际原子能机构一起发表红皮书。我们认为，很多国家铀资源丰富，而且在地理分布上也是比较均匀的，所以铀不会成为发展核能的制约。另外，核能非常有竞争力，可以和油、气竞争。水电不是每个国家都有，水电不是核能的竞争对手，核能发电的竞争对手是石油、煤炭、天然气。在三五年前，我们和国际能源机构做过这样的分析，当时认为核能已经相当具有竞争力，包括每1千瓦时电的成本都具有竞争力。现在情况发生了很大的变化，所有的参数都变了，石油的价格、天然气的价格、铁矿石的价格、钢铁的价格都发生了变化。所以我们今年要调整分析数据，到今年底或明年初的时候将推出新的分析。现在很难分析每1千瓦时核电和石油、天然气电的价格比较，我想在今后不到一年的时间内，我们将提出非常好的、非常可靠的分析材料。

如何应对当前和未来的挑战呢？核能是安全的，公众也有这样的要求。我们的分析是这样的，核能比其他的发电形式更加安全。如果分析化石燃料对人体健康影响的话，不难发现核能远比化石燃料更加安全。核电有很好的安全管理措施，负责任的产业和强有力的监管结合起来已经被证明可以做到非常安全的运行。国际原子能机构在这一方面也是非常积极主动地倡导安全生产。我们认为核能是非常安全的，在放射性废物这个问题上，要让政府做一些决定。我们认为如果有稳定的地质条件进行地质处置，这是一种非常安全的处置方式，不会对人类构成不必要的风险，这是事实。

同时，历史也证明要让公众接受地质处置的选址是很难的，大概只有芬兰、瑞典在这方面做得比较成功。法国以及日本和英国等国家正在寻找合适场址。其他国家也做了大量的工作，包括美国，但最后情况还不明朗、不确定。最近几年乏燃料循环再利用的提法出来了，并在研究中。开放式循环和闭合式循环，无论用哪一种方式最终还是需要地质处置，且地质处置是安全的。但是必须向社会透明，选址必须让公众接受。从历史上看，核不扩散条约基本上是成功的，现在又提出来改进和改善的建议，包括搞多边的燃料循环方案，这样有助于加强防扩散。综上所述，这三个挑战就是安全生产、放废处置、防扩散，我想都是可以解决的，政府要重视，也要让公众产生信心。

当我讲到2050年将会有1400台机组运行的时候，我们有一个考虑，即从可靠的信息来源分析，煤炭大概可以用150年，天然气可以用65年，铀可以用150年。这些铀是已探明的，最近20年对铀的勘探活动较少。同样是100年，用快堆的话，同量的铀所贡献的能量可以增加60倍，可以稳定、可靠地提供电力。正像我们秘书长说的那样，让核能成为一种可再生的能源是很有吸引力的。所以，核心信息是说当我们谈到核能技术时，不仅仅只涉及能源，还要涉及政治课题、战略课题、长期的供应安全保障等课题。

我们都知道，有很多国家，也有很多集团在努力发展核能技术。如果我们能够获得核技术，世界将会有大量无碳排放的能源。这里还有一个问题，政府是有责任的，它必须坚持国家的人才培养战略。现在，核专业人才是青黄不接的局面，年轻的技术人才培养不够，要从国家层面重视这个问题。安全法规必须坚持，这不是你仅有很高的技术水平就解决得了的。安全是每天24小时，每周7天，每年365天的，常备不懈的。如果安全不能保证，核电就没有未来，包括我们还需要在废物处置方面取得进展。

我想，到2050年，大多数国家都会有其废物处置方式，他们应该已经制订了计划，已经有了地质处置库。正像我最近提到的，我们需要加强国际核不扩散体制，全世界有大量的核设施，核不扩散问题是至关重要的，有必要继续，并且不断加强核不扩散制度。

另外，如果没有投资者就不可能发展核反应堆，这就需要稳定的投资者，也希望能源政策稳定。因为在一些国家能源政策朝令夕改。还需要监管政策能够得到保障，许可证制度还需要财政的稳定支持。如果征收税太高，也会影响核电竞争力。在这些方面， 政府都有明确的责任，我们作为国际组织须向政府施加压力，以使这些问题取得进展，因为这些问题对于民众接受核电是至关重要的。如果社会没有达成共识，核电就不会有未来，核电不可能逆社会意愿而发展。

这本报告共14章，260页，有很多图表，很多内容对于核电发展是至关重要的。希望各位可以拿到这份报告，这将有助于各位展望未来。我们下周将召开指导委员会会议，讨论是否将此报告作为永久性刊物，即每三四年付印一次，让人们了解核能今后的发展计划。我在这里介绍的有关核能概况，希望对各位都有意义。

谢谢各位！

智利核能委员会 J.Zanelli

让整个社会参与核能计划的讨论

首先，非常感谢国际原子能机构和中国国家原子能机构作为主办方邀请我参加这次会议，并在此介绍智利的经验。同时能有机会听取各个国家介绍核能开发方面的经验。

智利是初涉核能领域的国家，我们国家目前还没有核电，几年前开始考虑采用核能。对于我们来说，核能是民用核技术，既没有政治的因素，更没有任何的国际压力。之所以这样考虑，是因为我们需要安全、可靠、稳定的能源来支撑我们的发展。

智利是一个能源十分紧张的国家，95%的煤炭是进口的，75%的天然气是进口的，98%的石油是进口的。我们基本上不生产能源原料，大约60%的发电量来自于化石燃料，应该说我们的能源局面非常复杂。在核能方面，我们早在1962年就成立了国家核能委员会，既是监管机构，也是研究机构，同时生产用于医疗和研究的放射性同位素。负责监管大约6千个放射源和两个研究堆。智利签署了几乎所有相关的国际条约和协定，并获得了批准。我们的发电装机容量是12GW，发电行业完全是民营化的，发电、输电、配电都是分开的。

我们作为监管部门，要确保市场是透明的、公正的。电力行业的发展有这样一个战略考虑，政府宣布任何人都可以参加电力行业，政府不给任何的补贴。我们国家很小，总人口都可以装在北京市里面。国内生产总值人均大约14000美元。电力分布是：水电约占37%，剩下的靠天然气和煤炭。煤炭、天然气项目要进一步扩建，但天然气扩建是不太可能的，只有煤炭这一部分还可以继续扩大一些。可再生能源有一些，但是也不多。

电网分为四个部分。国家核心地段有90%多的人，所消耗的电力占总发电量的70%，这是我们的主体电网。第二个电网是北部电网，所涵盖的人口是总人口的7.4%，消耗总发电量28%的电。另外两个电网位于南部，都是人口不多的地方。需求增长最快的地方在北部，那里有采矿，也有冶炼，新增的电力需求大都集中在北部。这个地方是沙漠，没有水源，所以发电主要靠燃煤。

我们二氧化碳的排放是这样的，发电、工业和农业，排放量比较稳定。可以看到，电力行业的二氧化碳排放量是不断上升的。绿色线在下面，是二氧化碳排放和吸收之间的平衡，因为我们有大量的森林，随着今后减排增长率的进一步提高，我们很可能成为一个二氧化碳零排放的国家。

我们发展核能的动机。过去40年以来，每10~12年，电力需求翻一番。前面讲了，我们90%的化石燃料都是进口的，水电没有进一步发展的空间，国内只有两条河流可以建水电站。1997年我们与阿根廷签署了供气协议，几年之后阿根廷经济进一步增长，国内自身需求增加，因此阿根廷宣布不能够为我们提供天然气，我们也就碰到困难了。这使我们意识到，现有的能源系统是有问题的，不能主要靠外部供应，必须要有长期、更好的发展方向。所以，我们开始考虑一些长期的解决方案，2006年开始在核能方面做一些思考。

智利到底能不能搞核能？应该说我们的条件有限。我们电网又小又分散，两个主要电网加起来也就是10GW。我国也属于多震区，地震所释放的能量有70%都在智利这个地方。我们的科技基础比较薄弱，安全文化也较差。另外，我们监管基础设施也欠缺。我国基本上是自由市场经济，是一种放任方式的自由市场经济，公众普遍对政府机构缺乏信心。

2006年，当我们开始考虑这个问题的时候，有很多人的反对意见十分强烈，基本上是缺乏理性的，谈到核能就会想到核爆炸画面。所以我们认为，有必要进行一些理性分析，要基于事实，理性地分析如何采用核能，并且要从长期的视角来分析这个问题。

2007年，政府决定成立一个跨领域、跨专业的委员会，客观公正地作出判断。我是该委员会的主席。委员会由10个专家组成，是来自不同背景的、不同领域的科学家和政府官员、商业界等人士。参加这个委员会的专家，首先不能对核能有任何偏见，这是前提，他们的意见是代表个人的。我们的任务是决定是否考虑核能，如果核能不能考虑，那我们应该朝哪个方向考虑。

2007年时，世界已经有了很成熟的核能技术，而且二氧化碳排放量是很低的。因此，我们的结论是，没有理由排除核能。可是决定采纳核能是政治上的决定，是战略决定，应当由州政府参与，而且离不开公众的支持，还必须确保在经济上是可行的。还要建立必须的监管框架，还要考虑国家的科技水平和地震条件，也要培养所需的人才来建造基础结构，特别是需要培育安全文化，因为我们原有的安全文化基础很差。

我们当时提出的建议是，要进一步开展核能可行性评估的研究工作，特别是要评估风险和安全、安保方面的问题。另外，还要评估怎样建立和加强监管框架，考虑不同技术的对比和备选方案，了解相关国家在核能行业中如何参与，以及电网安排，市场机遇和挑战等。这一系列的研究旨在对比不同技术备选方案的优劣，并了解相关的成本，包括社会成本。还要提出未来搞核电和不搞核电的情况下，电网未来的发展，做一些对比和分析。

为此，政府于2008年组建了一个新的团队，在能源部设立一个核能咨询委员会，作为政府旗下的咨询委员会。任务是作好分析和评估，以使国家在两三年内作出搞或者不搞核能的决定。它的战略和宗旨是按照国际原子能机构的指导作准备，基于充分的信息来回答前一个委员会所提出的种种问题，发表一些报告进行宣传教育，教育公众和相关利益方了解核能的相关课题。同时，我们利用参加国际原子能机构的项目，搞一些研讨会、讲习班，使相关方面、学术界、公众、企业等都参与这个过程，作出是否搞核能的科学决策。

咨询委员会的结构是，上面是执委会，负责协调能源部和国际原子能机构的工作。能源部有一个研究室，负责提出每一研究项目的职责范围。执委会是跨部门的协调委员会，有来自不同部门的代表。我们今年的目标是在年底前提交一份报告，对所有相关的因素参数作出全面的分析。我们相信核能是有吸引力的，但是在具体项目分析中我们要分析所有潜在的问题，并对每一个问题都作出合理的解释，这项工作正在做。

此外，我们还必须让整个社会参与核能计划的讨论，要创造一种适合的氛围，使民众合情合理地认识核能。

目前我们最担心的问题是，电力市场、人力资源、法律监管制度等。现在我们已经基本完成了四项研究报告，所有的研究报告都是由国际团队编写的，加拿大、英国、俄罗斯和芬兰等国分别承担了这些研究。可以说我们把19个问题列出了19份里程碑式文件。PPT中绿色表示我们已经基本解决的问题，黄色表示我们还要做更多的工作，红色表示有可能推迟或者还有很大的障碍。今年年底前，我们对大多数问题可以解决了，其中一些可能不是问题，如金融、管理，因为预算已经有了。目前现有的工作基础可以处理这些问题，政府的承诺也已经存在。

今年的主要活动是搞一些讲习班、研讨会，准备推出我们的报告。国际能源组织还要考察几次，国际原子能机构也会帮助我们。我们希望在今年11月，下一次总统大选之前把所有报告推出。我个人的看法是，智利有其长项，我们国家有些指标在区域内是很高的，比如全球竞争性指数，智利还是不错的，排位是第27位，在拉美地区排第一位。还有地域与南美连接，经济自由度高，而且是自由市场经济。但是弱点也是有的，智利整体教育水平比较低，收入分配也不平均，在拉美排位也比较落后。收入分配不均衡会影响到人力资源开发和核安全领域的建设。

总结一下，核能对我们是巨大的挑战，同时也是机遇。我们认为，核能计划将会在我国社会引出前所未有的、或者是激动的情绪。但是我们应该持乐观的态度，相信我们国家能够作出建设核电的选择。虽然还需要一段时间，我认为最重要的不仅是要得到供应稳定的能源，而是让社会受益，不管怎样，核能最终是社会受益。

谢谢大家！

美国核管会 R.W.Borchardt

充分发挥核安全监管部门的积极作用

谢谢各位。我主要介绍核安全监管方面的工作。尽管我今天主要谈核安全监管的作用，但同时我也会谈及一些核电营运者，以及核安全监管的情况。

我们需要财政、人力资源的投入和承诺。但是有效地利用国家的重大资源，必须要有法律监管的方案。能够在建立核计划早期就建立起相关的法律基础、监管要求，促成一个公众接受的外部环境，反过来将会更好地推动融资工作。核设施按期建造、竣工，核材料的安全使用，将对整个社会带来福利，不仅是工业、电力，还包括健康、卫生。同时，我们也知道，核材料也会对人的健康、环境带来风险，所以必须加以很好地管制。

另外，核能监管要强调风险和益处，也就是把风险和益处做一个很好的平衡，这是监管的最重要考虑。我们面对的是先进的技术，所以建立监管的法律框架，包括从核电厂设计、建造、运行到退役的整个过程，应该有 100 年的承诺。并不认为对乏燃料的处置是很长时间以后的事，国家必须建立起这样的法律框架，并且使它能够可预见地加以执行，凡与核能相关的活动，都要进行核与辐射安全的控制，以能够充分地保护个人的安全，保护环境的安全。一个国家的核计划，会大大受益于法律框架和监管制度，并在其法律框架和监管制度建立之后才能有效地建立起核电厂。如果不在设计核电厂开始前就设立法律框架，则可能会在建造中遇到各种挑战，从而导致整个建造费用上升，也会拖延工期。相反，建造一个良好、完善的法律框架，将会保证随后建设过程的稳定进行和如期完成。

我在发言中强调，监管者需要独立于相关的核能使用和发展的部门。尽管法律监管制度很重要，但最终应该由核设施的营运者来承担核安全的责任，承担保护公众和环境的责任。安全、妥当地使用核电，取决于如下三个方面：

第一，要有相关的基础结构。

第二，要有比较好的实施能力者。

第三，要有比较好的监管者，其中包括独立的、有专业技能的监管者。

这三者对核电运行是不可缺少的。因为我是监管者代表，所以我对核安全的重视程度是非常高的。我觉得核安全和良好的运行，是许可证持有者最终、最重要的期待。美国认为，营运者的成功，不仅是产出电力，还要是安全可靠的，只有在确保核安全要求的前提下才能实现发电。搞核电国家的关键点之一，就是它的核监管制度的作用。我们希望这种机构要有资源，有能力承担和履行其责任，且必须具有足够的独立性，就是独立于那些推动利用核能的组织。

另外，整个监管的规则要一致，工业界和公众应该对监管有认识。关于核安全公约的条款，凸显了核安全监管的重要性，以及如何确立有效的核安全监管。在核能开发的同时，必须确保有效的监管，当然也不能对核能发展造成过大的负担。美国核管会认为，我们的任务就是要确立整个监管制度和过程，使它能够足够地保护公众，同时能够让新的、安全的核技术在设计、建造中顺利实施。因为一个监管人员很容易让整个过程拖延下去，我们过去出现过这样的情况，使得许可证颁布不得不推迟。有时候是因为监管不妥当，如在强调及时性的时候，如我们可能会过于严格等，因此，我们要确保最好的平衡，既严格又要有一定的保证。

另外，整个监管过程的规则要保持一致性，工业界和公众对监管的及时性有一个合理的期待。对于监管决定，一方面要确保核安全，也就是说，确保成功的各项技术要求要清楚，许可证的使用者必须对他们的所有行为承担责任；另一方面，要密切跟踪，必要的时候采取强制的执法措施。工业界、财政、金融、公众都应该充分地了解他们所关心的问题的现状和发展，监管制度的一个主要原则就是确立和维护公众的信任，我们自己的运行程序首先要诚信透明，并且能够真正的有助于加强公众的信心。

监管部门在发挥积极作用的同时，要聆听国家相关部门的意见。我们每次发许可证前都要进行公众听证。在许可证颁发的整个过程中，在许可证发出之前，我们经常与所有的利益相关人员进行公开的对话。我们进行独立的评估，但是我们强调的独立性并不意味着，也不该是监管机构孤立地进行工作。我们要保证影响核电厂安全的相关问题能够及时地从多方面加以讨论和解决。我们是面向公众的，也是开放的，不断了解相关安全的问题，并且保护有关的敏感性的信息。我们认为，强有力的监管框架能够增强公众的信任，能够保证核电厂的安全运行。美国在加强能源多元化中，建立了有效、独立的监管机构，有着明确的授权和充分的人力、物力、财力保障，这对有效的核安全监管制度是必要的要素。必须要有权利。当然，营运者承担主要的安全责任。

核电厂要能够向我们展现出核设施的质量，设备的状况，财政资源的能力，有没有可能安全运行等情况，这些资料必须定期地向监管机构汇报。在制定全面的核安全法规的时候，学习相关国家监管机构好的经验很容易，如可以借鉴国际原子能机构的安全标准。这样的做法效率很高，但是必须特别注意，不要有违背本国特殊情况的误区，一定要考虑作变更，要纳入自己国家的特殊规定。其实有很多渠道可以获得参考知识，国家核管会与相关国家大多签订了技术和信息交换的双边协定，目前同36个国家建立了类似的合作关系。从多边角度讲，国际原子能机构正在支持一个多国设计和评估方案，并且交换各国监管机构所积累的经验，从而来评估新电厂的设计。国际原子能机构具有非常丰富的经验，有一系列基本安全标准和相关的文书。

我想强调的最后一点是，培养一种安全素养和安全文化。安全文化的定义是要有一些基本的特征、基本的态度。个人和组织都一样，把核安全作为最优先的任务加以考虑。一个健康的安全文化被认为是至关重要的，对营运者和监管机构都是如此。

我介绍一个背景，美国核管会是 1975 年成立的。第一个用来监管美国核材料的机构，叫原子能委员会，后来分成两个组织。该组织是为了在政府不同的部门进行明确的分工：一个部门是为了发展民用核能，另外一个部门是制定安全标准，并对核电站的建造、运行颁布许可证。我们的任务是监管民用核技术的应用，保护公众健康和安全，保护环境。核管会完成其任务的办法，就是对符合标准的个人和组织发许可证，保证核设施营运单位在可接受的安全标准下进行工作，使放射性物质造福于平民。核管会遵守各项监管原则。

我前面说过，独立并不意味着孤立，最终决定必须基于客观，不偏不倚地评估所有信息，开放性是涉及公众的，必须公开和坦率地进行。美国纳税人和核设施营运单位都有权得到最好的管理，监管活动必须高效率地进行。核监管工作必须连贯，合乎逻辑，而且是实际的，有关的规章制度应该是基于研究和运行经验的，监管行动必须完全符合法律法规，而且是公平地进行。这些原则应该是良好监管计划的基础。核管会负责所有民用核设施和核活动的审批和视察，现场监督是交给州政府的。核管会拥有五千多个工业和医疗用户，约有 18000 个用户是个人。核管会还负责审批和监管高放废物的处置库。

实施核电计划，政府要建立法律和监管框架，营运单位要对公众作出承诺，共同推动安全。有关监管过程的介绍，希望能够有助于说明实现核安全是永远不能结束的，要不断学习、不断反馈和互动，而且要不断保持警惕。

谢谢各位!

国际核法律协会名誉主席 N.Pelzer

制定和完善抑制风险的法律体系

谢谢主席，女士们、先生们：下午好!

我意识到在这样的会议上，律师并不见得是完全受欢迎的。我们的会议是为了促进核能的发展，但是律师总是设置障碍的，我认为会议的组织者邀请律师参加会议是非常谨慎的。当某一个国家准备核计划时，我们希望在早期阶段参与，以应对有可能出现的问题。

核能既有好处，也有风险，需要法律框架来应对核电的这两个方面，并且在利与弊之间建立平衡，在排除风险方面，要求有法律的控制机制。只有当法律框架确保研究自由的时候，经济工业发展自由的好处才能被享受到。这不仅涉及到法律的促进方面，还涉及到控制方面。

我决定谈谈核电的控制方面，从法律和政治角度看都是有挑战性的问题。准备核能计划的国家需要认识到，利用核能并不完全是国内的事，尤其是与核能相关的风险超出了国界，需要在很多方面进行国际合作，包括燃料供应的研究。在法制下的民主国家，人们原则上可以自由地进行任何活动，也包括任何行业。但如果有关的活动有潜在的危害，如像利用核能有潜在的危害，国家就有责任保护工作人员和公众不受到危害，保护的责任也包括对外国公民。因为根据国际公约，国家有义务保护其他国家不受其领土上严重不利活动的影响。国家有责任保护，这是一个非常严肃的话题。如果涉及到核损害或者是进行赔偿的时候，需要用金钱来表示，因此，国家不能够将核设施的营运完全交给营运单位负责，需要有必要限制营运者的自由，以便确保防范风险。

最有效的确保防范方式，当然是禁止任何活动，可这样就不可行了。如果某个国家想受惠于核能，就需要在防范和促进之间有一种妥协，需要这种法律文书，也需要得到国家主管部门的事先审批。因此，除非得到允许，否则，活动是要受到禁止的。国家决定发展核能，首先就意味着要限制那些希望在核领域开展活动的自由。当然这不是一个独特的方式，这是大家所熟悉的，也是应用广泛的法律手段，以此来规范可能对他人构成不利影响的活动。这跟开车一样，如果你没有驾照就不能开车。

基本上来说，任何核能方面的法规最基本的要素是允许的原则或者是授权允许，即必须经过授权、经过许可之后才可以开展核方面的活动。这个原则还有相配套的原则就是持续控制原则，要进行持续的控制，要不断监督相关的法律是否得到了遵守，许可的相关条件是否得到了满足。最好的预防性措施，也不能排除可能有事故发生，因此，还需要有第三个原则，就是补偿原则，法律框架必须确保如果发生了核损伤或者是辐射性伤害，必须做出恰当的补偿。任何的核法律框架都必须包含以上三个原则。

还有一个额外的要求，一旦授权开展核活动，必然对第三方产生影响，特别是邻国或者说核设施周围的人们。为了保障他们的权利，他们也应该有权利参与许可、授权的过程。如通过公开听证，他们应该有权利提出反对意见。切尔诺贝利事故给我们这样一个经验教训，就是核安全有赖于控制程序的透明。透明是获得核能好处的一个关键因素，如果监管的框架是透明的，不受任何当局的秘密控制或者是随意决定的影响，核能可以经济可行的方式，以健康的方法去开发利用。

这三个基本的原则仅仅是法律的手段，各国还要设计和实施相关的实质内容、实质条款。在核能的使用方面，这些原则首要的目标就是要保护人们免受相关的风险，对一旦发生的风险要有预案。主要处理的风险有两种，第一种就是核辐射对人身、财产、环境构成伤害；为了排除和减轻这样的风险，需要达到最高水准的安全运行。第二种风险是核辐射被转移，从正当合法的用途转移到其他的用途上，进行犯罪活动或者是非和平利用的活动；为减少这方面的风险，需要最高水准的安保和保障措施来排除。因此，核能法律方面总体来说有三个原则，一个是安全原则，一个是安保原则，还有一个保障原则，我们称为“三个S”的原则。在制定法律方面，需要有一个总体的法律框架，还要有个体的许可，就是每个使用核能的单位必须有恰当的安全保障措施，并且要有足够的、恰当的补偿机制。怎么样把这些基本要素纳入到一个国家的法律体系当中，要结合具体情况进行。核的相关法律是国家法律的分支部分，所以必须考虑到国家宪法的要求和总体法律的架构，以及国家立法的传统。鉴于核法律法规会涉及其他部门的相关法规，比如公司法、产权法、物权法等，这方面的立法必须完全能够有机地结合到国家其他的相关法律当中，不可以照抄另外一个国家的法律，不能作为“舶来品”全盘引进。

但是有一些做法在各个国家都是通用的，任何一个国家最高位的法就是宪法。有些国家的宪法对能不能使用核能有规定，联邦制的国家在宪法中也会规定政府的立法和授权范围。在宪法下的其他的法律规定是适用于所有人的，通常是作为正式法律由议会通过，也可能是作为政府法规由行政部门来颁布。通常规范核能方面的法律，是作为议会通过的法律，它所规定的基本元素内容，包括“三个S”的原则。很多国家通过了全面的原子能法案，也有一些国家是分别进行立法，如有核设施法案、核赔偿法案、核辐射保护法案等。因为核能是非常复杂的技术，所以需要制定非常详细的具体技术法规；这些内容不可能作为总体的法律内容，所以通常还有下面的技术法规；根据法律的要求，这些技术法规也是有法律效力的，任何人获得授权许可开展核活动必须按照这些法规来进行。

关于监管机构。国家要设立一个或多个国家机构负责实施法律框架。国家一方面要促进，另一方面也要控制，所以至少应该有两个不同的机构，因为促进和控制可能有冲突。一个有效的管理体制，应该是两个机构，一个机构是负责控制的。控制机构应该独立于任何促进核能机构，它在控制指令方面应该独立于任何其他的政府管理体制。独立的原则才能够保障它能够公正、充分、客观地进行监管。监管必须有充分的配置，包括资金、技术和人才都必须有充分的配备。同时还需要获得充分的法律授权，以便在相关的框架下执法。但是这些都不能简单地照抄，要根据国家宪法决定是否允许有这样强有力的监管机构。在德国就不能成立类似的机构，因为德国的宪法不允许。所以，具体情况具体分析。必须找到符合宪法，符合本国法律传统的解决方案。

监管机构的独立性必须永远得到保障，这是确保安全、保障和补偿的实质内容。拥有技术和经济能力开展核能计划的国家，原则上应该是有能力应对核风险的。运用核能的技术法规标准，也可以在国家的层面上制定。当然，一个国家的人才也应该是达到国际标准的，国际社会要确认其有恰当的能力处理核安全和辐射方面的问题。

在座的都是专家，没有必要详细地介绍国际上的技术法规和标准。相关的国际机构，包括非政府组织和政府间组织都发挥了很好的作用，制订了相关的技术标准和框架。例如国际原子能机构的安全标准，还有实物保护的导则。特别值得一提的是，对于准备搞核能的国家来讲，技术标准、导则方面的指导并不缺乏，关键是这些国家要愿意遵照指导实行。实际上没有任何国际组织可以发出对成员国具有约束力的标准和技术规定，因此有必要缔结一些有约束力的国际协议，当然也没有办法让任何国家一定要遵守某种国际协议。但是在国际社会当中，我们还是可以去施压，不遵守协议的国家可能会变得十分孤立，也可能会面临禁运或制裁等。

这里还可以提出另外一个核能法律的原则，就是国际合作原则。有哪些主要的国际法律文书可以确保应用这个原则呢？在一般的辐射防护，还有放射性材料运输安全方面，最主要的是国际原子能机构制定的安全标准。基本上所有国家都采用了这些标准，这是众所周知的事实。

关于核设施的安全问题，情况就不一样了，各个国家都会用自己的方式来确保安全。他们可能用，也可能不用国际原子能机构提供的技术标准或导则。目前还没有任何的国际文书对这方面的标准或导则起到约束力作用，但是1994年我们通过了《核安全公约》，可以说在这方面有所进展，但仅适用于陆上的民用核电站。虽然公约并没有直接规定国际安全标准和规范对缔约国有约束力，但它提出的一些概念有助于在国际间统一各国在核安全方面的做法。

《核安全公约》还提出了在国家相关法律中必须包含的一些要素，因此也有助于统一相关的法律。特别重要的是缔约国有义务召开并参加审查会议，相互审查每一缔约国所作的核安全报告，报告的主要内容是国家采取了什么步骤、措施进行履约。同行评审的概念有助于支持或者是敦促各个缔约国应用国际安全规范和标准。1997年《关于乏燃料管理和放射性废物管理的联合公约》也有类似的机制，作为它的补充，还有第三个公约，包括1986年的《及早通报核事故公约》，以及1980年的《实物保护公约》，这些都是安全公约大家庭的内容。国际社会还期待准备开发核能的国家也遵守这些公约，虽然没有约束力，但期待这些国家遵守国际标准和规范。

接下来我们讲“三个S”中的第二个S，就是安保。安保主要是避免核能被非法利用，这更多的是警察负责的问题，不便于公开讨论，但也是国际上的一大关键问题，因此需要各个国家之间加强合作。核材料与核设施的实物保护文件是国际原子能机构通过的指导性文件，提出了实物保护的各项关键内容，是无约束力的建议。具有约束力的国际文书则是1980年通过的《核材料实物保护公约》，这是刚才讲到的核安全公约系列文书当中的一个，一共有139个缔约国参加并已经生效。公约于2005年修正并更名为《核材料和核设施的实物保护公约》，修正案目前还没有生效。公约名字的变更意味着它的使用范围延伸到了核设施，此外，修正后的公约还对缔约方构成了义务，就是要建立并实施实物保护制度，必须在合理和可行的范围内，尽量应用实物保护的基本原则。应该说修正后的公约代表了一种重大进步，在开发有效的核保安机制，在国家和国际的层面上，迈出了很大一步。从事核能项目的国家，应该更加重视实物保护公约以及它的修正内容。

核保障问题。防止核扩散是真正的国际问题。要搞好防扩散，必须把国际合作列为核不扩散法律的首要原则。我想没有必要讲解核不扩散条约，大家很清楚这个内容，准备搞核能的国家应该也都已经签署了核不扩散条约。

简单说一下赔偿的原则。有一些国际公约讲到了核事故的赔偿责任问题，我想说的是，每个国家都应该想一想，你的邻国是否加入了某个公约，如果是这样的话，你就要考虑优先加入该公约。

总结一下，国家需要设立专门的法律框架，不管是核能还是辐射防护，必须有一个永久性的监管机制。这不仅是专门针对核，包括其他危险的活动，也应该沿用同样的原则。国际核立法要遵循有关的国际原则，需要国际合作，国际合作在监管核能风险方面尤其必要。因为核能具有的潜在风险是巨大的，因此应该重视国际合作，通过国际合作，制定和完善抑制这些风险的全面的、有约束性和非约束性的法律体系、网络框架。

感谢各位的聆听。

约旦原子能委员会主席 K.Toukan

关于约旦的核能计划

女士们、先生们：下午好！

今天我向大家介绍一下约旦的核能计划。目前我国进行一项研究，准备进入核能时代。

约旦是一个小国，有89000平方公里，人口也很少，大部分是年轻人，38%的人口在15岁以下。国内生产总值是165亿美元，2000—2007年的年增长率7%左右。过去几年约旦经历了一些变化，主要是能源方面。由于人口增加和工业化加速，能源需求与成本在上升，依赖于进口燃料，水资源也是极度贫乏，而化石燃料消耗的增加又加剧了环境恶化。在过去3年中，能源价格上升已突破了我们的预算。

就国家能源战略而言，我们必须建立起可靠的混合配置。所以，正在考虑如何加强能源建设，包括把核能引进并纳入到我们的计划中。约旦目前是进口石油的，从阿拉伯等邻国以国际市场价格进口，从埃及购入天然气。2007年，我们能源基本是依赖于化石燃料，大都是天然气和石油，可再生能源只占1%。目前能源进口是整个进口产品的24%，也占整个国内生产总值的20%。

我们对电力增长的预测是，电力需求到2030年将会翻一番，所以能源需求是巨大的。因此，我们非常认真地考虑是否引入核电。目前我们的能源人均消费是

2000千瓦时，与欧洲相比是他们人均额度的1/3。我们地处中东，邻国有埃及、叙利亚，不久将会与巴勒斯坦当局也成为邻国。因此，把核能引入约旦，将使我们成为能够向邻国出口电力的国家。提供经济的电力，也可以解决其他一些重要问题，如严重缺水的问题。约旦缺水，几乎要用1/3的电力解决灌溉问题。我们每年需要通过海水淡化工程解决缺水的量大约是8亿立方米。所以，我们希望通过引入核能，到2030年使约旦成为一个电力出口国，以低成本的能源供应来推动经济发展，从而摆脱对化石燃料的完全依赖。

在人才方面，我们的教育系统质量很高。我们也有天然铀储量和其他伴生铀矿的资源。我们走向核能这条路，是希望把现在能源进口国的地位改变为电力出口国，并充分开发我国的铀矿资源。

我国核能计划的战略是，确保核燃料的可靠供应，开采铀矿资源，促进与公众和私营部门的合作伙伴关系，确保本国在技术转让各阶段的参与，加大海水淡化的力度与氢能生产，发展核能的衍生工业，利用核能产生的电力向邻国出口，建立有竞争力的耗能工业。

我们面临的挑战当然很多。例如核电厂的选址问题，因为我国沿整个海湾的海岸很少，所以选址是一个挑战。还有电网负荷多大为合适的问题，铀矿开采、有效的放射性废物管理和燃料循环系统、人力资源的培训、资金来源与建立起必要的政治稳定的环境等问题，因为我们这个地区经常是动荡不安的。核计划的第一步是要建立核电厂发电，我们将按照国际原子能机构同行评估的模式，与有良好安全记录的国际核电运行者合作。关于铀矿开采，正在考虑合资的方式。关于燃料循环，正在寻求不同形式的服务。我们正在进行相关的研究，准备核电厂的建造，包括培训、基础设施投资、资金筹措等，我们拟创新融资办法，其中包括政府资金。

根据2007年修订的《核法律》，我们建立了约旦原子能委员会与核监管委员会，作为国家促进核能发展的领导机构。这两个委员会均直接向总理报告。我刚才听到R.W.Borchardt博士介绍，核计划一开始就要建立两个委员会，一个是核监管，一个是促进性的委员会。我们吸取了全球的最佳做法，我认为这将使未来的核电项目具有更多的自我监管能力。

约旦的原子能委员会有4名委员，一个是国际合作专员，专门从事能源规划及双边和多边协定的签订工作。一个是核燃料循环方面的专员，专门处理铀矿开采、燃料供应、堆芯设计与废物管理方面的工作。一个是反应堆专员，分管研究堆、动力堆，安全分析，基础设施工作。还有一个核科学与应用专员，分管加速器、实验室、核技术应用。约旦已经加入了所有核电相关的国际公约、协议，我们是核不扩散条约缔约国，也是附加议定书的缔约国。此外，也是核材料实物保护公约的缔约国，目前正在考虑加入核损害民事赔偿责任这项公约。

前面代表发言中已经谈到，核能已经不是一个国家的问题，而是整个国际的问题。有关国际多边合作，我们已经和有关国家作了接触，如美国、法国、俄罗斯、中国、南非等，跟阿根廷也在接触。我们已与法国、中国、韩国、加拿大签署了合作协定，并准备和罗马尼亚、俄罗斯、英国等签署合作协定，目前正在与美国、日本和阿根廷进行有关合作的谈判。

关于铀开采，很幸运，我们国家有铀矿，这里有开发核能的杠杆，所以我们希望在铀开采方面能够吸引一些国家的兴趣。Areva 在约旦中部自 2008 年 10 月起开始了现场工作，在 2008 年 12 月注册了“约旦—法国铀矿公司”。我们制订了一个非常全面的勘探计划，包括铀和其他的核元素。我们与法国公司搞了合资项目，约旦的勘探队正在研究全面的可行性研究报告，计划在 2012 年开始生产。我们还在国内其他地方进行勘察，主要是在东部地区，和中国一家公司合作，在两个地区探查铀矿储量。

探矿活动，这是约旦一家公司进行的，矿物储存离地表层很浅。我们原子能委员会也已在中部地区展开相关的开采工作。

自 2008 年 10 月起，中方的海外铀公司与约旦方的 JERI 组成联合小组在约旦中部开始了勘探工作。

有关核电厂的选址工作，我们在海湾选择了核电厂的厂址，显然只能在这里选。我国只有 27 公里海岸线，所以选址只能在这个地区展开。我们想离开沿海，专家也建议我们离开沿海，以便保证地震的时候更为稳定。这里有几个潜在的厂址，但是这些厂址需要进行全面的研究。我们有 6 名国际专家，他们已经提交了地震定性评估报告。我们计划将一两个机组设在这里，以便进行海水淡化。预计建设一个 1000 兆瓦的核电厂，海拔高度是 450 米。

投影片展示了我们未来核电厂的立体图，大家可以看到海水淡化就设在这个位置。我们需要建冷却塔进行循环。核电厂技术方面，我们选择第三代的核电厂，并将考虑标准化与海水淡化的可兼容性。对其他新的技术，我们也在研究重水堆。我们选择第三代核电厂，使用最先进的技术，潜在的供应商提供了核电厂的主要设计特征。目前，建一个 1000 兆瓦的堆，还需要对电网进行研究，我国电力公司与法国的一家公司签署了协议，通过引进 1000 兆瓦的核电，带动电网的研究工作，法国财政部将提供 100 万美元的融资。我们今后 4 年将进行厂址选择和定性的筹备工作，委员会将确定核电厂的监管框架，涉及审批、建造和运行等阶段。同时，还将与国际公认的监管部门共同工作，今后 4 年是筹备性的。

核电站预计 2013 年开工建设，工期 5 年。如果一切顺利，将于 2018—2019 年运行。从现在开始需要 10 年时间，我们的第一个核电厂才能发电。我们的模式是核电厂由电力公司运行，主要股东是政府，还将吸收其他股东或引进国际核电运行者作为股东帮助我们运行。我们的一些供应商已经与国际核电运行单位建立了联盟。

我前面提到，我们已经进行了建造前的咨询服务招标，还将在建造阶段招标，以及人才开发的合作，包括人才管理计划。

我们已经在约旦科技大学开设了核专业，另外 3 所大学里也有核物理系，正在培养核工程方面的人才。约旦原子能委员会很快将建设一座 5 兆瓦的研究堆，作为核工程人才的培训中心，同时还提供其他的科学应用研究和服务。约旦原子能委员会的工作人员在不断增加，预计今后几年将达到几百人，我们将建立管理核电项目的电力公司。

在与供应商讨论的过程当中，我们将培训作为合同的一部分，培训工程师的合同在核电厂建设和运行前的阶段执行，计划培训 250 个核专业工程师和运行操作人员。我们也在积极地进行宣传活动，以获得公众对核电项目的支持。

最后，我们将研究各种因素，以保证我们国家能够顺利地实施核工程。包括考虑如何解决未来的燃料循环问题，保证未来核电站燃料供应，以及所选择的技术如何满足需要等。我们对前景感到乐观，我们认为约旦可以成为新兴核能国家的一个榜样。

谢谢大家！

中国原子能科学研究院研究员 顾忠茂

在全球核能复苏的大背景下如何保障我们的核燃料循环

主席先生，女士们、先生们：

大家早上好！我今天报告的题目是《在全球核能复苏的大背景下如何保障我们的核燃料循环》，从三个方面讲：

第一，全球的核能复苏。

第二，中国对此的回应。

第三，如何加强核燃料循环的国际化发展。

世界人口现在已经达到 66 亿，预计到 2050 年的时候将达到 90 亿甚至更多。在世界目前的人口中，大概有 1/3 的人没有用上电，另外还有 1/3 的人只是少量用电。大概有 10 亿人得不到安全饮用水，24 亿人得不到足够的卫生设施。所以在全球范围内，能源需求的增长不仅要满足世界人口增长所带来的需要，同时也要满足人民生活质量方面的需求，特别是发展中国家的人们。

在 18 世纪开始工业革命之前漫长的几十万年里，大气中二氧化碳浓度大概是 260 ppm。工业革命之后短短的 200 多年，我们可以看到二氧化碳在大气中的浓度急剧上升，到了约 370ppm。这是因为人们大规模地燃烧了化石燃料，导致了严重的环境污染和温室气体问题。我们要改变这种趋势真的不容易，现在我们面临的挑战，包括能源需求增长的问题，也包括环境的问题。因此，我们要发展低碳能源，包括核能和可再生能源。非水电可再生能源（Non-hydro renewables）都是清洁能源，基本不排放碳。这需要我们给予大力支持，也需要尽可能快速地开发和部署。

然而，我们必须认识非水电可再生能源也有些局限性。比如与核能相比，它的能量密度很低，产能是间断性的；风能的可利用因子大概是低于30%；太阳能的可利用因子大概是15%（而核电的可利用因子可达90%）。所以，这些可以作为调峰电源，不能作为基荷电源。根据专家预测，全世界除水电以外的可再生能源在2020年可以达到5%，2050年可以达到10%。

大家普遍认为核能是一个清洁的能源，而且是可以代替化石燃料的一种基荷性能源。我们的结论是，不快速地扩大核能，就不能满足世界日益扩大的洁净能源需求。我们很高兴地看到，一些主要的国家对核能有坚定的承诺，如美国、俄罗斯、日本、韩国、印度、中国等；有些发达国家，或发展中国家，如阿根廷、巴西、加拿大、芬兰、南非、乌克兰等国正在增加核能的配置份额；大约有30个国家，如越南、印尼、约旦、埃及等国正在考虑引入核能。

可以讲，全球的核能复苏已经出现了。中国在全球核能复苏情况下采取什么样的行动？中国能源需求的期望是什么？可以看到，中国人均能源消费水平仍然很低，只是世界人均水平的84%，总体的能源消费需要将在2020年翻一番，以达到GDP翻两番的发展目标。发电的装机容量需相应增加，从目前的790GW增加到2020年的1250GW。而中国能源结构上的严重问题是火电占总发电量的77.5%，因此造成比较严重的环境污染和温室气体排放。中国政府正采取各项积极措施降低火电的发电份额，正在发展节能技术，提高能源的效率，这是我们能源政策中的优先或者是重中之重。同时，中国也在加强水电和其他可再生能源的发展，现介绍中国核电发展的预测数据。如2020年我们打算把核电的装机容量提到70GW，2030年大于100GW，也就是从现在核电比例的1.3%，逐步走向2020年的5%，2030年的10%。到那时候，核能将成为三大支柱性能源（水电、火电和核电）中的重要部分。

为了实现中国核能计划的可持续发展，中国核裂变能发展遵循由压水堆到快中子堆的战略。为此，与法国、英国、俄罗斯、日本、印度等国一样，中国选择了核燃料闭式循环方案。为了支持中国雄心勃勃的核能计划，我们必须建造一个完整的核燃料循环工业体系，世界上没有哪个国家可以替代我们来做这些复杂而艰巨的事情。

介绍一下中国目前核燃料循环的现状。中国核燃料循环的前段已经建立了工业能力，可以满足目前国内核电的需求。燃料循环的前段生产能力需要扩大，相关技术也需要更新和升级，这样才能够真正满足中国核电计划的扩大需求。燃料循环的后段是我们目前的弱点，需要在整个燃料循环的后段方面做出更大努力。到目前为止，我们还没有商业化的后处理厂、MOX燃料制造厂和高放废液玻璃固化厂。

就乏燃料后处理而言，我们已经建了一座后处理中间试验厂。我们正在计划建造一座商用后处理厂，这一工程将通过国际合作建设。

另外是分离钚的使用。为了实现核裂变能的可持续发展，中国在20~30年内将逐步建设快中子增殖堆。在核能系统中引入快堆，也可以减轻今后国际铀市场的压力。中国正在积极发展快中子增殖堆技术，使铀资源的利用率提高50倍以上，从而使核能也变成所谓的“可再生能源”。而后处理过程中分离出来的钚将在快中子增殖堆里再循环。我们拟定第一座商用后处理厂将能够为快中子增殖堆的前期计划提供分离钚；当然如果快中子增殖堆的发展速度不能像预期的那样快，分离的钚将由压水堆和快中子增殖堆共同使用。对于高放废物的处置，2006年我们推出了关于高放废物地质处置开发计划指南。按照这一指南，我们打算2020年前后建造一座地下实验室。我们希望能够在2050—2060年建成国家地质处置库。

关于燃料循环方面的国际合作问题。闭式核燃料循环是一个极其复杂的体系，需要花费相当长的时间和投入大量的资金才能完成，是一项昂贵的工业系统。对只有小规模核能的国家，建立本地闭式燃料循环的成本/效益比很差，因而是没有必要的。而且，燃料循环技术，尤其是铀浓缩技术和乏燃料后处理技术，可能会增加高浓铀和分离钚的扩散风险。

在过去的半个世纪里，国际原子能机构在有效防止全球核扩散方面做得很好。但是，随着全球核电的迅速发展，涉及核燃料循环的扩散与恐怖袭击的风险有可能增长。

在全球核电复苏的时代，一方面我们需要确保采取一种对所有国家平等、不加任何歧视的有效的措施，使所有的国家都能够享有核不扩散条约所赋予的和平利用核能的权利，并获得有关的技术与知识；另一方面，国际核不扩散机制应该得到加强，以减少在整个世界的核扩散风险。面对这一进退维谷的局面，人们争论纷纷，试图找到解决办法。

我们注意到，国际燃料循环中心这一老概念又开始被探求，且越来越多的人已经开始接受这个概念。近年来体现这一概念的典型倡议有：国际原子能机构2003年提出的多边核方案（MNA），俄罗斯2006年1月提出的总统倡议或全球核电基础结构倡议（GNPI），美国2006年2月提出的全球核能合作伙伴倡议(GNEP)，还有其他一些倡议。我们与上述倡议持有同样或相似的看法。

关于燃料循环的国际合作，已有一些局部的成功的实例，例如，为有限国家提供的燃料供应、铀浓缩、燃料元件制造和后处理等服务。

最近人们常说，从生到死或者“从摇篮到坟墓”，这是一个很时髦的字眼。我们认为从生到死，从开始到最后，意味着确保整个燃料循环的全过程的国际合作，包括最终的高放废物处置。这对某些新加入核能的国家，对一些小国来讲是很具吸引力的，因为这些国家很难找到高放废物的地质处置场所。

建立国际性的或地区性的高放废物处置库，在技术上是可行的，经济上是有吸引力的，但很多非技术性的问题构成了障碍，阻碍了进展。所以我们认为，国际核燃料循环中心会有很多影响因素，比如技术问题、经济问题、政治问题、公众接受问题等，这些问题需要通过广泛的国际对话逐渐加以克服和解决，国际社会对解决这一问题应当承担起责任，国际原子能机构可以为此提供一个平台，并对成员国之间的沟通、讨论、协商起到指导作用。

由于核燃料循环所具有的敏感性，各国之间互相信任以及建立起这种信任对于合作来说最为重要。我们应该建立起一些可被共同接受的原则或规则，在国际原子能机构框架内加以实施。一件事情只有一个真理，对于判断一件事情的对与错，全世界只能用一把尺子，而不是两把或几把。从这个角度讲，我们认为国际原子能机构应该发挥更重要的作用。

另外， 核燃料循环走向国际化， 本身应该是一个循序渐进的过程。比如在燃料循环的开始，我们支持国际原子能机构2006年倡议的所谓“三级安排”的框架，以确保核燃料供应；我们也支持俄罗斯建立国际铀浓缩中心的倡议。在燃料循环后段，我们赞成建立区域合作机制，在国际原子能机构的保障监督下对乏燃料进行安全可靠的管理。而所谓乏燃料“退回”（take-back）这个概念（例如，退回到燃料供应者），虽然不是一个最终的解决办法，但可能是一个有效的权宜之计，对新加入核电的国家可能会有吸引力，而国际社会对这一问题应该进行认真的讨论。

中国目前正在致力于建设一个完整的核燃料循环工业体系，同时，我们将积极参与燃料循环国际化的国际合作。我认为，中国在不久的将来可以在下列工作中对国际核能界作出贡献：比如建立更多的铀浓缩的能力，满足其他国家未来的需要，尤其是新发展核电国家的需要。另外，加入到乏燃料管理的区域合作中，还可以对一些国家提供专业人员的培训，尤其对一些新发展核电的国家，进行核电厂运行、核安全、安全保障和实物保护等方面的培训。

我们很高兴地看到国际原子能机构在促进和平利用核能方面，在加强核不扩散机制方面作出了巨大的贡献，我们希望机构在这两个关键领域中继续发挥更加重要的作用。中国有句古话说道，鱼和熊掌“二者不可得兼”，只能“舍鱼而取熊掌者也”。对于核能来讲，我们不仅需要核能发展，也需要核不扩散，就是说在核领域必须“鱼和熊掌得兼”。我认为人类应有足够的智慧解决上述所讲的矛盾。我们审慎乐观地认为，通过机构所有成员国的携手合作与不懈努力，全球核能将以一种安全的、不扩散的、可靠的、持续性的方式发展。

谢谢大家！

国际原子能机构原副总干事、瑞士核电顾问 B.Pellaud

保障燃料供应，应对核不扩散的风险

谢谢主席，女士们、先生们：

我报告的题目是《保障燃料供应，应对核不扩散的风险》。大家都比较了解核能的好处，但核电的贡献取决于有没有核燃料供应，取决于长期保证核燃料寿命，也取决于国际间的信任。问题是保障燃料

服务还是扩散风险，有没有利益冲突。一方面核设施很昂贵，需要大量的资本投入，而且每年的运行费用很高，核电厂必须有人员进行维护，需要有可靠的燃料保障。对于运营单位而言，保障燃料供应是至关重要的。

所有利用核能的国家都将燃料供应作为高度优先的问题考虑。因此，他们既不愿放弃根据核不扩散条约所授予的基本权利，也要求整个国际社会注意铀浓缩和后处理的相关风险，这些必须得到所有人的认可。如果铀浓缩与后处理设施的数量和有这些设施的国家不会按照核电的速度增长而增长，这些风险可以减轻，大多数国家都不需要这些敏感技术来保证核电的竞争性。如果他们想的话，他们可以正式放弃，就像一些国家做的那样，不管怎么说经济应是实施规划考虑的唯一因素。

在核燃料保障供应和敏感技术的扩散风险之间有潜在的冲突。可以有两种办法来解决这一矛盾。一个是非核国家不去获得敏感技术中的有关技术，重新解释核不扩散条约中有关获得核技术的条款，这是美国学术界和政治家首选的解决办法。这一解决办法没有得到一些国家的接受。希望的是多边核替代安排，即替代国内运行铀浓缩和钚分离技术。国际原子能机构总干事巴拉迪先生和许多非核武器国家都赞成这样一种做法，后者是自愿的，而且也是比较现实的。核不扩散条约第四条对所有国家都是至关重要的，这些国家坚决支持有权安全利用核能的做法，在多国参与下联合进行对同行和伙伴的监督，从而加强核不扩散。这种多边核替代安排的好处，就是无核武器国家敏感燃料循环设施的非本国化，以此来加强核不扩散制度。

2005年初，国际原子能机构有关专家组报告了这种安排的利弊，一方面是燃料供应国对供应的保证，一方面是多边建设核设施， 机构认真讨论了若干具体的建议。还有一些国家仍在继续发展本国的铀浓缩设施，其他国家对这样做也表现出了兴趣。所有这些建议都涉及敏感技术，是对现有燃料循环市场提供了一种支持。在市场做法中增加的是燃料供应的保证，我们在机构燃料银行下面看到的是燃料供应伙伴关系，双方都要做出承诺。国际联合生产，共同拥有，意味着有各种各样的制约。

我现在对提出的建议谈谈意见。第一个是机构燃料银行。2009年9月防止核扩散倡议是美国非政府组织设立的，该倡议表示要向IAEA提供5000万美元，建立IAEA拥有并管理的低浓缩铀银行，同时期望在2009年从其他国家另获1亿美元资金。其他建议是双边活动关系下的建议，供应国和中东国家，比如约旦、阿联酋已经达成了双边协定，后者承诺不从事敏感技术。美国全球核能伙伴关系，俄罗斯全球核电倡议也是类似的建议。但是现在有待明确，如俄罗斯的建议就是联合生产的建议，涉及铀浓缩设施，可以作为有机构参与的国际浓缩铀中心。还有法国、比利时、伊朗、西班牙也在进行大的浓缩厂投资，换取有保证的铀供应，但不获得技术本身。俄罗斯欢迎其他的国际投资者来扩大该设施，机构也已明确并且实施自己的准则。该项目现在已经成熟。

2009年德国提出设立国际铀浓缩设施，建在国际领土上，使用黑匣子离心机，由铀的技术提供者使用和维护。该浓缩厂完全作为全商业性质来建设和运行，这个建议非常明智，是非常雄心勃勃的建议。而且建议成立多边浓缩机构，建立联合生产项目，提供核材料供应，这些计划主要由中小国家考虑，并提出今后的供应和财政模式。

从某种意义上来讲，联合生产也是一种市场解决办法。当需要的时候，新的多边设施可以使现有的浓缩市场更具流通性，这对核电厂是非常重要的。在核不扩散方面，甚至可以向巴拉迪总干事所说的那样，当一个国家、一个地区想自己搞浓缩生产时，建立一个共同商定的规则，并逐步变成强制性的。比如说巴西和阿根廷已经商定合作，日本与韩国也有可能，澳大利亚、加拿大与一些欧洲国家（为增加其铀的价值，进行浓缩），像德国建议的那样，同意在机构主持下建立国际设施。这些多边的解决办法有经济和商业上的优势。可能还是有人会提出问题，比如无核武器国家有什么样的动力要缔结这样的安排；敏感设施的国际化，应该不应该成为核不扩散条约下的准则？

谁对于实施供应保证建议兴趣更大，是供应国还是潜在的用户呢？实际上也有很多国家提出反对，反对者认为这些建议违反核不扩散条约第四条。大多数国家是不说话，他们对燃料服务市场感到满意，也还没有做好接受限制的准备，除非给他们恰当的经济和政治上的诱惑。

前面报告的人讲到了，现在应该是开始全面地审查多边核能机制的时候了，从经济、工业、法律、制度和政治等各个方面来审查。无核武器国家应该界定自己的立场，至少应当积极参与，以便能够影响未来核燃料循环机制的设计。因此，我们需要一种新的论坛，有一个可以在国际原子能机构理事会下设立的委员会，可以向所有的成员国开放。另外一个更加灵活的方法是设立一个专门的、独立的无核武器国家论坛，可以由少数国家发起，由这些拟建核能计划的国家参与。我们必须牢记以下几个方面的考虑：

第一，小型核电站的运行单位，比如瑞士，希望有一个商业的竞争市场，满足对燃料服务的需求。现在有多种不同形式商业化运作的铀浓缩公司，浓缩铀可以说是产能过剩。基于现有的这些开发计划，产能至少可以在中期之内满足所预计增加的需求，我说的中期至少是到2013年。至于其他前端的过程，如铀转化等，情况也是相似的。

第二，如果仅仅依赖少数几个铀浓缩服务的供应商，而这些供应商又都地处核武器国家，或者是受到核武器国家的控制，会使某些方面感到不安，怀疑未来的供应是不是真正有保证。用户国家希望燃料服务商更加分散，也很可能会欢迎非核武器国家的“新来者”，像澳大利亚和加拿大，因为它们已经在全球铀市场方面有非常可靠的伙伴，也发挥着非常重大的作用。新建核设施应该通过审议，但要修正条约是不大可能的。作为核武器国家和非核武器国家之间广泛交易的特定内容，审评应当制定一种新的准则，它是没有约束力的，但是它的价值很大，代表了共同的价值观。这个新的准则就是未来的敏感设施应当只有在恰当的多边和区域框架之内建设。

我想绝大多数的核燃料消费国，应该说都会愿意放弃单一国家建设敏感设施的计划，但是可能不愿意放弃进行多边建设的权利和自己选择伙伴进行多边建设的权利。在铀浓缩和后处理方面，他们可能希望保留自己的商业自由，可以和其他国家联合建造基础设施。他们认为钚是很好的资源，不希望让钚为少数几个主要国家所垄断。

国际原子能机构的倡议，包括建设燃料银行和燃料中心。但大家对国际原子能机构的政治独立性还是有不同的看法的。如果有的国家被拒绝拥有自己的燃料供应渠道，他们可能不大欢迎国际原子能机构成为一种替代性的供应者。多年来，国际原子能机构的运作一直非常顺畅，也是很高效的。因此我想，我们必须清楚地区分机构理事会的作用和秘书处的作用，由理事会制定相关的指南，由秘书处负责实施，实施过程中可以免受外部压力。

规约是 1957 年写成的，这个规约是国际原子能机构工作的基础，国际原子能机构可以发挥一种新的作用。那些向国际原子能机构银行提供燃料的供应者应预先给予机构对此燃料的支配权，也就是说，给予国际原子能机构释放条件方面的最后决定权，这也是英国的提议。

总而言之，消费国不太会考虑和原子能机构做生意，如果说秘书处和总干事被看作是或者被错误地看成受到双重干扰的问题，一方面是各个理事国的干扰，另外是来自燃料供应者的干扰。

我想多边的核安排可以发挥很好的作用，一项是保障燃料的供应，另一项是要确保敏感技术免于扩散。考虑到这两项宗旨，我们一方面要发展核能，另一方面要加强核不扩散，有核的这些国家必须调整计划以便能够顺利地发展核能，不能随着核电厂数量的增加来相应地增加浓缩和后处理设施的数量。因此必须随着核能的发展缔结更强有力的多边安排来发展燃料循环，按区域、按大洲，也可以进行专项合作。

谢谢大家！

俄罗斯国家原子能公司 V.Kutchinov

倡议建立国际核燃料基础设施

主席先生，女士们、先生们：

传统的水电、火电所产生的各种挑战，使我们看到核能作为一种新的能源，有可能成为确保可持续发展、环境友好、经济可行的 21 世纪的一种能源。根据国际原子能机构的评估，如果按最佳的考虑，从 2007 年的 372.2GW 可以达到 2030 年的 747.5GW。经合组织的核能发展评估也是这样的预测。现在谈增长率，可能还不是有把握的数字，但我们可以讲核能发电的趋势将会继续发展，到2030年，世界核电的产量能够维持增加的趋势。因为现代技术不断改进，核电站寿期也会延长，新的堆型也会出现。考虑核电厂延寿，比如说60年的寿期，可以使大部分核电机组增加发电量，目前压水堆占所有核反应堆的80%。

许多研究结果表明，核电发展的预测要求国际社会解决最棘手或最紧迫的问题，比如核燃料的可靠供应、乏燃料管理、核不扩散问题，这些问题是相互联系在一起的。核电厂的运行并不具备核扩散的风险，但是浓缩铀、分离的钚会有核扩散的风险。当然，我们也不能忽视新的风险，比如听说可用乏燃料做脏弹。因此，在核能与核不扩散之间必须有一种可持续的平衡。中国同事作的介绍我非常赞赏，他强调我们应该在两者之间找到一种平衡。这个任务很艰巨，各国首先是能够获得核燃料和进行乏燃料处理，同时确保对一些敏感技术的有效管制。

根据目前的评估，浓缩铀的设备，包括现有设备和将要建造的设备，完全可以满足未来几十年核燃料的需要。而且铀浓缩现在使用一种气体离心技术，可以确保商业用途核燃料的供应。当然，有些专家认为某些核电厂可能丧失核燃料，比如因为政治原因得不到燃料供应，有些国家没有铀浓缩设备等。建设核燃料生产设施是一项复杂的技术，必须在国家拥有大量核电厂的情况下才有可能建设。但如果一个国家没有相应的核电厂却建设铀分离设施，不免使人产生怀疑，这种怀疑是有根据的。必须严格执行国际原子能机构的保障监督制度。

俄罗斯2006年提出一个新的创意，即建立一个国际的核燃料基础设施，这对核燃料的安全供应提出了新的想法和构架，同时可以防止核扩散，这个倡议和国际原子能机构提出的核燃料循环的多边方案是相一致的。机构总干事谈到，这是敏感的国际化问题，这样能够确保各国公平、公正地获得核燃料，同时又不至于发生核扩散。在整个核燃料循环中，铀浓缩是最敏感的环节，所以从这个角度出发，俄总统倡议建立新的铀浓缩厂，即根据政府间的协定建立一个中心，这个中心是开放性的、联合的核燃料供应工厂。哈萨克斯坦、乌克兰等国都在考虑加入这个中心。我们欢迎有关国家和私营企业加入，且没有任何的先决条件。

响应巴拉迪总干事的倡议，俄罗斯提出自己出钱建立一个浓缩铀的存储库，存储量达到120吨低浓缩UF_6，可以按机构的要求提供给相关国家。如果其他铀浓缩组织和市场出于政治原因拒绝向某个国家供应铀的话，假如这个国家是用于自己的民用核电，也符合核不扩散公约的话，机构可以决定提供。这种铀储存活动的法律框架，可以按照两项协定进行，一个协定是俄罗斯政府和机构之间达成，一个是接受国和机构之间达成的。可以在不同的国家建立铀储备场址。有一个非政府组织的倡议，就是核威胁倡议，在2006年提出来，也是核燃料银行的概念。不管俄罗斯，还是上述非政府组织的倡议都提交给了机构理事会。我们听到机构总干事在发言中说，这个议题将提交6月机构理事会讨论。我们认为，建立一个浓缩铀保证库，再加上国际铀浓缩中心，将有可能实现保证核燃料供应的概念，为将来的核电发展提供持续、稳定的燃料供应结构。

乏燃料处理基础设施也是很重要的，不仅是地质结构复杂的问题，还有获得公众接受的重要因素，也有核不扩散的相关问题。到2007年，世界乏燃料是29万吨，按照机构预测，到2020年，核反应堆卸出的乏燃料将是44.5万吨。目前有些国家认为乏燃料是高放射性物质，采取深埋的储存方式是一种一次性的燃料循环，也就是说乏燃料深埋在技术上是可行的，但现在还没有任何一个国家能够提供实践的证明。开放的核燃料循环有其缺点，首先它取决于有天然铀资源的存在，另外它也导致乏燃料未能得到彻底解决。乏燃料处置最佳办法的研究可能要延续到本世纪末，那时我们必须找到相关技术，否则就无法应对温室效应。

专家指出，乏燃料后处理可以为核电厂提供足够的燃料，同时也能够有效地减少高放射性废物的体积和放射毒性。但是，目前乏燃料后处理工程，每年也就是处理5000多吨，占乏燃料量的50%左右。新的技术、新的能力必须研发。目前所看到的技术发表在公开出版物上，这个技术是从乏燃料中提取或者提纯钚，有可能被扩散到其他用途中。这是一项多步骤的技术，需要复杂的设备，还有一个很大的缺点是产生大量的高放射性液体废物。当然，各国目前正在加强乏燃料处理的改进工作，以便减少扩散的风险。美国、日本、俄罗斯等国在改进尾端燃料循环的时候，正在考虑干式技术以避免放射液体。固体物质比较容易储存，这个循环周期被证明更短、更简化。

我认为这些工艺对四代反应堆所使用的气体更容易处理。随着新技术的推出，有必要考虑建立起区域性的乏燃料后处理中心和放废管理中心。我们也可以考虑核燃料租赁的概念，如俄国对其设计的核电厂提供核燃料，乏燃料再退回给俄国，就是一种新的概念。还有法国的设想也是一个例子。除了国际铀浓缩中心以外，租赁措施可向请求国提供必要的服务，保证他们的燃料供应安全。接受国可以分享其他国家的技术，本国不用以高昂代价从事铀浓缩，还可以基本解决核不扩散的问题。

总之，建立一种没有缺点的新燃料循环系统，对核电来说，这个系统涉及从铀的开采到发电，到乏燃料后处理，到放废处置，最后把它变成短寿命的放射性核素。俄罗斯总统2000年在联合国会议上提出了倡议，该倡议就是要确保解决核不扩散问题。这个倡议得到了国际原子能机构的支持，包括29个国家和欧洲委员会的支持，这也是21世纪最可以接受的核技术。国际合作有助于我们加强原子能和平利用，以及加强核不扩散问题的解决，在这方面国际合作是关键。

谢谢大家！

瑞典核燃料和废物管理公司 S.Laarouchi Engstrom

关于核废物的管理

谢谢主席！非常感谢中国国家原子能机构邀请我到会并讲话。我认为核复苏能否成功，有几个先决条件，我把它分成三类。一个是基础结构和人力资源，有熟练的工程人员，这是非常重要的。过去两天中我们还没有充分地讨论安全分析问题，没有任何国家在提供交钥匙的核设施的同时，提供一份良好的安全分析报告。再一个是核燃料循环，是核从生到死的过程，包括核设施的运行。还有一个是核不扩散，接受这点非常重要，只有这个问题解决了，才能够确保核电复苏的成功。

我仅就核废物管理进行介绍。我说过，放废管理是瑞典用来反对核法案的论点，今天的执政政府已经对长期禁止核电进行了解禁，但是我们仍然要面对反对的意见和声音，他们认为放废是我们不要搞核电的主要原因。

瑞典核电的基本情况。我们有 10 个运行的核反应堆，有的反应堆因为这样或那样的问题被淘汰了。3 年前，我们水电的比例很低，因而核能生产占 60%。现在核电占 45%，所以核电对瑞典是很重要的。瑞典在二氧化碳排放方面没有遇到很大的挑战，是因为我们 90% 以上的电力都是清洁的。瑞典建立了所需要的最好的放废管理框架，在上世纪 80 年代初，瑞典就建立了这方面的法律框架，还有一个融资系统，就是设立了信托基金专门用于废物管理。

现在我谈谈放废管理的技术问题，另外是政治和社会问题。瑞典的放废大致分为两类，一个是中低放废物，这是核电厂产生的或研究设施产生的废物，包括医院产生的。在现场进行整备处理，然后运输到处置库。另外一个是高放废物，就是乏燃料。多年来瑞典因一些经济和政治原因没有再进行创造性的研究，认为乏燃料是废物。现在的系统是这样的：黄色箭头指的是中低放废物，核电厂、研究中心所产生的，现在正在整备，有专门的船运至处置库，这个处置库自从 1988 年以来一直在运行。红色的箭头指的是乏燃料，先储存在核电厂的贮存库，该贮存库在瑞典南部的地方，这个贮存库一直在运行。

现在有 15000 吨来自瑞典核计划的中低放废物等待今后的最终处置。这是瑞典过去 30 年曾使用过的方法，最后放在一个五厘米厚的罐当中，然后埋在瑞典的土壤中，大约有五米深，这样可以防止一些核元素渗漏。

下面给大家看一些数据。我们看到的最终处置库，面积是 2~4 平方公里，深度在 400~700 米。这需要与当地公民进行对话、听证、咨询。瑞典当今的需要量是 6000 个容器。第一部分讲的是放废处理技术，不能说很容易，但是相对来说是比较容易的，国际经验也表明，构建放废管理项目的挑战并不在技术方面，比如说德国、加拿大，也包括瑞典。我们之所以暂停放废技术研究，主要是社会和政治问题。

所以核废料管理在技术上是可行的，工程技术是成熟的，但问题是如何更好地与公众开展对话，迈出第一步。我们在上世纪70年代就开始迈第一步，那个时候更多的工作是进行地质探测。1983年曾暂停这项工作，因为我们在晚间新闻中看到，在斯德哥尔摩的一些小城镇，妇女儿童上街抗议，大哭大喊，一幅巨人欺负小孩、大工业欺负小城镇的景象。

我们在瑞典南部建造了一个实验室，开展最终处置所要求的技术工作。上世纪90年代重新启动这个项目，做了一些地质研究工作，这上面所有绿的点都是地质条件有利于搞废物处置的地方，适合进行乏燃料处置的。在瑞典有不少地方条件是适合的，北部有两个城镇都是以狩猎和捕鱼为主要谋生方式的小城镇，我们用了3年时间作调研，结果这两个地方的公投结果都表示不愿意与我们合作搞废物最终处置。同时，我们在那些已经拥有核活动的地区启动可行性研究，比如说在有核电站的城镇进行可行性研究， 共做了8个科研项目， 选了3个地方。最近7年，我们在其中的两个地方做了具体的位置勘察工作，其中包括地球物理分析、地震分析、地下水的化学分析等。工作过程中我们必须和这些城镇的居民作充分的沟通。我们主要关心的问题是长期的安全性和对环境的影响，包括对社会的影响。

我们在第一点和第二点上是能够处理好的。第三点，就是对社会的影响方面，我们是缺乏经验的， 我们花了很多年才学会怎么做好。实际上建设是很快的，2年之内就可以竣工，结果我们花了8年的时间。因为我们要获得当地的同意，包括地方的政治领导，以及邻近地区的领导，所以一定要做好沟通工作。我们已经完成了厂址勘察，正在忙于分析这些数据，今年6月将要作最终的选择，是基于长期安全的考虑来最后选定的。如果这两个城镇在长期安全性方面不相上下，我们还会纳入其他的考虑因素。

这是我们候选的城镇，离斯德哥尔摩驱车2小时，附近有3个城镇已经有了中低放废物的处理设施，另外1个城镇有3台核电机组在发电。今年夏天我们要做出最后的选址方案，2010年夏天向政府提出申请。建设废物处置设施，研究调查大约需要3~4年，要看行业的反馈情况，政府最后才会作出决定。这是马拉松赛跑模式：2009年确定选址，2010年完成提出选址申请，预计2020年可以进行废物处置。从目前情况来看，瑞典的计划是70年的周期。

在瑞典，包括其他国家，关键问题在于对话，怎么和利益相关方作好对话。不是说传达信息给公众，我说的是对话，即一定要和当地的居民做好沟通工作。我们一直说这个罐是防泄漏的，很安全，可是公众真正关心的是你进行废物处置之后，我还能不能喝我的井水。一个是工程问题，一个是社会问题，两者之间要做一些弥合，要做很多年的沟通工作。举例说，我曾经担任一个城镇的项目经理，那里有19000名居民，我见了其中1万人，在3年的时间里我与其进行面对面交流，每个人1个小时，这是必不可少的。有的时候非常困难，但对于我们来说没有别的办法。我们倾向在小范围内进行交流，所以每次我都是到一些小的教堂里面，到人家的家里，小范围的约见十来个人，向他们介绍核废物处置的知识。

一旦赢得人们的信任之后，还需要维持这种信任，就是要不断地做工作。我们每年都做一些统计，最近6年以来，我们以问同样问题的形式来追踪趋势，如：核能当局决定在你们这个城镇搞核废物最终处置设施你会不会接受？同意的人有80%以上，应该说这是非常好的数字。因为我们在前面说过，我们在北部选址之后，又被赶走了。现在应该说这样的数字不会让我们望而却步，只有鼓励我们做得更好。

前面报告中讲到关于这个项目的国际合作，特别是燃料循环设施，考虑到防核扩散的必要性。我认为这样的做法是合乎逻辑的，也是必要的。就核废物处置设施项目，我见过很多的市长，法国的、英国的、比利时的、瑞士的、德国的、芬兰的，没有任何地方愿意接受其他地方的，只能接受本国的核废物，我想这是一个现状。让一个地方作为本国的核废物处置点已经很困难，让他接受外来的废物就更加困难，我从没听到过任何地方的领导表示愿意接收其他国家的核废物。

谢谢大家！

第八届中国国际核电工业展览会

中国核能行业协会主办的第八届中国国际核电工业展览会于4月19日至22日在北京国际展览中心成功举办。4月21日晚，张德江副总理参观了展览。在参观过程中，张德江副总理对陪同参观的肖亚庆、刘铁男、孙勤、苗圩、李干杰、王毅韧、张华祝等同志说："发展核电是应对金融危机的一个突破口，是促进经济发展的一个增长点。"

张德江副总理高度评价了行业协会工作的重要意义，对中国核能行业协会理事长张华祝等同志强调说："要充分发挥行业协会的作用。"

4月19日下午3时，展览会隆重开幕，中国核能行业协会理事长张华祝主持了开幕式。出席开幕式的领导和来宾有：国际原子能机构副总干事索科洛夫、国家国防科工局副局长王毅韧、国家能源局总工程师吴吟、国家核安全局副司长周士荣、商务部办公厅副主任沈丹阳、法国原委会主席贝尔纳•毕加。

本届展览会，是经商务部批准的在中国首都北京举办的一次国际核电工业展览。展览会得到了核能行业政府主管部门的积极支持，国家能源局、国家原子能机构、国家核安全局对展览会给予了有力的指导。国家能源局、国家原子能机构、国家核安全局的领导给中国核能行业协会发来了热情洋溢的贺信。

在开幕式上，国家能源局总工程师吴吟、国家国防科技工业局副局长王毅韧、国际原子能机构副总干事索科洛夫发表了讲话；周士荣副司长宣读了国家核安全局李干杰局长的贺信；张华祝理事长、索科洛夫副总干事、王毅韧副局长、吴吟总工程师、周士荣副司长共同为第八届中国国际核电工业展览会开幕式剪彩。

这届展览会也得到了中外核电工业界朋友的热情参与和大力支持。来自亚洲、欧洲、美洲的15个国家及地区，205家享誉中外的核电工业企业、科研设计院所参加了本届中国国际核电工业展览会，其中包括109家国外企业。法国、西班牙、俄罗斯等国还以国家展团的形式，组团参加了展览。国内核电骨干机构包括中核集团、中核建设集团、中广核集团、中电投集团、国核技、华能集团、大唐集团、核动力研究设计院等96家重要企事业单位参展，黑龙江省核电办、四川省重大技术装备领导小组办公室也组织本省核电企业组成展团参展。

这届展览会是国际核电工业界新老朋友的一次盛大的聚会。展览会为中外核电同行提供了广阔的国际间技术合作和交流的平台，也为我们核电工业界新老朋友畅叙友谊创造了一次难得的机会。开展期间，有12000多名业内人士参观了展览，参加IAEA部长级核能国际大会的代表也兴致勃勃地参观了展览。

中国国际核电工业展览会创办于

1995年，每两年举办一届。伴随着中国核电事业的成长，国际核电工业展览会对推动和促进中国核电事业的发展发挥了巨大作用。“核电展”已被公认为规模大、影响力强的专业展会，成为核电企业展示成就、彰显实力、推介产品、交流经验及促进合作的重要平台。

正像中国核能协会副理事长兼秘书长马鸿琳在欢迎参展来宾的酒会上所说，这届中国国际核电工业展览会是一次有特色、高水平的专业性展览会。

开幕式讲话

努力办成一次有特色高水平的国际核电展览会

——中国核能行业协会理事长张华祝

这是首次在中国首都北京举办的国际核电工业展览会。这届展览会得到了中国政府有关部门的大力支持。国家能源局、中国国家原子能机构、国家核安全局等部门，对举办这次国际核电工业展览会，给予了有力的指导。国家发展和改革委员会副主任兼国家能源局局长张国宝先生，工业和信息化部副部长兼中国国家原子能机构主任陈求发先生，环境保护部副部长兼国家核安全局局长李干杰先生等，还为展览会写了热情洋溢的贺信。多位中国政府官员出席展览会开幕式。

同样，这届展览会也得到了中外核电工业界朋友的热情参与和积极支持，共有来自亚洲、欧洲、美洲的15个国家及地区，200多家享誉中外的核电工业企业、科研院所参加了本届中国国际核电工业展览会，其中包括109家知名的国外企业。法国、西班牙、韩国等国，还以国家展团的形式，组团参加了展览。这是国际核电工业界新老朋友的一次盛大的聚会。展览会为中外核电同行提供了广阔的国际间技术合作和交流的平台，也为我们核电工业界新老朋友畅叙友谊创造了一次难得的机会。

我相信，在大家的共同努力之下，这届中国国际核电工业展览会一定能办成一次有特色、高水平的展览会。

展会为全球核电伙伴提供了一次极好的合作机会

——国际原子能机构副总干事索科洛夫

首次在北京举办的这一展会，吸引了亚洲、欧洲和美洲15个国家和地区的200多个世界著名的核电企业和研发机构，以及95个本国的企业和用户。法国、西班牙、韩国和其他国家的国家展团也将参加这次展出。

作为聚集了国际核电工业领域所有新老朋友的一次盛大聚会，本次展会将显示所有参展者的实力，并为全球的核电伙伴提供一次极好的技术合作机会和交流论坛。

还值得指出的是，21世纪核能部长级国际会议也将于明天在北京国际会议中心举行。它是由国际原子能机构与经合组织的核能机构共同组织，由中国政府主办的。

会议吸引了许多高层的代表。已登记的参加者中包括30位部长或他们的代表，以及来自超过65个国家的350多位高级官员和技术专家。他们将讨论与核电发展有关的问题，优势与风险，以及核电在为国家和地区的发展提供清洁和可持续能源方面的作用。

会议将使许多感兴趣的国家和其他机构，有机会介绍他们国家的立场，表达和讨论他们对于未来核能作用的看法。

核电，作为一种实际上没有温室气体排放或大气污染的成熟技术，将有助于满足全球对于清洁能源迅速增长的需求。

这次会议和展览为我们提供一次机会，来再次审视核电的现状和前景，包括其技术进展，并讨论为推进近几年已经出现的核电发展的积极势头所必须采取的行动。也为许多正在考虑引入核电的国家进一步评价选择核电的可行性及其潜在的优势与风险提供了平台。

中国核能利用迎来春天 年内将开工建设核电新项目

——国家能源局总工程师吴吟

随着全球重视应对气候变化，节能减排已成为国际社会共同关注的焦点。中国政府高度重视应对气候变化和节能减排工作，通过加快清洁能源建设，促进能源结构优化，这项工作已取得了重大进展。

当前，中国能源行业正在认真贯彻党中央、国务院关于保增长、扩内需、调结构的部署，按照科学发展观的要求，抓住当前能源供给相对宽松的机遇，把结构调整作为主线，将大力发展核电作为重要任务，着力提高核电、水电、风电、太阳能发电等清洁能源的比重，构筑稳定、经济、清洁、安全的能源供应体系。

我们常常把美好的事情比喻为春天。今天，中国的核电工业正处在“春天”里。2008年，我国加快了核电建设步伐，除开工建设了福建宁德和福清、广东阳江、浙江方家山等4个核电项目外，还批准了一批核电项目开展前期工作。截至2008年底，我国投产核电站装机容量910万千瓦，在建2290万千瓦。2009年，我们还将开工建设一批新的核电项目，浙江三门AP1000三代核电技术项目、山东海阳自主化依托项目、国家重大科技专项中的高温气冷堆核电站示范工程都在年内陆续开工。同时，我国还将积极推进核电研发和装备自主化，以及核电政策法规体系建设。

中国核电的发展，为国际合作交流提供了难得的机遇和广阔的空间，越来越多的国外核电设备制造商和服务商投入了进来。我们热忱欢迎国内外广大客商积极参与中国的核电建设。我相信，他们在中国的发展一定会取得成功。

分享核能发展成果 推动世界核电发展

——国家国防科工局副局长 王毅韧

核能是清洁、安全的能源形式，发展核能是满足能源需求、保障能源安全、缓解环境资源压力、实现可持续发展的重要途径之一，是核工业贯彻落实科学发展观的重要举措之一。核能的发展离不开国际合作，核工业的兴盛要靠世界核工业界的共同努力。

在国家统筹规划和政府有关部门的指导下，中国核能正进入一个快速发展的时期。中国将与世界各国核工业界共同分享核能发展的成果，共同面对核安全、核保安、防核扩散等一系列挑战，为核能造福人类作出贡献。

中国国际核电工业展览会已成功举办了七届，为包括中国在内的世界各国核工业界提供了交流的机会和合作的平台，对世界核电发展起到了积极的推动作用。

今天，世界核工业界的同仁们再一次齐聚北京，展示核电发展的成果，交流核技术取得的进步，明天上午，由国际原子能机构主办、中国国家原子能机构承办的“面向21世纪核能部长级国际大会”将在北京国际会议中心隆重开幕，来自60多个国家和国际组织的800多名代表出席大会，共谋核事业未来发展大计。这两项活动相辅相成、交相呼应，必将成为国际核能界的一场盛事。

参展情况

本届展览会吸引了国内外205家企业及科研院所，规模和参展商数量都创历史最好水平。来自亚洲、欧洲和美洲15个国家和地区的核能行业制造商、供应商带来了最新的产品和最尖端的技术，展示了世界核电发展的重大成果。“核电展”已成为彰显实力、产品推介、技术交流、促进合作的重要平台。

展会上宽大的展台、醒目的主题、造型各异的沙盘模型，不仅吸引了众多专业人士前来观展，还引起了普通公众对核电科普知识的浓厚兴趣，充分显示了“核电展”广泛的影响力。

1. 更多的企业集团亮相国际核能业舞台

一进展览大厅，迎面而来的就是中国核工业集团公司特装展台。展台上，从秦山核电基地的大型沙盘到多媒体播放内容，图文并茂，让人鲜明地感受到“中国核科技工业的主力军和国家队”这一主题和核电、核燃料、核技术应用三大产业的整体实力。展台前人头攒动——有看资料的，有向工作人员询问的，有观看沙盘模型的，还有围坐在洽谈桌前商谈的，彰显了中核集团的强大实力。

中国大唐集团公司的展台气势非凡，一个大大的红色“唐”字，突出了中国的传统文化。工作人员告诉记者：我们公司刚刚加入核能行业协会，是本次展会的新成员，依托中国国际核电工业展会这个平台，主要是表达我们进军核电领域的信心，要与中核集团、中广核集团合作开发核电项目，履行为社会“提供清洁能源，点亮美好生活”的历史使命。

作为一个初来者，中国华能集团公司总经理毫不掩饰自己的雄心：“我们要在展会上充分体现公司‘为明天增添动力’的主题，包括高温气冷堆技术特征、示范工程的选址和工作进展，吸引国内外投资者与我们加强交流和合作。”

太钢集团是国内唯一具有堆芯构件用钢板的生产企业，也是首次亮相本届展会。“太钢需要这个平台来提升自己在核能行业的知名度，也需要这个平台扩大双相钢、耐热钢和复合板的影响范围。”一个项目经理如是说。

浙江宏伟实业有限公司的工作人员也表示，这次展会整个布局很好，规模大，参展企业的级别高，是战略合作伙伴相互沟通的平台，在合作中能够不断发展壮大自己。

四川核电、黑龙江核电、浙江海盐核电关联企业基地……一个个阵容强大的展团依次出现在记者眼前。

当然，国外的核电设备制造公司和供应商也不甘示弱。展会上，除了阿尔斯通、阿海珐集团以及三菱重工等老面孔，恩萨核能设备有限公司等知名企业也在今年的展会上亮相。“国际合作是核电发展必不可少的手段，丰富的实践经验，专业的技术装备水平，会让我们在中国核电市场建立更多合作伙伴关系的。”

2. 外商看好中国核电发展前景

在本次的展会上，国际展台占据了半个展馆的面积，参展的企业甚至超过了中国的参展企业数目。法国、西班牙、俄国和韩国还以国家展团的形式参展，西班牙核能工业的 10 家企业在展厅里列兵般排列，阵势庞大，显示出进军中国核电市场的雄心。

与西班牙展团不同的是，法国的展团以法国核工业协会会员单位为主，多由著名企业组成。一名法国电力集团核电部副总经理表示，现在中法两国核电行业的合作方兴未艾，相信中法合作会有美好的前景。据了解，同期召开的面向 21 世纪核能部长级大会期间，中法已签署了第十个和平利用核能合作议定书。

世伟洛克电力市场部经理告诉记者，参展之际，我们获得了为中国核工业提供设备、零部件产品及技术的资质，争取到了广阔的发展空间。

瑞典山特维克公司成功举办了核电工业产品研讨会。“我们与上海电气核电设备有限公司已签署了多台蒸汽发生器 U 型换热管的合同，公司打算长期留在中国，并在市场中保持领先的优势，愿意把最新的技术带给中国客户。” 山特维克公司执行副总裁对中国核电发展的前景也十分看好。

3. 多样化的堆型和技术服务融入国际合作

今年的展会还有一个大的特点，那就是不仅有不同堆型的核电站模型搬上了展台，还有更多为核电站配套的先进技术也摆进了展厅。

在这里，人们可以看到每个参展商都

会根据企业自身特点对展位进行包装，风格各异，引人注目。自主创新的CAP1400核电站主体模型、中国改进型压水堆CPR1000核电站模型、山东海阳核电站AP1000模型、国产化百万千瓦级压水堆核电站反应堆及反应堆冷却系统和主系统模型，吸引了众多的参观者。

具有我国自主知识产权的高温气冷堆核电站示范工程主系统模型也是展会的一大亮点。展台上，1:10的模型引起了许多观众光顾，其中也不乏外宾。一位在核工业界工作多年的老专家仔细观看了高温气冷堆模型后说：“一定要把高温气冷实验堆的产业化项目做好，真正掌握示范堆核心技术。”

作为世界上建造第一座先进沸水堆（ABWR）核电机组的日立公司，日立GE核能通过展会这个平台，展示了沸水堆的先进性。公司的工作人员在ABWR核电站模型前，向中方的观众作有关ABWR技术和运行经验的详细介绍。在展台进口处的大屏幕电视反复播放着ABWR核电站建设施工过程的短片，也吸引了不少人士驻足。

三菱重工的最新型US-APWR机组也在展厅亮相，引发了中国核电专业技术人员的极大兴趣。他们与展台工作人员交谈这座面向美国开发的第三代压水堆具有的特征。

国外核电站设备服务商也开始涌入中国核电市场。必维国际检验集团电力与公共设施服务部是第一次参加中国国际核电工业展会，“我们先进的测试技术让我们对开拓中国核电市场充满了信心”。

克莱梅克斯公司则将自己独特的解决主循环泵清洗等问题的方案带到了会场。“我们的专家能够清除泵壁上的铁锈，使反应堆压力容器水在泵内循环以帮助减轻振动。”现场工作人员告诉记者，之所以进入中国，是因为他们认为中国核能业将在一定时期内保持稳定增长。

在世界金融危机尚未见底、世界核电复苏的时间可能有所延缓的今天，中国国际核电工业展览会的火爆之气超过了往年，依旧是“风景这边独好”。从中，我们感受到中国核能发展的信心，感受到世界核能发展春天的扑面春风。

中国核能行业协会

中国核能行业协会组织结构

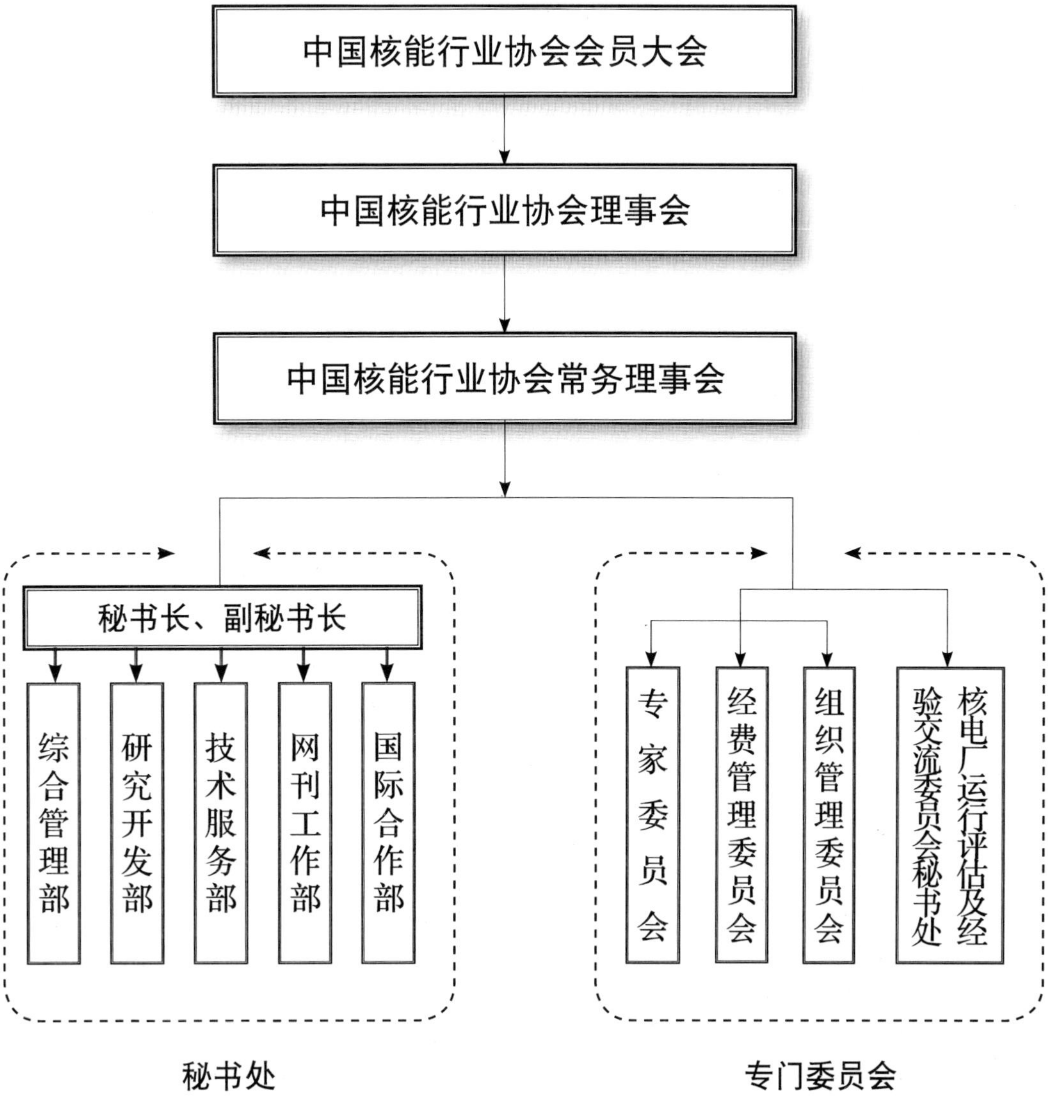

中国核能行业协会第一届理事会、常务理事会及协会负责人名单

理事长：					
序号	姓 名	性别	工 作 单 位	单位职务	协会职务
1	张华祝	男	原国防科技工业委员会	党组副书记 副主任	理事长
副理事长（按姓氏笔画为序）：					
序号	姓 名	性别	工 作 单 位	单位职务	协会职务
1	丁中智	男	中国电力投资集团公司	副总经理	副理事长
2	马鸿琳	男	原国防科技工业委员会	副秘书长	副理事长 兼秘书长
3	王毅韧	男	国家国防科技工业局	副局长	副理事长
4	吕华祥	男	国家核电技术有限公司	副总经理	副理事长
5	曲大庄	男	哈尔滨电站设备集团公司	副总经理	副理事长
6	朱根福	男	上海电气（集团）总公司	上海电气重工 集团副总裁	副理事长
7	杨 岐	男	中国核动力研究设计院	原院长	副理事长
8	李永江	男	核电秦山联营有限公司	董事长	副理事长
9	李冠兴	男	中核北方核燃料元件有限公司	原厂长	副理事长
10	时传清	男	中国核工业建设集团公司	副总经理	副理事长
11	何建坤	男	清华大学	常务副校长	副理事长
12	余剑锋	男	中国核工业集团公司	副总经理	副理事长
13	张廷克	男	中国华能集团公司	副总经理	副理事长
14	张善明	男	大亚湾核电运营管理有限责任公司	中广核集团 副总经理	副理事长
15	赵成昆	男	原国家环保总局核安全与辐射环境管理司	司 长	副理事长
16	钱智民	男	中国广东核电集团有限公司	董事长	副理事长
17	斯泽夫	男	中国东方电气集团公司	总经理	副理事长
18	翟若愚	男	中国大唐集团公司	总经理	副理事长
常务理事（按姓氏笔画为序）：					
序号	姓 名	性别	工 作 单 位	单位职务	协会职务
1	王 骏	男	国家发改委能源司	副司长	常务理事
2	王有志	男	中国核工业第二三建设公司	副总经理	常务理事
3	王迎苏	男	华能核电开发有限公司	总经理	常务理事
4	王常力	男	北京和利时系统工程股份有限公司	总 裁	常务理事
5	王德林	男	中核金原铀业有限责任公司	总经理	常务理事
6	李大宽	男	秦山第三核电有限公司	总经理	常务理事

续表

序号	姓名	性别	工作单位	单位职务	协会职务
7	李德连	男	中国核工业地质局	局长	常务理事
8	束国刚	男	中广核工程有限公司	总经理	常务理事
9	严嘉鹏	男	中电投核电有限公司	副总经理	常务理事
10	何小剑	男	秦山核电有限公司	总经理	常务理事
11	张志宏	男	科技部高新产业司	副司长	常务理事
12	陈宝智	男	中国核工业华兴建设有限公司	副总经理	常务理事
13	陆素娟	女	财政部国防司	副司长	常务理事
14	林　坚	男	广东核电合营有限公司	总经理	常务理事
15	周士荣	男	国家环保部核安全与辐射环境管理司	副司长	常务理事
16	周振兴	男	中广核铀业发展有限公司	总经理	常务理事
17	赵　洁	女	中国电力工程顾问集团公司	副总经理	常务理事
18	徐玉明	男	原国防科工委系统工程二司	司长	常务理事 副秘书长
19	蒋国元	男	江苏核电有限公司	总经理	常务理事
20	潘　力	男	广东省粤电集团有限公司	董事长	常务理事
理事（按姓氏笔画为序）：					
序号	姓名	性别	工作单位	单位职务	协会职务
1	王　宏	男	东方电气（广州）重型机器有限公司	副总经理	理事
2	王凤学	男	山东核电有限公司	总经理	理事
3	车大水	男	核工业第四研究设计院	院长助理	理事
4	戈晓海	男	核工业北京化工冶金研究院	院长	理事
5	毛晓明	男	中国中原对外工程公司	总经理	理事
6	左岚林	男	大全集团有限公司	总经理	理事
7	卢洪早	男	福建福清核电有限公司	总经理	理事
8	田佳树	男	深圳中广核工程设计有限公司	总经理	理事
9	史庆丰	男	中核陕西铀浓缩有限公司	总经理	理事
10	曲志敏	男	国防科工局核技术支持中心	主任	理事
11	刘　滨	男	中核新能核工业工程有限责任公司	总经理	理事
12	刘伟瑞	男	上海市核电办公室	副主任	理事
13	刘志颖	男	中国第二重型机械集团公司	副总工程师	理事
14	汤　搏	男	国家环保部核与辐射安全中心	副主任	理事
15	许大庆	男	上海自动化仪表股份有限公司	副总经理	理事
16	孙忠飞	男	上海第一机床有限公司	总经理	理事
17	杨忠勤	男	中科华核电技术研究院有限公司	常务副院长	理事
18	李一农	男	福建宁德核电有限公司	总经理	理事
19	吴　岗	男	核动力运行研究所	所长	理事
20	吴生富	男	中国第一重型机械集团公司	总经理	理事

续表

序号	姓　名	性别	工　作　单　位	单位职务	协会职务
21	邹树梁	男	南华大学	党委书记	理　事
22	宋学斌	男	中核四〇四有限公司	总经理	理　事
23	张卫东	男	辽宁核电有限公司	副总经理	理　事
24	张文平	男	哈尔滨工程大学	副校长	理　事
25	张作义	男	清华大学核能与新能源技术研究院	院长	理　事
26	张献豪	男	中国核工业第二二建设公司	董事长	理　事
27	陈良柱	男	中国核工业第二四建设公司	总经理	理　事
28	陈鉴平	男	中核苏阀科技实业股份有限公司	总经理	理　事
29	范　仲	男	中国核电工程有限公司	副总经理	理　事
30	畅　欣	男	中核建中核燃料元件有限公司	总经理	理　事
31	金有忠	男	四川省核工业地质局	局 长	理　事
32	郑本文	男	三门核电有限公司	总经理	理　事
33	郑明光	男	上海核工程研究设计院	院长	理　事
34	胡文泉	男	辽宁红沿河核电有限公司	总经理	理　事
35	胡修奎	男	东方锅炉（集团）股份有限公司	总经理助理	理　事
36	赵　虎	男	中国电力工程顾问集团华东电力设计院	副院长	理　事
37	赵志祥	男	中国原子能科学研究院	院长	理　事
38	赵晓明	男	中国核工业中原建设公司	总经理	理　事
39	徐凯祥	男	上海电气核电设备有限公司	副总经理	理　事
40	涂　彧	男	苏州大学放射医学与公共卫生学院	副院长	理　事
41	黄小桁	男	阳江核电有限公司	总经理助理	理　事
42	黄敏刚	男	中国原子能工业公司	副总经理	理　事
43	龚　俊	男	核工业标准化研究所	所长	理　事
44	韩新华	男	西安核设备有限公司	董事长	理　事
45	雷增光	男	核工业理化工程研究院	院长	理　事
46	薛思雄	男	中国核工业第五建设公司	总经理	理　事

中国核能行业协会会员名录（截至2009年底）

序号	会员单位名称	序号	会员单位名称
1	中国核工业集团公司	32	岭东核电有限公司
2	中国核工业建设集团公司	33	岭澳核电有限公司
3	中国广东核电集团有限公司	34	秦山核电有限公司
4	中国电力投资集团公司	35	秦山第三核电有限公司
5	国家核电技术有限公司	36	福建宁德核电有限公司
6	中国大唐集团公司	37	福建福清核电有限公司
7	中国华能集团公司	38	香港核电投资有限公司
8	哈尔滨电站设备集团公司	39	中核四〇四有限公司
9	中国东方电气集团公司	40	中核陕西铀浓缩公司
10	上海电气（集团）总公司	41	中核建中核燃料元件公司
11	中国核动力研究设计院	42	国核宝钛锆业股份公司
12	核电秦山联营有限公司	43	中国核工业地质局
13	中核北方核燃料元件公司	44	广东省核工业地质局
14	大亚湾核电运营管理有限责任公司	45	广西壮族自治区三一〇核地质大队
15	清华大学	46	四川省核工业地质局
16	上海市核电办公室	47	宁夏核工业地质勘查院
17	福建省核电办公室	48	辽宁省核工业地质局
18	浙江省海盐县核电关联产业办公室	49	吉林省核工业地质局
19	浙江省海盐经济开发区管理委员会	50	江西省核工业地质局
20	大唐国际发电股份有限公司	51	陕西省核工业地质局
21	山东核电有限公司	52	青海省核工业地质局
22	广东核电合营有限公司	53	浙江省核工业二六九大队（核工业金华建设工程公司）
23	广东核电投资有限公司		
24	中电投核电有限公司	54	浙江省核工业二六二大队
25	中核集团三门核电有限公司	55	湖南省核工业地质局
26	辽宁红沿河核电有限公司	56	中核金原铀业有限责任公司
27	辽宁核电有限公司	57	中国国核海外铀资源开发公司
28	华能山东石岛湾核电有限公司	58	中广核铀业发展有限公司
29	华能核电开发有限公司	59	中核北方铀业有限公司
30	江苏核电有限公司	60	中核抚州金安铀业有限公司
31	阳江核电有限公司	61	中核浙江衢州铀业有限责任公司

续表

序号	会员单位名称	序号	会员单位名称
62	中核集团公司二七二厂	93	核动力运行研究所
63	中核赣州金瑞铀业有限公司	94	深圳中广核工程设计有限公司
64	西安中核蓝天铀业有限公司	95	湖南省电力勘测设计院
65	湖北三〇三库	96	广东省粤电集团有限公司
66	中核金原铀业有限责任公司新疆分公司	97	广东火电工程总公司
		98	中广核工程有限公司
67	中国电力工程顾问集团公司	99	中国中原对外工程公司
68	中国电力工程顾问集团华东电力设计院	100	中国核工业中原建设公司
		101	中国核工业华兴建设有限公司
69	中国工程物理研究院	102	中国核工业第二二建设公司
70	中国原子能科学研究院	103	中国核工业第二三建设公司
71	中国核电工程有限公司	104	中国核工业第二四建设公司
72	中核新能核工业工程有限责任公司	105	中国核工业第五建设有限公司
73	中国核科技信息与经济研究院	106	中核投资有限公司
74	中国辐射防护研究院	107	天津电力建设公司
75	上海发电设备成套设计研究院	108	安徽电力建设第二工程公司
76	上海核工程研究设计院	109	江苏省电力建设第三工程公司
77	广东省电力设计研究院	110	河北省电力建设第一工程公司
78	中科华核电技术研究院有限公司	111	核工业工程勘察院
79	中核能源科技有限公司	112	核工业西南建设集团公司
80	国防科工委核技术支持中心	113	核工业南京建设有限公司
81	国核电力规划设计研究院	114	浙江省火电建设公司
82	国核电站运行服务技术公司	115	深圳华泰企业公司
83	国家环境保护部核与辐射安全中心	116	中国第一重型机械集团公司
84	核工业工程技术研究设计有限公司	117	中国第二重型机械集团公司
85	核工业计算机应用研究所	118	上海一核阀门制造有限公司
86	核工业北京化工冶金研究院	119	上海电气电站设备有限公司 上海发电机厂
87	核工业北京地质研究院		
88	核工业西南勘察设计研究院有限公司	120	上海动力设备有限公司
89	核工业标准化研究所	121	上海汽轮机有限公司
90	核工业理化工程研究院	122	上海电气核电设备有限公司
91	中核第四研究设计工程有限公司	123	上海自动化仪表股份有限公司
92	核电工程有限公司（五院）	124	上海阿波罗机械制造有限公司

续表

序号	会员单位名称	序号	会员单位名称
125	上海重型机器厂有限公司	156	北京华思维泰克科技有限公司
126	上海海得控制系统股份有限公司	157	安徽电缆股份有限公司
127	上海起重运输机械厂有限公司	158	江苏大明金属制品有限公司
128	上海通用阀门真空设备有限公司阀门五厂	159	江苏华光电缆电器有限公司
		160	江苏苏阀高压阀门有限公司
129	上海第一机床厂有限公司	161	西安核仪器厂
130	大全集团有限公司	162	西安核设备有限公司
131	大连大高阀门有限公司	163	佛山市南海南方风机实业有限公司
132	大连天瑞机电设备有限公司办事处	164	沈阳东管电力科技集团有限公司
133	大连苏尔寿泵及压缩机有限公司	165	沈阳盛世高中压阀门有限公司
134	大连宝原核设备有限公司	166	沈阳鑫通电站设备制造有限公司
135	大连深蓝泵业有限公司	167	国核自仪系统工程有限公司
136	广东亚仿科技股份有限公司	168	宝山钢铁股份有限公司特殊钢分公司
137	广州秀珀化工股份有限公司	169	武汉锅炉集团有限公司
138	南通特钢有限公司	170	环球阀门集团有限公司
139	中国化工供销华北公司	171	陕西煤炭建设公司管件设备厂
140	中国电能成套设备有限公司	172	哈尔滨电机厂有限责任公司
141	中核（北京）核仪器厂	173	哈尔滨汽轮机厂有限责任公司
142	中核动力设备有限公司（四七一厂）	174	哈尔滨锅炉厂有限责任公司
143	中核苏阀科技实业股份有限公司	175	贵州航天新力铸锻有限责任公司
144	江苏一汽铸造股份有限公司	176	浙江三方集团有限公司
145	东方电气（广州）重型机器有限公司	177	浙江中达特钢股份有限公司
146	东方电机股份有限公司	178	浙江中控技术有限公司
147	东方汽轮机厂	179	浙江宏伟实业有限公司
148	东方锅炉（集团）股份有限公司	180	浙江宝纳钢管有限公司
149	兰州宏祥电力技术开发有限责任公司	181	浙江金盾风机风冷设备有限公司
150	北京广利核系统工程有限公司	182	浙江嘉上不锈钢有限公司
151	北京中核东方控制系统工程有限公司	183	烟台台海玛努尔核电设备有限公司
152	北京和利时系统工程有限公司	184	常州八益电缆有限公司
153	四川三洲川化机核能设备制造有限公司	185	湖南湘投金天新材料有限公司
		186	群星集团公司
154	宁波奥崎自动化仪表设备有限公司	187	嘉兴多角电线电缆有限公司
155	石家庄工大化工设备有限公司	188	上海交通大学

续表

序号	会员单位名称	序号	会员单位名称
189	中国电力投资集团公司高级培训中心	217	山东电力工程咨询院有限公司
190	东华理工大学	218	中电投电力工程有限公司
191	华北电力大学核科学与工程学院	219	国核工程有限公司
192	西安交通大学	220	辽河石油勘探局通辽铀矿
193	西南科技大学	221	中国核保险共同体
194	苏州大学（放射医学与公共卫生学院）	222	中国科学技术大学核科学技术学院
		223	厦门大学能源研究院
195	南华大学	224	沈阳航天新星机电有限责任公司
196	哈尔滨工程大学	225	上海工业自动化仪表研究所
197	核工业管理干部学院（核工业培训中心）	226	中能电力科技开发有限公司
		227	远东电缆有限公司
198	清华大学核能与新能源技术研究院	228	通裕重工股份有限公司
199	北京柯瑞生物医药技术有限公司	229	江苏天源华威电气集团有限公司
200	苏州大学附属第一医院	230	江苏神通阀门股份有限公司
201	中国原子能工业公司	231	申科滑动轴承股份有限公司
202	中国太平洋财产保险股份有限公司	232	上海阀门厂有限公司
203	中国平安财产保险股份有限公司	233	中信建投证券有限责任公司
204	中国建设银行秦山核电支行	234	浙江国泰密封材料股份有限公司
205	上海中核浦原总公司	235	河南力威管道设备有限公司
206	北京宇航恒基文化传播有限公司	236	常州电站辅机总厂有限公司
207	北京斯帕顿矿产资源投资咨询有限公司	237	哈尔滨天达控制工程有限公司
		238	南通昆仑空调有限公司
208	兴原认证中心有限公司	239	广州华晟建筑材料有限公司
209	中国华电集团公司	240	四川省简阳龙头磨料磨具有限公司
210	华电国际电力股份有限公司	241	北京首宏钢科技开发有限公司
211	四川省重大技术装备办	242	福建省核工业二九四大队
212	河北省核电工作领导小组办公室	243	广州华核建筑材料有限公司
213	中国建筑第二工程局有限公司	244	上海福克斯波罗有限公司
214	中建电力建设有限公司	245	上海理工大学附属工厂
215	中国华电工程（集团）有限公司	246	核工业总医院（苏州大学附属第二医院）
216	中电投江西核电有限公司		

中国核能行业协会专家委员会名单（按姓氏笔画为序）

顾问组（12 人） 组长：叶奇蓁（兼）			
姓 名	性别	工作单位	技术职称
王乃彦	男	中国核学会	院 士
王大中	男	清华大学	院 士
叶奇蓁	男	中国核工业集团公司科技委	院 士
朱永赡	男	清华大学核能与新能源研究院	院 士
阮可强	男	中国核工业集团公司科技委	院 士
孙玉发	男	中国核动力研究设计院	院 士
李冠兴	男	中核北方核燃料元件有限公司	院 士
陈念念	男	核工业理化工程研究院	院 士
周永茂	男	中国核工业集团公司科技委	院 士
郑健超	男	中国广东核电集团有限公司	院 士
徐大懋	男	中国广东核电集团有限公司	院 士
潘自强	男	中国核工业集团公司科技委	院 士
政策研究组（21 人） 组长：徐玉明			
姓 名	性别	工作单位	技术职称
王计平	男	中国核工业建设集团公司	研究员级高工
王迎苏	男	中国华能集团核电开发公司	高级工程师
方江涛	男	广东省粤电集团有限公司	研究员级高工
曲志敏	男	国防科工局核技术支持中心	高级工程师
刘 华	男	国家核安全局	研究员级高工
杨 岐	男	中国核动力研究设计院	研究员级高工
李永江	男	核电秦山联营有限公司	高级工程师
束国刚	男	中科华核电技术研究院有限公司	研究员级高工
何木云	男	中国东方电气集团公司	研究员级高工
何建坤	男	清华大学	研究员
汪祖蓉	男	上海市核电办公室	高级工程师
祁恩兰	女	中国电力工程顾问集团公司	研究员级高工
张志俭	男	哈尔滨工程大学核科学与技术学院	教 授
陈 桦	男	中国核工业集团公司核电部	研究员级高工
郑本文	男	三门核电有限公司	研究员级高工
郝东秦	男	中国核工业集团公司	研究员级高工
荣 芳	女	国家核电技术有限公司	研究员级高工
徐玉明	男	中国核能行业协会	研究员级高工
常 南	男	中国电力投资集团公司	研究员级高工

续表

姓　名	性别	工作单位	技术职称
傅满昌	男	中国核工业集团公司	研究员级高工
曾文星	男	中国广东核电集团有限公司	研究员级高工
设计与核安全组（22人）组长：马　一			
姓　名	**性别**	**工作单位**	**技术职称**
马　一	男	江苏核电有限公司	研究员级高工
王　俊	男	国家核安全局	高级工程师
任俊生	男	深圳中广核工程设计有限公司	研究员
刘　敬	男	中国核工业集团公司核电部	研究员级高工
汤　搏	男	国家环保部核与辐射安全中心	研究员
杨传德	男	核工业第二研究设计院	研究员级高工
杨燕华	女	上海交通大学	教授
吴宗鑫	男	清华大学核能与新能源研究院	教授
邱韶阳	男	上海核工程研究设计院	研究员级高工
张敬才	男	中国核动力研究设计院	研究员级高工
张森如	男	中国核动力研究设计院	研究员级高工
陈仁杰	男	中国电力工程顾问集团华东电力设计院	研究员级高工
陈志刚	男	中国电力投资集团公司	研究员级高工
南　滨	男	国防科工局核技术支持中心	研究员
赵成昆	男	中国核能行业协会	研究员级高工
耿其瑞	男	上海核工程研究设计院	研究员级高工
徐　銤	男	中国原子能科学研究院	研究员
郭宗林	男	中广核工程有限公司	研究员级高工
高　峰	男	深圳中广核工程设计有限公司	研究员级高工
常向东	男	国家环保部核与辐射安全中心	研究员
彭雪平	男	广东省电力设计研究院	高级工程师
曾　曦	男	国家核电技术有限公司	研究员级高工
建安调试组（19人）组长：王贵洪			
姓　名	**性别**	**工作单位**	**技术职称**
王小明	男	核工业第四研究设计院	研究员级高工
王贵洪	男	中国核工业第二三建设公司	研究员级高工
王德桂	男	中国核工业华兴建设有限公司	研究员级高工
白雪寒	男	广东火电工程总公司	高级工程师
伍崇明	男	中国核工业第二四建设公司	研究员级高工
汤自辉	男	北京中核华辉科技发展有限公司	研究员级高工
杨晓峰	男	中广核工程有限公司	研究员级高工
李灼贤	男	广东省粤电集团有限公司	高级工程师

续表

姓　名	性别	工作单位	技术职称
吴常苗	男	浙江省火电建设公司	高级工程师
何　剑	男	核工业工程勘察院	研究员级高工
张　斌	男	中国核工业第二二建设公司	研究员级高工
张卫兵	男	中国核工业华兴建设有限公司	研究员级高工
荣　峰	男	核工业第四研究设计院	研究员级高工
夏志定	男	国家核电技术公司工程公司	研究员级高工
郭吉林	男	中核能源科技有限公司	高级工程师
梁选翠	女	中国核工业第五建设公司	研究员级高工
韩乃山	男	中国核工业第二三建设公司	研究员级高工
韩庆浩	男	中科华核电技术研究院有限公司	研究员级高工
雷中黎	男	中广核工程有限公司	研究员级高工
运行和维护组（23 人） 组长：濮继龙			
姓　名	**性别**	**工作单位**	**技术职称**
丁云峰	男	中国电力投资集团公司	高级工程师
王中堂	男	国家核安全局	研究员
王晓航	男	山东核电有限公司	研究员级高工
卢长申	男	福建宁德核电有限公司	研究员级高工
孙光弟	男	中电投核电有限公司	研究员级高工
杨忠勤	男	中科华核电技术研究院苏州分院	高级工程师
苏圣兵	男	辽宁红沿河核电有限公司	研究员级高工
吴　放	男	江苏核电有限公司	高级工程师
吴炳泉	男	秦山核电有限公司	研究员级高工
邹正宇	男	秦山第三核电有限公司	研究员级高工
张　涛	男	核电秦山联营有限公司	研究员级高工
张福宝	男	国家核电技术有限公司	高级工程师
陈茂松	男	核动力运行研究所	研究员级高工
俞忠德	男	核电秦山联营有限公司	研究员级高工
俞培根	男	中国电力投资集团公司	研究员级高工
饶苏波	男	广东省粤电集团有限公司	研究员级高工
耿昌心	男	秦山核电有限公司	研究员级高工
柴国旱	男	国家环保部核与辐射安全中心	研究员
唐炯然	男	秦山第三核电有限公司	研究员级高工
黄　潜	男	江苏核电有限公司	研究员级高工
黄小桁	男	阳江核电有限公司	研究员级高工
缪亚民	男	三门核电有限公司	研究员级高工
濮继龙	男	中国广东核电集团有限公司	研究员级高工

续表

设备组（26 人） 组长：朱根福			
姓　名	性别	工作单位	技术职称
王守革	男	哈尔滨锅炉厂有限责任公司	研究员级高工
朱根福	男	上海电气重工集团	研究员级高工
任一峰	男	上海动力设备有限公司	研究员级高工
刘志颖	男	中国第二重型机械集团公司	研究员级高工
刘恩清	男	中国第一重型机械集团公司	研究员级高工
苏志东	男	沈阳盛世高中压阀门有限公司	高级工程师
李宗文	男	中国东方电气集团公司	研究员级高工
张文辉	男	一重天津重型装备工程研究有限公司	研究员级高工
张明康	男	二重集团（德阳）重型装备股份有限公司	研究员级高工
张树军	男	机械科学研究总院核设备安全与可靠性中心	研究员级高工
陈　勇	男	四川三洲川化机核能设备制造有限公司	高级工程师
陈英民	男	上海第一机厂有限公司	研究员级高工
陈鉴平	男	中核苏阀科技实业股份有限公司	高级工程师
罗　安	男	北京和利时系统工程股份有限公司	研究员级高工
郑祖明	男	上海仪器仪表行业协会	高级工程师
赵昌宗	男	东方电机股份有限公司	研究员级高工
姚宏伟	男	哈尔滨汽轮机厂有限责任公司	高级工程师
索文旭	男	哈电交直流电机有限责任公司	高级工程师
夏荣芳	男	上海第一机床厂有限公司	高级工程师
徐忠毅	男	上海起重运输机械厂有限公司	高级工程师
唐　伟	男	东方电气（广州）重型机器有限公司	研究员级高工
唐伟宝	男	上海电气核电设备有限公司	研究员级高工
凌　进	男	上海电气重工集团	研究员级高工
童潮山	男	宝山钢铁股份有限公司特殊钢分公司	研究员级高工
缪德明	男	上海电气重工集团	高级工程师
魏　明	男	上海电气核电设备有限公司	高级工程师
核燃料循环组（14 人） 组长：陈宝山			
姓　名	性别	工作单位	技术职称
王世波	男	中核北方核燃料元件有限公司	研究员级高工
王伟刚	男	核工业第七研究设计院	研究员级高工
王俊峰	男	中核四〇四有限公司	研究员级高工
任永岗	男	中核北方核燃料元件有限公司	研究员级高工
刘芳言	男	中核建中核燃料元件有限公司	研究员级高工
杨启法	男	中国原子能科学研究院	研究员
张天祥	男	中核四〇四有限公司	研究员级高工
张凤林	男	中国核动力研究设计院	研究员级高工
陈宝山	男	中核建中核燃料元件有限公司	研究员级高工

续表

姓　名	性别	工作单位	技术职称
范　仲	男	中国核电工程有限公司	研究员级高工
段德智	男	中核建中核燃料元件有限公司	研究员级高工
钱福源	男	中国核工业集团公司	研究员级高工
梁光扶	男	中核陕西铀浓缩有限公司	研究员级高工
雷增光	男	核工业理化工程研究院	研究员级高工
铀资源组（13 人） 组长：张伟星			
姓　名	**性别**	**工作单位**	**技术职称**
丁德馨	男	南华大学	教　授
王　驹	男	核工业北京地质研究院	研究员 / 博士生导师
苏艳如	女	中核金原铀业有限责任公司	研究员级高工
张伟星	男	中国核工业集团公司	研究员级高工
张金带	男	中国核工业地质局	研究员级高工
陈明阳	男	核工业北京化工冶金研究院	研究员级高工
荀润祥	男	陕西省核工业地质局	研究员级高工
金有忠	男	四川省核工业地质局	研究员级高工
孟庆成	男	辽宁省核工业地质局	研究员级高工
徐有才	男	中核北方铀业有限公司	研究员级高工
黄代富	男	中核集团公司二七二厂	高级工程师
彭盛恩	男	核工业西南勘察设计研究院有限公司	研究员级高工
谭亚辉	男	中核金原铀业有限责任公司	研究员级高工

中国核能行业协会网站与出版物

为了更好地为会员单位提供信息服务，协会网站进行了改版升级，现正在调试运行中。改版后的网站功能有较大幅度的提升，同时增设了一些栏目，将更好地发挥信息交流平台的作用。2009 年网站的访问嘉宾较 2008 年同期增加了 60 多万人（次）。

《中国核能》会刊全年出版了 6 期，举办了一期通讯员培训班。该刊目前尚属内部资料性质，无论是内容还是运作方式都有很大的局限性，不适应核能行业快速发展和协会工作的需要。2009 年，协会正式向新闻出版总署提出向国内外公开发行的申请，尚未获批。

2009 年 7 月，为会员单位提供国内外核能信息的电子期刊《中国核能》改版为《核能新闻》电子月刊，全年共出版了 12 期。

为了较全面地反映我国核能行业的发展情况，协会于 2008 年下半年始筹备出版《中国核能年鉴》2009 年卷。为此成立了编委会和编辑部，制定了相关工作计划，进行了大量的材料收集和编辑整理工作。

图书在版编目（C I P）数据

中国核能年鉴．2010年卷／中国核能行业协会编．
—北京：原子能出版社，2010.12
ISBN 978-7-5022-5126-0

Ⅰ．①中… Ⅱ．①中… Ⅲ．①核能－中国－2010－年鉴
Ⅳ．①TL-54

中国版本图书馆CIP数据核字(2010)第245239号

中国核能年鉴·2010年卷

出版发行　原子能出版社（北京市海淀区阜成路43号 100048）
责任编辑　谭　俊
责任校对　冯莲凤
责任印制　潘玉玲
印　　刷　保定市中画美凯印刷有限公司
经　　销　全国新华书店
开　　本　787 mm × 1092 mm 1/16
印　　张　25　　版面字数　672千字　　彩　页　16
版　　本　2010年12月第1版　2010年12月第1次印刷
书　　号　ISBN 978-7-5022-5126-0　　定　　价　168.00元

网址：http://www.aep.com.cn

ISBN 978-7-5022-5126-0